Wahl

Das große Tesla Experimentier Handbuch

Günter Wahl

FRANZIS EXPERIMENTE

Das große Tesla Experimentier Handbuch

Tesla- & Hochspannungsgeneratoren

FRANZIS

Bibliografische Information Der Deutschen Bibliothek

Die Deutsche Bibliothek verzeichnet diese Publikation in der Deutschen Nationalbibliografie; detaillierte Daten sind im Internet über **http://dnb.ddb.de** abrufbar

Satz: Fotosatz Pfeifer, 82166 Gräfelfing
art & design: www.ideehoch2.de
Druck: Legoprint S.p.A., Lavis (Italia)
Printed in Italy

ISBN 3-7723-**5505-6**

Günter Wahl

Tesla Energie

Faszinierende Experimente mit selbstgebauten Teslageneratoren

Teil 1

Mit 121 Abbildungen

FRANZIS

Vorwort

Der Titel „TESLA ENERGIE“ wird viele Leser zunächst etwas verunsichern. Was oder wer ist Tesla und was hat der Begriff oder Name mit Energie zu tun. Tesla war ein amerikanischer Forscher und Erfinder jugoslawischer Herkunft, dessen Name in der Physik als Einheit für die magnetische Flussdichte verwendet wird. Dies wissen einige Leser noch aus dem Physikunterricht. Er gilt als Begründer der Drehstromtechnik und hat sich große Verdienste auf dem Gebiet der Hochfrequenztechnik erworben. Er war jedoch nicht nur ein nüchterner Ingenieur und begabter Forscher, sondern gleichzeitig auch ein schöpferischer Visionär mit zukunftsorientierten technischen Ideen. So hat ihn z.B. der Gedanke elektrische Energie weltweit ohne Kabel zu übertragen viele Jahre seines Lebens beschäftigt. Bei der Suche nach einer Lösung dieser Aufgabe erfand er den nach ihm benannten Tesla-Generator bzw. die Tesla-Spule. Obwohl er weit davon entfernt war große Energiemengen drahtlos zu übertragen, sind seine Generatoren in die Physik-Geschichte eingegangen. Die fast magischen Leuchterscheinungen der Teslageneratoren regen noch heute die Fantasie der Menschen an und geben auch in der modernen Zeit noch viele Impulse für weiterführende Versuche. Nicht zuletzt aus diesem Grund wäre es bedauerlich wenn Tesla mit seinen fantastischen Experimenten in Vergessenheit geraten würde.

Die in diesem Buch gezeigten Tesla-Generatoren sind natürlich nur ein schwacher Abklatsch der von Tesla gebauten Generatoren. So hat er auf der Spitze eines Sendeturms eine Kupferhohlkugel von 1 Meter Durchmesser anbringen lassen. Gewaltige flammenförmige Blitze von bis zu 30 Meter Länge loderten aus der Metallkugel. Schlängelnde, armdicke Flammenarme von Millionen Volt züngelten in den Nachthimmel. Er war der Überzeugung, wenn er seinen Generator den elektrischen Konstanten und Eigenschaften der Erde anpassen würde, daß er dann drahtlos und effektiv Energie über Ozeane übertragen könnte. Er war so ergriffen von seinen Ideen, daß er ins Schwärmen kam und dem Menschen eine große Zukunft voraussagte:

> *„Was hat die Zukunft für dieses seltsame Wesen, den Menschen, aus einem Atemzug geboren, aus vergänglichem Stoff, jedoch unsterblich durch seine zugleich furchtbare und göttliche Macht, noch aufbewahrt? Welches Wunderwerk wird er schließlich noch schmieden? Welches wird seine größte Tat, seine Krönung sein?*
>
> *Schon lange vorher hat der Mensch erkannt, daß alle wahrnehmbare Materie von einer Grundsubstanz kommt, einem hauchdünnen Etwas, die jenseits jeder Vorstellung den ganzen Raum erfüllt, dem Akasa oder lichttragenden Äther, auf den die lebensspendende Prana oder schöpferische Kraft einwirkt, die in nie endenden Schwingungen alle Dinge und Erscheinungen ins Dasein ruft. Die Grundsubstanz, mit unerhörter Geschwindigkeit in nicht endenden Wirbeln herumgeschleudert, wird zur festen Materie; wenn die Kraft abnimmt, hört die Bewegung auf und die Materie verschwindet wieder und verwandelt sich in die Grundsubstanz zurück.*
>
> *Kann der Mensch diesen großartigen, furchterregenden Prozeß in der Natur lenken? Kann er ihre unerschöpflichen Energien bändigen und sie nach seinem Geheiß alle Funktionen ausüben, ja noch mehr, sie einfach durch die Kraft seines Willens arbeiten lassen?*
>
> *Wenn er dies könnte, hätte er fast unbegrenzte und übernatürliche Kräfte. Mit geringer Anstrengung von seiner Seite würden auf seinen Befehl alle Welten verschwinden und neue, von ihm ersonnene, ins Leben gerufen werden. Er könnte die Luftgebilde seiner Phantasie, die verschwommenen Visionen seiner Träume festigen, sie verdichten und bewahren. Er könnte alle Schöpfungen seines Geistes in jedem beliebigen Maßstab in festen und unvergänglichen Formen festhalten. Er könnte die Größe eines Planeten verändern, auf seine Jahreszeiten Einfluß nehmen und ihn auf jeden von ihm gewählten Weg durch die Weiten des Weltalls führen. Er könnte Planeten zusammenstoßen lassen und seine eigenen Sonnen und Sterne, seine Wärme und sein Licht erzeugen. Er könnte Leben in all seinen undendlich vielen Formen erwecken und entwickeln. Die Schaffung und Vernich-*

tung stofflicher Substanz und ihre Umwandlung in von ihm gewünschte Formen wäre der erhabenste Ausdruck der Macht des menschlichen Geistes, sein vollständigster Triumpf über die sinnlich wahrnehmbare Welt, das krönende Werk, das ihn seine letzte Bestimmung erfüllen lassen würde.

Wichtige Hinweise

- Die in diesem Buch beschriebenen Geräte und Experimente sind potentiell gefährlich. Sie können Sach- und Personenschäden bis hin zum Tod verursachen. Die Gefährdung ist nicht auf die unmittelbare Umgebung des Aufbaus beschränkt, sondern betrifft auch Personen und Sachen in größerer Entfernung.
- Die sichere Durchführung der beschriebenen Experimente erfordert neben großer Umsicht auch besondere Sachkenntnis und Fähigkeiten, die dieses Buch nicht vollständig vermitteln kann.
- Sicherheitshinweise und ähnliche Aussagen geben lediglich die Erfahrung des Autors wieder und sind keinesfalls als Sicherheitsgarantien zu verstehen.
- Der Autor weist darauf hin, daß der Aufbau und/oder die Inbetriebnahme bestimmter Geräte und Experimente möglicherweise gegen gesetzliche Bestimmungen oder technische Normen verstößt.
- Die in diesem Buch enthaltenen Angaben wurden nach bestem Wissen des Autors gemacht. Eine Garantie für die Richtigkeit kann jedoch nicht gegeben werden. Eine Haftung für Folgen, die sich aus falschen Angaben ergeben, ist ausgeschlossen.
- Der Autor übernimmt keinerlei Haftung für Schäden oder Folgeschäden, die aus dem Nachbau der in diesem Buch beschriebenen Geräte und Experimente, oder allgemein aus der Verwertung des Inhalts entstehen.

Inhalt

1 Hochspannungsquellen

1.1 Hochspannungstransformatoren

Wer sich mit Tesla-Generatoren beschäftigen will, kommt um ein gewisses Grundlagenwissen über Hochspannungsquellen nicht herum. Eine gute Hochspannungsquelle ist Voraussetzung für erfolgreiche Tesla-Versuche. Die einfachste Hochspannungsquelle und die meist wirksamste, aber auch gefährlichste ist der netzgespeiste Hochspannungs-Transformator. Hochspannungs-Transformatoren werden in der Technik in vielfältiger Form eingesetzt. Für Tesla-Versuche am besten zu gebrauchen sind:

- Ölheizungszündtransformatoren
- Neonröhren-Transformatoren
- Ionisierungs-Transformatoren aus Kopiergeräten
- Transformatoren aus Röntgengeräten
- Transformatoren aus Röhrensendern.

Meistens besteht nur ein realer Zugriff auf die beiden erstgenannten Typen, wobei sich auch deren Beschaffung als äußerst umständlich erweisen kann. Wichtig ist vor allem, daß der Transformator mindestens 5000 V und 20 mA Strom bereitstellen kann. Gleichgültig welcher Herkunft sollte auch darauf

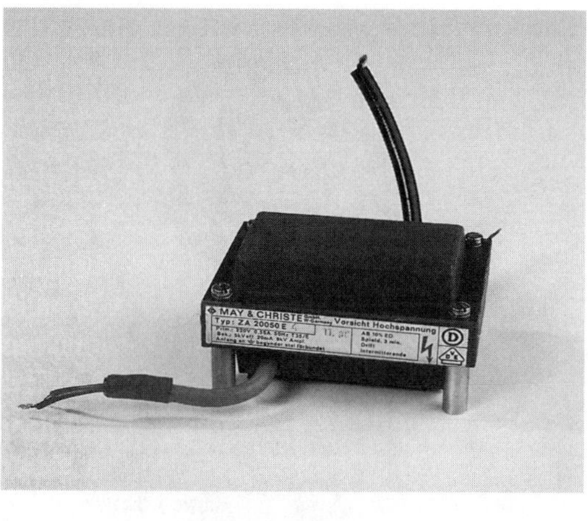

Abb. 1: 6 kV/20 mA-Hochspannungstrafo

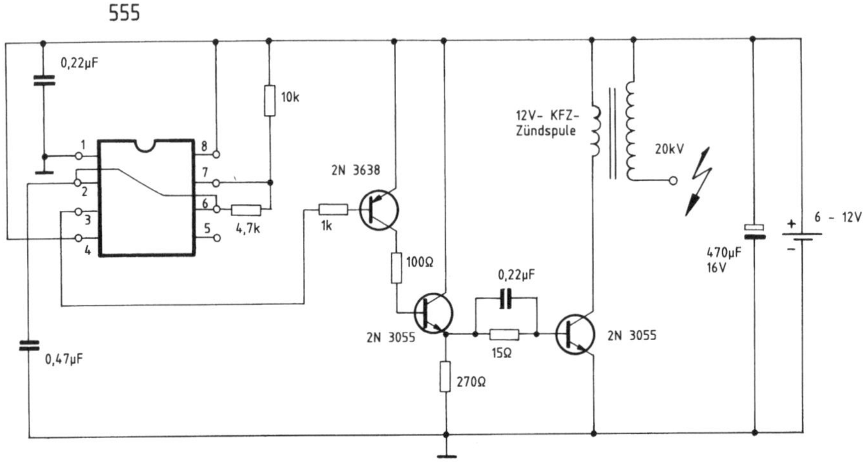

Abb. 2: Batteriebetriebener Hochspannungs-Impulsgenerator mit Kfz-Zündspule bis 20 kV

geachtet werden, daß der Trafo eine getrennte Hochspannungs-Sekundärwicklung aufweist, welche die 220 V-Netzspannung vom Sekundärkreis fernhält. *Abb. 1* zeigt einen 6 kV/20 mA Hochspannungstrafo, der aus einem alten Kopiergerät ausgebaut wurde. Der Trafo ist voll vergossen und verfügt über hervorragende Isolationseigenschaften. Wer trotzdem nicht am 220 V-Netz arbeiten will, kann auf eine Vielzahl Hochspannungs-Impulsgeneratorschaltungen mit Batteriebetrieb zurückgreifen.

In den nächsten Abschnitten werden eine Reihe batterie- und netzbetriebener Hochspannungs-Impulsgeneratoren vorgestellt, die sich unter anderem auch für Tesla-Versuche eignen.

Abb. 3:
12 V-Kfz-Zündspule

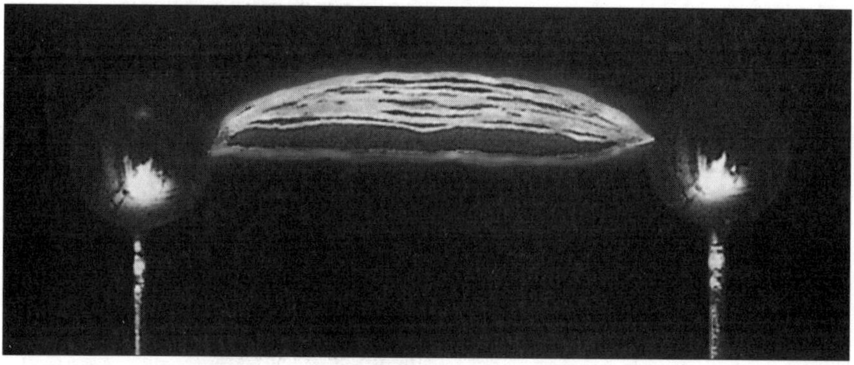

Abb. 4: Funkenüberschlag zwischen zwei kugelförmigen Elektroden

1.2 Batteriebetriebener Hochspannungs-Impulsgenerator mit Kfz-Zündspule bis 20 kV

Die Schaltung in *Abb. 2* arbeitet mit einer alten 12 V-Kfz-Zündspule, wie sie für ein paar Mark auf jedem Autofriedhof zu bekommen ist. *Abb. 3* zeigt ein Foto einer 12 V-Kfz-Zündspule. Bei Betrieb mit einer kräftigen 12 V-Batterie ist die Ausgangsspannung so hoch, daß eine Funkenstrecke von 25 mm Länge durchschlagen wird.

Der Zeitgeberbaustein 555 arbeitet in dieser Schaltung als Impulsgenerator. Der Ausgang des IC's führt auf den PNP-Treiber-Transistor 2N3638. Über den anschließend als Ermitterfolger geschalteten 2N3055 wird der Endstufentransistor angesteuert, in dessen Kollektorkreis die Primärwicklung der Kfz-Zündspule liegt. Die Impulsfrequenz des 555 wird durch den 10 k/4,7 k-Spannungsteiler und den 0,47 µF-Kondensator bestimmt.

Abb. 4 zeigt den Funkenüberschlag zwischen zwei kugelförmigen Elektroden.

1.3 Netzbetriebener Hochspannungs-Impulsgenerator

Die Schaltung in *Abb. 5* arbeitet mit 48 V Sekundärspannung (2 x 24 V). Die Wechselspannung wird mit der 1N4003-Diode gleichgerichtet. Über den Strombegrenzungswiderstand 100 Ω/5 W wird der 10 µF-Metallpapierkondensator (MP-Kondensator) aufgeladen. Sobald die Spannung am Abgriff des 10 kΩ-Potentiometers die 8,6 V-Zenerspannung erreicht, beginnt der 2N2222-Transistor leitend zu werden. Damit beginnt Strom über die Basis-

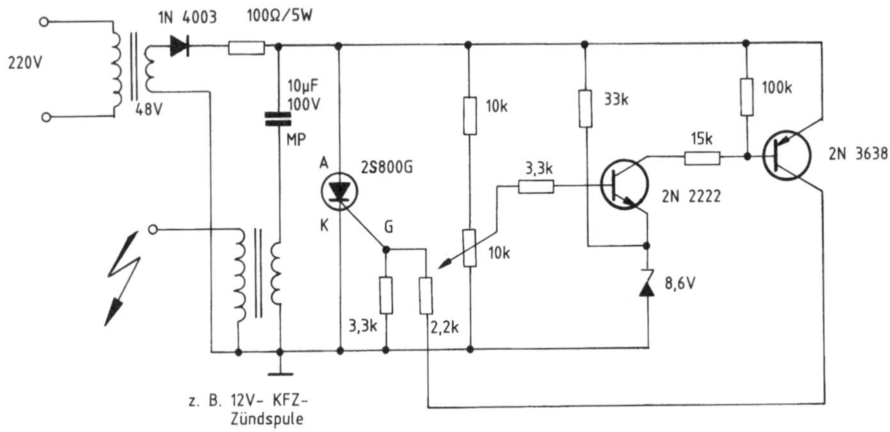

Abb. 5: Netzbetriebener Hochspannungs-Impulsgenerator

Emitter-Strecke des 2N3638 zu fließen. Der 2N3638 schaltet durch und legt die positive Versorgungsspannung an das Gate des Thyristors. Der Thyristor wird leitfähig und ermöglicht damit dem 10 µF-Kondensator sich über die Primärspule des Hochspannungs-Transistors zu entladen. Der Entladestromstoß wird entsprechend hochtransformiert, sodaß auf der Sekundärseite ein Hochspannungsimpuls entsteht. Der Spitzenwert des Hochspannungsimpulses hängt von der Größe des MP-Kondensators (in diesem Beispiel 10 µF), der Ladespannung an diesem Kondensator und dem Übersetzungsverhältnis der Zündspule ab.

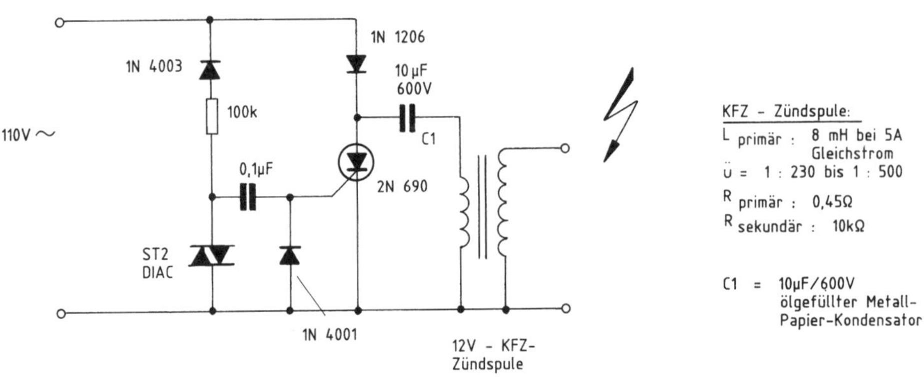

Abb. 6: Einfacher netzbetriebener Hochspannungs-Impulsgenerator

Die Frequenz- bzw. Impulswiederholrate der Hochspannungsimpulse ist ebenfalls vom Wert des MP-Kondensators, dem Ladewiderstand (in diesem Beispiel 100Ω/5W) sowie vom Widerstand der Primär- und Sekundärwicklung abhängig. Je kleiner die einzelnen Werte, desto höher wird die Impulswiederholfrequenz.

1.4 Einfacher netzbetriebener Hochspannungs-Impulsgenerator

In *Abb. 6* wird ein noch einfacherer Hochspannungs-Impulsgenerator gezeigt, der mit einem 110V-Vorschalttrafo betrieben werden kann. Die Schaltung arbeitet wieder nach dem Kondensatorentladeprinzip mit einer Kfz-Zündspule.

Während der positiven Halbwelle wird über die 1N1206-Diode der 10 µF-Kondensator aufgeladen. Während der Ladezeit ist der Thyristor und die Triggerschaltung außer Betrieb. Während der negativen Halbwelle wird der 0,1 µF-Kondensator solange aufgeladen, bis der Diac die Triggerschwelle

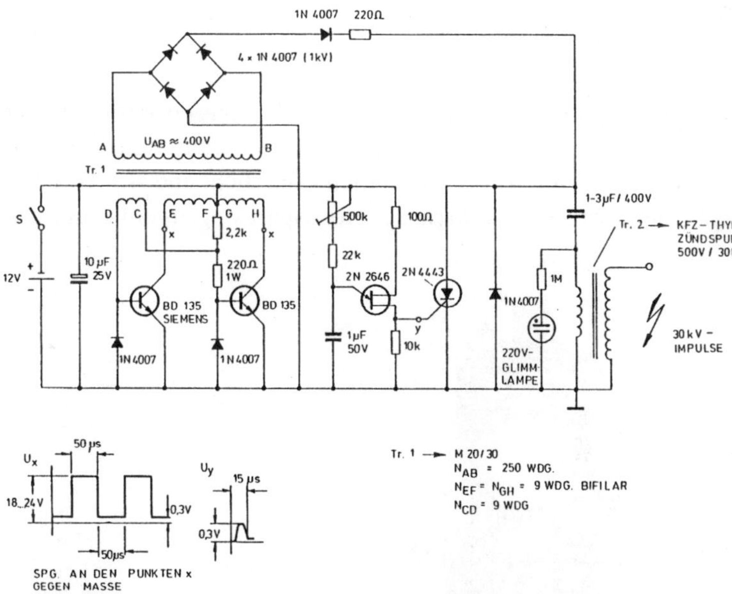

Abb. 7: Batteriebetriebener Hochspannungs-Impulsgenerator mit Hochspannungs-Kfz-Zündspule

erreicht und leitfähig wird. Nun entlädt sich der 0,1 µF-Kondensator über den Diac und das Thyristorgate. Der Thyristor schaltet durch und entlädt den 10 µF-Kondensator über die Primärwicklung der Zündspule. Der Lade- und Entladezyklus wiederholt sich mit jeder positiven und negativen Halbwelle. Da der 10 µF-Kondensator durch Lade- und Entladevorgänge stark beansprucht wird, empfiehlt sich für Dauerbetrieb ein leistungsfähiger ölgefüllter MP-Kondensator.

1.5 Batteriebetriebener Hochspannungs-Impulsgenerator mit Hochspannungs-Kfz-Zündspule

Mit der Schaltung in *Abb. 7* ist Batteriebetrieb möglich. Die Spannung für den Ladekondensator wird mittels eines Spannungswandlers erzeugt. Ein kleiner Oszillator mit dem Unijunktion-Transistor 2N2646 sorgt für die impulsweise Ansteuerung des Thyristors. An der Glimmlampe können die Entladeimpulse des Kondensators beobachtet werden.

Durch die Verwendung einer Hochspannungs-Kfz-Zündspule, wie sie bei Hochleistungszündanlagen (z. B. bei Porsche 911) üblich sind, werden sehr energiereiche Hochspannungsimpulse erzeugt. Dies bedeutet, daß auch bei Berührung der Primärseite der Zündspule bereits Lebensgefahr besteht. *Abb. 8* zeigt die Hochleistungszündspule eines Porsche 911 Turbo.

Wer keine Lust hat, sich einen Hochspannungs-Impulsgenerator selbst zu bauen, kann auf die sogenannten Elektroschocker zurückgreifen, die in vielen Ausführungsformen in Waffengeschäften erhältlich sind. In *Abb. 9* ist ein derartiges Gerät zu sehen. Es erzeugt Hochspannungsimpulse mit etwa 50 000 V.

Abb. 8: Hochleistungszündspule von Porsche 911 Turbo

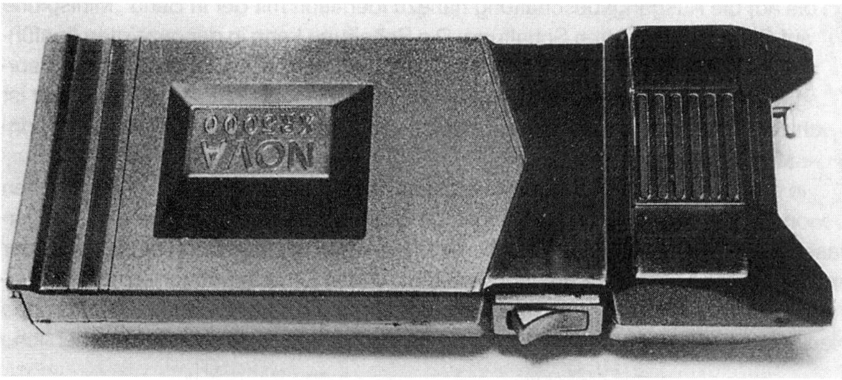

Abb. 9: Elektroschocker als Hochspannungs-Impulsgenerator

1.6 Batteriebetriebener Hochspannungs-Impulsgenerator mit Darlington-Endstufentransistor

Diese Schaltung in *Abb. 10* arbeitet wieder mit einer normalen Kfz-Zündspule und erzeugt damit Hochspannungsimpulse bis zu 30 kV. Die beiden Transistoren 2N3904 und 2N3906 sind als astabiler Multivibrator geschaltet. Mit dem 2,5 M-Potentiometer kann die Impulswiederholfrequenz eingestellt werden. Der Widerstand R sollte so dimensioniert werden, daß sich

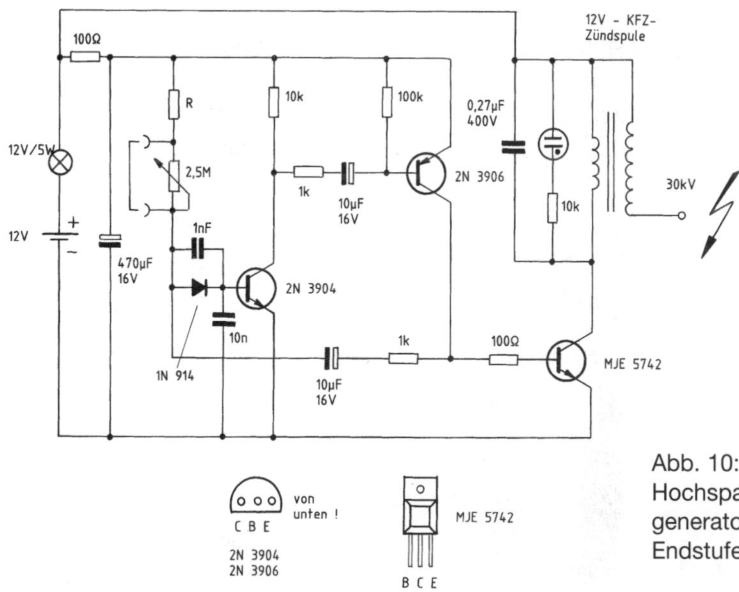

Abb. 10: Batteriebetriebener Hochspannungs-Impulsgenerator mit Darlington-Endstufentransistor

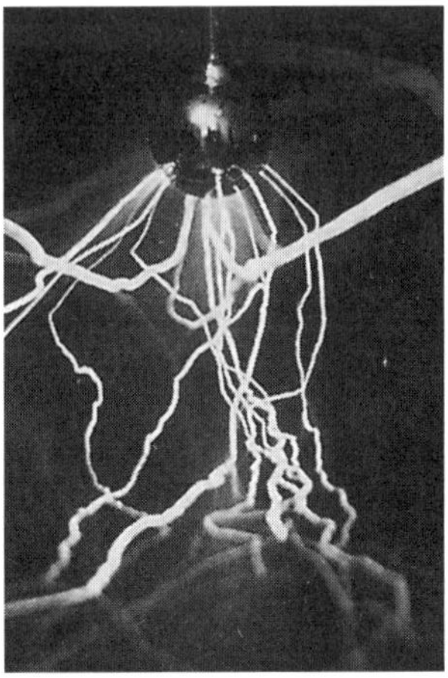

Abb: 11: Funkenüberschläge von einer kugelförmigen Elektrode auf eine flächenförmige Elektrode

eine maximale Impulswiederholfrequenz von 20 Hz einstellen läßt.
Die 12 V-Kfz-Lampe dient als Strombegrenzer. Falls nur eine fest eingestellte Impusfrequenz gewünscht wird, kann das 2,5 M-Potentiometer auch kurzgeschlossen und ein entsprechender Festwiderstand R, wie z. B. 1 M vorgesehen werden.

Der Endstufenschalttransistor ist ein Darlington-Transistor mit 800 V Kollektor-Emitter-Spannungsfestigkeit. Die Glimmlampe dient zur Funktionsanzeige.

Abb. 11 zeigt Funkenüberschläge von einer kugelförmigen Elektrode auf eine flächenförmige Elektrode.

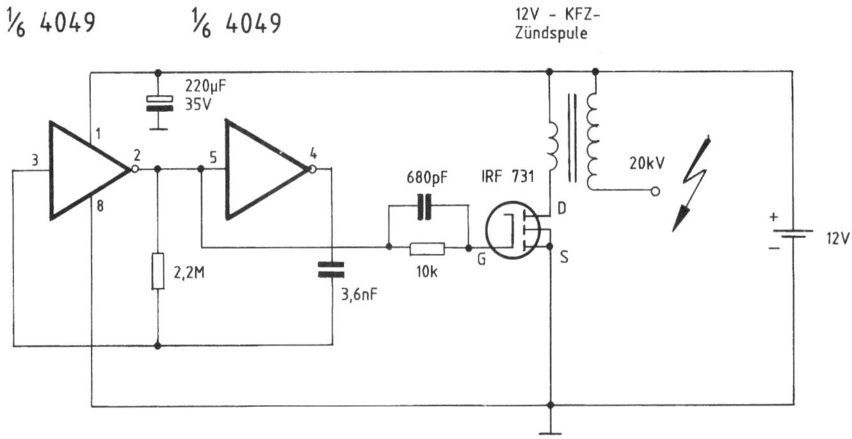

Abb. 12: Batteriebetriebener Hochspannungs-Impulsgenerator mit MOS-Endstufentransistor

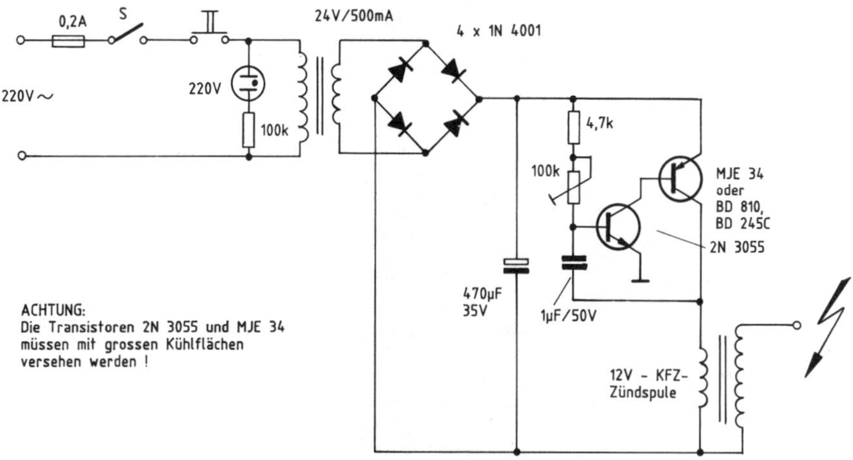

Abb. 13: Netzbetriebener Hochspannungs-Impulsgenerator (Version 1)

1.7 Batteriebetriebener Hochspannungs-Impulsgenerator mit MOS-Endstufentransistor

Eine sehr einfache batteriebetriebene Impulsgeneratorschaltung ist in *Abb. 12* dargestellt. Der 6-fach-CMOS-Inverterbaustein 4049 arbeitet als astabiler Multivibrator. Der Endstufentransistor sollte nur mit Kühlkörper betrieben werden. Die Hochspannungsimpulse werden wieder mit einer 12 V-Kfz-Zündspule erzeugt.

1.8 Netzbetriebener Hochspannungs-Impulsgenerator (Version 1)

Der Generator in *Abb. 13* wurde ursprünglich zur Erzeugung von Kirlian-Fotos entwickelt. Obwohl die Kirlian-Fotografie nicht Gegenstand dieses Buches ist, soll kurz erklärt werden, worum es dabei geht. Mit der Kirlian-Fotografie können zauberhaft schöne Fotos von den meisten gebräuchlichen Objekten gemacht werden. Hierfür ist weder eine Kamera noch eine Linse erforderlich. Die Fotos sind direkte Kontaktabdrücke auf Film oder Papier, unter Verwendung einer hochfrequenten Hochspannungsquelle, wie in *Abb. 13* angegeben.

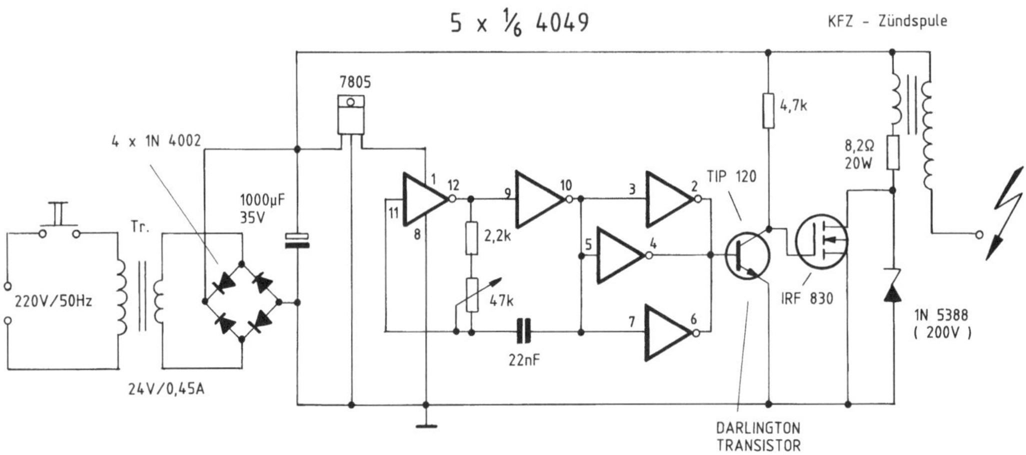

Abb. 14: Netzbetriebener Hochspannungs-Impulsgenerator (Version 2)

Die Kirlian-Fotografie wurde von einem russischen Wissenschaftler namens Semyon Kirlian erfunden. Bekannt geworden ist diese Technik durch ein 1970 erschienenes Buch unter dem Titel „Psychische Entdeckungen hinter dem eisernen Vorhang“ von Sheila Ostrander und Lynn Schroeder. Kirlian behauptete, daß sich diese Fototechnik als medizinisches Diagnosewerkzeug eignet.

Die auf den Fotos sichtbaren Entladungsmuster ändern sich angeblich in Abhängigkeit beginnender oder bestehender Krankheiten. Als besonderes Phänomen gilt das „Phantom-Blatt“, bei dem vor dem Fotografieren ein Teil abgerissen wurde. Merkwürdigerweise erscheint auf dem Foto jedoch auch der abgerissene Teil des Blattes. Allerdings ist Kirlian nicht der erste, der Beobachtungen mit elektrischen Entladungen machte. Ende des 17. Jahrhunderts soll Christoph Lichtenberg erste elektrophotografische Versuche gemacht haben, indem er elektrische Entladungen auf Stauboberflächen beobachtete.

Doch nun zurück zur Schaltung in *Abb. 13*. Die Schwingschaltung mit den beiden Leistungstransistoren kann mit dem 20 kΩ-Trimmer frequenzmäßig justiert werden. Als Hochspannungstrafo findet wieder eine Standard-12 V-Kfz-Zündspule Verwendung. Da die Leistungstransistoren ziemlich heiß werden, sind entsprechende Kühlflächen vorzusehen.

1.9 Netzbetriebener Hochspannungs-Impulsgenerator (Version 2)

Der Hochspannungsgenerator in *Abb. 14* wurde ursprünglich ebenfalls für die Anwendung in der Kirlian-Fotografie entwickelt. Mit der stabilisierten 5 V-Spannung aus dem 7805-Spannungsregler-IC wird ein Rechteckgenerator betrieben. Die Ausgangsspannung wird über 3 parallel geschaltete 4049-Gatter auf die Basis eines NPN-Darlington-Transistors gegeben. Der darauf folgende MOSFET-Leistungstransistor steuert schließlich wieder über einen 8.2 Ω-Schutzwiderstand eine Kfz-Zündspule an. Als Durchbruchschutz ist der Drain-Source-Strecke eine 200 V-Zenerdiode parallel geschaltet. Statt mit einem Netzteil kann die Schaltung natürlich auch mit zwei kräftigen seriell geschalteten 12V-NC-Akkus betrieben werden.

1.10 Netzbetriebener Hochspannungs-Impulsgenerator (Version 3)

Die Schaltung in *Abb. 15* eignet sich bei einer Impulsausgangsspannung von 40 kV gut zur Ansteuerung von Tesla-Spulen. Auf die Tesla-Spannungserzeugung wird jedoch erst an späterer Stelle eingegangen.

Die Schaltung enthält zur Impulserzeugung das Timer-IC 555. Mit dem 100 kΩ-Trimmer kann die Impulsfolgefrequenz variiert werden. Die Kfz-Zündspule liefert bei niedrigen Frequenzen die größte Ausgangsspannung. Bei 250 Hz und darunter sind bis zu 40 kV erzielbar. Bei hoher Impulsfrequenz geht die Ausgangsspannung beträchtlich in die Knie. Das gleiche gilt für

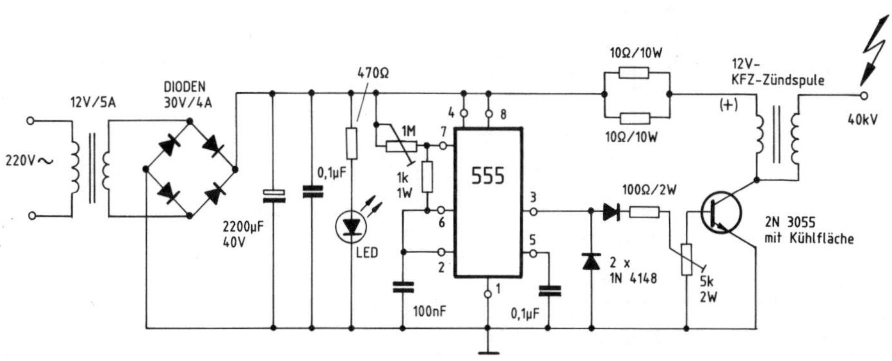

Abb. 15: Netzbetriebener Hochspannungs-Impulsgenerator (Version 3)

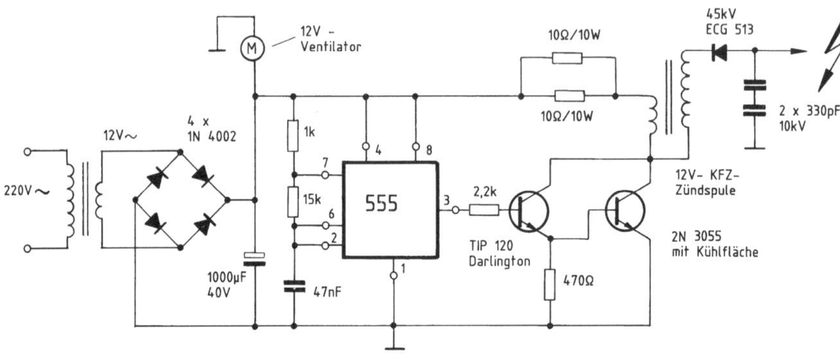

Abb. 16: Hochspannungsquelle (Version 1)

sehr niedrige Frequenzen. Mit dem 5 kΩ-Trimmer an der Basis des 2N3055 kann ebenfalls auf die Höhe der Ausgangsspannung Einfluß genommen werden. Bei voller Ansteuerung werden die Funkenüberschläge stärker. Grundsätzlich gilt: Je länger und dicker der Funkenüberschlag, je höher ist die Ausgangsspannung. Dabei ist zu beachten, daß die Schlagweite bei Nadelelektroden größer als bei Kugelelektroden ist.

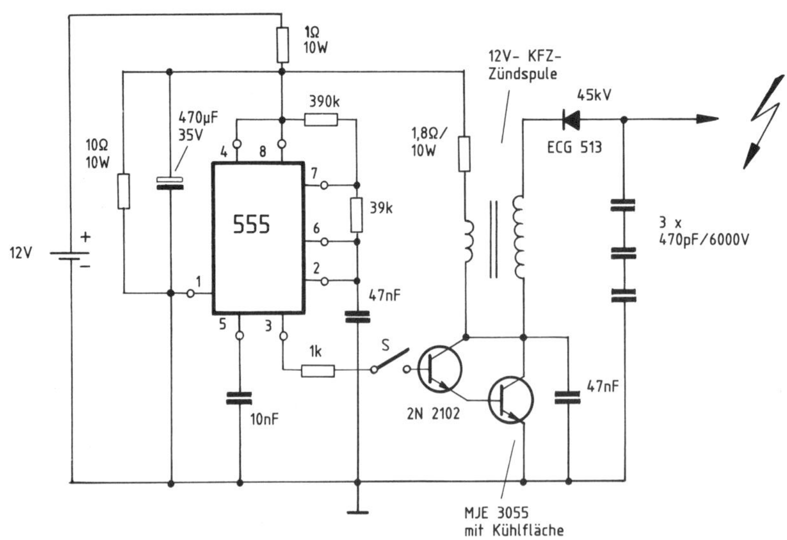

Abb. 17: Hochspannungsquelle (Version 2)

1.11 Hochspannungsquelle (Version 1)

Die in *Abb. 16* gezeigte Schaltung arbeitet wieder mit dem Timer-Baustein 555 und zwei Transistoren, von denen der erste eine Darlington-Type ist. Da die Schaltung zur Ionen-Erzeugung konzipiert wurde, enthält sie am Ausgang einen Hochspannungsgleichrichter mit zwei 330 pf Ladekondensatoren. Der Hochspannungsausgang führt entweder auf eine oder mehrere Nadelspitzen. Die Nadelspitzen geben dann negative Ladung bzw. Elektronen an die umgebende Luft ab. Gute Ergebnisse werden auch mit Stahlwolle statt Nadelspitzen erzielt. Ein kleiner 12 V-Ventilator verteilt die dabei entstehenden Ionen im Luftraum. Durch die Ladekondensatoren am Hochspannungsausgang ist besondere Vorsicht geboten. Durch die größere Strommenge bei fahrlässiger Berührung ist das Risiko eines tödlichen Ausgangs wesentlich größer.

1.12 Hochspannungsquelle (Version 2)

Die Schaltung in *Abb. 17* unterscheidet sich nur unwesentlich von der Schaltung in *Abb.16*. Der Hochspannungsgleichrichter sowie Hochspannungskabelmaterial kann bei der Firma Bürklin in München, Schillerstraße

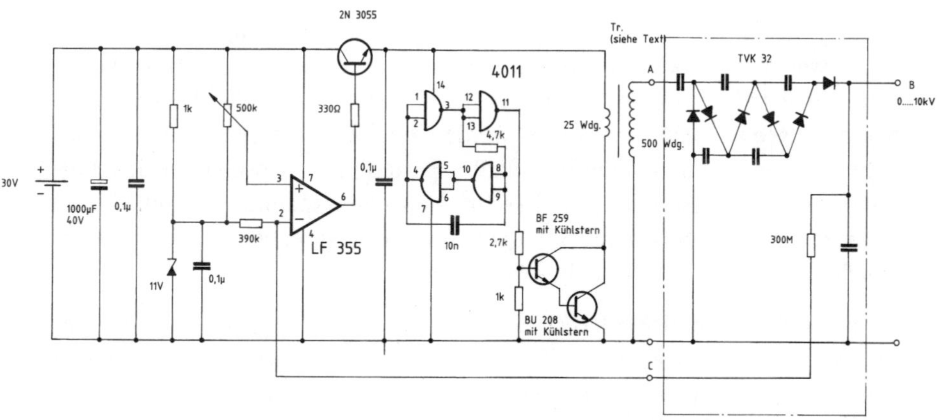

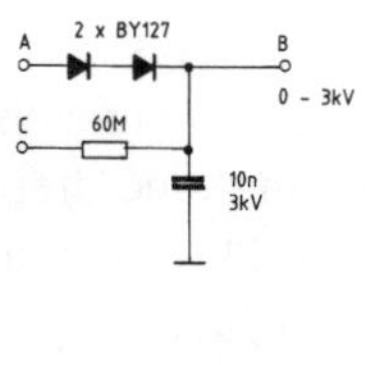

Abb. 18: Variable Hochspannungsquelle

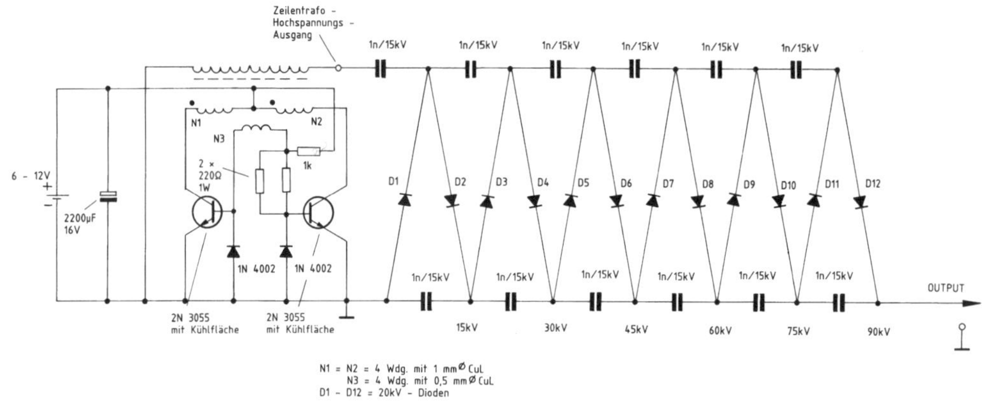

Abb. 19: Hochspannungskaskade für 90 kV

bezogen werden. (Katalog anfordern) Interessante Restposten im Hochspannungsbereich hat auch die Firma Hartnagel, die ebenfalls in der Schillerstraße zuhause ist.

1.13 Variable Hochspannungsquelle

Je nach Ausgangsbeschaltung können mit der Hochspannungsquelle in *Abb. 18* entweder 0 – 3 kV oder 0 – 10 kV erzeugt werden. Das 4011-CMOS-Gatter-IC ist als astabiler Multivibrator geschaltet, der auf 20 kHz schwingt. Mit dem Rechteckausgangssignal werden zwei Transistoren in Darlington-Schaltung angesteuert. Durch schnelles periodisches Abschalten des Kollektorstromes entstehen primärseitig Induktionsspannungsimpulse von etwa 300 V. Die Spannungsimpulse werden entsprechend dem Übersetzungsverhältnis (ü = 40) hochtransformiert.

Wird statt der Gleichrichterkaskade bzw. des Hochspannungsvervielfachers der in *Abb. 18* unten angegebene Einweggleichrichter an der Sekundärwicklung angeschlossen, können Ausgangsspannungen von 0 – 3 kV erzeugt werden.
Beim Anschluß der Gleichrichterkaskade, die aus einem alten Fernsehgerät ausgebaut werden kann, lassen sich Ausgangsspannungen von 0 – 10 kV erzeugen. Der vergossene Aufbau von Fernsehgleichrichterkaskade wird in *Abb. 21* gezeigt. Durch die Kaskade kann eine dreifach höhere Ausgangsspannung erzeugt werden. Mit dem 500 kΩ-Potentiometer am Operationsverstärker LF 355 kann die Ausgangsspannung auf den gewünschten Wert

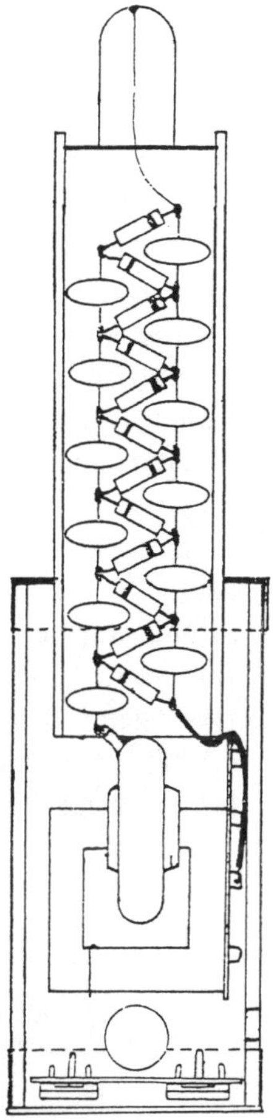

Abb. 20: Empfohlener mechanischer Aufbau für die 90 kV-Hochspannungskaskade

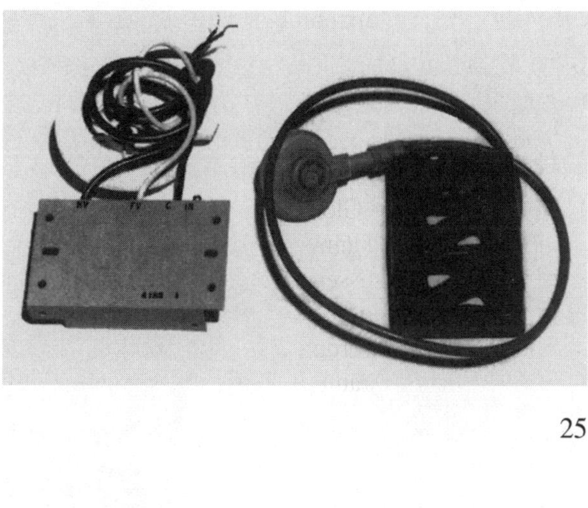

Abb. 21: Fernsehgleichrichter-Kaskaden

eingestellt werden. Zu diesem Zweck vergleicht der Operationsverstärker die an Pin 3 liegende Spannung mit der des Spannungsteilers aus 60 MΩ und 390 kΩ bzw. 300 MΩ und 390 kΩ.
Wenn die Ausgangsspannung über den gewünschten Wert steigt, regelt der LF 355 über den 2 N 3055 die Betriebsspannung der Darlington-Transistoren herunter. Der Trafo ist relativ unkritisch. Es können EI oder Schalenkerne mit etwa 30 mmØ verwendet werden. Optimal ist ein Kern ohne Luftspalt mit einem A_L-Wert nicht unter 2000 nH/N². Die Primärwicklung wird mit 25 Windungen Kupferlackdraht von 0,7... 1 mmØ, die Sekundärwicklung mit 500 Windungen von 0,2... 0,3 mmØ gewickelt. Um Durchschläge zu vermeiden, muß die Primär- und die Sekundärwicklung gegenseitig gut voneinander isoliert sein. Am besten wird ein Doppelkammer-Spulenkörper verwendet. Zur Vermeidung von Spannungsüberschlägen bei nicht eingegossenen Widerständen (60 MΩ bzw. 300 MΩ) sollten diese aus hintereinandergeschalteten 10 MΩ-Widerständen aufgebaut werden.
Der Betriebsstrom liegt bei einer Leistungsabgabe von 0 – 3 Watt zwischen 50 und 350 mA. Die Schaltung stammt von E. Stöhr und ist von 0 Volt an einstellbar. Sie eignet sich somit hervorragend für Hochspannungs-Experimente. Wer mit Hochspannungen bis 100 kV experimentieren will, findet in *Abb. 19* eine geeignete Schaltung. *Abb. 20* zeigt den empfohlenen Aufbau.

2 Einführung in die Grundlagen der Tesla-Spannungserzeugung

Tesla-Spannungen, also hochfrequente Hochspannungen lassen sich nur mit Hochspannungs-Impulsgeneratoren bzw. Hochspannungs-Transformatoren erzeugen. Als Hochspannungserzeuger sind folgende Vorrichtungen gebräuchlich:

- Funkeninduktoren
- am 220 V-Netz betriebene Hochspannungs-Transformatoren
- batteriebetriebene Hochspannungs-Impulsgeneratoren.

Alle drei Arten der Hochspannungserzeugung sind gefährlich. Am gefährlichsten sind jedoch die am 220 V-Netz betriebenen Hochspannungs-Impulstransformatoren.

Beim Experimentieren sollten deshalb Turnschuhe getragen werden. Zusätzlichen Schutz bietet eine Gummimatte, die am Fußboden ausgerollt wird. Weitere Sicherheit ist dadurch gewährleistet, daß man eine Hand in der Hosentasche hält. Für Demonstrationszwecke im Physikunterricht wird immer noch der Funkeninduktor verwendet.

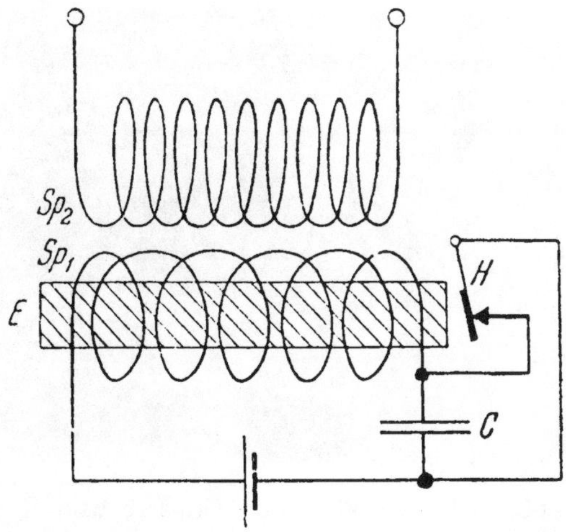

Abb. 22: Aufbau eines Funkeninduktors

2.1 Der Funkeninduktor

Ein Funkeninduktor dient dazu mit Hilfe einer Batterie- bzw. Gleichspannung eine sehr viel höhere Spannung zu erzeugen. Er besteht entsprechend *Abb. 20* aus einer Primärspule Sp 1, aus dickem Draht, die auf einen Weicheisenkern E gewickelt ist, und einer sie umgebenden Sekundärspule Sp 2 aus sehr viel mehr Windungen (in *Abb. 22* ist die Spule Sp 2 der Deutlichkeit halber neben die Spule Sp 1 gezeichnet). An der Primärspule Sp 1 liegt die Gleichstromquelle, die über den Wagner'schen Hammer H mit ihr verbunden ist. Dieser ist ein federnder Kontakt mit einem vor dem einen Ende des Eisenkerns befindlichen Stück Eisen. Er ist geschlossen, solange der Eisenkern nicht magnetisiert ist. Sobald in der Primärspule ein Strom fließt und den Eisenkern magnetisiert, sodaß dieser das Eisenstück anzieht, öffnet sich der Kontakt und der Strom wird unterbrochen. So öffnet und schließt sich der Kontakt in einer sehr schnellen, durch die Schwingungsfrequenz der Feder bedingten Folge. Bei jedem Stromschluß und bei jeder Stromöffnung wird eine hohe Spannung zwischen den Klemmen der Sekundärspule induziert, die bei großen Induktoren Funken von 1 m Länge und mehr hervorrufen kann. Das Unterbrechen des Primärstromes erfolgt plötzlich, während das Anlaufen bei Stromschluß wegen der hohen Selbstinduktion langsamer erfolgt. Daher ändert sich der magnetische Fluß in der Sekundärspule bei Stromöffnung viel schneller als bei Stromschluß, und die induzierte Spannung ist dabei erheblich größer. Der parallel zum Wagner'schen Hammer liegende Kondensator C dient dazu, bei Stromöffnung die dann momentan anliegende volle Betriebsspannung durch Aufnahme von Ladung schnell herabzusetzen. Dadurch wird die Funkenbildung am Kontakt erschwert, welche die Stromöffnung verlangsamen würde.

Abb. 23: Funkeninduktor der Firma Leybold

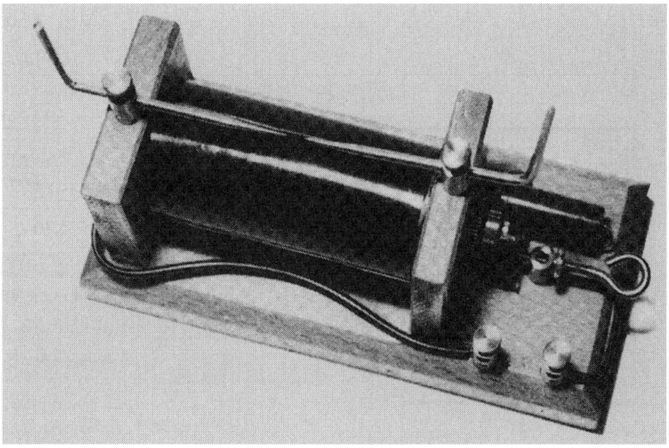

Abb. 24: Funkeninduktor aus Kosmos-Experimentierkasten

Abb. 23 zeigt den im Physikunterricht gebräuchlichen Funkeninduktor der Firma Leybold. Aus *Abb. 24* ist eine kleinere Version zu ersehen, die früher Bestandteil von Kosmos-Physik-Experimentierkästen war.

2.2 Tesla-Anlage mit Funkeninduktor

Um mittels eines Funkeninduktors zu einer funktionierenden Tesla-Anlage zu kommen, muß die in *Abb. 25* gezeigte Schaltung aufgebaut werden. Die Schaltung besteht aus dem Funkeninduktor, zwei parallel geschalteten Hochspannungskondensatoren bzw. Leydener Flaschen, einer Funkenstrecke und dem Tesla-Transformator.

Zum Verständnis der später beschriebenen Experimente soll das Zusammenwirken der Bauelemente kurz beschrieben werden. Beim Einschalten des Funkeninduktors lädt dieser die an seiner Sekundärspule angeschlossenen Leydener Flaschen. Nach Erreichen einer bestimmten Spannungshöhe entladen sich die Flaschen über die Funkenstrecke. In der Primärspule des Tesla-Transformators treten dabei starke Ströme auf, welche in der Sekundärspule ungewöhnlich hohe Induktions-Spannungen, die sogenannten Tesla-Spannungen induzieren. Der Name Tesla stammt wie schon erwähnt von dem berühmten amerikanisch/jugoslawischen Physiker und Erfinder (1856 – 1943) Nikola Tesla, der die physikalischen Zusammenhänge als Erster entdeckt und erforscht hat.

Tesla-Spannungen sind hochgespannte Wechselspannungen, die ihre Richtung außerordentlich schnell ändern, bis zu hunderttausendmal in einer

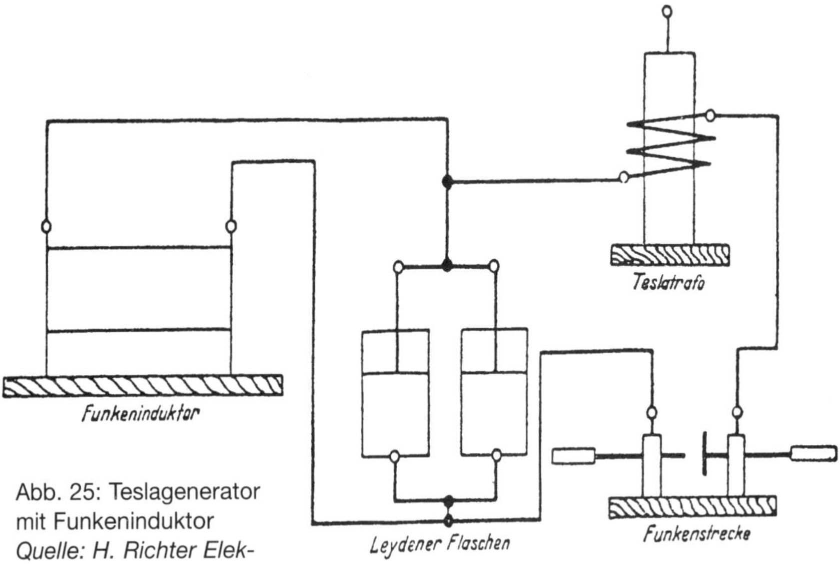

Abb. 25: Teslagenerator mit Funkeninduktor
Quelle: H. Richter Elektrotechnik für Jungen

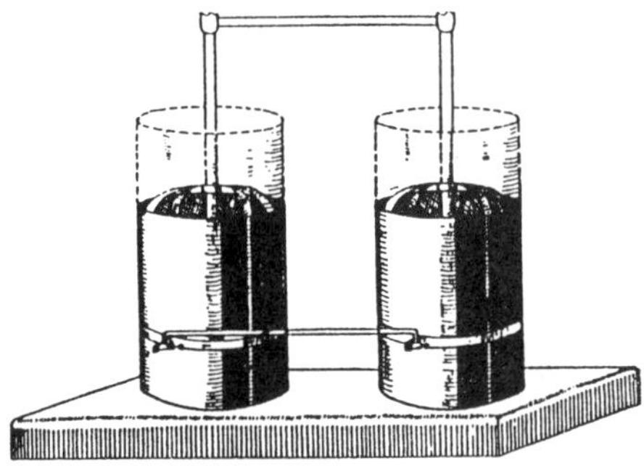

Abb. 26: 2 parallel geschaltete Leydener Flaschen
Quelle: H. Richter Elektrotechnik für Jungen

Sekunde und noch öfter. Sie entstehen, wenn man die Entladungen einer Leydener Flasche, die durch einen Funkeninduktor geladen wird, durch die Primärspule eines Tesla-Transformators gehen läßt.

Was eine Leydener Flasche ist, werden die meisten Leser bereits wissen: Ein zylindrisches Glasgefäß, das innen und außen bis auf einen schmalen Rand mit Aluminium- oder Kupferfolie belegt ist. Eine solche Flasche wirkt wie ein Kondensator. Verbindet man die beiden Belegungen mit den Klemmen einer Funkenstrecke, so gleichen die entgegengesetzten Ladungen sich

Abb. 36: Tesla-Generator in Betrieb (der Totenkopf ist nur ein Gag u. soll keineswegs eine Gefahr durch Hochspannung signalisieren)

Abb. 37: Tesla-Generator der US-Firma Information, Unlimited in Betrieb

Abb. 37a: Ein Mensch als lebendige Elektrode

Abb. 38: Neon- bzw. Leuchtstofflampen strahlen ohne Drahtanschluß im Energiefeld

Abb. 39: Die Finger sind mit Fingerhüten gegen Verbrennungen geschützt

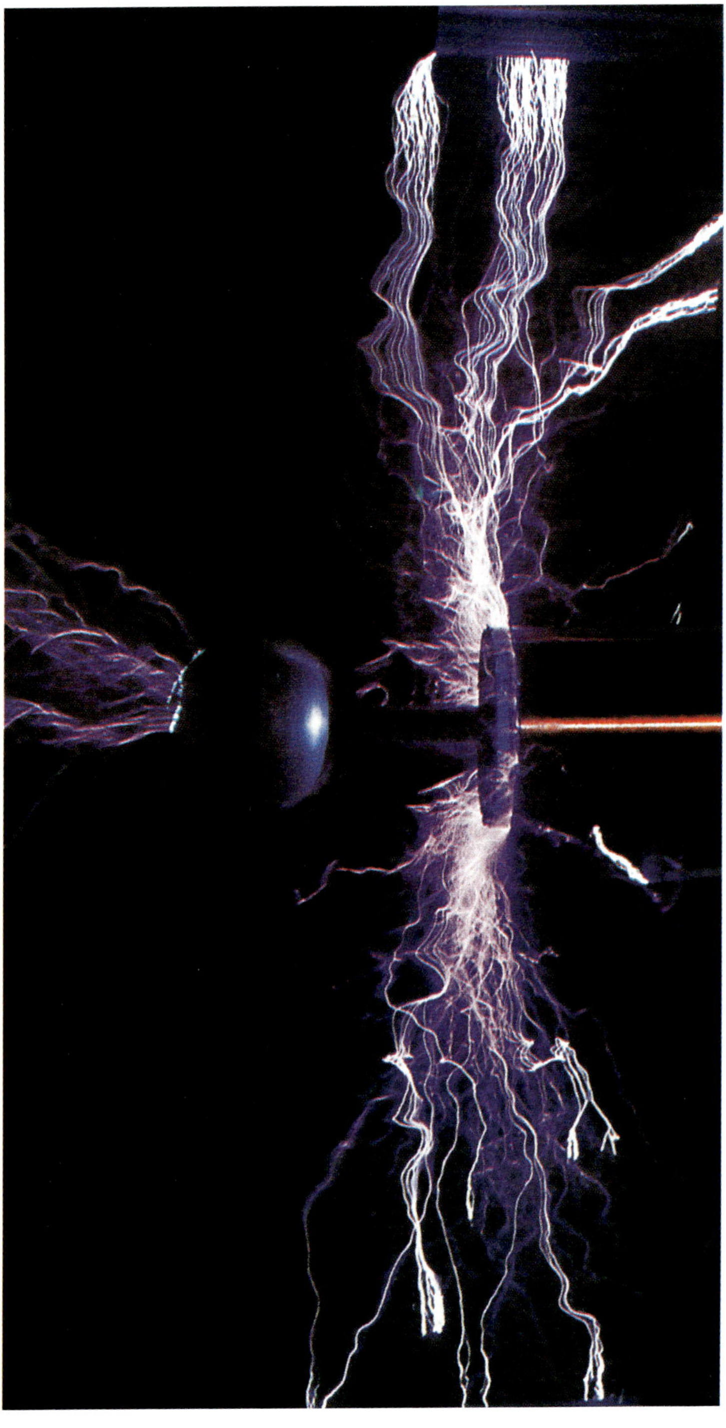

Abb. 40: Funkengewitter einer grossen Teslaspule

Abb. 41: High Power-Teslaspulen betrachtet man besser aus dem Faradayschen Käfig heraus

Abb. 42: Gewaltige Energien werden frei

Abb. 43: Teslaspule mit Ringelektrode

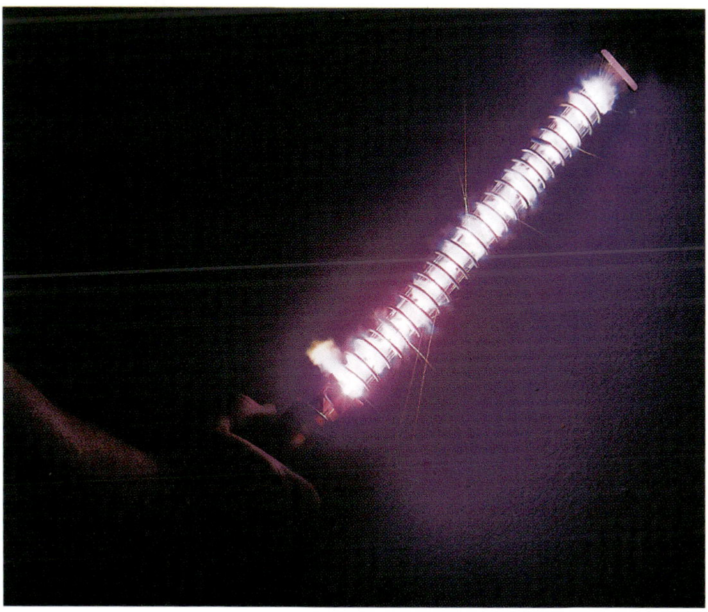

Abb. 43a: Plasma-Blitzschwert aus dem Buch „Blitz und Donner selbst erzeugt“

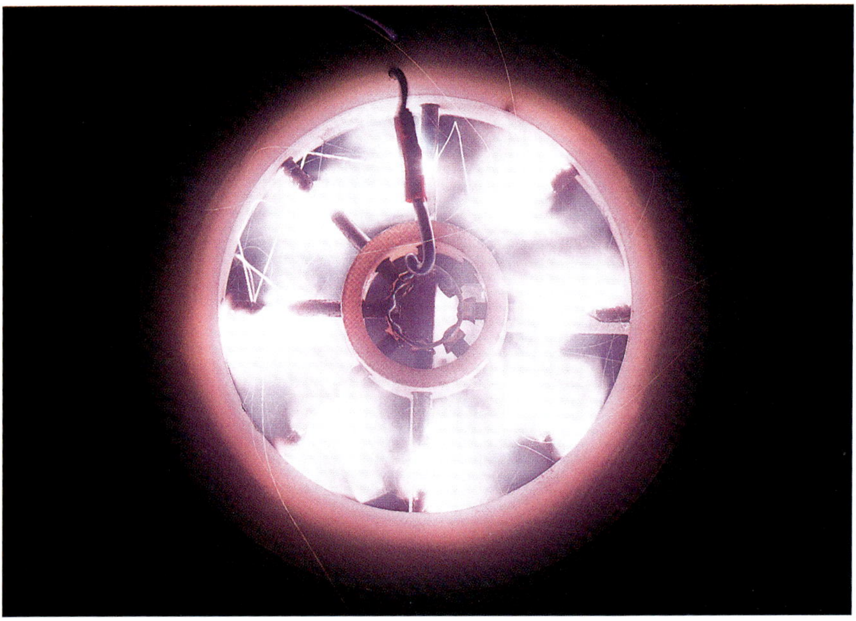

Abb. 43b: Plasmoiden-Blitz aus dem Buch „Blitz und Donner, selbst erzeugt"

Abb. 44: Eintritt in die 4. Dimension mittels Plasmageneratoren

Abb. 27: Leydener Flaschen aus den USA

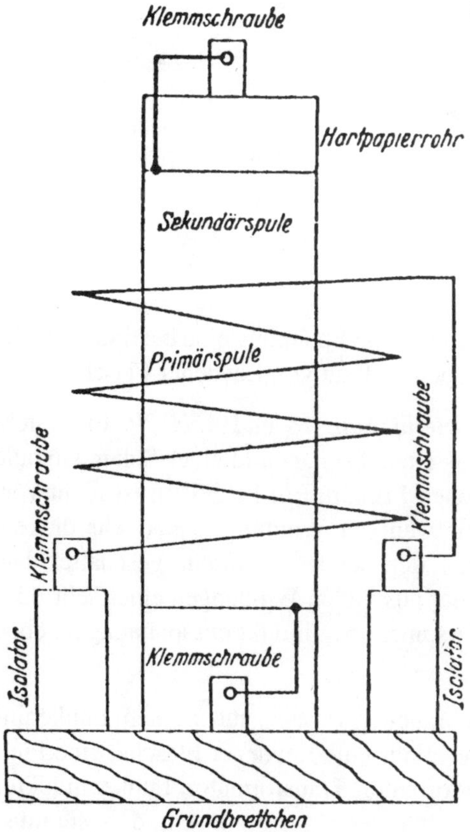

Abb. 28: Aufbau eines Tesla-Transformators
Quelle: H. Richter Elektrotechnik für Jungen

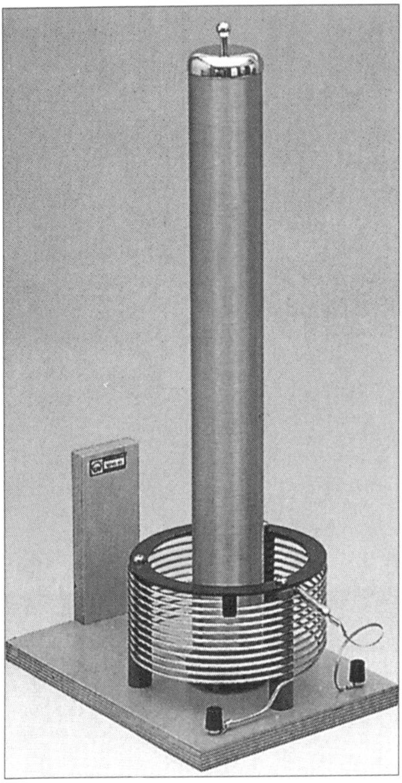

Abb. 29: Tesla-Transformator der Firma Leybold

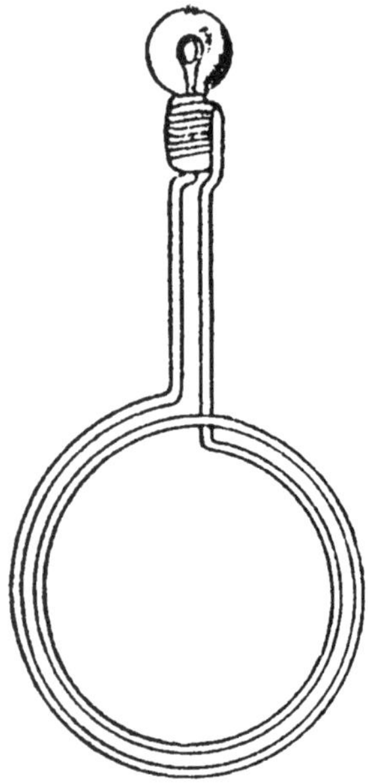

Abb. 30: Fahrradlämpchen mit Ankoppelspule

in einem knallenden Funken aus, sobald die Spannung eine bestimmte Höhe erreicht hat. *Abb. 26 und 27* zeigt den Aufbau von Leydener Flaschen.

Den Tesla-Transformator sehen wir in *Abb. 28* und *Abb. 29*. Er besteht genau wie ein Funkeninduktor aus einer Primär- und einer Sekundärspule und arbeitet auch nach dem gleichen Prinzip. Ein Eisenkern ist nicht vorhanden. Die Primärspule mit nur wenigen Windungen aus sehr dickem Draht wird in den Entladungskreis der Leydener Flasche geschaltet. Die Entladungen induzieren dann, in der aus vielen Windungen eines sehr dünnen Drahtes bestehenden Sekundärspule, hohe Induktionsspannungen, eben die Tesla-Spannungen.

Zur Erzeugung von Teslaströmen brauchen wir also außer einem Funkeninduktor und der zugehörigen Batterie nur eine Leydener Flasche, eine Funkenstrecke und einen Tesla-Transformator. Transformator, Funkeninduktor und Entladungsflasche müssen aufeinander abgestimmt sein, d. h. sie müssen in den elektrischen Eigenschaften zueinander passen. Dies gilt besonders für die Leydener Flaschen.

Im allgemeinen lassen sich sogar Einmachgläser als Leydener Flaschen verwenden. Die Einmachgläser werden außen und innen mit Haushalts-Alufolie oder Kupferfolie aus Schreibwarengeschäften beklebt. Am oberen Teil des Glases muß natürlich ein Rand von 1 – 2 cm vorgesehen werden, damit es dort zu keinen Funkenüberschlägen kommt. Wenn die Einmachgläser zu bleihaltig sind, können durch den dann zu geringen Isolationswiderstand Probleme auftreten. Bessere Erfahrungen macht man mit Leydener Flaschen aus Glasbehältern, wie sie für chemische Versuche benötigt werden. Die im Chemikalienhandel erhältlichen Glasgefäße müssen vor dem Bekleben mit Spiritus abgewaschen werden. Um auf die erforderliche Kapazität zu kommen, werden im allgemeinen zwei Flaschen benötigt.

Mit der in *Abb. 25* gezeigten Tesla-Anlage lassen sich eine Reihe hochinteressanter Versuche durchführen.

Wie stark der Induktionsstrom in der Primärwicklung des Tesla-Transformators ist, geht aus folgendem Versuch hervor:

Praktische Versuche

Ein Fahrradlämpchen wird entsprechend *Abb. 30* an zwei Windungen Kupferlackdraht mit etwa 0,5 – 1 mm Drahtdurchmesser gelötet. Der Spulendurchmesser sollte in etwa dem Primärspulendurchmesser entsprechen. Vor dem Versuch wird die Sekundärspule entfernt. Nach dem Einschalten des Funkeninduktors wird der Lampenring so über die Primärspule gehalten, daß sich die beiden Spulen nicht berühren. Das Lämpchen leuchtet durch den im Drahtring fliessenden Induktionswechselstrom hell auf. Es entsteht der Eindruck, das Lämpchen würde aus einer Batterie betrieben.

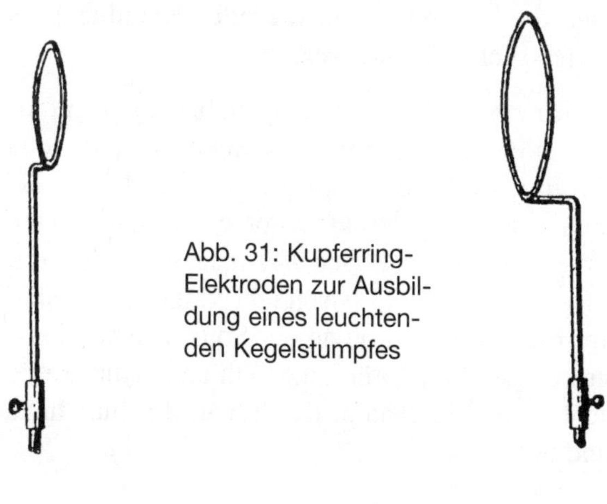

Abb. 31: Kupferring-Elektroden zur Ausbildung eines leuchtenden Kegelstumpfes

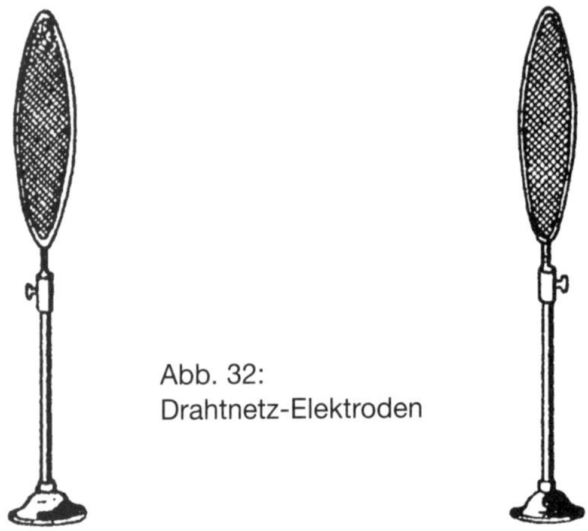

Abb. 32:
Drahtnetz-Elektroden

Wir setzen nunmehr die Sekundärspule des Tesla-Transformators wieder an ihren Platz, verbinden die beiden Sekundärklemmen mit zwei dicken, isolierten Drähten, von deren freien Enden wir die Isolation auf etwa 1 cm Länge entfernen, und schalten den Induktor ein. Verdunkeln wir dann das Zimmer, so sehen wir aus den Drahtspitzen schimmernde Lichtbüschel hervorschießen. Nähern wir die Enden der Drähte einander, so setzt bald eine heftige Funkenentladung ein. Unter lautem Knattern schlagen lange Funken zwischen den Drähten über. Bläst man in den Raum zwischen den Drahtspitzen, so lösen sich die Funken in silberglänzende Flammenbogen auf, die aus einem Netz dicker und dünner Funkenfäden bestehen.

Nun legen wir die untere Sekundärklemme an Erde, indem wir sie durch einen für Hochspannung isolierten Draht mit dem Rohrnetz der Gas- oder Wasserleitung verbinden. Sobald der Induktor eingeschaltet wird, sprühen von der oben auf der Sekundärspule sitzenden Klemme große, blau leuchtende Lichtbüschel senkrecht nach außen.

Jetzt befestigen wir einen 50 – 60 cm langen, blanken Kupferdraht von etwa 3 mm Stärke so in der Kopfklemme der Sekundärspule, daß er senkrecht emporsteht. Das freie Ende des Drahtes wird durch Umwickeln mit Isolierband oder durch einen aufgesteckten Porzellanknopf isoliert. Die andere Sekundärklemme wird geerdet. Schaltet man dann den Induktor ein, so schießen aus dem ganzen Draht waagrecht verlaufende bläuliche Strahlen hervor. Entfernt man die Isolation an der Spitze, so werden die waagrechten Entladungen schwächer, dafür zeigt sich an der Spitze des Drahtes ein blauer, fein verästelter Lichtbaum, der frei in die Luft hinaufwächst und langsam hin und her schwankt.

Wir ersetzen die Drähte durch zwei aus blankem Kupferdraht angefertigte Ringe, entsprechend *Abb. 31*, von denen der eine etwas größer als der andere ist. Die Strahlen gehen dann zwischen den parallel zueinander stehenden Ringen über und bilden einen leuchtenden Kegelstumpf.

Man berührt nun die Kopfklemme der Sekundärspule des Tesla-Transformators mit einer Neonröhre, die man in der Hand hält. Die Röhre leuchtet hell auf, obwohl sie nur mit einem Pol verbunden ist. Meistens erstrahlt die Röhre sogar schon in dem ihr eigentümlichen Licht, sobald sie dem Tesla-Transformator genähert wird.

Wir setzen zwei große Metallplatten (oder in Drahtringe gelötete Drahtnetze) auf Isolierstative, die wir – entsprechend *Abb. 32* – *80* bis 100 cm weit voneinander entfernt aufstellen, verbinden die Anschlußklemmen mit der Sekundärspule und schalten den Funkeninduktor ein. Halten wir dann eine Neonröhre oder 220 V-Glühlampe in den Raum zwischen den beiden Platten, so leuchtet diese hell auf. Diese Versuche zeigen, daß der ganze Raum zwischen den beiden Platten von starken elektrischen Kräften durchflutet wird. Auch hinter und über den Platten treten die Leuchterscheinungen auf. Tesla hatte darauf den Plan einer idealen elektrischen Beleuchtung begründet. Er wollte in dem zu beleuchtenden Zimmer an zwei gegenüberliegenden Wänden große Metallplatten anbringen und sie mit den Klemmen eines mächtigen Tesla-Transformators verbinden. Dann brauchte man nur mit stark verdünnten Gasen gefüllte Glasröhren in das Zimmer zu stellen oder zu hängen, um sofort das schönste Licht zu haben. Bis heute ist der Gedanke aber nicht verwirklicht worden, da Glühlampenbeleuchtung trotz der Drahtleitungen wesentlich billiger ist. Es sieht sehr geheimnisvoll aus, wenn eine frei schwebende Röhre auf Befehl plötzlich hell zu leuchten beginnt.

Während man sich sehr hüten muß, die Sekundärklemmen eines Funkeninduktors zu berühren, wenn man nicht Schläge abbekommen will, kann man die Sekundärklemmen eines Tesla-Transformators ruhig mit beiden Händen anfassen. Betreibt man den Teslagenerator nicht mit 220V-Netzstrom, ist nicht das mindeste zu spüren. Der Grund hierfür liegt darin, daß die Tesla-Ströme infolge ihres außerordentlich schnellen Richtungswechsels gar nicht in den Körper eindringen, sondern über die Körperoberfläche fließen. Berührt man die eine Sekundärklemme mit der einen Hand und streckt man den Zeigefinger der anderen, den man durch einen metallenen Fingerhut oder ein kurzes Stück Messingrohr geschützt hat, gegen die zweite Klemme aus, so springen lange, heftig knatternde Funkenbündel zwischen Finger und

Klemme über. Läßt man die Funken direkt in die Hand schlagen, so können unter Umständen kleine brandwundenähnliche Verletzungen entstehen. Wird der Tesla-Transformator mit 220V-Netzspannung betrieben, führt der mit übertragene 100Hz-Anteil zu unangenehmen elektrischen Schlägen. (siehe Abb. 49)

Um zu möglichst hohen Tesla-Energien zu kommen, kann mittels einer speziellen Funkenstrecke, der sogenannten Löschfunkenstrecke eine raschere Funkenfolge und eine geringere Dämpfung erzielt werden. Mit normalen Funkenstrecken können maximal etwa 100 Funken pro Sekunde erzeugt werden. Nach jeder Entladung benötigt die Funkenstrecke eine gewisse Zeit, um wieder nichtleitend zu werden. Setzt die nächste Entladung vorher ein, bildet sich ein zerstörender Lichtbogen. Schuld daran haben geladene Glasteilchen, Ionen, die beim Funkenübergang entstehen, sich aber nicht schnell genug wieder „neutralisieren“.

Je kleiner die Funken, desto geringer die Hitzeentwicklung, um so geringer auch die Ionisierung. Wenn man nun statt eines großen Funken mehrere kleine Funken benutzt und diese zu einer Funkenkette hintereinanderschaltet, klingt die Ionisierung innerhalb der einzelnen Funkenstrecke schnell ab. Eine zusätzliche Kühlung der Funkenstrecke beschleunigt diesen Vorgang.

Abb. 33: Löschfunkenstrecke der Firma Leybold, München

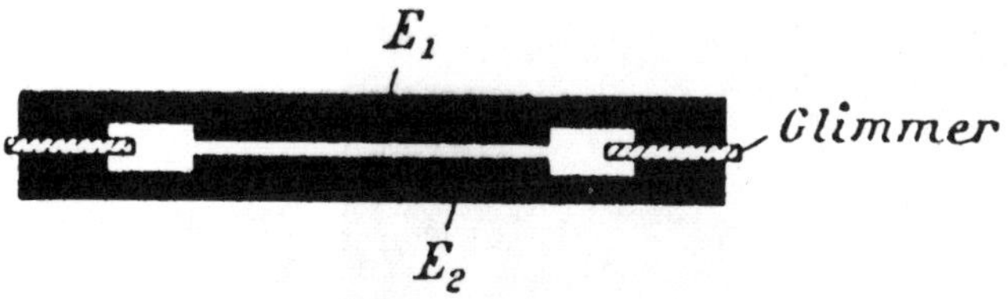

Abb. 34: Einzelnes Plattenpaar einer Löschfunkenstrecke

Sobald die Spannung im Primärkreis einen bestimmten Wert erreicht hat, schlagen an sämtlichen Teilfunkenstrecken Entladungen über. Die entwickelte Wärme wird durch die Metallplatten rasch abgeleitet. Nach wenigen kräftigen Schwingungen erlöschen die Funken; der Primärkreis ist vollständig unterbrochen und es kann eine Rückzündung der Funkenstrecke durch Induktion vom Sekundärkreis her nicht mehr eintreten. Eine solche erfolgt erst bei sehr hohem Kopplungsgrad. Man kann je nach der Güte des Löschvermögens der Funkenstrecke Trafo-Kopplungen bis zu 30% und mehr erreichen. Man nennt solche Funken Abreiß- oder Löschfunken und spricht wegen der fast stoßweisen Erregung des Sekundärkreises auch von einer Stoßerregung und einer Stoßfunkenstrecke.

Abb. 33 zeigt eine Löschfunkenstrecke der Firma Leybold für den Physikunterricht. Aus *Abb. 34* ist der Aufbau eines Plattenpaares zu ersehen. Die Platten E 1 und E 2 bestehen aus silberplattiertem Kupfer, ihr Abstand ist 0,2 mm. Sie werden durch Glimmerringe oder einen Luftspalt voneinander isoliert. Aus *Abb. 35* wird die Hintereinanderschaltung mehrerer Plattenpaare gezeigt.

Welche gewaltigen Funkenentladungen und Leuchterscheinungen mit leistungsfähigen Tesla-Generatoren erzeugt werden können, geht aus den *Abb. 36 bis 43* hervor. Generatoren bzw. Tesla-Transformatoren mit derartigen Leistungen können aus den USA bezogen werden. (Adressen im Anhang).

Bevor wir uns dem Aufbau professioneller Tesla-Generatoren zuwenden, die weder mit altmodischen Funkeninduktoren noch mit der nicht ungefährlichen 220 V-Netzspeisung arbeiten, soll noch auf einige interessante Versuche eingegangen werden. Diese Versuche werden allerdings mit einem netzgespeisten Tesla-Generators durchgeführt.

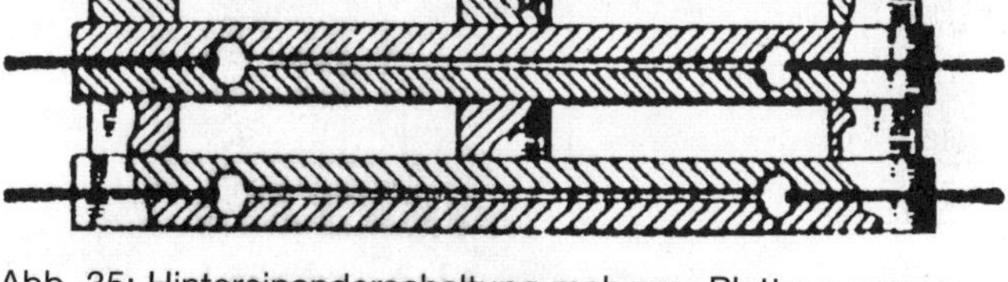

Abb. 35: Hintereinanderschaltung mehrerer Plattenpaare

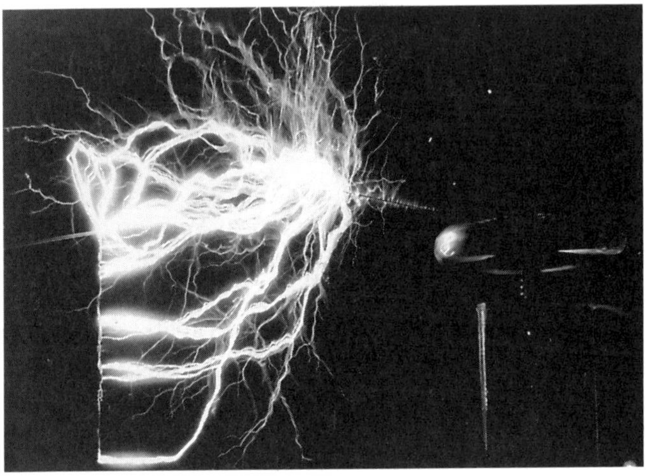

Abb. 45:
Eine dünne Schweißelektrode entfacht ein imposantes Feuerwerk

2.3 Versuche mit netzgespeistem Tesla-Generator

In *Abb. 46* ist die Grundschaltung eines netzgespeisten Tesla-Generators dargestellt.

Ein praktisch ausgeführter, netzgespeister Tesla-Generator ist in *Abb. 47* zu sehen.

Zur Erzielung hoher Ausgangsleistung wurden zwei Hochspannungstransformatoren aus Abb. 1 sekundärseitig hintereinander geschaltet. Natürlich muss dabei auf die richtige Polung geachtet werden, sonst ist die Ausgangsspannung Null Volt. Die 220 V-Primäranschlüsse werden parallel geschaltet, wobei auf Gleichphasigkeit geachtet werden muß.

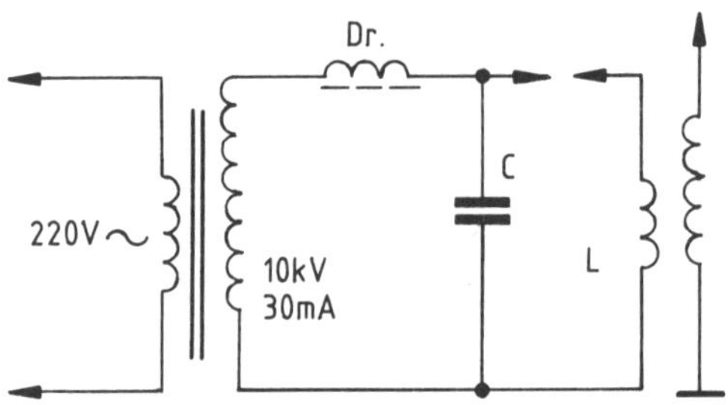

Abb. 46:
Grundschaltung eines netzgespeisten Tesla-Generators

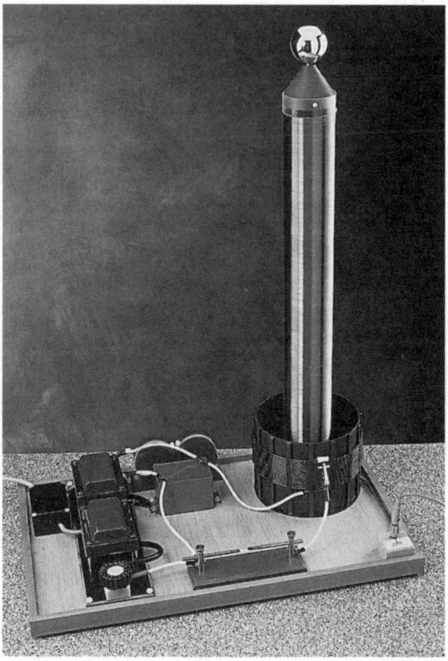

Abb. 47: Praktische Ausführung eines netzgespeisten Tesla-Generators

Die damit erzielte Spitzenspannung beträgt dann 2 x 8 kV = 16 kV mit einer Belastbarkeit von 20 mA.

Die Primärschwingkreiskapazität C wird durch Parallelschalten von 3 Kondensatoren mit 40 kV Spannungsfestigkeit gebildet. Es ergibt sich eine Gesamtkapazität von C = 3300 pf + 3300 pf + 2700 pf = 9300 pf.
Die Primärschwingkreisinduktivität L ist auf einen Hartpapierspulen-Körper mit einem Wickeldurchmesser von 150 mmØ aufgebracht. Auf den Spulenkörper wurden 14 Windungen mit 1 mmØ Kupferlackdraht gewickelt. Von den 14 Windungen werden mit einer Krokodilklemme 13 Windungen angezapft, so daß der Primärschwingkreis auf der gleichen Resonanzfrequenz schwingt, wie die Tesla-Sekundärspule nämlich 286 kHz.

Die Eigenresonanz der Tesla-Sekundärspule wurde mit dem Meßverfahren nach *Abb. 57* bestimmt. Für die Bestimmung bzw. für die Abstimmung des Primärkreises kann das in Abb. 58 gezeigte Meßverfahren angewandt werden.

Für die Funkenstrecke wurden Elektroden aus 4 mmØ Silberstahl verwendet. Der Elektrodenabstand kann mittels Lösen der beiden Rändelschrauben auf einfache Weise justiert werden. Als Funkenelektroden eignen sich in hervorragender Weise auch angespitzte Kohlestifte aus Taschenlampenbatterien (4.5V-Flachbatterie).

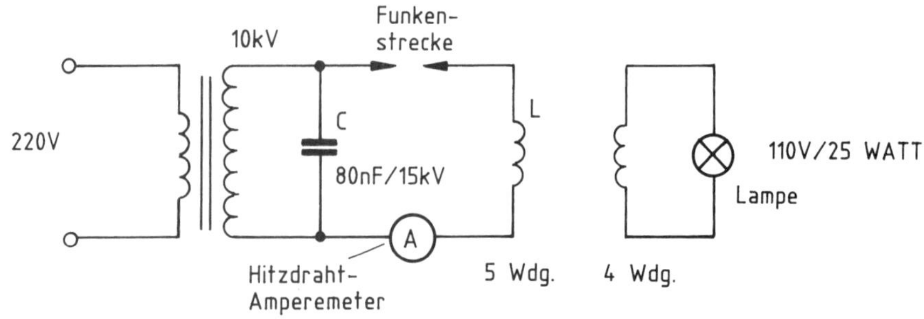

Abb. 48: Drahtlose Auskopplung der Energie auf eine 110 V-Lampe (Schaltung nicht identisch mit Tesla-Generator-Aufbau aus Abb. 47)

Obwohl eine Drossel nicht unbedingt erforderlich ist, wurden auf einen alten Netzfilter-Ferritkern (d_a=37 mm^{Ø}; d_i=20 mm^{Ø}) 20 Windungen 1 mm^{Ø} Kupferlackdraht gewickelt.

Die Tesla-Sekundärspule wurde auf ein 510 mm langes Plexiglasrohr mit einem Aussendurchmesser von 65 mm^{Ø} gewickelt. Auf einer Wickellänge von 480 mm konnten 2100 Windungen mit 0,2 mm^{Ø} Kupferlackdraht aufgebracht werden. Um Funkenüberschläge zwischen benachbarten Windungen zu vermeiden, wurde die Tesla-Sekundärspule auf ihrer gesamten Länge mit Isolierlackspray von Kontakt-Chemie (Firma Bürklin, München, Schillerstr.) imprägniert. Die Kugelelektrode am oberen Ende der Tesla-Sekundärspule hat einen Durchmesser von 45 mm und befindet sich in 48 mm Abstand von der letzten Sekundärwindung. Dieser Abstand ist wichtig, da die Kugel in unmittelbarer Nähe des oberen Spulenendes sonst als Kurzschlusswindung wirken und die Güte des Tesla-Sekundärschwingkreises verschlechtern würde.

Für die Funktion ist es bedeutungslos, ob die Funkenstrecke parallel zum Kondensator oder in Reihe zur Primärspule liegt. Wird die Tesla-Spule entfernt und durch eine Ankoppelspule mit Lampe ersetzt, ergibt sich die Schaltung in *Abb. 48*. Durch den Kondensator C und die Spule L entsteht ein hochfrequenter Schwingkreis mit der Frequenz

$f=\frac{1}{2\pi\sqrt{L\cdot C}}$ und der Schwingungsdauer $T=2\pi\sqrt{L\cdot C}=\frac{1}{f}$

Damit die Schwingungsenergie groß wird, muß die Spannung U wegen der Bedingung $W=\frac{1}{2}\,C\cdot U^2$ möglichst groß gewählt werden. Die zwischen Spule und Kondensator erforderliche Verbindung stellt die Funkenstrecke dar. Bei jeder Sinushalbwelle des Hochspannungs-Transformators entsteht eine gedämpfte hochfrequente elektrische Schwingung. Die Schwingungen entstehen jeweils in dem Moment, wenn die Ladespannung am Kondensator die Zündspannung der Funkenstrecke erreicht hat. In diesem Moment ist der Schwingkreis kurzfristig geschlossen. *Abb. 49* zeigt die gedämpften Wellenzüge des Schwingkreisstromes.

Für die folgenden Versuche wurde ein Trafo mit einer Primärspule von 500 Windungen und einer Sekundärspule von 23 000 Windungen gewählt. Der Schwingkreiskondensator hat 80 nF und eine Prüfspannung von 15 kV. Die Tesla-Spule hat 2500 Windungen.

Der Schwingkreis der Schaltung in *Abb. 48* besteht aus einer Spule mit n 1 = 5 Windungen, deren Induktivität $L = 10^{-5}$ H ist, und einem Kondensator der Kapazität C = 80 nF. Die Schwingungsdauer beträgt daher

$$T = 2\pi \sqrt{10^{-5}\,\mathrm{H} \cdot 80\,\mathrm{nF}} = 5{,}6 \cdot 10^{-6}\,\mathrm{s}$$

und die Frequenz

$$f = \frac{1}{T} = 180\,\mathrm{kHz}$$

Besteht die Sekundärspule aus einer Spule mit vielen Windungen, wobei ein Ende geerdet ist und das andere Ende zu einer Metallspitze führt, dann liegt ein Tesla-Schwingkreis vor. Die Tesla-Spule kann koaxial im Inneren oder außerhalb der Primärspule angeordnet werden. Beim Einschalten des Schwingkreises beobachtet man lange, bläuliche Spitzenentladungen. Würde es sich um Gleichspannungen handeln, wären mehrere hunderttausend Volt Spannung erforderlich, um diese Entladungen herbeizuführen.

Im Experiment wird, wie bereits erwähnt, eine Wechselspannung von 220 V der Primärspule eines Transformators mit 500 Windungen zugeführt. Die Sekundärspule hat 23 000 Windungen; damit wird die Spannung auf etwa 10 000 V transformiert, wobei die Funkenstrecke periodisch den Schwingkreis kurzschließt. Dieser besteht aus einer Kapazität von 80 000 pF und einer Induktivität von 5 Windungen. Die Tesla-Spule hat 2500 Windungen und bildet mit ihrer eigenen Kapazität gegen Erde einen weiteren Schwing-

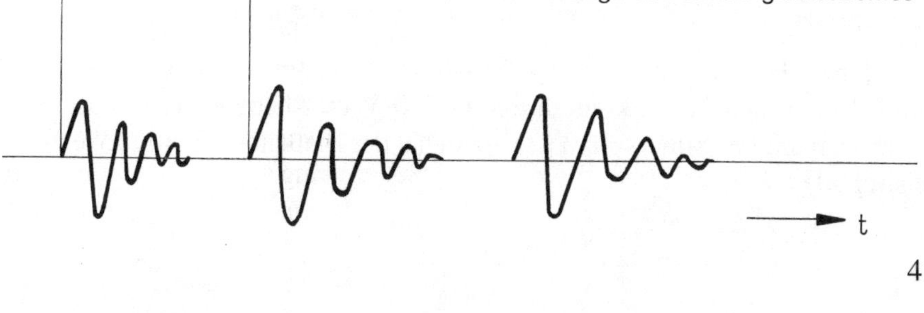

Abb. 49: Die gedämpften Wellenzüge des Schwingkreisstromes

kreis. Falls Resonanz vorliegt, muß das Produkt L • C der Tesla-Spule gleich dem Produkt L' • C' des Primärschwingkreises mit den 5 Windungen und der 80 000 pF-Kapazität sein. Dadurch treten, obwohl die Maximalspannung am Transformator nur etwa 10 000 V beträgt, 10 – 20 cm lange Funkenentladungen auf.

Für Heilbehandlungen werden kleine Tesla-Transformatoren industriell gebaut, mit denen man mehrere Zentimeter lange Funken erzeugen kann. Der prinzipielle Aufbau entspricht dem normalen Tesla-Transformator; er enthält einen Transformator, einen Primärschwingkreis mit wenigen Windungen und Löschfunkenstrecke sowie einen Sekundärkreis mit 1000 oder mehr Windungen.

Die Ungefährlichkeit und die Intensität von Hochfrequenzströmen kann entsprechend *Abb. 48* nachgewiesen werden, in dem eine Glühlampe von 110 V/ 25 W in die Nähe des Primärkreises gebracht wird; die Lampe leuchtet dabei deutlich auf. Intensive, schnell wechselnde Ströme sind für den menschlichen Organismus ungefährlich, wie an einem mit Aluminium verkleideten Holzstab gezeigt wird, den der Experimentator in die Nähe der Hochfrequenz-Funkenentladung hält. Der Holzstab entzündet sich schließlich und brennt. Für den Experimentator ist dieser Versuch deswegen ungefährlich, weil die Ionen in der Zellflüssigkeit so träge sind, daß sie dem schnell wechselnden elektrischen Feld nicht folgen können. Bei einer entsprechend hohen Gleichspannung würde die elektrolytische Wirkung äußerst gefährlich sein. Die Bewegung der Zellionen ist klein gegen die Dimension der Zellen; trotzdem tritt durch die Bewegung der Ionen eine Erwärmung der Zelle ein. Die Medizin benützt zur Erwärmung von Gewebe Geräte, die nach demselben Prinzip funktionieren.

Versorgt man die 5 Windungen der Primärspule eines Tesla-Transformators über einen Ohmschen Widerstand von 11 Ω mit technischem Wechselstrom von 50 Hz, dann liegt wohl ein Schwingkreis vor, aber die in der Sekundärspule induzierte Spannung ist viel zu klein, um die in Serie liegende Glühlampe von 110 V/25 W zum Aufleuchten zu bringen. Die Lampe der Probespule leuchtet auch dann nicht auf, wenn man sie koaxial in die Primärspule des Tesla-Transformators hineinstellt, sodaß praktisch fast der gleiche magnetische Fluß der Primärspule auch die Sekundärspule durchsetzt.

Eine kurze Überschlagsrechnung bestätigt den experimentellen Befund. Schließt man den Primärkreis direkt an 220 V und beträgt der Ohmsche Vorwiderstand im Primärkreis 11 Ω, dann hat der fließende effektive Wechselstrom den Wert

$$I = \frac{U}{R} = \frac{220\ V}{11\ \Omega} = 20\ A$$

Der induktive Widerstand L der 5 Windungen beträgt 10^{-5} H. Demgemäß ergibt sich für den induktiven Wechselstromwiderstand

$$Z = \omega \cdot L = 2\pi \cdot 50\ Hz \cdot 10^{-5}\ H = 3 \cdot 10^{-3}\ \Omega$$

An den 5 Windungen der Primärspule liegt daher die Spannung

$$U\ 1 = Z \cdot I = 3 \cdot 10^{-3}\ \Omega \cdot 20\ A = 6 \cdot 10^{-2}\ V.$$

Da die Sekundärspule mit 4 Windungen eine Spannung derselben Größenordnung wie die Primärspule mit 5 Windungen erhält, kann eine 110 V/25 W-Lampe in diesem Kreis nicht aufleuchten. Die Überschlagsrechnung bestätigt das experimentelle Ergebnis. Da auch bei koaxialer Anordnung nicht der gesamte Fluß der Primärspule die Sekundärspule durchsetzt, ist in Wirklichkeit die Spannung in der Sekundärspule etwas kleiner als dem Verhältnis der Windungszahlen entsprechen würde.

Bei Verwendung einer Löschfunkenstrecke wird die Energieübertragung noch wesentlich effektiver. Der 180 kHz-Schwingkreis wird nun mit einer Löschfunkenstrecke betrieben.

Die erforderliche Hochspannung liefert wieder ein Hochspannungstrafo mit dem Übersetzungsverhältnis 5 : 230. An der Primärspule des Transformators werden 220 V angelegt. Nimmt man eine Probespule von 4 Windungen mit in Serie geschalteter Glühbirne von 110 V/25 W, dann beobachtet man eine Energieübertragung in die Ankoppelspule, wenn man sie koaxial in die Primär-Tesla-Spule stellt. Diese Übertragung nennt man Stoßanregung. Eine Überschlagsrechnung bestätigt diese Beobachtung. Für f = 180 kHz ist ω = 1,1 MHz. Bei einer Induktivität von L = 10^{-5} H ergibt sich somit für den Wechselstromwiderstand

$$Z = \omega \cdot L = 1{,}1\ MHz \cdot 10^{-5}\ H = 11\ \Omega.$$

Nun wird die Spannung so einreguliert, daß im Hochfrequenzkreis ein Strom von I_{eff} = 20 A fließt. Da die Spannung an den Enden der Spule $U_1 = Z \cdot I$ ist, erhält man:

$$U_1 = Z \cdot I;$$

$$U_1 = 11\ \Omega \cdot 20\ A = 220\ V;$$

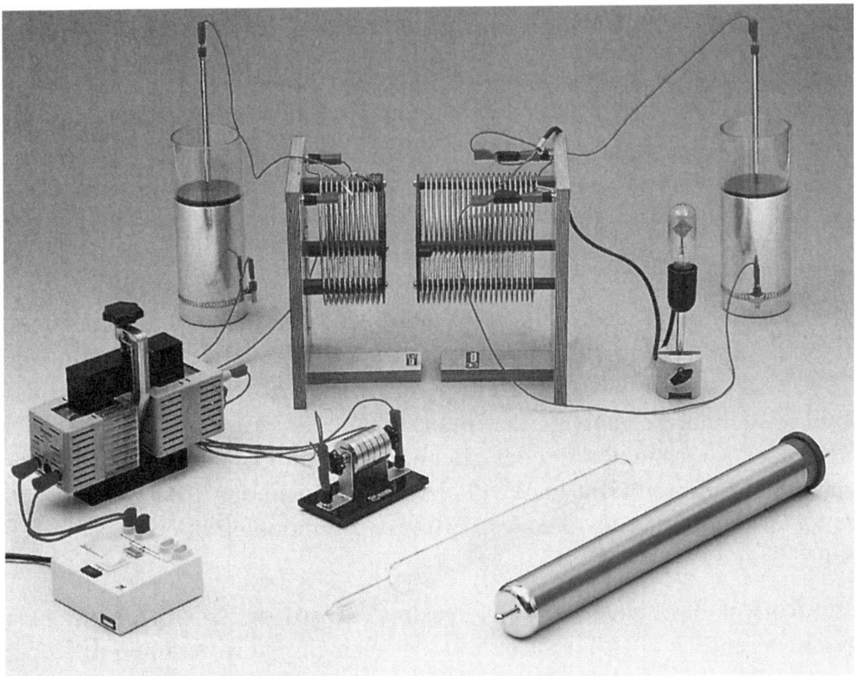

Abb. 50: Optimale Energieübertragung ist gewährleistet, wenn Primär- und Sekundärkreis in Resonanz sind (Quelle: Fa. Leybold)

Stellt man die Ankoppelspule mit ihren 4 Windungen koaxial in die Primär-Tesla-Spule, dann wird die Spannung im Verhältnis 5 : 4 heruntertransformiert; somit sollte sich in der Ankoppelspule eine Spannung von ca. 180 V ausbilden. Tatsächlich ist die transformierte Spannung wegen des Streufeldes geringer. Man sieht aber deutlich, daß die 110 V/25 W-Lampe intensiv brennt. Dafür, daß die in den Sekundärkreis übertragene Energie nicht an den Primärkreis zurückgegeben wird, sorgt die Löschfunkenstrecke. Für die Energieübertragung ist nicht der Effektivstrom durch die Primärspule maßgebend, sondern, wie das Induktionsgesetz es auch verdeutlicht, die Umfangsspannung proportional $\Delta I/\Delta t$ ist. Hohe Frequenzen bedeuten aber sehr kleine Werte für Δt.

Daß der Stromfluß der hochfrequenten Energie über den Körper des Menschen ungefährlich ist, erkennt man auch an folgendem Experiment:

Der 180 kHz-Schwingkreis aus *Abb. 48* wird mit einer Abänderung, die die Ankoppelspule betrifft, verwendet. Sie besteht nach wie vor aus 4 Windungen, die in Serie geschaltete Glühbirne wird jedoch erst über den Körper des Experimentators verbunden. Dies geschieht dadurch, daß der Experimentator mit beiden Händen die offenen Enden im Kreis zwischen Spule und Glühbirne anfaßt. Bei eingeschaltetem Schwingkreis beobachtet man ein schwaches Aufleuchten der Glühlampe. Man zeigt damit, daß der hochfrequente Wechselstrom für den menschlichen Organismus ungefährlich ist. Wegen des durch die Zellen fließenden Stroms tritt wohl Erwärmung auf, nicht aber eine elektrolytische Wirkung. Der Versuch zeigt die Methodik der klassischen Diathermie, wobei der menschliche Körper als Widerstand zwischen den blanken Elektroden eines Hochfrequenzstromkreises dient.

Es gibt noch zwei andere Möglichkeiten, Hochfrequenzenergie in lebende Zellen einzubringen. Bei der Kondensatorfeldmethode, auch Kurzwelle genannt, fungiert der Körper als verlustreiches Dielektrikum. Wendet man schließlich die Spulenmethode an, dann bewirkt das hochfrequente magnetische Feld einer Spule eine Wirbelstromaufheizung des menschlichen Körpers. Die praktische Bedeutung dieser Methoden erkennt man, wenn man bedenkt, daß Gleichströme von etwa 100 mA bereits tödlich sind.

Die Anordnung des Tesla-Transformators entsprechend Abb. 48 gibt hochfrequente Ströme auch an eine Neon-Leuchtstoffröhre weiter, wenn man diese in die Nähe der Tesla-Spule bringt und für eine Ableitung über eine Elektrode sorgt. Aber auch elektrodenlose Entladungsröhren leuchten durch die starke Induktionswirkung des Tesla-Transformators auf.

Die Energieübertragung aus einem Primär-Tesla-Schwingkreis in den Sekundärkreis kann dadurch deutlich gemacht werden, daß man die Sekundärspule unter Verwendung der Anordnung aus *Abb. 48* durch eine zu einer einzigen Windung zusammengefalteten Aluminiumfolie ersetzt. Bei Einschalten des Tesla-Schwingkreises, beobachtet man ein Durchschmelzen der Aluminiumfolie an der engsten Stelle. Auch hier hat die Löschfunkenstrecke die Aufgabe, eine Rückübertragung der Energie aus der Aluminiumfolie in den Primärschwingkreis zu verhindern.

Stellt man entsprechend *Abb. 50* einem Schwingkreis wie in *Abb. 46* dargestellt, einen Sekundärkreis mit gleicher Resonanzfrequenz gegenüber, so sieht man an einer zu diesem Sekundärkreis parallel geschalteten Glimmlampe ein deutliches Aufleuchten. Das Experiment bestätigt, daß elektromagnetische Energie drahtlos über Entfernungen übermittelt werden kann. Der Sekundärkreis muß dabei mit seiner Kapazität und seiner Induktivität möglichst exakt auf den Primärkreis abgestimmt werden, um optimale Energieübertragung zu bewirken. Man erreicht dies bei vorgegebener Kapazität, indem man die entsprechende Anzahl von Windungen der Induktionsspule verwendet, bei der ein optimales Signal an der Glimmlampe erhalten wird.

3 Aufbau und Betrieb moderner Tesla-Generatoren

3.1 Tesla-Generator (Version 1)

Die Schaltung aus *Abb. 51* stammt aus den USA. Wie bereits bekannt, wird als Impulsgenerator das Timer-IC 555 verwendet. Über zwei Treibertransistoren werden zwei parallel geschaltete 2N3055 angesteuert. Im Kollektorkreis dieser Transistoren befindet sich die Primärwicklung einer normalen 12 V-Kfz-Zündspule.

Der Hochspannungsausgang der Zündspule führt auf den Schwingkreis-Kondensator und die Funkenstrecke. Die Schwingkreisspule ist mit Anzapfungen versehen, sodaß der Primärkreis so abgestimmt werden kann, daß er mit dem Sekundärkreis in Resonanz kommen kann. In der Praxis wird der Anzapfpunkt solange variiert, bis die längsten Funkenüberschläge zwischen dem Hochspannungsausgang der Tesla-Spule und Masse feststellbar sind.

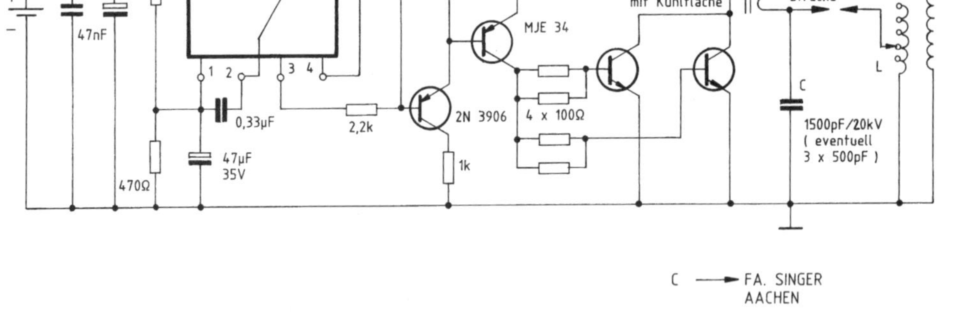

Abb. 51: Tesla-Generator-Schaltung (Version 1)

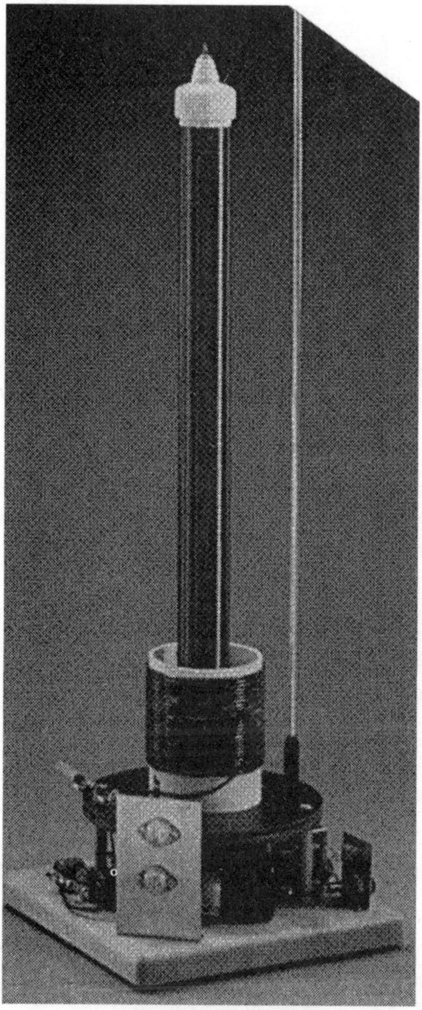

Abb. 52: Aufbau des Tesla-Generators (Version 1)

Aus *Abb. 52* ist der komplette Aufbau des Tesla-Generators zu sehen. Die Ansteuerschaltung wurde ohne besonderen Aufwand entsprechend *Abb. 53* auf Veroboard und Holzbrettchen untergebracht.

Die auf Kunststoffrohren aufgebrachte Primär- und Sekundärwicklung wird in *Abb. 54* gezeigt. In Baumärkten gibt es PVC-Rohre, die sich gut für diesen Zweck eignen. Der Durchmesser sowohl der Primär- als auch der Sekundärspule ist nicht kritisch. Die Primärspule hat einen Durchmesser von ca. 10

Abb. 53: Die Ansteuerschaltung auf Veroboard und Holzbrettchen

Abb. 54: Primär- u. Sekundärspule

Abb. 55: Tischchen zur räumlichen Trennung von Ansteuerschaltung und Spulenanordnung

cm und erhält 25 Windungen mit 2 mmØ Kupferlackdraht. Die Tesla-Spule ist etwa 60 cm lang, mit einem Außendurchmesser von 3 – 4 cm.

Diese Spule wird mit 0,4 mmØ starkem Kupferlackdraht vollgewickelt. Das kleine runde Tischchen aus Epoxyd oder Pertinax in *Abb. 55* dient zur räumlichen Trennung der Ansteuerschaltung und der Spulenanordnung. Auf den runden weißen Klotz in der Mitte kann die Tesla-Spule aufgesteckt werden.

3.2 Tesla-Generator-High-Power (Version 2)

Wer etwas tiefer in die Tesla-Spannungserzeugung einsteigen will, findet im folgenden ein reiches Betätigungsfeld. Hobby-Elektronikern mit wenig Hochspannungserfahrung wird vom Aufbau netzgespeister Tesla-Generatoren jedoch abgeraten.

Die High-Power-Grundschaltung mit netzgespeistem Tesla-Generator ist aus *Abb. 56* zu ersehen, während aus *Abb. 59* der Aufbau hervorgeht. Um der Hochfrequenz den Weg ins Netz zu verbauen, sind auf der Sekundärseite des Netztrafos zwei Drosseln vorgesehen. Außerdem ist das Blechpaket des Trafos mit Masse bzw. dem Schutzkontakt verbunden. Die Resonanzfrequenz der Tesla-Spule ist wieder wie bei allen Tesla-Versuchsaufbauten durch Aufbau und Windungszahl fest vorgegeben. Hier kann nachträglich nichts mehr geändert werden. Übereinstimmung von Primär- und Sekundär-Resonanzfrequenz kann auf einfache Weise nur durch entsprechende Anzapfpunkte an der Primärspule oder durch Variation des Kapazitätswertes erzielt werden. Für gute Experimentierergebnisse ist es jedenfalls von größter Bedeutung, daß die Übereinstimmung von Primär- und Sekundär-Resonanzfrequenz so genau wie möglich ist. Die Qualität des Kondensators hinsichtlich Eigeninduktivität und Isolationswiderstand ist für optimale Funktion ebenfalls von großer Bedeutung. Außerdem sollte die Induktivität der Drosseln in dieser Applikation wesentlich höher als die Primärspuleninduktivität sein ($L \geqq 1$ mH). Wer die Resonanzabstimmung nicht π mal Daumen über die maximal mögliche Sekundärfunkenschlagweite vornehmen will, erhält im folgenden einige einfache Abstimmungs- und Messtips.

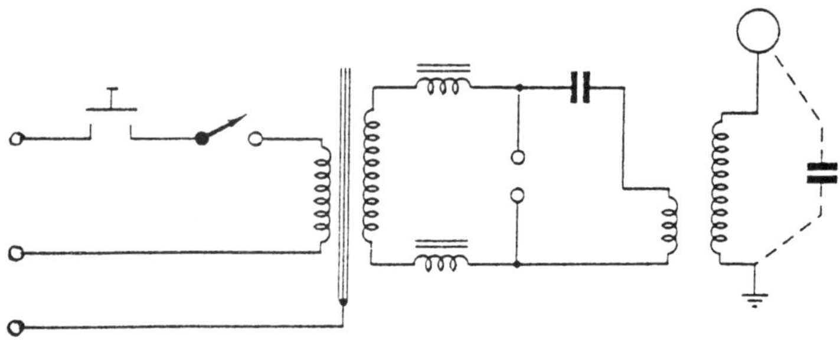

Abb. 56: Schaltung des High-Power-Tesla-Generators (Version 2)

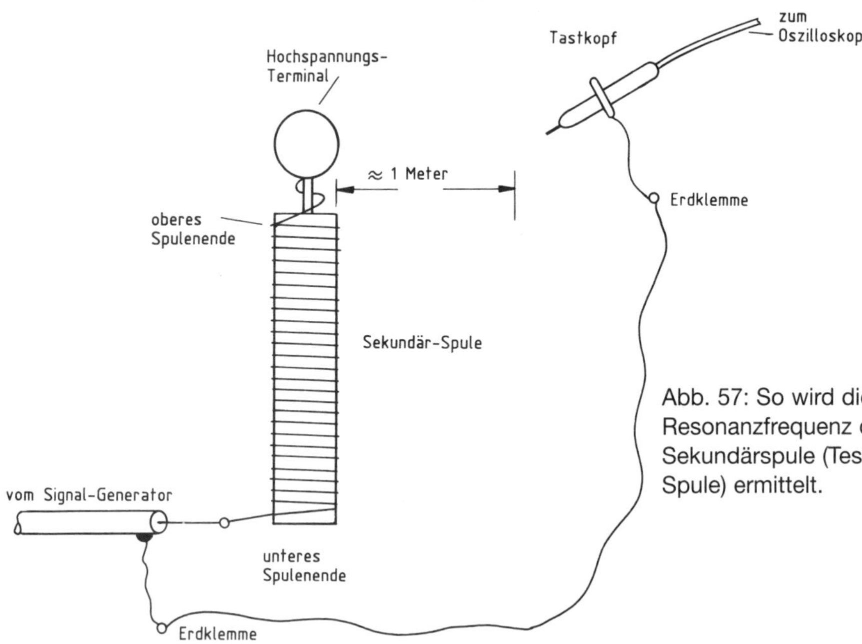

Abb. 57: So wird die Resonanzfrequenz der Sekundärspule (Tesla-Spule) ermittelt.

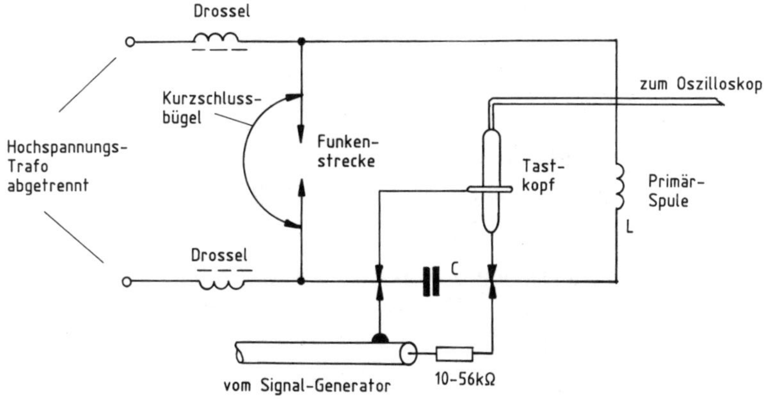

Abb. 58: So wird die Resonanzfrequenz des Primärkreises ermittelt

3.2.1 Abstimmungs- u. Meßtips

Ermittlung der Resonanzfrequenz der Sekundärspule

Aus *Abb. 57* ist die Vorgehensweise ersichtlich. Zunächst muß die Spule aufrecht auf einen Holztisch gestellt werden. Dabei ist darauf zu achten, daß sich im Umkreis von etwa einem Meter weder ein Metallteil noch der Primärkreis befindet. Nun wird am unteren Ende der Spule ein Signalgenerator (0 – 2 MHz) angeschlossen. Anschließend wird ein Oszilloskop-Tastkopf in etwa 1 Meter Entfernung vom oberen Spulenende fixiert. Dann wird sowohl der Signal-Generator als auch das Oszilloskop auf den 100 mV-Bereich eingestellt. Beim Durchdrehen der Ausgangsfrequenz des Generators beobachtet man dann den Bildschirm.

Bei Sekundärspulen hoher Güte kann der Resonanzanstieg der Signalspannung sehr plötzlich erfolgen.

Abstimmung der Primärspule

Für diese Abstimmung muß die Sekundärspule außer Reichweite gebracht werden. Aus *Abb. 58* ist die Meßanordnung zu ersehen. Für die Messung ist der Hochspannungstrafo abgetrennt und die Funkenstrecke mit einem Kurzschlußbügel überbrückt. Nun wird ein Oszilloskop und ein Signalgenerator

(0 – 2 MHz) mit einem Vorwiderstand von 56 kΩ am Primärkondensator C angeschlossen. Das Oszilloskop wird auf 100 mV pro Teilstrich und der Signal-Generator auf 5 V Ausgangsspannung justiert. Beim Durchdrehen des Signal-Generators erscheint bei der Resonanzfrequenz plötzlich ein Amplitudenanstieg.

Nun gibt es zwei Möglichkeiten:
Die Primär-Resonanzfrequenz ist höher oder niedriger als die Sekundär-Resonanzfrequenz.

Wenn die Primärkreisfrequenz höher ist als die Sekundär-Kreisfrequenz kann man

- die Primärkapazität erhöhen
- mehr Windungen anzapfen
- Draht von der Sekundärspule abwickeln bis beide Frequenzen übereinstimmen
- die kugelförmige Elektrode verkleinern.

Wenn die Primärkreisfrequenz niedriger ist als die Sekundärkreisfrequenz, kann man

- weniger Primärwindungen anzapfen
- die Primärkapazität verringern
- zusätzliche Windungen auf die Sekundärspule aufbringen bis beide Frequenzen übereinstimmen
- die kugelförmige Elektrode vergrößern.

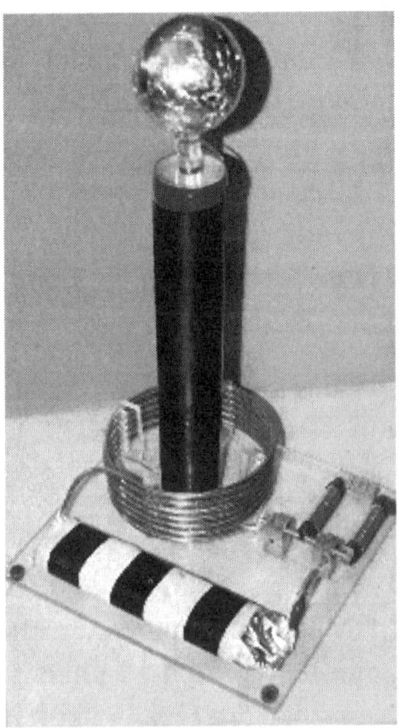

Abb. 59: Aufbau des High Power-Tesla-Generators (Version 2)

Wer die kugelförmige Elektrode übrigens der Sekundärspule zu nahe montiert, verliert wie schon erwähnt Spulengüte, da sich die Elektrode dann wie eine Kurzschlußwindung verhält.

Leistungsbetrachtungen

Da die Funkenstrecke Impulsspitzenströme von mehreren hundert Ampere standhalten muß, sollten die Elektroden aus Silberstahl sein oder temperaturfeste Karbidspitzen aufweisen. Auch Wolfram-Elektroden für Punktschweißgeräte sind gut geeignet. Auch spitz zugefeilte Kohlestifte aus 4.5V-Taschenlampenbatterien (Flachbatterien) sind gut geeignet. Wie bereits erwähnt sind einfache Funkenstrecken nur eine Notlösung, weil durch die starke Ionisation in den Überschlagspausen Energie von der Sekundärspule zurückfließt. Durch Löschfunkenstrecken oder rotierende Funkenstrecken, wie sie in der folgenden Applikation beschrieben werden, wird die Lichtbogenbildung beim Abschalten weitgehend unterdrückt. Als Trafos eignen sich auch Streufeld-Hochspannungstrafos, mit denen Leuchtstoff-Reklameschriften betrieben werden.

Die Trafogröße einschließlich des Kapazitätswertes bestimmt die maximal erzielbare Leistungsabgabe des Tesla-Generators. Z. B. hat ein Neon-Streufeld-Transformator mit einer Ausgangsspannung von 7500 V und 60 mA Betriebsstrom eine Innenimpedanz von 125 kΩ. Die beste Leistungsanpassung wird also mit einem Kondensator der gleichen Impedanz erzielt.

$$X_C = \frac{1}{2\pi f \cdot C}; \quad C = 25\ \text{nF}$$

Es können sowohl Luft- als auch Ferritdrosseln verwendet werden. Luftdrosseln können entsprechend der angegebenen Wheeler-Formel berechnet werden. Der gewählte Wert sollte nicht unter 1 mH liegen. Die Impedanz der Drossel errechnet sich mit der Formel

$$X_L = 2\pi f \cdot L$$

Bei dem in *Abb. 59* aufgebauten Tesla-Generator wird der Hochspannungstrafo extern angeschlossen. Die Drosseln bestehen aus bewickelten Ferritstäben. Wegen der Hitzeabfuhr ist die Funkenstrecke sehr massiv ausgeführt. Der Kondensator von 0,1 µF wurde aus Haushaltsmaterialien selbst aufgebaut.

Der in *Abb. 59* nicht gezeigte Hochspannungstrafo liefert eine Spitzenspannung von 9000 V. Maßgebend für das Design der Tesla-Spule ist der verwendete Hochspannungstrafo und die Kondensatorkapazität von 0,1 µF. In *Abb. 59* ist kaum erkennbar, wie groß die Abmaße dieses Tesla-Generators sind.

Die Grundplatte besteht aus Acrylglas mit den Abmaßen 1,30 m x 1,30 m. Die Tesla-Spule wurde mit jeweils einem Drahtdurchmesser Zwischenraum gewickelt. Es wurden 1000 Windungen mit 0,56 mm Ø Kupferlackdraht auf das 25 cm dicke PVC-Rohr aufgebracht. Bei dem PVC-Rohr handelt es sich um ein Abflußrohr aus einem Baumarkt, das auf 1,15 m Länge zugeschnitten wurde. Die Windungen wurden zunächst bifilar, d. h. mit doppeltem Draht (wie bei einer Nähnadel) aufgewickelt. Nach dem Fixieren beider Enden wurde der Platzhalterdraht wieder abgewickelt. Anschließend wurde die Wicklung mit farblosem Imprägnierlack, wie in Modellbaugeschäften erhältlich, fixiert. In 25 cm Entfernung zum oberen Ende der Tesla-Spule wird die Kugelelektrode mit 23 cm Durchmesser an einem Acrylstab befestigt. Derartige Metallkugeln sind in Heimwerkergeschäften und Geschenkeläden manchmal kostengünstig zu bekommen. Die Induktivität wurde mit 45 mH und die Wicklungskapazität mit 19,1 pf ermittelt. Die Kapazität der Kugelelektrode beträgt etwa 7,2 pf. Die gesamte sekundäre Kapazität beträgt somit 26,3 pf.

Die Primärspule hat ebenfalls enorme Ausmaße. Sie hat 7 Windungen aus versilbertem 9 mm Ø starkem Kupferrohr. Gewickelt wurde die Spule auf einem Dorn, mit einem Innendurchmesser von 66 cm. Die Höhe der Spule beträgt 8 cm. Zur stabilen Fixierung dienen 6 mit 7 Kerben versehene Stützpfeiler aus Acrylglas. Die Funkenstrecke enthält 2 Elektroden aus 12 mm Ø starkem Messingrundmaterial mit hart aufgelöteten Karbid-Hartmetallspitzen.

Beide Elektroden werden in Messingklötzen montiert, wobei eine Elektrode beweglich ist, um den Elektrodenabstand einjustieren zu können. Als Primärinduktivität wurde 11,8 μH gemessen. Der in Handarbeit hergestellte Kondensator wurde während der Abstimmungsarbeiten solange verändert, bis der Primärkreis die gleiche Resonanzfrequenz wie der Sekundärkreis, nämlich 146,5 kHz aufwies. Als Primärgüte wurde ein Wert von 50 und als Sekundärgüte ein Wert von 180 ermittelt. Die komplette Bauanleitung für diesen Tesla-Generator erschien im März 1995 in der englischen Zeitschrift Electronics World + Wireless World. Bevor wir zur nächsten Applikation übergehen, sollen noch einige nützliche Formeln und Sicherheitsregeln genannt werden.

Grundformeln:

Kapazität der Kugelelektrode an der Spitze einer Tesla-Spule:

$$C = \frac{d^2}{7250}\ [pf]$$

Dabei ist d der Kugeldurchmesser in mm. Es wird von einer Montagehöhe von $d/_{25}$ oberhalb der letzten Sekundärwindung ausgegangen.

Für eine Ringelektrode gilt: $C = \frac{(d_1 - d_2)d_2}{3000}$ [pf]

Dabei ist d_1 der Ringaußendurchmesser. d_2 ist der Durchmesser des Rohres.

Induktivität der Sekundärspule (Wheeler-Formel): $L = \frac{r^2 \cdot n^2}{9r + 10\,h}$ [µH]

Dabei ist n die Windungszahl, r der Spulenradius in Zoll (1 Zoll = 2,54 mm) und h die Spulenhöhe in Zoll.

Der empfohlene minimale Drahtdurchmesser ist: $d_{ø} = \frac{200}{\sqrt{f}}$ [Hz]
($d_{ø}$ in mm)
wobei $f = \frac{1}{2\pi\sqrt{L \cdot C}}$ [Hz]

L ist dabei die Sekundär-Induktivität in Henry und C ist die Summe aus Windungskapazität und Elektrodenkapazität. Da C zuerst berechnet werden kann, sind L und f variable Werte.

Berechnung der Primärspule:

Die minimale Steigungshöhe pro Windung sollte sein

$$S = 0.07\,V_c + \frac{D_{Draht}}{25}\,[mm]$$

Dabei ist V_c die Kondensatorspitzenspannung in kV.

Berechnung der Tesla-Spitzenausgangsspannung an der Sekundärspule:

$$V_{out} = \frac{Q_i \cdot V_c}{1 + \left(\frac{1}{K} \cdot \sqrt{\frac{L_{Primär}}{L_{Sekund.}}}\right)}$$

Dabei ist K der Kopplungsfaktor. Q ist die Güte, ermittelt aus der Bandbreite der gekoppelten Kreise, dividiert durch die Resonanzfrequenz. V_c ist die Kondensatorspitzenspannung.

Sicherheitsregeln im Umgang mit Tesla-Generatoren:

Es sollte niemals:

- der Tesla-Generator in die Nähe von entflammbaren Substanzen, Dämpfen und Gasen in Betrieb genommen werden
- irgendein Teil des Primärkreises geerdet werden

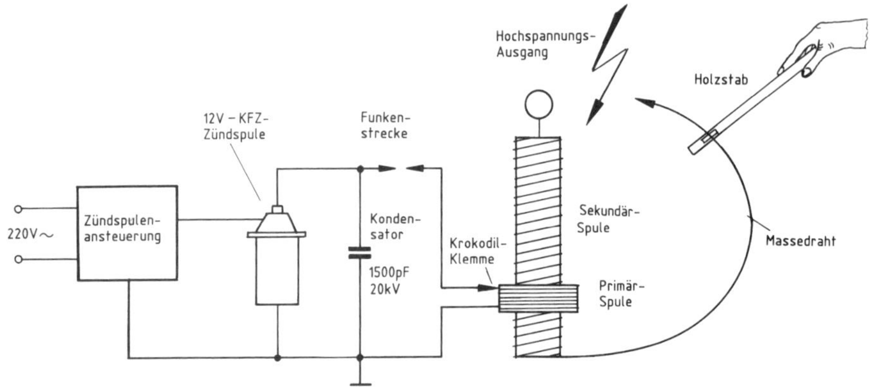

Abb. 60: Schaltung des Tesla-Generators mit Kfz-Zündspule (Version 3)

- längere Zeit die Funkenstrecke beobachtet werden, da das Licht einen starken Ultraviolettanteil hat
- eine Person versuchen, die Entladung eines Highpower-Tesla-Generators (wie in der letztgenannten Applikation) auf sich zu ziehen. Dies gilt weniger wegen der Gefahr elektrischer Schläge, als wegen der Gefahr starker Verbrennungen und des Anteils an zusätzlich übertragenem 100 Hz-Wechselspannungsanteil, der sich wie bei einem Elektrisiergerät sehr unangenehm bemerkbar macht.

Es sollte immer:

- der untere Anschluß der Tesla-Spule in unmittelbare Nähe der Kugelelektrode geführt werden, um beim ersten Einschalten und unbekannten Schlagweiten Überraschungen zu vermeiden
- der Hochspannungstrafo vom Netz getrennt werden, wenn die Funkenstrecke justiert wird. Falls sich der Trafo durch Zufall oder Fahrlässigkeit plötzlich einschaltet, liegen an der Funkenstrecke tödliche Spannungen.

3.3 Tesla-Generator mit Kfz-Zündspule (Version 3)

Der im folgenden beschriebene Tesla-Generator bringt es auf Ausgangsspannungen zwischen 150 000 und 225 000 Volt, mit einer Schlagweite von 25 cm bis 35 cm. Voraussetzung ist natürlich, daß Primär- und Sekundärkreis miteinander in Resonanz sind.

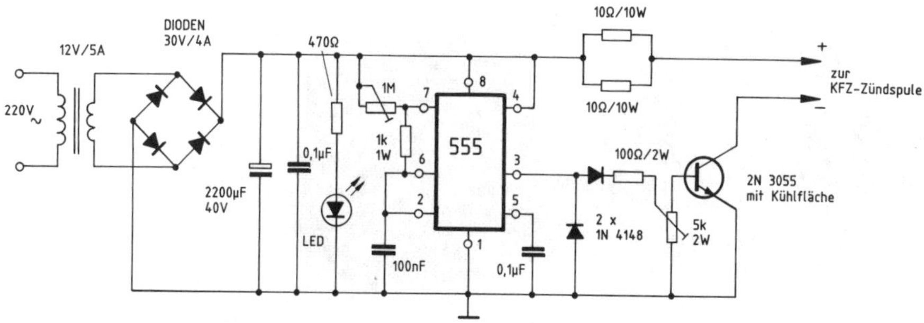

Abb. 61: Zündspulenansteuerung (Version 3)

Der Generator besteht aus 5 Funktionseinheiten:

- Ansteuerschaltung
- Kondensator
- Funkenstrecke
- Primärspule
- Sekundärspule

Ansteuerschaltung

Aus *Abb. 60* ist die Schaltung des Tesla-Generators zu ersehen. Die Zündspulenansteuerung aus *Abb. 61* wurde bereits auf Seite 21 angesprochen. Diese Schaltung eignet sich hervorragend zur Ansteuerung des Tesla-Primärkreises. Die Schaltung kann sowohl aus dem 220 V-Netz wie auch aus einer 12 V-Batterie versorgt werden. Das Timer-IC 555 arbeitet in dieser Konfiguration als astabiler Multivibrator. Die Schwingfrequenz ist mittels des 1 MΩ -Trimmers einstellbar.

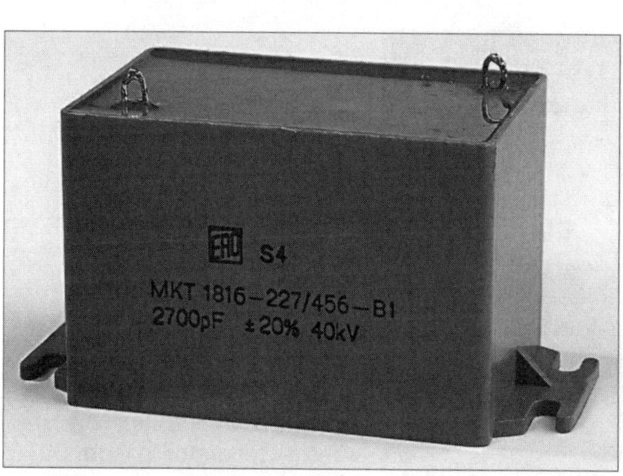

Abb. 62: Hochspannungs-Kondensator 2700 pf ± 20%, 40 kV

Abb. 63: Hochspannungs-Kondensatoren 3300 pf, 30 kV

Abb. 64: Hochspannungs-Kondensator 0,25 µF, 6 kV

Abb. 65: 3 parallel geschaltete Hochspannungskondensatoren mit je 500 pf/20 kV für den Tesla-Generator in Abb. 60

Der Impulsausgang des 555 steuert die Basis des 2N3055-Leistungstransistors an. Der Grad der Ansteuerung ist mit dem 5 kΩ-Potentiometer einstellbar. Die Kollektorleitung des 2N3055 führt schließlich auf den Minus-Eingang einer ganz normalen 12 V-Kfz-Zündspule. Kfz-Zündspulen sind auf jedem Autofriedhof für ein paar Mark zu bekommen. Im Notfall muß man sich im Ersatzteilelager großer Autofirmen eine neue Zündspule beschaffen.

Kondensator

Viele Hobby-Elektroniker stellt die Beschaffung oder der Selbstbau von Hochspannungskondensatoren vor große Probleme. Im allgemeinen werden für Tesla-Generatoren Kondensatoren im Kapazitätsbereich zwischen 2 nF und 0,2 µF mit einer Prüfspannung von 10 kV bis 30 kV benötigt. Leydener Flaschenkondensatoren sind zwar relativ leicht herzustellen, brauchen aber viel Platz, weil zum Erreichen des gewünschten Kapazitätswertes meist einige parallel geschaltet werden müssen.

Noch mehr Platz nehmen doppelt beschichtete Epoxyd-Leiterplatten ein. Damit es an den Rändern nicht zu Funkenüberschlägen kommt, muß die Kupferfolie 5 cm vom Rand auf beiden Seiten mittels eines großen Lötkolbens entfernt bzw. wie von einem Isolierband abgezogen werden. Da für einen brauchbaren Kapazitätswert mindestens ein Quadratmeter Leiterplattenmaterial benötigt wird, kann kein kompaktes Gerät aufgebaut werden. Versandhändler (z. B. Firma Singer in Aachen, Firma Hartnagel in München, Schillerstraße, Firma Bürklin in München, Schillerstraße, Firma Oppermann in Steyerberg) haben meist Hochspannungskondensatoren aus alten Fernseh-, Fotokopier-, Radar- oder Röntgengeräten im Surplus-Angebot. In *Abb. 62 bis 65* werden typische Hochspannungskondensatoren gezeigt.
Für die hier beschriebene Applikation wird ein Kondensator mit 1500 pf und 20 kV benötigt. Wird der gewünschte Kapazitätswert nicht erreicht, können mehrere Kondensatoren wie in *Abb. 65* gezeigt (3x 500 pf) parallel geschaltet werden. Überschreitet die Spitzenspannung des Hochspannungstrafos die Prüfspannung des Kondensators, kann dieser durchschlagen und im ungünstigsten Fall in Flammen aufgehen. Um dies zu vermeiden können z. B. zwei oder mehr Kondensatoren hintereinandergeschaltet werden. Damit erhöht sich die Prüfspannung auf den doppelten oder n-fachen Wert. Die Gesamtkapazität verringert sich dabei natürlich um die Hälfte bzw. auf den 1/n-fachen Wert.

Funkenstrecke

Eines der wichtigsten Bauelemente eines Tesla-Generators ist die Funken-

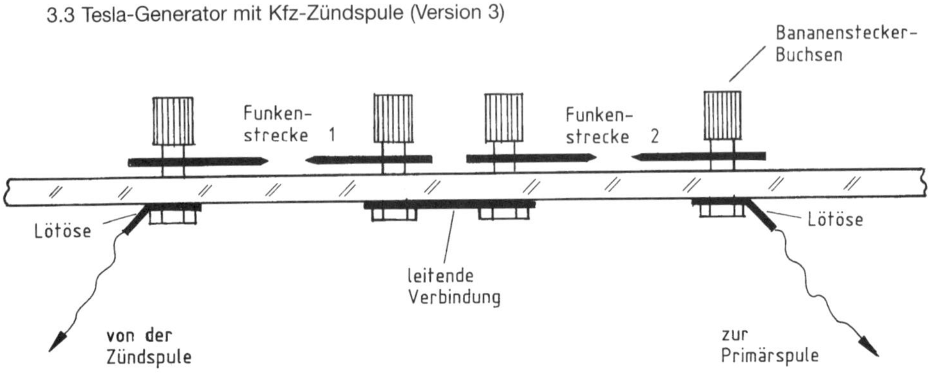

Abb. 66: Doppelfunkenstrecke

strecke. Meist ist eine unprofessionelle Funkenstrecke die Ursache vieler Enttäuschungen. Wie bereits erwähnt, wird beim Funkenüberschlag die Luft erhitzt und ionisiert, sodaß vorübergehend fast ein Vakuum entsteht. Ein neuer Funkenüberschlag kann nun solange nicht stattfinden bis frische, gekühlte Luft in den Überschlagsbereich eindringen kann.

Idealerweise sollte ein Tesla-Generator wenigstens zwei hintereinandergeschaltete Funkenstrecken oder die bereits angesprochene Löschfunkenstrecke enthalten. Die Firma Leybold (München) liefert für den Physikunterricht die in *Abb. 33* gezeigte Löschfunkenstrecke. Hintereinandergeschaltete Funkenstrecken neigen nicht zu leicht zum Überhitzen, sodaß es sinnvoll ist, zwei oder gar vier Funkenstrecken hintereinander zu schalten. Tesla-Freaks behaupten, daß je nach Anzahl der hintereinandergeschalteten Funkenstrecken die Leistung des Tesla-Generators zunimmt. Boshafterweise

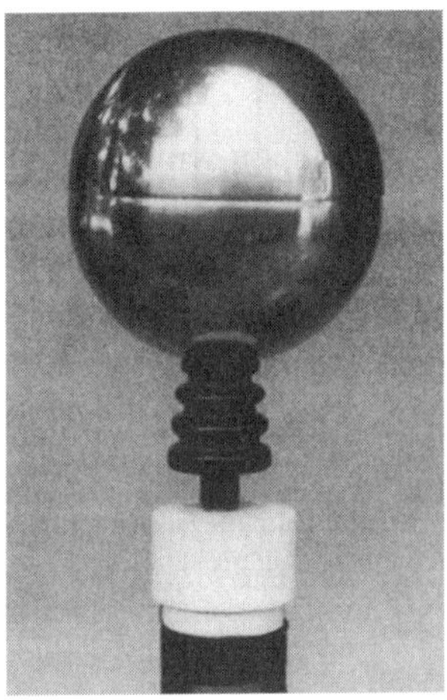

Abb. 67: Kugelelektrode

Abb. 68: Gardinenknöpfe aus Metall als Kugelelektroden

mußte der Autor feststellen, daß er mit Einzelfunkenstrecken genauso gut gefahren ist.

Abb. 66 zeigt den konstruktiven Aufbau einer Doppel-Funkenstrecke. Als Elektroden eignen sich z. B. Punktschweißstäbe aus Wolfram oder zugespitzte Kohlestifte aus Taschenlampenbatterien (4.5 V-Flachbatterie).

Primärspule

Die Primärspule besteht aus 15 Windungen Kupferdraht mit 2 – 3 mmØ Drahtdurchmesser. Die Steigung pro Windung ist etwa 12 mm. Die Spule wird am besten auf eine Plastik-Dose (z. B. Tupperdose) mit ca. 20 cm Außendurchmesser gewickelt. Solche Dosen sind in Haushaltswarengeschäften oder Geschenkeläden relativ billig zu bekommen. Eine Lage doppelt klebendes Tesaband rund um die Dose erleichtert das Aufwickeln der Primärspule.

Sekundärspule

Die Sekundärspule besteht aus 1080 Windungen mit 0,32 mmØ Kupferlackdraht. Die Spule wird auf ein 38 cm langes PVC-Rohr mit einem Außendurchmesser von etwa 8,9 cm gewickelt. Leichte Abweichungen in den Abmaßen sind dabei ohne weiteres zulässig.

Die Windungen werden eine nach der anderen spiralförmig ohne Zwischenraum und ohne sich zu überlappen auf dem mit doppelt klebender Folie oder Tesaband umwickelten PVC-Rohr aufgebracht. Die Spulenenden werden mit normalem Isolierband abgesichert. Abschließend wird die Spule mit farblosem Modellbau-Lackspray oder Isolierspray fixiert. Das Aufbringen der Kugelelektrode und das Befestigen der Tesla-Spule auf der Grundplatte ist der Fantasie des Konstrukteurs überlassen. Einen Lösungsvorschlag zeigt *Abb. 67*. Als Kugelelektroden eignen sich gut runde Türknöpfe

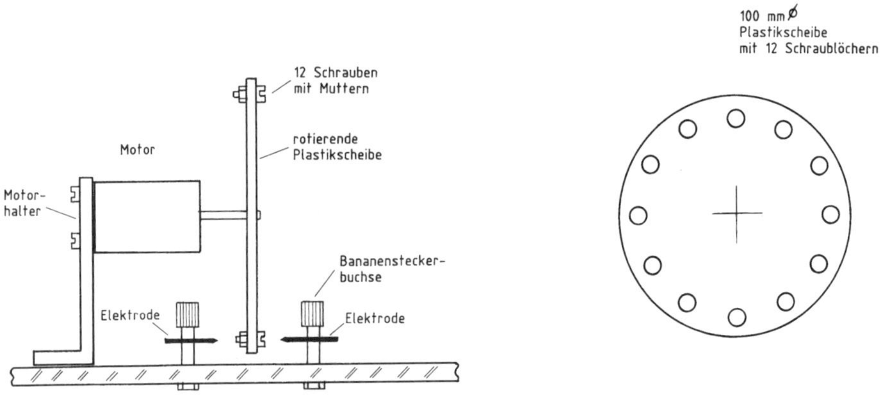

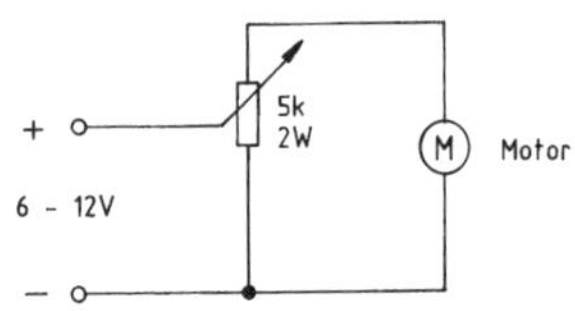

Abb. 69: Rotierende Funkenstrecke

oder Gardinenknöpfe zum Auf- und Zuziehen von Gardinen entsprechend *Abb. 68*. Als Befestigungsmaterial mit guten Hochspannungseigenschaften eignet sich außer Epoxyd und PVC auch glasklares Acrylmaterial, wie man es in Heimwerkermärkten erhält.

Inbetriebnahme

Nach dem Zusammenbau sämtlicher Teile wird mit einer Krokodilklemme zunächst die Mitte der Primärspule abgegriffen. Anschließend werden die zwei Funkenstrecken so justiert, daß die Elektroden einen jeweiligen Abstand von 1-3 mm haben. Nach dem Einschalten des Tesla-Generators sollten an den Funkenstrecken kräftige weiß-blaue Funken überschlagen. Für optimale Funktion sollten die Elektroden so weit als möglich auseinanderstehen und die Funken regelmäßig überschlagen.

Achtung:
Alle Einstellungen sollten nur in ausgeschaltetem Zustand vorgenommen werden. Am Kondensator, den Primärfunkenstrecken und der Primärspule liegen Spannungen, die tödlich sein können.

Zur Überprüfung der Schlagweite der Tesla-Spule wird entsprechend *Abb. 60* ein an einem Holzstab befestigter Massedraht in die Nähe der Kugelelektrode gebracht. Wenn der entstehende Funken nicht mindestens 10 cm lang ist, wird der Generator abgeschaltet und die Krokodilklemme nach oben oder unten versetzt. Beim Wiedereinschalten wird die neue Schlagweite registriert. Auf diese Weise tastet man sich ohne aufwendige Meßverfahren nach und nach an die größtmögliche Schlagweite heran. Gleichzeitig können noch die Elektrodenabstände der beiden Funkenstrecken justiert werden. Weitere Einstellmöglichkeiten gibt es in der Ansteuerschaltung mittels des 100 kΩ-Trimmers und des 5 kΩ-Potentiometers. Wird statt der Kugelelektrode eine Nadelelektrode auf die Tesla-Spule montiert, lassen sich bei optimalen Einstellungen Funkenschlagweiten von 25 – 30 cm beobachten. Die Überschläge über diese große Distanz sind am besten bei Dunkelheit zu sehen. Wird der Sekundärelektrodenabstand auf 15 bis 20 cm verringert, sind auch bei Tageslicht kräftige Funkenüberschläge zu beobachten.

Rotierende Funkenstrecke

Wie schon erwähnt, haben Tesla-Freaks herausgefunden, daß von einer gut funktionierenden Funkenstrecke Erfolg oder Mißerfolg abhängt. Serienfunkenstrecken sind besser als Einzelfunkenstrecken, aber rotierende Funkenstrecken sind angeblich das Non-plus-ultra. Eine rotierende Funkenstrecke besteht aus bis zu 12 Funkenüberschlagsstellen. Jedesmal wenn eine Überschlagsstelle die Elektroden passiert, wird ein Funke erzeugt.

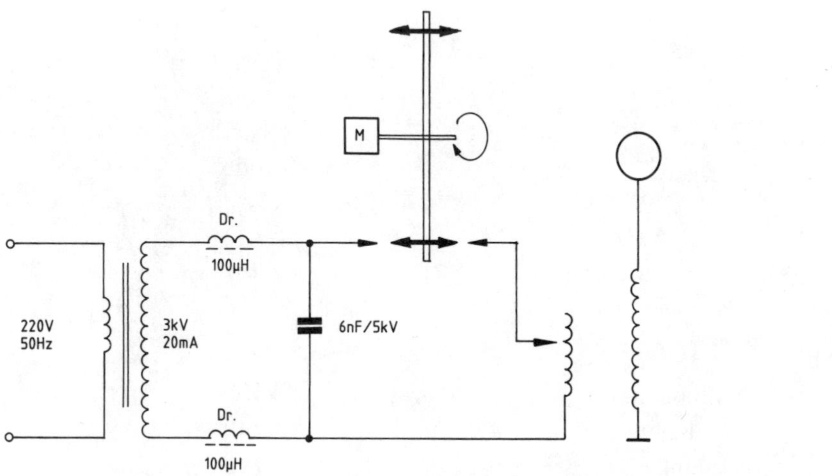

Abb. 70: Netzbetriebener Tesla-Generator mit rotierender Funkenstrecke

Da jede Stelle nur einmal pro Umdrehung beaufschlagt wird, kann es zu keiner Überhitzung kommen. Dazu kommt noch der Ventilator-Effekt, der laufend für Frischluftzufuhr sorgt. Eine rotierende Funkenstrecke kann z. B. wie in *Abb. 69* gezeigt, aufgebaut werden. Die Elektroden bestehen aus 2 – 3 mm starken Messing- oder Eisenstäben.

In diesem Beispiel wird ein 12 V-Gleichstrommotor mit Regel-Potentiometer verwendet. Durch Verändern der Drehzahl von 0 bis 5000 UpM kann Einfluß auf die Ausgangsspannung der Tesla-Spule genommen werden. Ein weiterer Vorteil der rotierenden Funkenstrecke besteht in der Tatsache, daß die Elektroden nicht abbrennen und deshalb nur einmal justiert werden müssen.

Abb. 70 zeigt einen netzbetriebenen Tesla-Generator mit rotierender Funkenstrecke. In Abb. 71 wird ein alter Funkensender mit einer rotierenden Funkenstrecke betrieben.

Zum Abschluß dieser Applikation noch einige interessante Experimente:

Versuch mit einer Neonröhre

Bringt man eine stabförmige oder runde Leuchtstoffröhre entsprechend *Abb. 72 und 73* in die Nähe der Kugel- oder Spitzenelektrode am Ende einer Tesla-Spule, leuchtet sie hell auf. Diese Art der berührungslosen Energie-

Abb. 71: Alter Funkensender mit rotierender Funkenstrecke

Abb. 72: Tesla-Generator regt Leuchtstofflampe zum Leuchten an

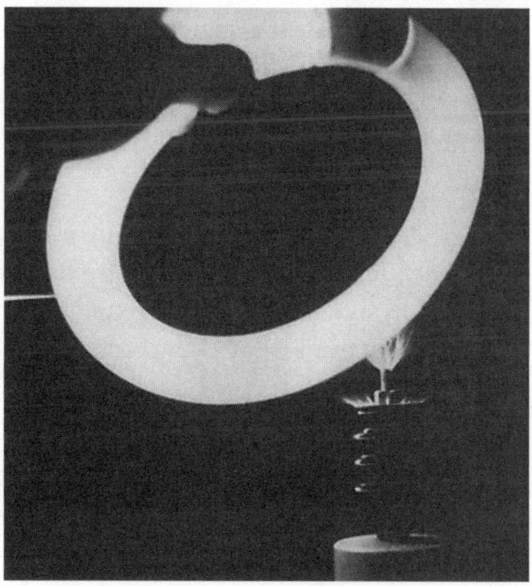

Abb. 73: Ringförmige Leuchtstofflampe erstrahlt im Energiefeld

übertragung schwebte Nikola Tesla vor, als er seine Spulenkonstruktionen erprobte.

Versuch mit Pseudo-Plasmakugel

Wird eine 220 V-Glühlampe in die Nähe der Kugelelektrode gebracht, sieht man zwischen den Metallkontakten und der Glasinnenwand blaue Entladungsblitze ähnlich wie bei richtigen Plasmakugeln.

Elektrische Durchdringung eines Isolators

Zunächst wird die Kugelelektrode gegen eine Spitzenelektrode ausgetauscht. Anschließend wird eine große, klare Glasscheibe auf die Spitzenelektrode gelegt. Ein zur Masse führender Draht wird dann auf der anderen Seite der Scheibe plaziert. Nun läßt sich deutlich beobachten, wie die Funken das Glas durchdringen. Obwohl Glas ein guter Isolator ist, durchdringen die hochfrequenten Hochspannungen der Tesla-Spule scheinbar widerstandslos das Glas. Auch Holz, Kunststoff und Porzellan wird mühelos durchdrungen. Wer in der Nähe eines Tesla-Generators einen Lang- oder Mittelwellenradio einschaltet, wird außer Brazzeln und Zischen nicht viel hören. Der Grund liegt in den hochfrequenten Störspektren der Funkenstrecke und der Tesla-Spule. Im übrigen gibt es kaum ein elektrisches oder elektronisches Gerät, das in der Nähe eines Tesla-Generators noch korrekt arbeitet. Dies kann unter Umständen dazu führen, daß ein schnurloses Telefon klingelt, ohne daß jemand angerufen hat oder daß ein Computer Befehle ausführt, die er gar nicht erhalten hat.

Außer den in diesem Buch behandelten Tesla-Bauvorschlägen gibt es natürlich noch eine Menge anderer Konstruktionen, bis hinauf zu Ausgangsspannungen von 6 Millionen Volt. Im Anhang ist das Angebot eines Tesla-Spulen-Lieferanten aus den USA abgedruckt. Ebenfalls im Anhang findet sich die Adresse der Tesla Coil Builders Association, in der jeder Interessent Mitglied werden kann.

Ein Teil der faszinierenden Farbbilder im Buch stammen von der US-Firma Resonance Research Inc.. Diese Firma bietet hauptsächlich für Museen und für den Physikunterricht Hochspannungs- und Tesla-Generatoren an. Das Angebotsspektrum ist aus dem Anhang zu ersehen.

4 Solid-State-Tesla-Generatoren

Von Solid-State-Tesla-Generatoren wird gesprochen, wenn der Aufbau rein elektronisch ist, d. h. keine Funkenstrecke in der Schaltung enthalten ist. Als „Tesla-Spule" bietet sich für einen derartigen Generator ein modifizierter Zeilentrafo aus alten Fernsehgeräten an.

4.1 Solid-State-Tesla-Generator (Version 1)

Aus *Abb. 74* geht die Schaltung hervor, während *Abb. 75* den Versuchsaufbau zeigt. Ein typischer Zeilentrafo mit einer Ankopplungswindung ist in *Abb. 76* wiedergegeben.

Aufgrund der geringen Betriebsspannung, der fehlenden Resonanz und der Isolationsfestigkeit ist die Ausgangsspannung nur ein Bruchteil der Ausgangsspannung eines normalen Tesla-Generators mit Funkenstrecke. Trotzdem erzeugt der in *Abb. 74* wiedergegebene Generator ca. 25 000 V und ist damit

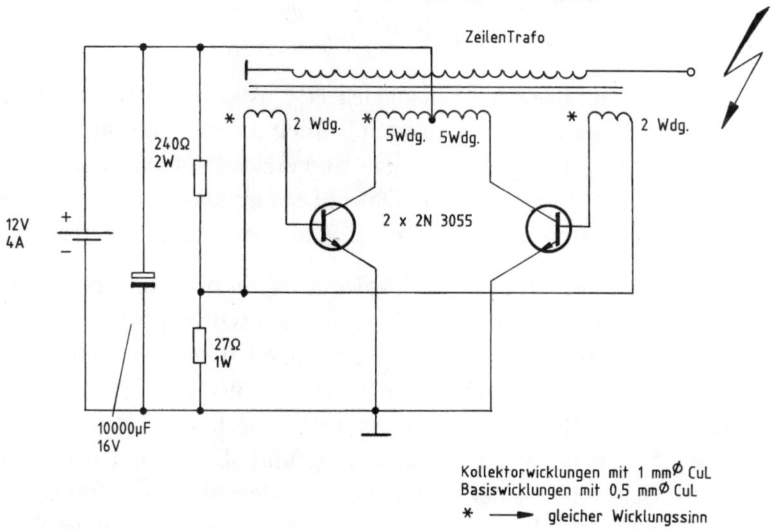

Abb. 74: Schaltung des Solid-State-Tesla-Generators (Version 1)

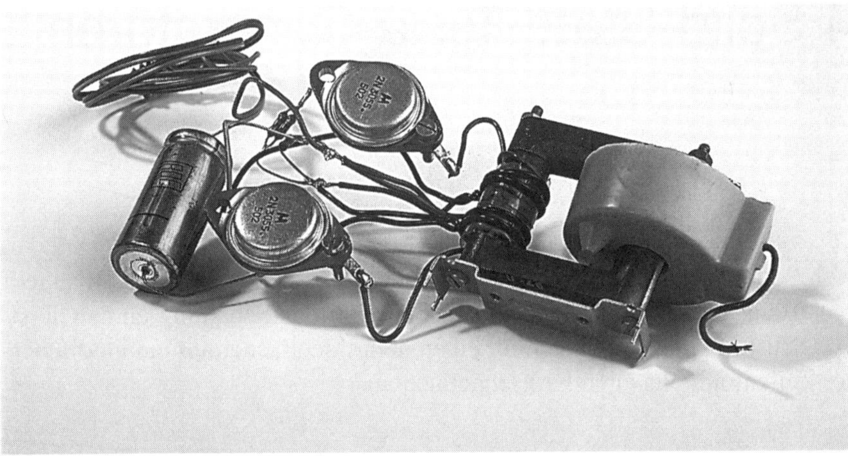

Abb. 75: Versuchsaufbau des Solid-State-Tesla-Generators (Version 1)

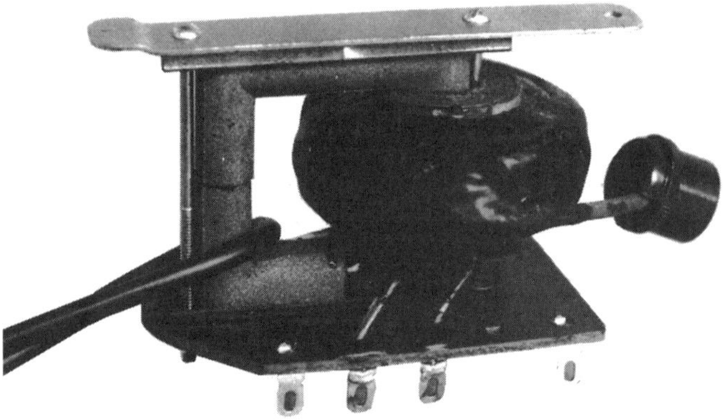

Abb. 76: Typischer Zeilentrafo aus altem Fernsehgerät

ein billiger und wenig arbeitsintensiver Einstieg in die Tesla-Welt. Nach dem Abrupfen aller Primärwicklungen werden auf den Zeilentrafo die angegebenen Wicklungen aufgebracht. Statt Kupferlackdraht kann auch normale Starkstromlitze verwendet werden. Obwohl es empfehlenswert ist, die Windungen bifilar aufzubringen, ist dies für die Funktion keineswegs erforderlich.

Wichtig ist allerdings der Wickelsinn. Wenn die Rückkopplung nicht phasenrichtig erfolgt, schwingt der Gegentaktoszillator nicht an. Dann werden nur die Transistoren heiß und sonst passiert nichts. Falls dies geschieht, müssen die Basisanschlüsse solange ausgetauscht werden, bis er anschwingt. Zur Kontrolle werden die Anschlüsse der Sekundärspule auf eine 25 mm lange Funkenstrecke geführt. Dies kann natürlich auch mit einem Schraubenzieher improvisiert werden. Wenn die Funken problemlos die 25 mm lange Elektrodenstrecke überspringen, arbeitet die Schaltung korrekt. Falls der Generator nicht anschwingen will, muß der 240 Ω-Widerstand auf die Hälfte verringert werden. Mit Solid State-Tesla-Generatoren können gasgefüllte Plasmakugeln, wie in *Abb. 77* und *78* gezeigt, betrieben werden.

Die Kosten für eine professionelle Plasmakugel, wie sie z. B. die Firma LC-Elektronik anbietet, kann man sich sparen, wenn man eine gewöhnliche, großkugelige 220 V-Schaufensterdekorationslampe entsprechend *Abb. 79* verwendet. Wird der Sockel der Lampe mit dem Ausgang des Zeilentrafos verbunden, leuchten die Restgase mit bläulich-züngelnden Flammen.

4.2 Solid-State-Tesla-Generator (Version 2)

Der folgende in *Abb. 80* gezeigte Solid State-Tesla-Generator stammt von Matthias Bilang aus Hamburg. M. Bilang betreibt mit dieser Schaltung seine selbstgebauten Plasmakugeln. Als Füllung eignen sich die Edelgase Argon oder Neon. Außer des Hochspannungstransistors BUY 69 C eignet sich angeblich auch die Type BU 208 A.

Abb. 77: Die Strahlung einer im Handel erhältlichen Plasmakugel (Nahaufnahme)

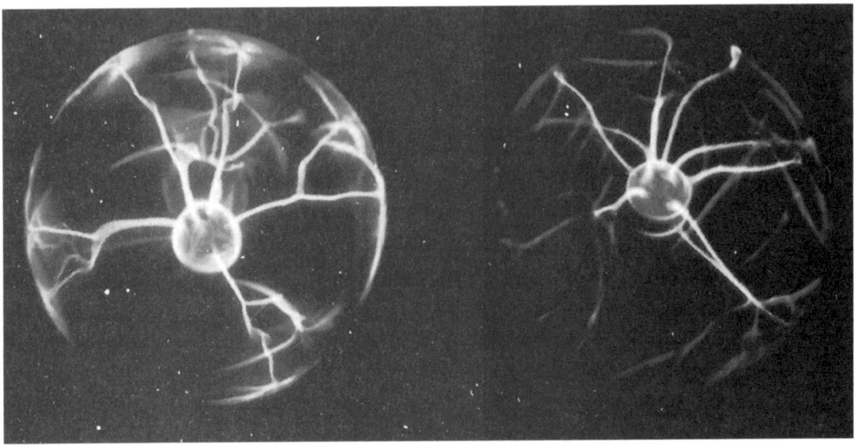

Abb. 78: Typisches Erscheinungsbild einer Plasmakugel

4.3 Solid-State-Tesla-Generator (Version 3)

In *Abb. 81* übernimmt ein Thyristor die Aufgabe der Funkenstrecke. Aus *Abb. 82* ist der Veroboard-Versuchsaufbau der Stromversorgung zu ersehen. Die Ausgangsspannung ist natürlich noch wesentlich geringer als bei den Tesla-Generatoren mit Zeilentrafo. Wer gerne mit Tesla-Generatoren experimentieren will, bietet die Schaltung aufgrund ihrer relativen Ungefährlichkeit ein reiches Betätigungsfeld. So kann durch Auswahl von C_X und L_p mit nahezu beliebigen Resonanzfrequenzen experimentiert werden. Es sind Frequenzen von 1,3 MHz bis herab zu 10 kHz möglich.

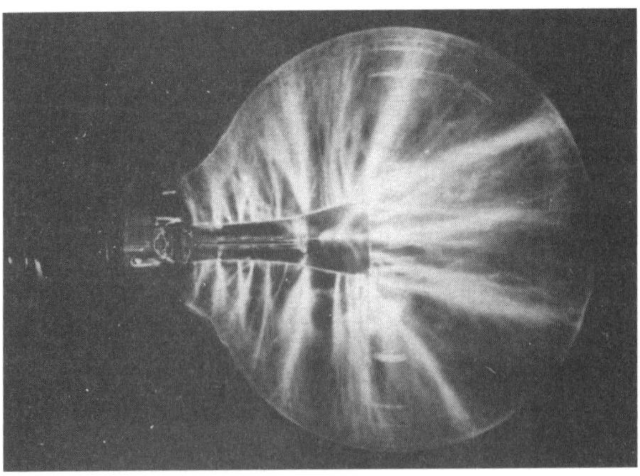

Abb. 79: 220 V-Schaufenster-dekorationslampe als Pseudo-Plasmakugel

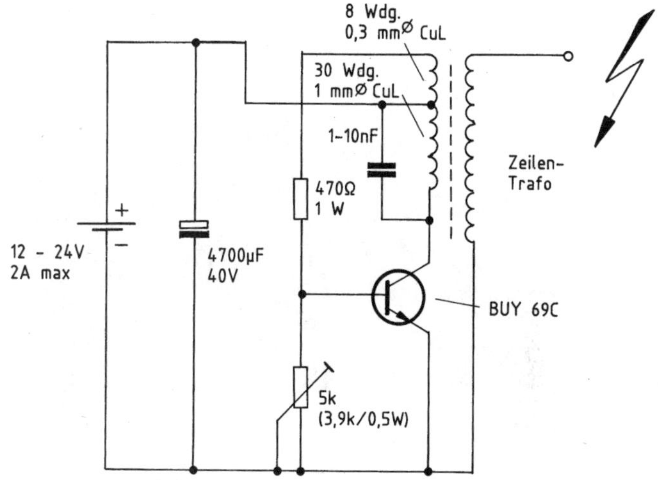

Abb. 80: Schaltung des Solid-State-Tesla-Generators (Version 2)

Tesla war der Überzeugung, daß sich mit niedrigen Resonanzfrequenzen Energie auf große Entfernung drahtlos übertragen läßt. Er experimentierte damals in erster Linie mit spiralförmigen Sekundärspulen in Flachbauweise. In *Abb. 83* wird eine normal gewickelte und eine bifilar gewickelte Spiralspule gezeigt.

In *Abb. 84* wird das Funktionsprinzip seiner Patentanmeldung zur drahtlosen Energieübertragung gezeigt.

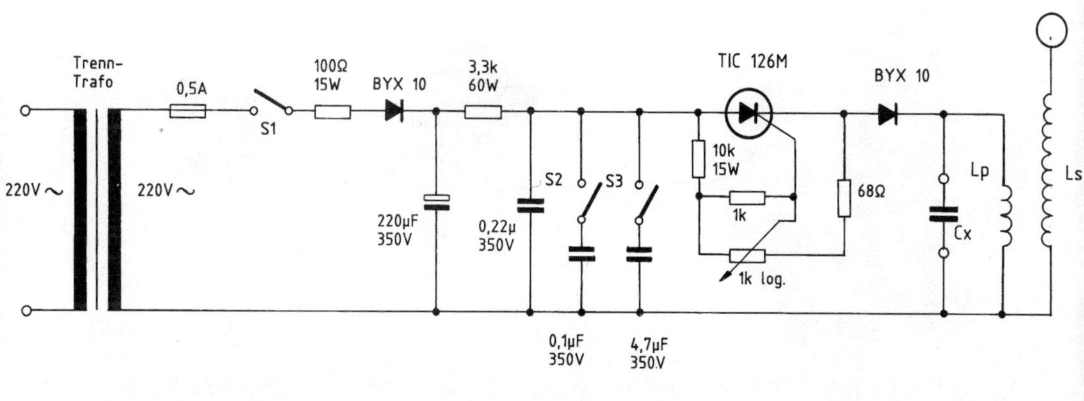

Abb. 81: Schaltung des Solid-State-Tesla-Generators mit Thyristor (Version 3)

Abb. 82: Aufbau des Solid-State-Tesla-Generators mit Thyristor (Version 3)

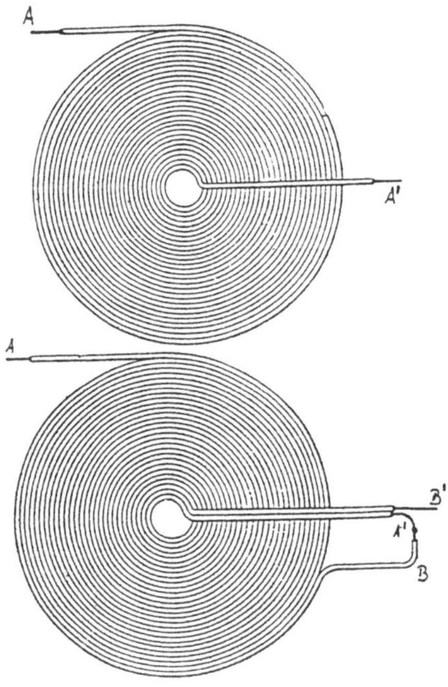

Abb. 83: Normal (oben) und bifilar (unten) gewickelte Spiralspule

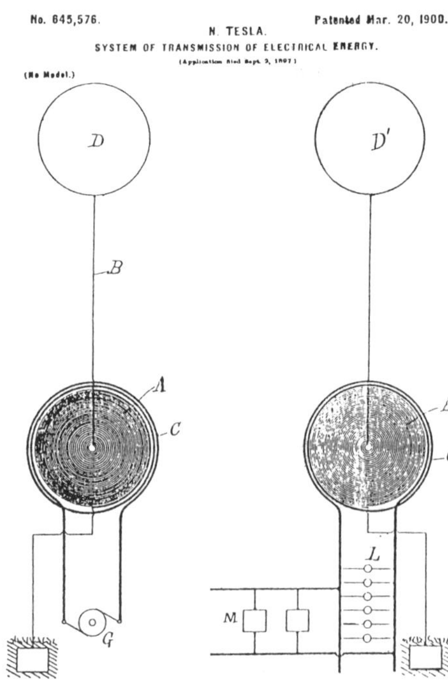

Abb. 84: Tesla's Patentanmeldung zur drahtlosen Energieübertragung

5 Historisches

Zunächst nochmals zu Tesla selbst:

Die meisten Abiturienten werden sich aus dem Physikunterricht noch an den Namen Tesla erinnern. Die magnetische Flußdichte trägt seinen Namen und der Begriff der „Tesla-Spule" geistert noch etwas herum. Sein Hauptziel war jedenfalls Elektrizität im Megawatt-Bereich drahtlos über große Entfernungen zu übertragen. Teslas Experimente waren seiner Zeit weit voraus. Es wurde behauptet, daß er über eine Entfernung von 40 km zweihundert 50 Watt-Lampen drahtlos zum Brennen brachte.

Teslas Energie-Rätsel

Heute noch herrscht Rätselraten darüber, was Nikola Tesla denn genau in Colorado Springs entdeckt hat. Der Zeitschrift „Electrical Experimenter" beschrieb er seine Erfindung so:
Teslas Zitat auf deutsch:

„Es handelt sich in erster Linie um einen Resonanz-Transformator mit einer Sekundärseite, deren hochgeladene Teile in bestimmten Abständen voneinander so an Oberflächen mit großen Krümmungsradien gelegen sind, daß überall eine geringe elektrische Oberflächendichte besteht. Dadurch kann keine Energie verlorengehen, selbst wenn der Stromleiter freiliegt. Das Gerät ist für jede Frequenz geeignet – von wenigen bis zu vielen Tausenden von Zyklen pro Sekunde – und kann zur Erzeugung von Starkstrom mit Niedrigspannung oder von weniger starkem Strom mit ungeheurer elektrischer Antriebskraft benutzt werden. Die maximale elektrische Spannung hängt lediglich von der Krümmung der Oberfläche ab, an der sich die geladenen Teile befinden, sowie von deren Fläche.

Meiner Erfahrung nach ist es durchaus möglich, bis zu 100 000 000 Volt zu erzeugen. Außerdem erhält man eine Stromstärke von vielen Tausenden von Ampere in der Antenne. Um solche Ergebnisse zu erzielen, braucht man nur eine relativ kleine Installation: theoretisch genügt ein Gerät mit einem Durchmesser von weniger als 90 Fuß, um eine elektrische Antriebskraft dieses Ausmaßes zu entwickeln. Zur Erzeugung von Strom von 2000 bis 4000 Ampere in der Antenne bei den gewöhnlichen Frequenzen genügt hingegen ein Gerät mit einem Durchmesser von maximal 30 Fuß.

Im engsten Sinne handelt es sich jedoch um einen Resonanz-Transformator, der außer diesen Qualitäten noch derart beschaffen ist, daß er der Erdkugel und ihren elektrischen Konstanten und Eigenschaften genau entspricht. Somit wird er höchst effizient bei der drahtlosen Übertragung von Energie. Die Entfernungen werden nämlich vollkommen ausgeschaltet, da sich die Stärke der übertragenen Stromstöße nicht verringert. Aufgrund eines exakten mathematischen Gesetzes ist es sogar möglich, die Wirkung mit zunehmender Entfernung von der Installation zu erhöhen."

Als Nikola Tesla 1900 von Colorado Springs nach New York City zurückkehrt, bringt er die Pläne zu einigen bahnbrechenden Entdeckungen mit, die die Menschheit auf einen Schlag ins dritte Jahrtausend hätte führen können. Dazu gehören (teilweise in den Worten des Erfinders selbst):

- The Tesla Transformer
  (Der Tesla-Transformator)

„Dieser Apparat ist in der Erzeugung von elektrischen Vibrationen so revolutionär wie es das Schießpulver im Kriegswesen war. Ströme, die -zigmal stärker sind als alle je auf normale Art erzeugten, und Funken von über 30 Meter Länge sind vom Erfinder mit einem derartigen Gerät produziert worden."

- The Magnifying Transmitter
  (Das verstärkende Sendegerät)

Dies ist Teslas beste Erfindung – ein neuartiger Transformator, der speziell darauf ausgerichtet ist, eine irdische Resonanz hervorzurufen, was in der Übermittlung von elektrischer Energie dasselbe ist, wie das Teleskop in der astronomischen Erkundung. Beim Gebrauch dieses wundervollen Gerätes hat Tesla schon elektrische Bewegungen von größerer Intensität erzeugt als jene des Blitzes und übertrug einen Strom, der genügt hätte, um mehr als zweihundert Glühlampen rund um den Globus zu erleuchten.

- The Tesla Wireless System
  (Das Tesla Kabellos-System)

Dieses System umfaßt eine Anzahl von Verbesserungen und ist das einzige bekannte Mittel für die ökonomische Übertragung von elektrischer Energie ohne Kabel. Sorgfältige Tests und Messungen in Verbindung mit einer Experimentierstation, die der Erfinder in Colorado errichtet hat, haben demonstriert, daß Energie in jeder gewünschten Menge übermittelt werden kann, quer über den Globus wenn nötig, und mit einem Verlust, der einige wenige Prozent nicht übersteigt.

„Das erste Welt-System-Kraftwerk", schreibt Tesla, „kann innerhalb von neun Monaten in Betrieb genommen werden. Mit diesem Kraftwerk wird es möglich sein, elektrische Aktivitäten bis zu zehn Millionen Pferdestärken zu erreichen, und es ist dazu geschaffen, so vielen technischen Errungenschaften zu dienen wie nur möglich und ohne ernstliche Kosten zu provozieren."

Seit den Arbeiten von Nikola Tesla sind Wissenschaftler in der ganzen Welt an der Erforschung der immer noch etwas mysteriösen „Schwerkraftfeldenergie" interessiert, deren Entdeckung Tesla zugeschrieben wird. Teslas suchende „Nachkommen" gehen davon aus, daß der Weltraum nicht eine gähnende Leere sei, ein absolutes Vakuum ohne Inhalt, sondern von einem ungeheuren Energiefeld erfüllt ist. Verschiedene NASA-Weltraumsonden bestätigen diese Hypothese bislang voll und ganz. Es handelt sich dabei um eine unvorstellbare Energiemenge, hervorgerufen durch die Tachyonen – kleinste Teilchen, die einzureihen sind im Wechselbereich zwischen Energie und Materie. Ein Tachyon soll nur gerade den 13 000sten Teil der Masse eines Elektrons besitzen. Es ist erwiesen, daß Nikola Tesla schon im Jahre 1930 ein Automobil mit dieser Energie betrieben hat und damit Geschwindigkeiten von 130 Stundenkilometern über lange Zeit halten konnte – ohne je „nachzutanken"!

(Teslas Erklärungen sind dem Buch „My Inventions" entnommen, The Autobiography of Nikola Tesla).

Die folgenden Bilder sollen einen Eindruck von den damaligen Experimenten und Entwicklungen zur drahtlosen Energieübertragung vermitteln. *Abb. 85* zeigt Tesla in jungen Jahren. *Abb. 86* zeigt ein klassisches Porträt Teslas aus dem Jahr 1894, wo er gerade seine drahtlosen Leuchtstofflampen vorführt.

Abb. 87 zeigt Tesla neben einem riesigen Tesla-Generator mit vielen Millionen Volt. Er demonstriert beim Lesen eines Buches die Ungefährlichkeit der hochfrequenten Blitzentladungen. Angeblich konnte man den Donner viele Kilometer entfernt noch hören.

Abb. 88 zeigt ein ähnliches Bild, in dem die große Schlagweite eines Versuchs-Generators gezeigt wird. *Abb. 89* schaut dagegen fast wieder harmlos aus.

Abb. 85: Tesla in jungen Jahren

Abb. 86: Tesla bei der Vorführung seiner drahtlosen Leuchtstofflampe aus dem Jahre 1894

Abb. 87: Tesla sitzend unter einem riesigen Generator. Bücher lesend demonstriert er die Ungefährlichkeit hochfrequenter Blitzentladungen

In *Abb. 90* sitzt Tesla vor einer großen Primärspule, während im Hintergrund eine große Sekundärspule zur drahtlosen Energieübertragung zu sehen ist.

In *Abb. 91* ist der Wardenclyffe-Turm zu sehen, mit dem Tesla beabsichtigte, elektrische Energie über den Atlantik zu übertragen.

Abb. 92 zeigt Teslas Konzept der modernen Kriegsführung. Die turmähnlichen Energiezentralen sind Verteidigungszentren gegen einfliegende Flugkörper.

Historische Tesla-Generatoren und deren Komponenten

Am Prinzip der Tesla-Spannungserzeugung hat sich scheinbar seit 100 Jahren nichts geändert. *Abb. 93* zeigt einen antiken Tesla-Generator aus den zwanziger Jahren.

Abb. 88: Extrem große Schlagweiten mit Millionen Volt

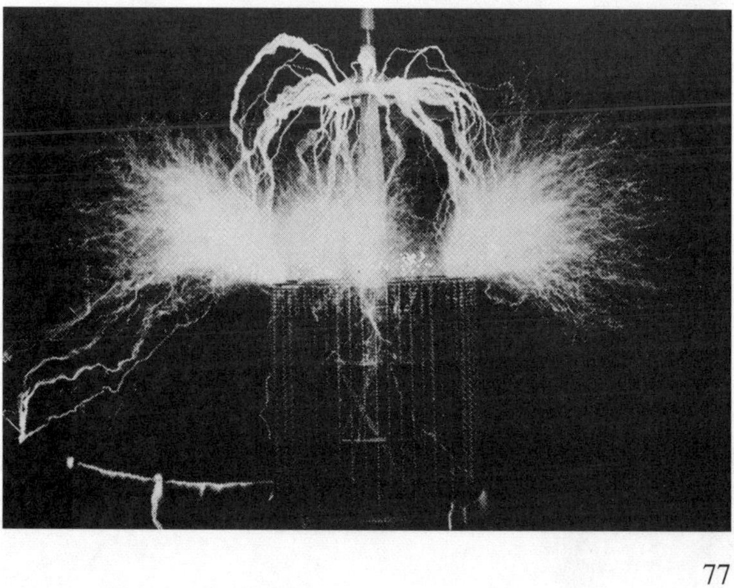

Abb. 89: Imposantes Tesla-Feuerwerk

Abb. 90: Tesla sitzt vor einer großen Primärspule. Im Hintergrund ist eine große Sekundärspiralspule zur drahtlosen Energieübertragung zu sehen

Abb. 91:
Der Wardenclyffe-Turm, mit dem Tesla beabsichtigte Energie über den Atlantik zu übertragen

Abb. 92: Teslas Konzept der modernen Kriegführung. Die turmähnlichen Energiezentralen sind Verteidigungszentren gegen einfliegende Flugkörper

Abb. 93: Antiker Tesla-Generator aus den zwanziger Jahren

Wie aus *Abb. 94* zu ersehen ist, waren auch die seriell geschalteten Funkenstrecken schon lange bekannt.

In *Abb. 95* ist dargestellt, wie auf einfache Weise Hochspannungskondensatoren hergestellt wurden. Die mit Salzwasser gefüllten Flaschen standen selbst in einem Bottich mit Salzwasser.

Abb. 96 zeigt die antike Schaltung eines Tesla-Generators, bei dem die Funkenstrecke parallel zur Hochspannungswicklung liegt. Grundsätzlich ist es übrigens egal, ob die Funkenstrecke in Reihe oder parallel zur Primärspule liegt. Wichtig ist nur, daß beim Funkenüberschlag ein geschlossener Schwingkreis vorliegt.

Massive hölzerne Konstruktionen kennzeichnen entsprechend *Abb. 97* die Tesla-Generatoren der Gründerzeit. Damit die Sekundärspule nicht in die Primärspule zurückschlägt, hat man offenbar die Primärspule kegelförmig ausgebildet.

In *Abb. 98* wurde die Primärspule, aus welchen Gründen auch immer, wendelförmig ausgelegt.

Abb. 99 zeigt die Baumkuchen-Struktur der Primärspule von *Abb. 98*.

In *Abb. 100* ist eine weitere exotische Schaltung angegeben, deren praktischer Spulenaufbau in *Abb. 101* gezeigt wird. Warum die Sekundärspule kegelförmig gestaltet wurde, hängt wahrscheinlich mit esoterischen Gesichtspunkten zusammen. Der Gedanke an die drahtlose Energieübertragung hat nicht nur Tesla, sondern viele Nachahmer beschäftigt. Für Experimente mit Tesla-Spulen ist keineswegs eine horizontale Montage der Spule vorgeschrieben.

Abb. 102 zeigt eine „liegende" Tesla-Spule.

Daß das Prinzip der rotierenden Funkenstrecke schon längst bekannt ist, zeigen auch die in *Abb. 103* und *104* wiedergegebenen antiken Tesla-Generator-Schaltungen aus den Zwanziger Jahren. *Abb. 104* kann dabei wohl als „Gegentaktschaltung" betrachtet werden.

In *Abb. 105* und *106* zeigen die damals im Einsatz gewesenen rotierenden Funkenstrecken.

Eine interessante Methode bei relativ kleinem Raumbedarf 5 Millionen Volt zu erzeugen, ist in *Abb. 107* angegeben.

Die in *Abb. 108* gezeigten Spulen dieses Tesla-Generators sind in einem Ölbehälter aus Kunststoff untergebracht. Mit 5 Millionen Volt lassen sich durch die hohe Feldstärke Versuche durchführen, die Amateuren normalerweise nicht möglich sind. So können viele elektronische Geräte auf relativ

Abb. 94: Antike, seriell geschaltete Funkenstrecke

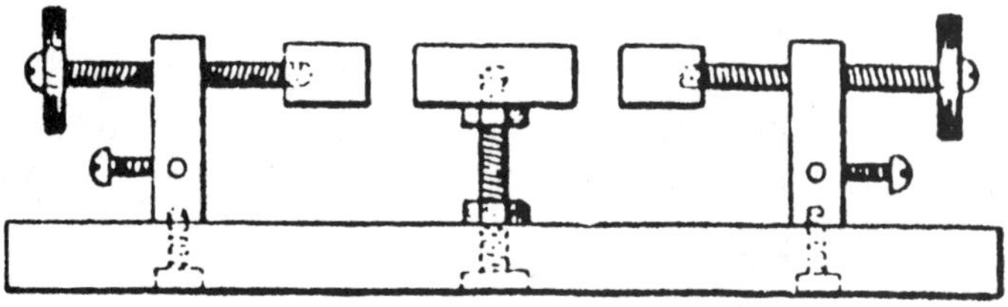

Abb. 95: Leydener Flaschen im Salzwasserbottich

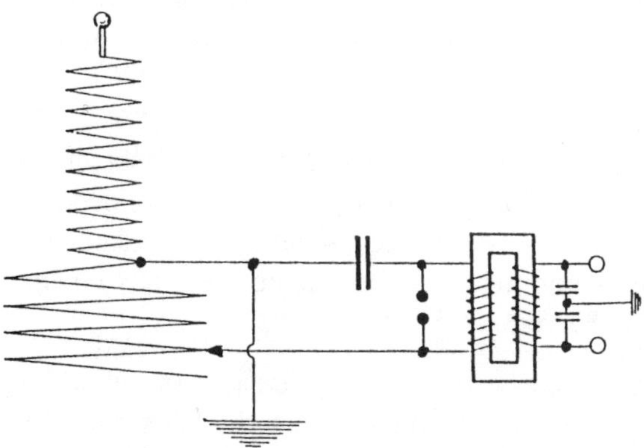

Abb. 96: Antike Schaltung eines Tesla-Generators

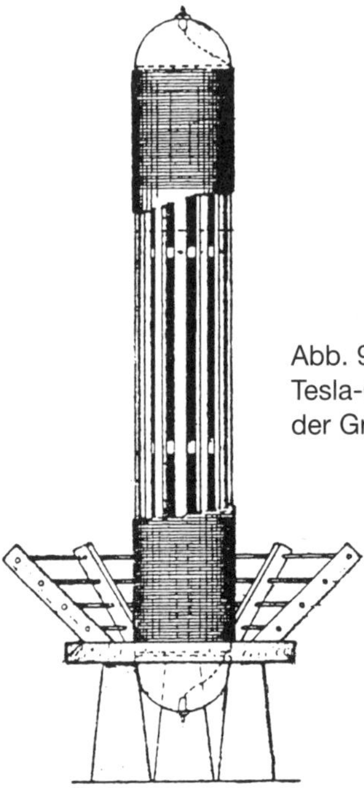

Abb. 97:
Tesla-Generator
der Gründerzeit

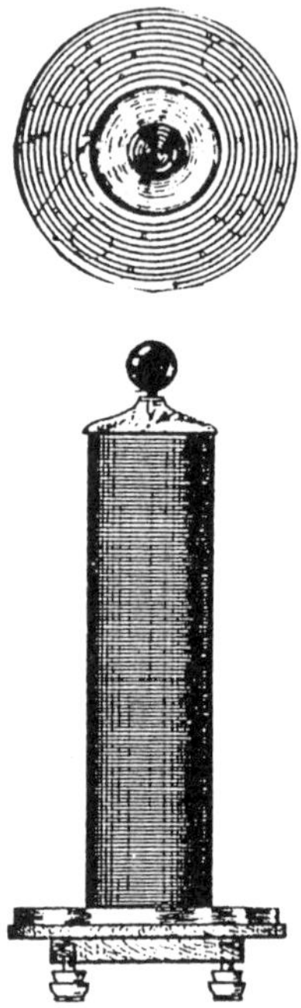

Abb. 98:
Wendelförmige
Primärspule

große Entfernung ausgeschaltet bzw. zerstört werden. So existiert z. B. das Gerücht, daß gegen Ende des Zweiten Weltkriegs in Deutschland riesige Generatoren in unterirdischen Rüstungsfabriken installiert wurden, welche die Zündanlagen alliierter Bomber in großer Höhe außer Betrieb setzen konnten. Zumindest für Kraftfahrzeuge auf dem Erdboden soll das System bereits einwandfrei funktioniert haben. So konnten die Wissenschaftler angeblich nach Lust und Laune Autos vorübergehend außer Betrieb setzen.

Todesstrahlen

In den zwanziger und dreißiger Jahren arbeitete Tesla an einem neuartigen Generator, der angeblich für die Erzeugung aller möglichen Ausstrahlungen größter Intensität verwendet werden konnte. Daß Tesla hierbei jedoch keine Strahlen im herkömmlichen Sinne meinte, geht aus einem Interview aus dem Jahre 1934 hervor:

„Was mich sehr interessiert hat, ist ein Bericht im „World Telegram" vom 13. Juli 1934, der dahingehend lautet, daß die Wissenschaftler an den Auswirkungen der Todesstrahlen zweifeln. Ich stimme mit diesen Zweifeln vollkommen überein und bin wahrscheinlich in dieser Hinsicht aus langer Erfahrung pessimistischer als irgendein anderer.
Strahlen der hierzu erforderlichen Energie können nicht erzeugt werden und

außerdem verringert sich ihre Intensität mit dem Quadrat der Entfernung. Nicht so aber die wirkende Kraft, die ich verwende und mit deren Hilfe wir an einen entfernten Punkt mehr Energie werden senden können, als es mit jeder anderen Art von Strahlen möglich ist.

Wir sind alle nicht unfehlbar, aber so wie ich die Sache jetzt aufgrund meiner theoretischen und experimentellen Kenntnisse sehe, bin ich zutiefst überzeugt, daß ich der Welt etwas schenken werde, was die phantastischsten Träume der Erfinder aller Zeiten übersteigt."

Sein Generator sollte einen Teilchenstrahl mit einem Durchmesser von ungefähr einem zehntausendstel Millimeter und einer Leistung von vielen tausend PS aussenden. Es wäre dadurch möglich alles zu zerstören, Menschen oder Maschinen, was sich auf eine Entfernung von 300 km nähert. Es wird, sozusagen, ein Energiewall errichtet, der ein unüberwindliches Hindernis für jede Aggression darstellt.

In *Abb. 109* sind unvollständige Entwürfe für die Anlage zur Erzeugung von „Todesstrahlen" zu sehen.

Teslas Pläne sahen die Errichtung einer großen Station vor, die ungefähr zwei Millionen Dollar kosten würde und nach ihrer Fertigstellung von niemandem mehr zerstört werden könnte. Auf diese Weise, so hoffte er, könne der Krieg ein für allemal ausgerottet werden, da ein konventioneller Angriff von vornherein zum Scheitern verurteilt wäre. Ein Wissenschaftler bemerkt hierzu: „Aber wenn er auch diese Erfindung als Verteidigungswaffe anbot, würde doch niemand verhindern können, daß sie schließlich als Angriffswaffe benutzt würde. Tesla gab deshalb wohl nie den leisesten Hinweis, worauf seine neue Erfindung beruht.

Tesla verfaßte jedoch eine kleine Abhandlung, in der er das Prinzip der Anlage beschrieb: „Sie besteht aus drei Hauptteilen: Einem neuen elektrostatischen Hochspannungsgenerator, einem Hochspannungsterminal und einer offenen (!) Vakuumröhre, die von genialer Einfachheit ist." Über die Entwicklung dieser Röhre sagte er folgendes: „1896 brachte ich eine elektrodenlose Hochspannungsröhre heraus, die ich erfolgreich mit Spannungen bis zu vier Millionen Volt betrieb... . Zu einem späteren Zeitpunkt gelang es mir, viel höhere Spannungen bis zu 18 Millionen Volt zu erzeugen, und dann stieß ich auf unüberwindliche Schwierigkeiten, die mich davon überzeugten, daß es nötig war, eine völlig andere Art von Röhre zu erfinden. ... Ich erkannte, daß die Aufgabe weitaus schwieriger war, als ich erwartet hatte, nicht so sehr in der Konstruktion als im Betrieb der Röhre. Lange Jahre war ich verwirrt... obwohl ich stetigen und langsamen Fortschritt

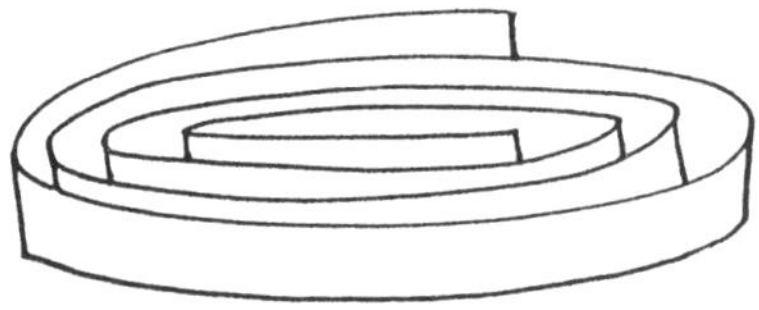

Abb. 99: Baumkuchenstruktur der Primärspule

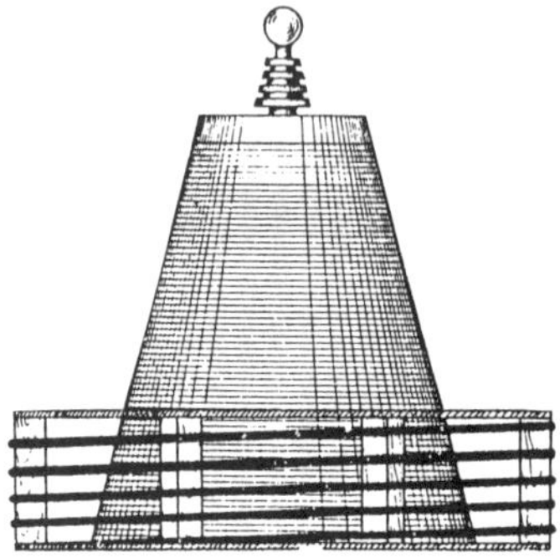

Abb. 101: Praktische Spulenaufbau der Kegelförmigen Sekundärspule

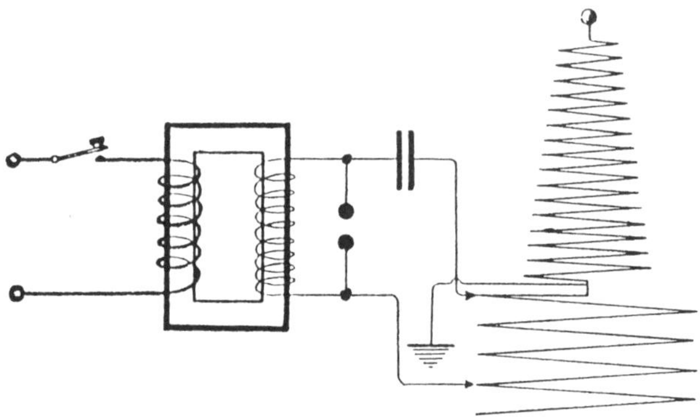

Abb. 100: Kegelförmige Sekundärspule (Anlehnung an Pyramidenbaurm?

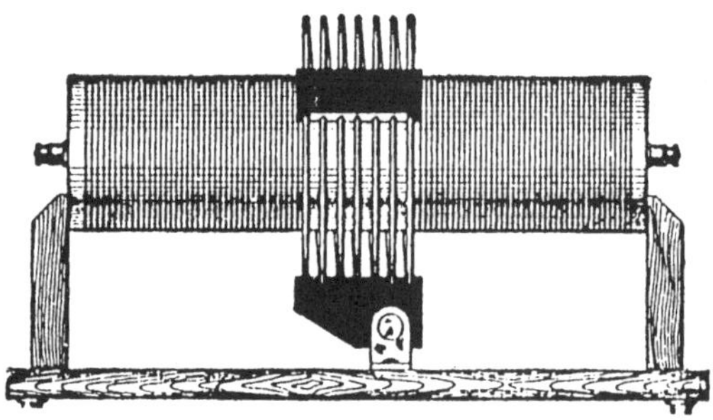

Abb. 102: Liegende Teslaspule

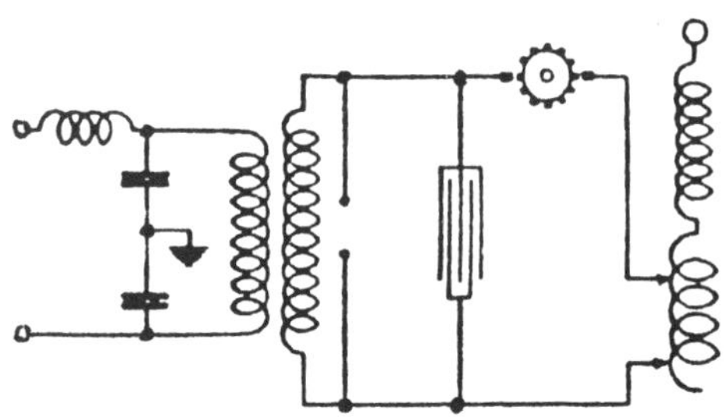

Abb. 103: Antiker Tesla-Generator mit rotierender Funkenstrecke (Version 1)

machte. Schließlich völliger Erfolg. Ich stellte eine Röhre her, die schwer zu verbessern sein wird. Sie ist von idealer Einfachheit, ohne Verschleißteile, und kann bei jeder noch so hohen Spannung betrieben werden."

Erst heute, im Zuge der Entwicklung von Weltraumwaffen, wird der Wert von Teslas Konzeption erkannt. Der NASA-Physiker Thomas Bearden, Experte auf dem Gebiet der Weltraum-Waffen, hält folgende Waffentechnologie für möglich:

- „Ein auf bestimmte Weise modulierter Laserstrahl kann zusätzliche Energie aus dem Tachyonenfeld aufnehmen und ist auf diese Weise auf Entfernungen ungeheuer wirkungsvoll.
- Die Entwicklung solcher Strahlen, die von Satelliten aus Objekte mit chirurgischer Genauigkeit zerstören können, ohne die Umgebung zu verletzen.
- Die Bildung von gewaltigen „Domen" von ungefähr 70 km Radius, die aus „aktivierten Energiewällen" gebildet sind. Alle Objekte, die in diesen Dom fliegen, Raketen und Flugzeuge, würden explodieren.
- Das Feuern von modulierter Energie in die Erde. Mit dieser Technik können zerstörerische Erdbeben oder gewaltige Explosionen am Gegenpol der Erde ausgelöst werden.
- Mit der Tesla-Technologie könnten militärische Land-, See- und Luftfahrzeuge einfach, ökonomisch und ohne Benzin über unbegrenzte Entfernungen mit Energie versorgt werden.

Abb. 104: Antiker Tesla-Generator mit rotierender Funkenstrecke (Version 2)

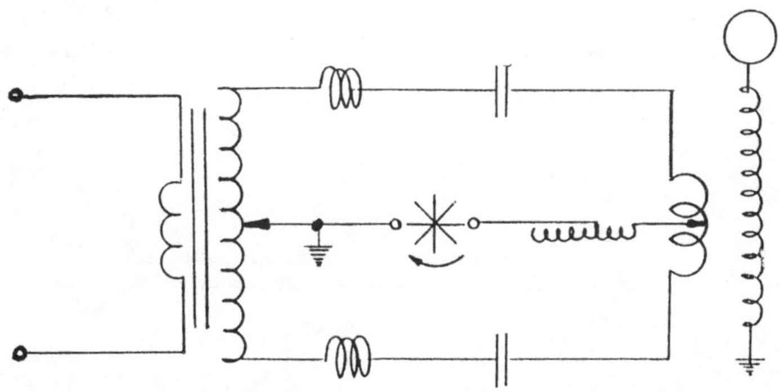

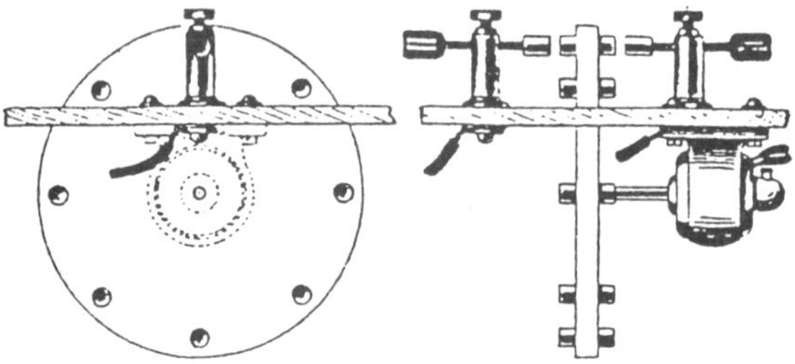

Abb. 105: Rotierende Funkenstrecke (Version 1)

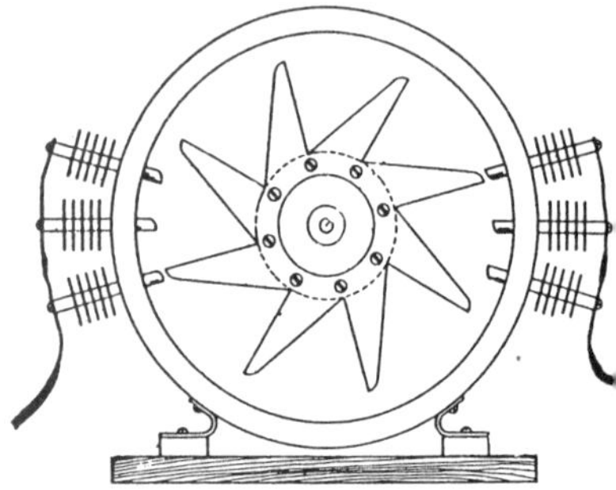

Abb. 106: Rotierende Funkenstrecke (Version 2)

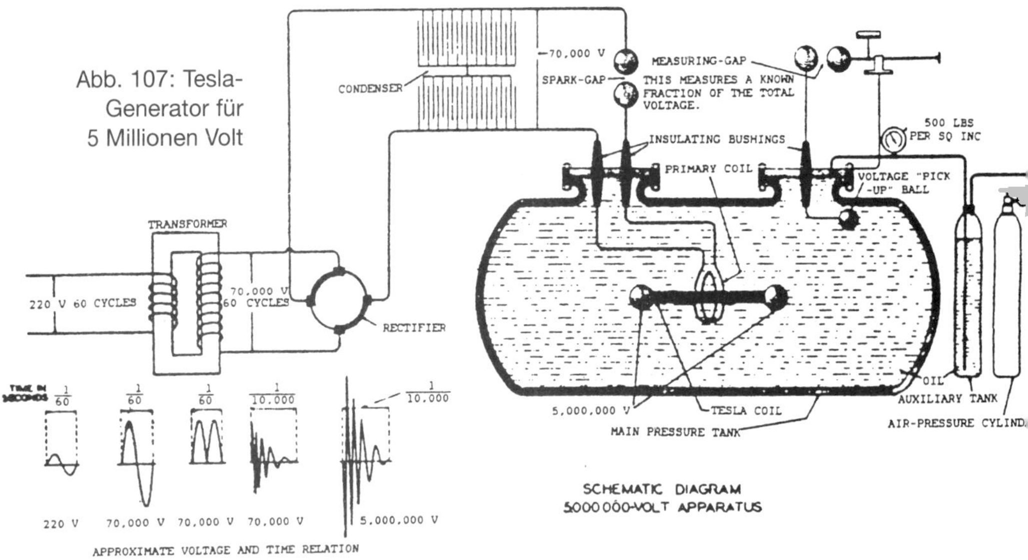

Abb. 107: Tesla-Generator für 5 Millionen Volt

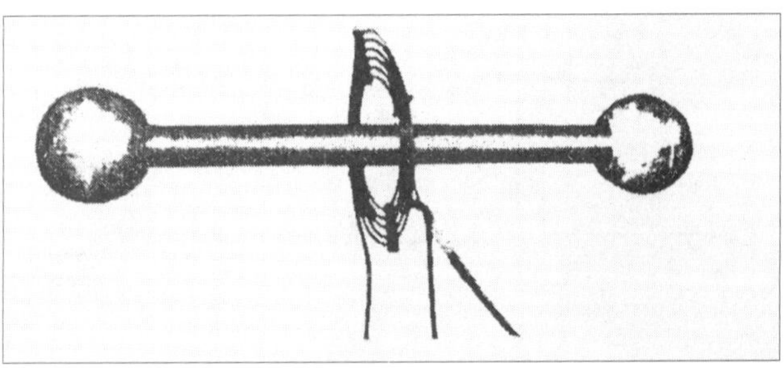

Abb. 108: Primär- u Sekundärspule des Tesla-Generators fü 5 Millionen Volt

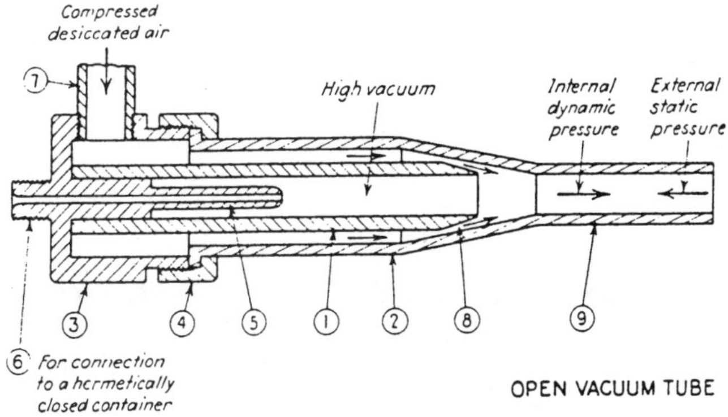

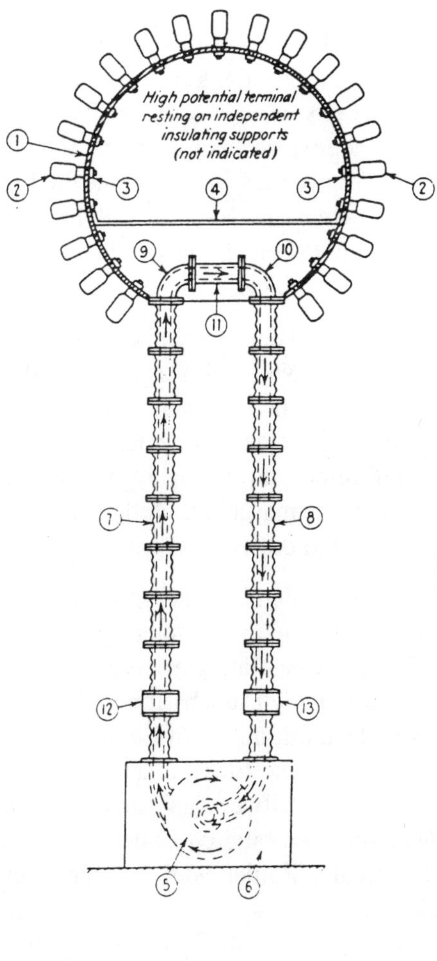

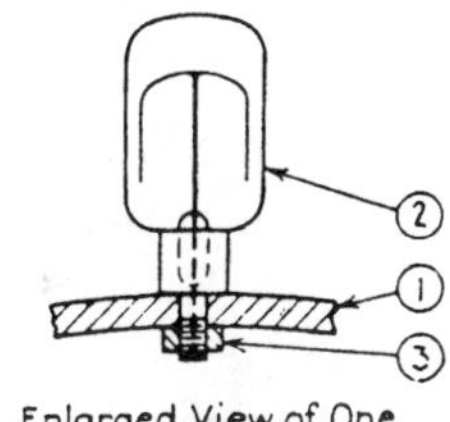

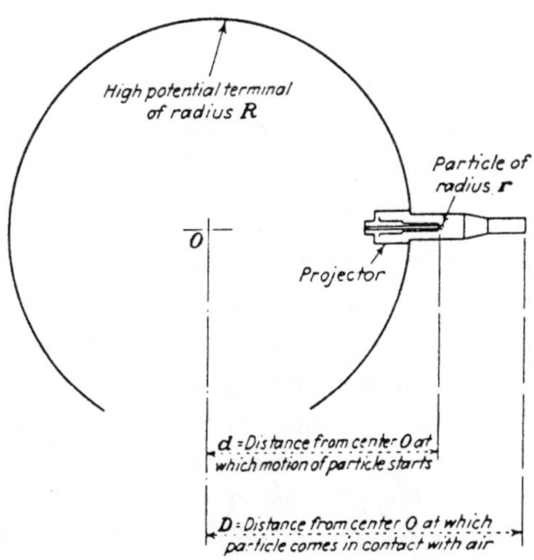

Abb. 109: Teslas unvollständige Entwürfe für eine Anlage zur Erzeugung von Todesstrahlen

6 Zur Person Tesla

Ein Name, der wie Honig auf der Zunge zergeht: Nikola Tesla. Eine Gestalt, die Oscar Wilde entsprungen sein könnte: Groß, zerbrechlich und von der wächsernen Blässe stubenhockender Dichter und Denker. Azurblaue Augen und die besten Kleider der Fifth Avenue. Plus ein Gehirn, das im Vergleich zu anderen dasteht wie die Kuppel des St. Peter-Domes neben zwei Milliarden Salzstreuern.

Nikola Tesla überragt seine Zeit, und eigentlich ist er mindestens hundert, manche sagen, tausend Jahre zu früh geboren. Doch Nikola Tesla hat keine andere Wahl. Entweder er kommt jetzt, oder er kommt zu spät. Denn die Erde steht nicht nur am Anfang des 20. Jahrhunderts, sie steht auch am Scheideweg. Himmel oder Hölle heißt es auf den Wegweisern. Tesla möchte die Erde auf die Treppe zu paradiesischen Gefilden schubsen. Doch das soll ihm nicht gelingen. Denn unten zerrt der Mammon, die Profitgier, hängen habsüchtige Geldbarone. Sie wollen die Welt in den Hades schicken.

Adam und Eva liegt weit zurück. Der Sündenfall der Menschheit kaum hundert Jahre. Denn da gab es tatsächlich diesen Nikola Tesla, der den Menschen kostenlose Energie aus dem Äther zugänglich machen wollte. Stellen Sie sich vor, neben Ihrer Fernsehantenne steckt eine Zweite auf dem Dach, und mit der zapfen Sie beliebig viel reine, im Überfluß vorhandene „Äther"-Energie ab. Für den Toaster, die Waschmaschine, für den gesamten betrieblichen Maschinenpark, für Ihr Auto und die Tiefkühltruhe.

Könnten dafür Kilowattstunden verrechnet werden, möglichst teure, hätten wir diese Antennen. Und kein Waldsterben, keinen vergifteten Boden, kein Tschernobyl und keine Müllberge. Teslas Äther-Energie hatte nur einen Haken: Sie wäre gratis. Genau wie die Luft, die wir (noch) atmen (können). Und weil diese Energie gratis war, noch dazu mit minimen Einmal-Investitionen verbunden, durfte sie nicht stattfinden. Die Elektrizitäts- und Geld-Lobbyisten hatten vor, mit Leitungsnetzen, Kraftwerksbau und Kilowattstunden noch Milliarden zu verdienen. Bis zum bitteren Ende. Der Strom fließt bekanntlich auch ohne Wald, und der Zähler addiert noch, wenn draußen bereits der Geigerzähler tickt.

Jeder kennt Edison, keiner kennt Tesla

Nikola Tesla ist kein Phantom. Zu seiner Zeit (1856 bis 1943) oder zumindest während seiner ersten 50 Lebensjahre häufte er mehr Ruhm an als Eiffelturm und Freiheitsstatue zusammen. Sein Weg führte ihn von einem kleinen jugoslawischen Dorf namens Similjan, wo er genau an der Schwelle zum 10. Juli 1856 geboren wurde, über Graz (Mathematik-, Physik- und Mechanik-Studien) nach Budapest und später Paris. Von dort nach New York, mit nur vier Cents in der Tasche, einem Gedichtband und einem Empfehlungsschreiben von Thomas Alva Edison. Darin hatte der Präsident der europäischen „Edison Electric Company" geschrieben, „Ich kenne auf der Welt nur zwei wirklich bedeutende Männer. Der eine sind Sie (Edison), der andere ist Nikola Tesla." Da ist Nikola Tesla gerade 28 Jahre alt.

Daß heute jedes Schulkind den Glühbirnen-Edison kennt, doch selbst Menschen mit IQ über 135, abgeschlossenem Universitäts-Studium und viertausendbändiger Bibliothek den Namen Tesla noch nie gehört haben, ist gerade so, wie wenn unsere Enkel sich dereinst wärmstens an den Namen Weinberger erinnern würden, bei Gorbatschow jedoch an einen Balletttänzer dächten. Unkraut verdirbt nicht, und hat noch dazu die Eigenschaft, die edlen, feinen Kräutlein gnadenlos zu überwuchern.

Fast keiner kennt Nikola Tesla. Dabei nehmen sich neben seinem Werk die Erfindungen von Edison aus wie ein kleine, schwache Glühbirne neben einem taghell illuminierten Nachthimmel. Die Glühbirne ist tatsächlich Edisons Werk, und der taghelle Nachthimmel das von Tesla. Während noch Pferdekutschen über die holprigen Pflastersteine klapperten, bot Tesla der amerikanischen Armee die ausgereiften Pläne für eine einsitzige Senkrechtstarter-Flugmaschine an, die pro Stück kaum über 1000 Dollar kosten sollte. Nur 11 Jahre nachdem Gottlieb Daimler den Prototyp des Automobils gebastelt hatte, führte Nikola Tesla einen ferngesteuerten Roboter-Mann vor, und das Publikum reagierte nicht viel besser als heute belächelte Buschbewohner, Spuk und Zauberei.

Nikola Tesla wurde ohnehin als Wundermann angesehen. Bis heute sind Gerüchte nie ganz verstummt, er stamme von der Venus, sei gar nicht im jugoslawischen Bettchen, sondern in einem Raumschiff geboren und mitternachts heimlich auf Erden abgesetzt worden.

Einen orkanartigen Sturm im amerikanischen Blätterwald verursachte auch die Meldung, Tesla habe eine Maschine erfunden, mit der er Signale vom Mars empfangen könne.

Doch auch auf Erden gebärdete sich der feine Herr mit dem kleinen Bärtchen auf der Oberlippe – nun, manchen würden sagen versnobt, andere auch absonderlich. Er schätzte es gar nicht, wenn ihm jemand näher als eineinhalb Meter kam. Auch nicht bei Frauen. Zeitlebens, und das waren 86 1/2 Jahre, soll nie eine Frau die Einmeterfünfzig durchbrochen haben. Er liebte die Tauben, fütterte sie beinahe täglich, und sie liebten ihn.

Frauen, sagte er einmal, als eine New Yorker Zeitung ihn publizistisch verkuppeln wollte, Frauen seien gut für Musiker, Schriftsteller und Maler. Da führe ihre Liebe den Mann zu größerer Meisterschaft. Doch sei noch nie eine wirklich große Erfindung von einem Gatten und Familienvater gemacht worden; schade eigentlich, fügte er an, „denn manchmal fühlen wir uns schon sehr einsam."

Auf der Erde, um sie aus den Angeln zu heben

Nikola Tesla litt nicht unter mangelndem Sendungsbewußtsein. Ähnlich einer Brieftaube, die unbeirrt ihr Ziel anfliegt, steuerte er schon als kleiner Bub auf sein Lebensziel „Erfinder" zu. Trotzdem Vater ihn als Pfarrer sehen wollte. Die Tatsache, daß er in der Jugendzeit zahllose gräßliche, aussichtslose, mehr als lebensgefährliche Unfälle und Krankheiten aller Art wider alle Logik und Gesetze überlebte, deutete er später so, daß nur seine Berufung ihn jedesmal wie durch ein Wunder am Leben gelassen habe. Und seine Berufung war es, „die Naturgewalten den Menschen dienstbar zu machen."

Nicht untertan, wohlgemerkt. Bloß dienstbar. Ein Leibeigener, ein Sklave, ist nicht dasselbe wie das dienstbare Servierfräulein im Restaurant.

Nikola Tesla hat tatsächlich „neue" Naturkräfte entdeckt. Weshalb er auch 1912 den Nobelpreis ablehnte. Er hätte ihn mit Thomas Alva Edison teilen sollen, was unter seiner Würde war. Denn Edison war „bloß" Erfinder. Er hingegen wollte die Erde auf den Kopf stellen. Das Jammertal zu einem Paradiesgarten machen.

Auf dem Papier ist es ihm gelungen. Auch lange Experimentierreihen deuteten auf die vollkommene Richtigkeit seiner Vermutungen hin. Doch gerade, als Nikola Tesla der Menschheit die Energie aus dem Äther dienstbar machen wollte, öffnete ein Geldbaron namens John Pierpont Morgan den Vogelkäfig, und der Paradiesvogel entschwand.

Heute wird wieder eifrig, doch halbblind an dem geforscht, was Tesla vor einem Menschenalter entwickelt hatte. Und auch jetzt wieder sieht es so aus, als sollte die Erde lieber definitiv zur Hölle geschickt werden, als sich in den Gratis-Energie-Himmel zu wagen.

Nikola Tesla ist, nebenbei gesagt, der „Vater“ unserer „modernen Zivilisation“. „Würden wir Teslas Werk packen und ausstreichen aus unserer industriellen Welt, würden die Räder der Industrie aufhören, sich zu drehen, unsere elektrischen Wagen und Züge würden halten, und unsere Städte würden dunkel,“ bemerkte B.A. Behrend, einer der bedeutendsten Elektroingenieure jener Tage, als Tesla 1917 widerwillig die Edison-Medaille entgegennahm.

„Faust“ und die rettende Vision

Bis zu einem heißen Augusttag des Jahres 1888 hatte Thomas Alva Edison mit gehörigem Selbstbewußtsein und einigem Geldbewußtsein mit seinem Gleichstrom gute Geschäfte gemacht. Doch am 6. August jenes Jahres trat Tesla vor die hochgespannten Mitglieder des „American Institute of Electrical Engineers“, plazierte einen handkoffergroßen Generator vor sich und zeigte den Herren, was Wechselstrom war. Eine Erfindung, die ihn wie ein Blitzschlag getroffen hatte, 1882 in einem Budapester Park. Die Sonne senkte sich rotglühend dem Horizonte zu. Und als er, ganz ergriffen von ihrer Erhabenheit, einen Vers aus Goethes „Faust“ zitiert, schießt ihm eine Vision vor die Augen, und er stammelt – „Drehen muß es sich, das Magnetfeld, drehen wie die Gestirne sich um die Sonne drehen...“

Er hat soeben die Inspiration zu einer Erfindung bekommen, die laut seinem früheren Grazer Professor Pöschl „unmöglich“ ist und etwa soviel bedeuten würde, wie die Schwerkraft in eine Drehbewegung umzuwandeln. Doch Teslas Drehstrom-Motor, den er im Park in den Sand ritzt, ist nicht wider, sondern in vollkommenem Einklang mit den Naturgesetzen. Mit seinem Wechselstromsystem läßt sich die Elektrizität auf einmal über Hunderte von Kilometern transportieren. Lassen sich Millionen-Metropolen wie New York problemlos mit Strom versorgen. Läßt sich die ganze Welt in ein helleres Zeitalter führen, so hofft er damals noch. Doch daß Licht auf Erden selten auch Erleuchtung bedeutet, erfährt er an jener Vorführung vor der Amerikanischen Elektroingenieurskammer. Denn obwohl die Lichtstärke seines Generators den Versammelten fast schmerzhaft in die Augen springt, wollen sie nicht sehen, daß diesem System die Zukunft gehört. Dabei hat Edisons Gleichstrom nur die lächerliche Reichweite von einer Meile. Wollte man damit Amerika und die Welt illuminieren, müßte auf jeder Quadratmeile – ähnlich einem Wasserhydranten – auch ein Kraftwerk stehen.

Tesla hat zwar die Erfindung, doch Edison die anerkannte Forscher-Autorität. Teslas System sei praktisch nicht anwendbar, läßt er verkünden, und die Reporter schreiben's tapfer mit.

Einzig George Westinghouse, selbst Erfinder und Eigner einer Elektrizitätsgesellschaft, reicht Tesla die Hand, die dieser natürlich nur imaginär ergreift. Denn ein Leben lang hat Nikola Tesla es auch immer vermieden, den Leuten die Hand zu schütteln. Spinnerei, sagten die einen, hochgradige Hellsichtigkeit die anderen. Tesla, der bis an sein Lebensende seine „Erfindungen“ immer als bildhafte Inspiration empfing, und sie auch in visionärem Zustand vervollkommnen konnte, um sie erst dann auf physischer Ebene funktionstüchtig nachbauen zu lassen, habe zudem die Aura der Menschen sehen können. Und genauso, wie wir uns nicht freiwillig in einer Schlammlache wälzen, habe er drum eben niemandem mehr zu nahe kommen wollen.

Über Teslas „besondere Schwingungen“ kursierten wilde Gerüchte und blieben letztlich nur Rätsel. Wie schaffte es der Mann, Hunderttausende von Volt, die danach Drähte zum Durchbrennen brachten, durch seinen Körper rollen zu lassen, ohne den geringsten Schaden zu nehmen? Tesla führte solche Kunststückchen gern der besseren New Yorker Gesellschaft vor, abends, nach einem lukullischen Happening in einem schicken Eßtempel (bei dem wieder mindestens ein Dutzend Servietten verbrauchte). Enrico Caruso, Mark Twain & Co. sollen dabei mehr als einmal die Haare zu Berge gestanden sein. Im Gegensatz zum stets perfekt gescheitelten Nikola Tesla.

Der war im Alter von 32 Jahren zum Dollar-Millionär geworden. George Westinghouse hatte ihm die Wechselstrom-Patente abgekauft, zu unkaufmännisch fairen Bedingungen: Eine Million für die Patentrechte plus einen Dollar für jede mit Teslas System produzierte Pferdestärke. Tesla drohte damit – sollte sein System wirklich die Welt erleuchten – zum reichsten Mann auf Erden zu werden. Westinghouse war das nur recht so. „Nur ein reicher Mann ist ein freier Mann“, versuchte er Tesla zu überzeugen, „und als Erfinder müssen Sie frei sein“.

Doch Tesla war es, die Welt stöhnt heute darunter, zuwider, sich von den reingeistigen Sphären seiner Inspiration in die unbarmherzigen, gierigen Sümpfe des Mammons reißen zu lassen. Bar jeden Sinnes für den Geldwert lebte er so oder so wie ein wohlhabender Mann, und sah auch keine Notwendigkeit darin, seine zahllosen Erfindungen zu Geld zu machen. Jedesmal, wenn sein höchst ergebener Sekretär, George Scherff, als personifizierte Geldsorge bei ihm anklopfte, meinte er nur, Mr. Scherff, das ist Kleinkram, damit kann ich mich nicht aufhalten. Warten Sie ab, bis ich die Erfindungen fertig habe, die ich dabei bin zu ersinnen. Und dann werden wir Millionen machen.“

Er hat, nach der ersten Million von Westinghouse, nie mehr wieder eine Million gemacht, sondern mußte Bruchteile davon als Forschungsalmosen steinreicher, aber dennoch weitsichtiger Wirtschaftskapitäne beanspruchen.

Wie das? Nun, Thomas Alva Edison verstand es, zu verhindern, daß sein Erzrivale Tesla, der ihn vom Strom-Thron zu holen drohte, je in den Besitz der ihm zustehenden Zinsen gelangte.

Edison und Tesla waren sich von Anfang an nicht grün gewesen. Knapp ein Jahr lang hatte letzterer für ersteren gleich nach seiner Ankunft in Amerika gearbeitet. Damals schon war er von Edison um 50 000 Dollar betrogen worden. Edison, der harte Knochenarbeiter, der seine Erfindungen (zum Beispiel den Phonographen), wie er selbst jammerte, mit „einem Prozent Inspiration und 99 Prozent Transpiration" sich sozusagen er-schweißt hatte, mochte den offensichtlich genialen jungen Europäer, dem die Inspirationen wie Vogelschwärme zuzufliegen schienen, nicht leiden. Er schwitzte ihm nicht genug. Und er strahlte die leise, doch feste innere Gewißheit dessen aus, was Edison alle Welt wie ein radschlagender Pfau von sich selbst glauben zu machen versuchte: Der Welt größter Erfinder zu sein.

Wie gleichpolige Magnete stießen die beiden sich rasch wieder ab. Tesla in der Gelassenheit des Siegers, Edison wutschnaubend als der Unterlegene.

Der Kampf in den Sümpfen

Als nun Tesla, beziehungsweise Westinghouse ihm sein Gleichstromgeschäft lahmzulegen drohte, ging er zähnefletschend zum Angriff über. Der zielte wie meistens, wenn die Argumente fehlen, unter die Gürtellinie plus dorthin, wo der Brechreiz sitzt. Teslas Strom mußte denunziert werden, und dazu war ihm kein Mittel zu widerlich.

Zum Beispiel, daß kleine Schulkinder die Haustiere der Umgebung einsammelten, und die Hunde und Katzen dann in öffentlichen Samstagmorgenvorstellungen per Tesla-Stromstoß in die ewigen Jagdgründe befördert wurden. Natürlich griff er auch zu gängigen Mitteln wie jenem der Gesetzesbeeinflussung, als er versuchte, die Legislative des Bundesstaates New York dahin zu bringen, ein Gesetz zu verabschieden, das die maximal produzierte Spannung auf 800 Volt beschränkt hätte. So hätte er durch die Hintertür Teslas viel höhere Spannung ausknipsen können, und es mißlang nur, weil Westinghouse mit Klage drohte.

Also mußten neuerlich Ideen aus dem Gruselkabniett her. Wiederum tödliche, diesmal für den Menschen. Thomas Alva Edison darf – kein Lexikon erwähnt dies – als „Erfinder" des elektrischen Stuhls betrachtet werden. Über Mittelsmänner kaufte er die Lizenzen einiger Tesla-Patente, ließ wieder einen Mittelsmann für sich nach „Sing Sing" marschieren – und kurze Zeit darauf annoncierten die New Yorker Zuchthaus-Behörden, getötet werde bei ihnen künftig nicht mehr durch den Strang, sondern durch den Strom. Teslas Wechselstrom notabene. William Kemmler war am 6. August 1890 – exakt zwei Jahre nach Teslas Vorführung seines Wechselstromgenerators – das erste menschliche Versuchskaninchen auf dem elektrischen Stuhl. Er starb in Schüben, langsam, qual- und grauenvoll. Die an Tieren erprobten Voltzahlen hatten sich beim Menschen als zu niedrig erwiesen. Dennoch ist der elektrische Stuhl – heute dank vielen Versuchen schnell und schmerzlos (?) – noch immer das hygienische Hinrichtungsmittel der Strom-Zivilisation.

Edison betätigt sich in der Folge überfleißig als Totengräber – nicht der Opfer des elektrischen Stuhls, sondern von Teslas Wechselstrom, den er fortan nur noch „Hinrichtungs-Strom" nennt; wie er auch den Vorgang des Exekutierens umbenennt in „westinghousen".

Die Stromschlacht soll sich künftig auf eine weitere Ebene verlagern. War es bis anhin eine reine PR-Angelegenheit im Vor-PR-Zeitalter, drohen die Streithähne nun langsam auszubluten. Beide, Westinghouse und Edison, stecken schon knietief in Finanzproblemen, und täglich steigen sie ihnen näher zum Halse.

Der lachende Dritte heißt John Pierpont Morgan, Stahlmagnat, Großbankier (Morgan Bank). Kohlekönig, Ölscheich, Eisenbahnfürst. Und nun dabei, den amerikanischen Elektrizitätsmarkt an sich zu reißen. In Partisanenmanier kapert er die Thomson-Houston-Company, eine der beiden großen Exponenten auf dem amerikanischen Strommarkt. Kurz darauf schnappt er auch Edisons „Electric Company". Fusioniert heißt der Gigant ab dem 17. Februar 1892 nun „General Electric Company" und sagt heute noch, was sein und nicht sein darf im amerikanischen Elektrizitäts-Business.

Schönheitsfehler der Firma: Sie ist nur auf Gleichstrom eingestellt. Wechselstrom immer noch das Exklusivrecht von Westinghouse. Morgan sieht und weiß ganz genau, daß Gleichstrom gegen Teslas System weder technisch noch ökonomisch eine Chance hat. Gerade deshalb läßt er auf Teufel komm raus über Dumpingpreise wo immer möglich Gleichstrom-Investitionen verwirklichen. So macht er erstens Westinghouse das Geschäftsleben schwer – auf daß er ihn schneller kapern kann – und zweitens, so die heute noch gültige Rechnung: sind Investitionen erst einmal getätigt, ist erstens der finanzielle und zweitens der Sachzwang geschaffen, um auf dem gleichen System weiterzufahren. Hat Morgan erst einmal das Monopol, kann er die Preise dann auch beliebig nach seiner Pfeife tanzen lassen.

Westinghouse wenigstens tut es nicht. Einem Bestechungsgeschäft der Staatsbehörden, zu dem ihn Morgans Leute bringen wollen, weicht er geschickt aus. Bleibt also nur noch die letzte Waffe, Westinghouse auf den Geldmärkten zu diskreditieren. „Westinghouse betreibt Mißmanagement mit seiner Firma", „er ist vollkommen unfähig und vom Konkurs bedroht", „das einzige, was ihn noch retten kann, ist eine Übernahme durch General Electric"... Wie schleimige Schlangen winden sich die Gerüchte aus den Stock-Market-Kellern von Wall Street und Umgebung. Und die Westinghouse-Börsentitel fallen ins Bodenlose. Die Schlangen kriechen an Westinghouse hoch und drohen ihn zu ersticken.

Doch er rettet Haut und Firma. Er schloß sich mit mehreren kleinen, noch freien Elektrizitätsunternehmen zusammen. Die Banken signalisierten auf einmal Sanierungshilfe, natürlich nicht ohne Bedingungen. Die schwerwiegendste ist, daß Westinghouse aus der Zins-Vereinbarung mit Tesla aussteigen muß. Diese Last würde jedes Schiff zum Kentern bringen, rechnen sie vor.

Die weltbewegendsten Handlungen passieren meist zwischen zwei Händedrücken irgendwo in einem Hinterzimmer. Nicht vor laufenden Kameras oder auf Schlachtfeldern. Diesmal in Teslas Labor an der South Fifth Avenue, gleich oberhalb der Bleecker Street. Tesla zerreißt ohne eine Träne in den Augen den Zins-Vertrag, der da schon einen Wert von um die zwölf Millionen Dollar hat. Zerreißt damit Macht und Freiheit und macht sich lebenslänglich zum Forscher am Gängelband der Hochfinanz.

Was wäre wenn... Tesla auch noch ein Finanz- und Management-Genie gewesen wäre? Und die Erde vermittels finanzieller Macht ins Paradies hätte zwingen können? Der Fallstrick, der die Erde zum Taumeln brachte und bringt, ist erstens das Geld, und zweitens die Antipathie von Geist und Geld. Geist sinniert ohne die Macht zur Verwirklichung; Geld regiert, und das vermittels Leuten, die im Kopf nur Banknoten zu haben scheinen.

Der Turmbau zum Paradies

Wenn Tesla Millionär gewesen wäre, hätte er seinen Turmbau, der die Menschheit befreien sollte, vollenden können. Leider fehlten ihm ein paar zehntausend Dollar, und die vereinigte Geldwelt hatte Devise ausgegeben, ihm keinen Cent mehr dafür zu geben. Tesla drohte nämlich die Kuh zu schlachten, die die Elektrizitätsbarone noch bis zum heutigen Tag weiter melken wollten.

Für Tesla war der Wechselstrom nicht mehr als ein Heftpflaster auf einen schlimmen Beinbruch gewesen. Eine Notmaßnahme, um ein dringendes

Bedürfnis der Erde zu überbrücken. Heilen wollte er den Beinbruch mit Energie, die wie erwähnt nichts kosten sollte und in unvorstellbaren Mengen überall in der Luft vorhanden war – und stets noch ist.

1899 verbrachte er ein volles Jahr in der klaren, vor Elektrizität knisternden Höhenluft von Colorado Springs.

Der Mann, der schon ganz Manhattan zum Erdbeben gebracht hatte (mit einem kleinen Oszillator in seinem Hotelzimmer), und der kühn behauptete, mit einem größeren Gerät die Erde mittendurch spalten zu können, spielte auf der Ebene am Fuße der Rocky Mountains Wettergott. Über 40 Meter hohe Blitz-Fontänen stiegen in den Nachthimmel auf, und das Donnergrollen weckte noch 23 Kilometer weit weg die Leute aus ihrem Schlaf. Einmal ließen die hundert Millionen Volt starken „künstlichen" Energie-Entladungen das Elektrizitätswerk von Colorado Springs niederbrennen. Kühne Entdeckungen fordern halt manchmal kleine Opfer. Und Tesla war dabei, die kühnste seines Lebens zu machen. Man weiß wenig Genaues darüber.

Ein Teil seiner Skizzen und Erklärungen ist vermutlich im Safe John Pierpont Morgans verschwunden, um den Rest rissen sich die internationalen Geheimdienste nach Teslas Tod im Januar 1943. Gewisse amerikanische Wissenschaftler behaupten heute, die UdSSR führe mit Teslas „Extra Low Frequency"-Wellen Wetterkrieg. Gewisse europäische Wissenschaftler behaupten, mit SDI versuche die USA nun unter Milliardenaufwand noch zu verwirklichen, was sie in ähnlicher Form vor über fünfzig Jahren von Tesla abgelehnt habe. Damals, 1935 nämlich, bot Nikola Tesla den Regierungen der USA und Großbritanniens das Konzept seiner „Anti-Kriegs-Maschine" an – ein Vorhang aus Partikelstrahlen, die jedes Land absolut sicher eingehüllt hätte, weil jedes feindliche Geschoß auf einer Entfernung von 200 Meilen vernichtet worden wäre.

Über seine geheimnisvolle Energie, die er nur mit einer kleinen Antenne plus Empfängergerät „anzapfen" wollte, heißt es heute, sie sei weder elektrischer noch magnetischer Natur gewesen und vermutlich das, was heute als „Tachyonen-Energie" ebenso eifrig erforscht wie auch abgeblockt wird. John O'Neill's Erläuterung in seinem Buch über Tesla läßt eher den Eindruck aufkommen, Tesla habe die Erde zu einem gigantischen Dynamo umfunktionieren wollen. „Mit der Erdverbindung elektrischer Schwingungen ist eine Energiequelle zu allen Punkten der Erde geschaffen. Mit einem einfachen Apparat kann diese verfügbar gemacht werden. Er sieht einem Radiogerät ähnlich, hat einen Erdanschluß und eine metallene Rute (Antenne) auf dem Dach. Diese würde an jedem Punkt der Erde von den durch Tesla Oszillatoren hervorgerufen und zwischen dem elektrischen

Nord- und Südpol hin- und hereilenden Wellen Energie aufnehmen. Damit würde keine andere Ausrüstung benötigt, um Wohnhäuser, welche mit Teslas einfachen Vakuum-Röhren-Lampen ausgerüstet sind, mit Licht und Heizung zu versorgen."

John Pierpont Morgan waren Teslas Colorado-Endeckungen jedenfalls 150 000 Dollar wert. Tesla steckte sie in seinen nie vollendeten Turmbau zu Wardenclyffe auf Long Island. Sechzig Meter hoch hätte er bei Vollendung wie ein riesiger Pilz aus Disneylands „Electrical Parade" ausgesehen: Mit einer Kappe als Kupferelektrode von dreißig Meter Durchmesser.

Daß Nikola Tesla mit diesem Turm sein „World Wireless System" (Weltdrahtloses System) testen wollte, hatte Morgans geldgieriger Verstand nur zum Teil begriffen. Ihn lockte die Aussicht, in Besitz sämtlicher Patente zur drahtlosen Signalübertragung zu kommen. Dem, was heute gemeinhin Radio genannt wird, ist ein „Abfallprodukt" von Teslas Forschung zur drahtlosen Energieübertragung und im Gegensatz zu dieser heute bis in die entlegendste Oase verbreitet. Damit, dies sah Morgan voraus, ließ sich ungeheuer viel Geld machen.

Vermutlich ist Marchese Guglielmo Marconi mitschuldig am Wardenclyffe-Debakel. Der schlaue Italiener hatte sehr unaristokratisch Tesla beschwatzt, sich als Bewunderer und Schüler ausgegeben und wenig später einen Apparat zum Patent anmelden lassen, der als erstes Radio in die Geschichte einging und nur dank 17 Tesla-Patenten zusammengebastelt werden konnte. Erst kurz nach Teslas Tod erkannte der Oberste Amerikanische Gerichtshof an, daß nicht Marconi, sondern Tesla zusammen mit zwei weiteren Wissenschaftlern als Vater des Radios zu gelten hat.

John Pierpont Morgan sah nur, daß er Geld in einen weltfremden Techno-Träumer gesteckt hatte, und nun die erwarteten Patente wenn schon teuer von diesem Italiener erkaufen mußte. Was nicht gerade zur Besserung seiner Laune beitrug.

Und nun warf sich Tesla doch tatsächlich einem hungrigen Löwen vor den Rachen – und er erbat, sich von ihm auch noch etwas Fleisch. Nein, John Pierpont Morgan hat Nikola Tesla nicht gefressen. Er hat ihm nur die Pläne zu jener Erfindung abgenommen, die die Welt vor dem Sündenfall retten sollte.

Die Menschheit wählt den Weg zum Abgrund

Drüben, auf dem alten Kontinent, in Paris genauer, forschte man etwa zur gleichen Zeit, wie Tesla der Welt seine reine Natur-Energie verehren wollte, an der Zertrümmerung des Atomkerns. Und die Welt stand wirklich am

Kreuzweg. Denn, Nikola Tesla erkannte es hellgesichtig und folgerichtig: „Eine Energie, die durch Zerstörung von Naturelementen erzeugt wird, ist ein Verbrechen gegen die Natur und wird eines Tages zur Katastrophe führen." Seine Energie, sagte er, sei saubere Energie: „Wenn wir uns gegen ihre Anwendung entscheiden, wird uns die Zukunft schuldig sprechen. Um die Erde liegt ein Energiefeld. Es reicht bis zur äußersten Hülle, bis zur Ionosphäre. Diese Energie produziert die See. Der Wind. Dazu kommt die Sonnenenergie. Sie ist ständig vorhanden, ohne daß wir etwas verbrennen oder zerstören müssen. Wir können daraus in unbegrenzter Qualität unseren Bedarf decken. Ich habe bewiesen, daß es möglich ist. Wir müssen es nur noch in die Praxis umsetzen."

Doch sein Plädoyer – letztlich für das Überleben des Planeten – findet an der geldzersetzten Stumpfheit Morgans kein Echo. Nun endlich hat dieser erfaßt, daß Tesla den Geist aus der Flasche lassen will, der dem Energie-Jahrhundertgeschäft ein vorzeitiges Ende bereiten würde. Morgan denkt nicht daran, auf Energie, bei der man durch komplizierte Erzeugungs- und Übertragungssysteme Milliarden verdienen kann, zu verzichten. Da bliebe ihm ja nur noch der Bau und Verkauf dieser Antennen, aber die Kuh würde umsonsten gemolken.

„Ich bin kein Wohltätigkeitsinstitut", sagt er zu seinem Sekretär und weist ihn an, Tesla zu schreiben. „Schreiben Sie ihm, es sei im Moment noch zu früh. Wir lassen ihn wissen, wann es soweit ist."

John Pierpont Morgan stirbt sieben Jahre später, im März 1913. Tesla lebt noch dreißig Jahre länger als er, erfindet den Radar und eine Turbine, die heute noch um 20 Prozent effizienter ist als die herkömmlichen, stößt mit seiner Anti-Kriegs-Maschine auf Ablehnung und stirbt am 7. Januar des Kriegsjahres 1943. Einsam, mittellos, beinahe vergessen. Die Welt jubelt Albert Einstein zu und bald einmal J. Robert Oppenheimer, dem nekrophilen „Vater" der ersten Atombombe. 941 Tage dauert es noch bis Hiroshima, und 15 813 Tage bis Tschernobyl. Wie lange es noch geht, bis die Erde am Tor des Hades anklopft, wird leider kein Chronist mehr festhalten können. Die Welt jedenfalls wartet immer noch – auf den Tod oder auf Teslas reine Äther-Energie, die sie wohl auch heute noch vor dem Untergang bewahren könnte. Wenn die Politiker, die Militärs und die Geld- und Energieregenten sich umbesinnten, der Menschheit Teslas Entdeckungen zugänglich zu machen.

(Entnommen aus dem Schweizer Journal Franz Weber, verfaßt von Ursula Spielmann)

Anhang

TESLA COIL BUILDERS ASSOCIATION
3 AMY LANE, QUEENSBURY, NY 12804
(518) 792-1003

TO ALL TESLA COIL ENTHUSIASTS; The TESLA COIL BUILDERS' ASSOCIATION was formed in 1982 to fulfill an urgent need for a source of information on the construction, function, and theoretical analysis of the Tesla coil. The membership ranges from young junior/senior high school students to electrical engineers. Our oldest associates are in their 80's. The common bond among the members is a desire to either learn about the Tesla coil or a willingness to teach others about this amazing device.

PROGRAM: TCBA issues a quarterly newsletter devoted to the construction, operation, and theoretical analysis of the Tesla coil. Each issue consists of 18 numbered pages plus an illustrated cover. The following titles are typical of the subject matter covered in TCBA NEWS.

1. **BALL LIGHTNING EXPERIMENTS:** We now know how Tesla created ball lightning and show you how to duplicate Tesla's experiments with home made equipment of modest size and power.

2. **HIGH VOLTAGE EXPERIMENT:** The University of California experiment with a huge Tesla coil giving off 11' discharges.
3. **PRECISE MEASUREMENTS OF OUTPUT POTENTIALS:** An electrical engineer tells how you can determine the voltage of a Tesla coil.
4. **COEFFICIENT OF COUPLING:** Extremely valuable data on how to properly couple the primary and secondary coils to produce maximum potential.
5. **MEMBERSHIP ACTIVITY:** Articles describing projects built by TCBA members.
6. **TESLA COILS RESURRECTED:** Articles culled from old time publications dating back to the turn of the century.
7. **EXPERIMENTS:** A series of essays covering many of the experiments possible with high frequencies at high voltage. Lighting unconnected bulbs and producing sparks from the fingertips are but a few of the exciting types of experiments possible.
8. **PRINCIPLES OF TESLA COIL CONSTRUCTION:** A series of articles by our staff and members which cover the many aspects of Tesla coil construction including valuable tips and shortcuts.
9. **INPUT-OUTPUT:** A give-and-take column in which members express their opinions, agree or disagree with someone's opinion, request information, etc.
10. **LETTERS:** We print letters, comments, etc., from our members who wish to express their thoughts regarding TCBA.
11. **ADVERTISING:** A page for buying, selling, and trading as well as tips on where to find materials for building a Tesla coil.
12. **NIKOLA TESLA:** Articles from the past and present (both historical and controversial) regarding Nikola Tesla's contributions to history, his personal views, and the views of those who knew him.

COST: The cost of a 4-issue subscription to TCBA NEWS is ~~$24 (o~~ $40 US Dollars verseas rates higher). A student in the junior-senior high school may purchase a subscription for $12 (USA only). Student status must be substantiated by a school teacher or principal (on official school stationery). The newsletter is sent by 1st class mail in a sturdy 9 X 12" envelope. To become affiliated, fill in the application form below (please print or type) and send your check or money order payable to Harry Goldman at the address on the top of this page.

CUT HERE--CUT HERE

NAME AND ADDRESS (phone optional)	Use this space to introduce yourself, your hobbies, experience with coils

Please indicate who or what influenced you to join TCBA.

RESONANCE RESEARCH INC.

High Performance Instruments
For High Performance Museums

E11870 Shadylane Rd.
Baraboo, WI 53913
(608) 356-3647

Dear Mr. Wahl:

Thank you for your interest in the Resonance Research line of high performance instruments for high performance museums.

I am enclosing some photographs and written data describing our products and services. We also have a videotape illustrating all of our products in operation. The videotape is entitled, "Resonance Research Product Demonstration Videotape". This tape costs $10.00, and the cost to ship it to a foreign country is approximately $42.00. The total cost with shipping would be $52.00 in US funds. This cost may be completely deducted from any order entered for products.

To discuss package plans and pricing on any of our products please feel free to telephone me at your convenience.

I trust this information will be of assistance. Thanking you for your time and kind consideration, I remain, ...

Yours truly,

D.C. Cox
Pres.

DCC:mwg
enclosures

RESONANCE RESEARCH INC.
High Voltage Engineering Consultants
E11870 Shady Lane Road • Baraboo, Wisconsin 53913 • (608) 356-3647

HIGH PERFORMANCE INSTRUMENTS FOR HIGH PERFORMANCE MUSEUMS

Van de Graff Generators

HV-400F	400,000 volt output Frictional excitation. Least expensive model for small museums on a tight budget.	6-8 in. spark
HV-400E	400,000 volt output External excitation produces excellent output even in humid environments.	8-10 in. spark
HV-800	800,000 volt output Standard museum model. May be operated hands on or using demonstrators to do a show.	26-28 in. spark
HV-1200	1.2 million volt output Spectacular performance from a large museum model. May be operated as a hands-on demo.	40 in. spark
HV-2000	2 million volt output Our most spectacular model. Close simulation to real lightning discharges.	5-6 ft. spark

HIGH PERFORMANCE INSTRUMENTS FOR HIGH PERFORMANCE MUSEUMS

Resonance Transformers

M-20	250,000 volt output Demonstrator stands in pan directly atop secondary coil.	1 1/2 ft. spark
M-100	750,000 volt output Hands-on or demonstrator operated.	4 1/2 ft. spark
M-150	1 1/2 million volt output Standard museum model.	7-8 ft. spark
M-200	3 million volt output Hands-on or demonstrator operated.	12-13 ft. spark
M-500	6 million volt output Our most spectacular machine for mounting as a central display unit in a large hall.	30 ft. spark
TM-150	3 million volt output Two units operated in tandem to produce a long spark in areas with limited ceiling height.	16 ft. spark
TM-700	6 million volt output Our most spectacular tandem system for creating powerful displays with limited ceiling height.	30 ft. spark

Günter Wahl

Experimente mit Tesla Energie

Grundlagen des Teslageneratorenbaus
Bau eines Teslagenerators mit 70 cm langen Blitzentladungen
Energieübertragung mit Schwingkreisen und Quarzen nach Tesla

Teil 2

Mit 96 Abbildungen

FRANZIS

Vorwort

Obwohl Nikola Tesla in fast allen Lehrbüchern totgeschwiegen wird, beschäftigt sich heute noch – nach mehr als 100 Jahren - eine grosse Anzahl Hobby-Elektroniker und Erfinder mit seinen Ideen und Patenten.

Zu seinen bedeutendsten Ideen zählt die drahtlose Energieübertragung, mit der er sich viele Jahre auseinandersetzte.

Das Interesse an Tesla's Versuchen zur Energieübertragung hat den Autor bewogen, dieses Thema im hobbymässigem Rahmen nochmals in moderner Form aufzugreifen und mittels einiger reizvoller Experimente zu untermauern.

Wer im Internet das Stichwort „Tesla“ in eine Suchmaschine eingibt, findet eine Unmenge an Informationen, mit der sich ein Tesla-Interessierter jahrelang auseinandersetzen kann.

Die Mehrzahl der Tesla-Anhänger lebt in den USA. Die grösste Gruppe ist die „International Tesla Society“ in Colorado Springs. Diese Gruppe unterhält ein Tesla-Museum und vertreibt Bücher sowie Videos.

Des weiteren gibt es die „Tesla Coil Builders Assocation“ (TCBA), welche einen vierterjährlichen Newsletter vertreibt.

Ein Schwerpunkt dieses Buchteils beschäftigt sich mit den Grundlagen für den Bau leistungsfähiger Teslageneratoren. Nach dem Motto „Probieren geht über studieren“ können die erworbenen Kenntnisse dann anhand des Aufbaus eines Teslagenerators mit einer halben Million Volt praktisch umgesetzt werden. Der Faszination dieser gewaltiger Blitzentladungen kann sich kaum jemand entziehen. Wie beeindruckend müssen da erst die Blitzentladungen Tesla's gewesen sein, als er versuchte, elektrische Energie weltweit kostenlos zu übertragen.

Mit göttlicher Begabung optimierte er seine überdimensionale Sendespule mit 15 Meter Durchmesser und erzeugte damit 30 Meter lange Blitze, die aus der kugelförmigen Antennenspitze herausgeschleudert wurden. Die Farmer im Umkreis seines Labors fürchteten um ihr Leben und hielten sich in ehrfurchtsvollem Abstand, während das Donnern der Blitze meilenweit zu hören war.

Ehe viele Generationen vergehen, werden unsere Maschinen durch eine Kraft angetrieben werden, die an jedem Punkt des Universums verfügbar ist.
Diese Idee ist nicht neu, wir finden sie in den herrlichen Mythen des Antheus, der Energie aus der Erde ableitet, wir finden sie auch in den feinen Spekulationen einer ihrer glanzvollen Mathematiker...
Überall im Weltraum ist Energie. Ist diese Energie statisch oder kinetisch ? Wenn statisch, werden unsere Hoffnungen vergeblich sein. Wenn kinetisch – und wir glauben, dass dem sicherlich so ist – dann ist es nur eine Frage der Zeit, dass die Menschheit ihre Energietechnik erfolgreich an das eigentliche Räderwerk der Natur angeschlossen haben wird.

Nikola Tesla im Jahr 1891

Widmung
Für „Glitzerstäubchen“, deren kostbare Zeit ich in Anspruch nahm!

Inhalt

So stellte sich Tesla die Energieübertragung an Flugzeuge vor!

Einführung

Unzeitgemäße Betrachtungen

Alle reden davon, niemand weiß es, aber es wäre ein phantastisches Unterfangen, den Finger in die Luft zu strecken und Energieströme fließen zu lassen.

Dieser Wunschtraum ist Jahrtausende alt und wird in immer neuen Variationen diskutiert und herbeigesehnt. Auch in unserem Jahrhundert sind solche Träume geträumt und zum Teil sogar in die Wirklichkeit umgesetzt worden. Die Erfinder waren besessen von ihren Erkenntnissen und wurden von Buchhaltern, Bankern und Spekulanten – sprich Geldgebern – immer wieder auf den Boden der Realität zurückgeholt. Das ist auch heute noch so.

Aber waren sie nun wirklich alle Spinner, Pseudowissenschaftler oder liefen sie nur dem Zeittrend, der Vermarktbarkeit, der Börsentauglichkeit zuwider? Wer wagt es heute, darüber zu spekulieren?

So gering die Aufzeichnungen, Erkenntnisse aus den Labors des vorigen Jahrhunderts auch sind – sie zählen m. E. zu den wichtigsten überhaupt, denn alles, was wir heute als technischen Fortschritt betrachten, stammt letztlich von ihnen, den freischöpfenden Talenten, die sich keiner Bank, keiner politischen Gruppierung gegenüber behaupten, keinem Institut angehören mussten, um ihre Ideen durchzusetzen. Das Erbetteln von Forschungsgeldern aus der Industrie, wie es heute schnöder Brauch ist, war damals unbekannt, man schuf frei und unabhängig. Die Ergebnisse sprechen für sich.

Es ist für die heutige Zeit symptomatisch, dass sich z. B. bei der Entdeckung eines neuen Gens in einem Forschungsinstitut sofort Banker, Spekulanten oder Finanzanalysten wie ein Schwarm von Schmeißfliegen um diese Erkenntnisversuche versammeln, um ja nicht den Anschluss durch Verlust von Patentrechten zu verpassen. Hier geraten die Verhältnisse ins Groteske und sind im weitesten Sinne auch als unsittlich anzusehen. Ein Staat, der sich mehr um seine Börsenmakler und Immobilienhändler sorgt, hat seine Erfinder schon längst aufgegeben und ist auf dem Wege in die

Advokratie, die letztlich nur den proletarischen Gewaltabtausch von einst durch Gerichtsstreitereien akademischer Provenienz ersetzt.

Im letzten Jahrhundert war die Welt, was die Erfindungen anbelangt, noch halbwegs in Ordnung. So war eine grundlegende Erkenntnis zunächst private Sache des Erfinders. Seine Patentanmeldung sicherte ihm die Nutzung seiner Erfindung durch die Industrie. Sie zu deuten, sie zu verstehen war die andere Sache, und sie war leider die Sache des Kapitals. Denn jede Erfindung trug den Kern der Erneuerung im Denken, in der Veränderung der bestehende Zeitläufe, der Technik in sich. Als die Einstein'sche Physik ihren Siegeszug begann, wurde die Energieforschung aus dem praktischen Bereich in den theoretischen Bereich verlagert. Die genialen Versuche von Tesla mit der elektrischen, alles erklärenden Kraft fanden nunmehr mit Kreide statt – für die Energiekapitalisten eine gesegnete Zeit ohne absehbare Änderungen der etablierten Energiesysteme.

Für das Individuum folgert daraus, dass es aufgerufen ist, eine geistige Emanzipation durch sich selbst herbeizuführen, sich den Machtstrukturen zu verweigern und den Teufelskreis der Meinungs- und Wissenschaftsdiktate zu durchbrechen. Innovatives und konstruktives Denken, das Reflektieren über Zusammenhänge kann ein Weg aus diesem Inferno sein. Das Staunen, das Erfahren, das Erleben und das schöpferische Mitschwingen mit den Vorgängen der Natur kann ein weiterer Schild gegen eine titanische Weltverschwörung sein.

Blenden wir hundert Jahre zurück:

Die „fließende" Elektrizität tritt auf den Plan und ist in der Lage, den Dampf zu verdrängen. Transport von elektrischer Energie über Leitungen wird möglich und fasziniert die Erfinder und Entdecker. Faraday, Tesla, Marconi, Edison erdenken eine neue Realität. Sie entwickeln eine Flut umwälzender Innovationen zur alltäglichen Verwendbarkeit und fallen prompt dem Diktat der Banker anheim. Sie bestimmen in welche Richtung sich die Erfindungen zu bewegen haben, welche Entwicklung den meisten Profit verspricht. Und sie sitzen am Geldhahn, den sie den Erfindern großzügig öffnen, sofern es in ihre Interessen passt, oder diktatorisch verschließen, wenn die Erfinder eigene Wege gehen wollen. Einige von ihnen kannten Energieverteilungssysteme von kosmischen Größenordnungen, Energie nicht aus fossilen Brennstoffen, sondern aus der natürlichen Quelle des Kosmos, aus Energieströmen von gigantischen Dimensionen zu gewinnen. Sie wussten um Schwerefeldantriebe und Konverter zur Verwertung dieser Energiefelder. Sie wussten um genial einfache Anordnungen zur Signalverbreitung und -erzeugung und sie hatten Visionen einer anderen, besseren Welt. Tesla hatte bei all seinen Erfindungen in erster Linie das Wohl der Menschheit im Auge und zum Schluss erst den eigenen Nutzen aus seinem Streben. Er war jedoch, wie alle seine Erfinderkollegen, dem Diktat der herrschenden Kapitalisten von Wallstreet unterworfen.

Viele resignierten, behielten ihre Entdeckungen für sich oder wurden von den etablierten Mächten zerbrochen und aus dem Wege geschafft. Ihre Erkenntnisse wurden aus den Bibliotheken als unwissenschaftlich getilgt. Ihr Wissen wurde nicht weitergegeben, sondern totgeschwiegen. Mit Einstein wurde eine andere Physik installiert. Sie passte dem herrschenden System besser ins Bild, weil es zunächst einmal reine Theorien waren und keine Erfindungen. Wie wirksam diese Steuerung gewesen ist, wird daran deutlich, dass unter der Vorherrschaft der theoretischen Physiker kaum noch strukturell bedeutende Erfindungen gemacht wurden. Die Maschinen von heute sind genauso gut und so schlecht wie die von vor hundert Jahren – Atomkraftwerke sind lediglich atomar beheizte Dampfmaschinen – und der Explosionsmotor ist letztlich nur ein physikalisches Monster, ein Notbehelf, weil wirkliche Antriebe, die den Gegebenheiten unserer kosmischen Umwelt gemäß sind, immer noch irgendwo in Schubladen oder Anwaltssafes schlummern.

Die Physiker von heute sind nicht in der Lage, Phänomene wie Schwerkraft oder Zeit eindeutig zu erklären. Sie verschwenden ihre Zeit mit akademischen Untersuchungen an bereits bekannten Tatsachen und Erkenntnissen. Wirkliche Innovationen finden sich nicht darunter, allenfalls stellen sie Abfallprodukte bekannter Techniken dar. Die sogenannte Raumfahrt in ihrem heutigen technischen Standard ahmt immer noch altchinesische Raketentechniken von vor 3000 Jahren nach, denn auch schon damals wurde mit dem Rückstoß von Verbrennungsgasen ein ballistisches Geschoss transportiert.

Nichts besonders Revolutionäres ist in Sicht in Bezug auf Elektrogravitation, Schwerefeldantrieb oder Ionenantrieb. Keine Fortschritte auf dem Feld der Bioenergien, der geheimnisvollen Kräfte der Wasserwirbel, der Adhäsionskräfte, der statischen Elektrofelder und der Längstwellenverwendung, außer für militärische Zwecke.

Wir wissen um die UFO-Phänomene heute mehr, als es den Regierungen und Monopolisten lieb ist, da man solche Ereignisse, die sich am Himmel von jedermann beobachten lassen, nicht geheim halten kann. Wir wissen dadurch, dass es fortschrittlichere Antriebstechniken gibt, als wir sie zur

Zeit verwenden. Aber wehe, wenn diese „Geheimnisse“ in die Hände der Falschen gelangen, die aufgrund dieser Erkenntnisse den Ölkonzernen, Militärkreisen und Waffenlieferanten ihr Konzept verderben könnten. Solche Fakten werden durch gezielte Medienarbeit zerstreut und lächerlich gemacht, was den Amerikanern in den 50er-Jahren so gut gelungen ist, dass man als Spinner abgetan wurde, wenn man nur den Begriff UFO aussprach. An der Geheimhaltungsstrategie hat sich bis heute nicht viel verändert, denn obwohl wir in sogenannten Demokratien leben, dürfen wir noch längst nicht alles wissen.

Diese Geheimniskrämerei wird erklärt mit nationaler Sicherheit und der militärischen Geheimhaltung. Fürwahr eine sehr einfache Methode bewusster Irreführung aus purem Nutzdenken der herrschenden Kreise. Als weiteres Verschleierungsmittel von hoher Effizienz ist die Presse zu nennen, die durch ihre Lizenzverträge nur in gewissem Maße „frei“ ist. Sie kann zwar in engen Grenzen tun und lassen, was sie will, darf aber unzensiert keine Artikel über die erwähnten Angelegenheiten des Militärs oder der Geheimdienste veröffentlichen, da sie sonst ihre Lizenzen verlieren würde. Das Meinungsmonopol wird auch in dieser Weise erschreckend deutlich.

Unter Berufung auf Gedankenfreiheit und Demokratie kann das Individuum sich frei entfalten. Es kann denken, forschen oder den Tag vertreiben nach eigenem Belieben. Beim Forschen wird es schon enger, denn dazu sind materielle Mittel notwendig für technische Vorrichtungen, Materialien oder Räumlichkeiten. Es ist schwierig, für Einzelversuche aus der Industrie geeignete Werkstoffe in Kleinstmengen zu beziehen. Es ist teuer, Vorrichtungen anfertigen zu lassen, um die notwendigen Experimente durchführen zu können. Es wird immer teurer, geeignete Räumlichkeiten zu unterhalten, wenn keine Verkaufsprodukte entstehen, um dem horrenden Mietwucher begegnen zu können. So wird also Forschung von Individuen zu einem fast unmöglichen Unterfangen. Dem forschenden, unabhängigen Geist verstellen schier unüberwindliche Barrieren die Verwirklichung seiner Ideen, was auch durchaus im Sinne der etablierten Mächte ist.

Die Physik von heute ist so fest an ihr dogmatisches Weltbild gekettet, dass sie keine Freiräume für Unerklärbares anbietet. Pseudowissenschaftliches Denken, Esoterik, Paraphysik oder schlicht Unmögliches nach heutigem Erkenntnisstand, so lauten die Argumente gegen Innovationen. Sie ermöglichen ihren Protagonisten ein geruhsames Auskommen in wohl dotierten Positionen und schützen sie vor heißem Forschungsdrang unter Verzichtbedingungen. Aber auch diese Mechaniken versagen bisweilen. Nicht immer gelingt es perfekt, alles derzeit Unerklärbare als Spinnerei zu apostrophieren. Es laufen bereits Motoren nach anderen Antriebsprinzipien und mit erstaunlichen Wirkungsgraden. Es sind elektromagnetische Phänomene atomarer Teilchen bekannt, die der herrschenden Schulmeinung widersprechen, es gäbe nichts Schnelleres als das Licht. Es gibt Energiekonverter, die sich den Längstwellenentzug des Erdfeldes zunutze machen, eine Entwicklung, die bereits Tesla und weitere Erfinder durch Versuche bewiesen haben.

Betrachtet man ein Physikbuch heutiger Zeit, so besteht offensichtlich kein Bedürfnis, das elektromagnetische Spektrum in seiner ganzen Ausdehnung aufzuzeigen, sondern man bezieht sich auf den Bereich, der gerade genutzt wird oder ohne Hilfsmittel vom Menschen wahrgenommen werden kann. Diese Bereiche stellen naturgemäß äußerst kleine Abschnitte des gesamten Spektrums dar und man könnte meinen, alles andere sei nicht von allzu großer Bedeutung, da es ja auch nicht explizit abgehandelt wird. Auch hierin zeigt sich, dass der Blick auf Gesamtzusammenhänge nicht eben erwünscht oder für unnötig befunden wird.

Die jüngsten Entwicklungen haben jedoch gezeigt, dass geheime Forschung auf dem Gebiet der ELF-Wellen (Extrem Long Frequencies) betrieben und deren Erkenntnisse auch angewendet werden. Dabei ertönt jedoch wieder das alte Lied von den militärischen Geheimnissen im Interesse der nationalen Sicherheit. Dass auf 7,5 Hertz ein U-Boot-Kommunikationsnetz der Amerikaner betrieben wird, ließ sich aufgrund der enormen Dimensionen der Antennensysteme und der abgestrahlten Energiemengen doch nicht geheim halten. Und hier befinden wir uns in einem Teil des elektromagnetischen Spektrums, das in Physikbüchern gern als unwichtig eingestuft wird. Als Nebeneffekt dieser Längstwellen ergab sich, dass in den riesigen Vegetationsschneisen der schnurgerade aufgespannten Antennendrähte von 90 km und mehr die Vegetation ein ausgeprägtes Wachstumsverhalten aufzeigte, so als ob sich die Vegetation dort offenbar wohler fühlte, als in einiger Entfernung von den Antennen.

Die Auswirkungen dieser Wellen auf die menschliche Gehirnstruktur können allerdings dramatische Ausmaße annehmen, denn die Alpha-Welle des menschlichen Gehirns schwingt eben in diesem Bereich, bei etwa 10 Hertz, und einige andere Wellen auf noch längeren Wellen. Diese Wellen können durchaus zu Fremdeinstrahlungen in das menschliche Gehirn führen und so zu Veränderungen im Verhalten oder bei der Wahrnehmung führen. Unbestätigten Informationen zufolge sollen solche Wellen im Golfkrieg gezielt gegen irakische Truppen eingesetzt worden sein und dadurch eine Gehirnmanipulation bewirkt haben.

Eine weitere Verfolgung des elektromagnetischen Spektrums über die ELF-Wellen hinaus führt uns aber in unbekannte Regionen. Ein Hertz bedeutet eine Wellenlänge, die einmal in der Sekunde hin- und herschwingt. Wellen von einem Hertz haben aber eben keine besondere praktische Bedeutung, weil es eine willkürliche Festlegung darstellt wie etwa die 100-km/h-Grenze auf Autobahnen (es könnten ja auch 96,5 km/h oder 103,8 km/h sein).

Im Bereich unter ein Hertz beginnen die langperiodischen Schwingungsvorgänge, die eine Welle in einer Stunde, einem Tag oder gar einem Monat schwingen lassen. Keine Grenze wird hier sichtbar, lediglich ein bis in unendliche Zeitperioden ausgedehntes elektromagnetisches Spektrum. Das Verhalten solcher Wellen ist ebenfalls unbekannt. Wir wissen nicht, in welcher Weise, mit welcher Wirkung solche Wellen erzeugt oder verwendet werden könnten.

Dass sie existieren, kann jedoch nach unseren bisherigen Erkenntnissen vorausgesagt werden. Unterstellen wir den anderen Lebewesen unseres Planeten, den Insekten, Fischen oder Bakterien, dass sie sich der Infrawellen des Spektrums bedienen, oder unterstellen wir den Pflanzen mit ihren extrem langen Stoffwechselprozessen, dass sie auf Schwingungen dieser Art, nämlich die der langsam schwingenden Wellen angewiesen sind, zum Beispiel zur Energieumformung in Stoffwechselprozessen, bei chemischen Reaktionen des Blattgrüns und weiteren molekularen Prozessen.

Und unterstellen wir weiter, dass das Spektrum unserer Sonne den Pflanzen nicht nur sichtbares Licht und Wärmestrahlung liefert, sondern darüber hinaus auch Infra-ELF-Strahlung. Dann wären vielleicht manche ungeklärte biologische Phänomene erklärbar. Wenn wir diesen Gedanken weiterverfolgen, könnten wir diese Frequenzen unter der Ein-Hertz-Schwelle vielleicht als eingestrahlte Energiequelle für die menschliche Nutzung anwenden, denn es ist nicht einzusehen, dass lediglich fest begrenzte Frequenzabschnitte von der Sonne ausgestrahlt werden, wie z. B. sichtbares Licht, UV-Strahlung, Infrarotstrahlung usw., sondern dass das gesamte elektromagnetische Spektrum durch die hochenergetischen Prozesse im Sonneninnern erzeugt wird und zur Abstrahlung kommt. Bisher konnten wir damit noch nichts Rechtes anfangen, wenn wir jedoch die Pflanzen eingehender beobachten, wird deutlich, dass sie auf elektromagnetische Schwingungen reagieren.

Gewidmet meinem Bruder im Geiste!
In memoriam Fred Wagenknecht

Teil 1 Grundlagen des Teslageneratorenbaus

1.1 Sicherheitshinweise

Wer einen Tesla-Generator bauen will, sollte über einige Grundkenntnisse der Elektrotechnik und Elektronik verfügen. Der Hobby-Elektroniker muss sich dabei der Gefahr beim Umgang mit Hochspannung immer bewusst sein

1.1.1 Gefahr durch Hochspannung

Die Netzversorgungsspannung eines Tesla-Generators liegt üblicherweise bei 230 V. Da die Netzspannung normalerweise mit 16 A abgesichert ist, können dem Haushalts-Wechselstromnetz keine höheren Ströme entnommen werden. Die Ausgangsspannung des netzseitigen Hochspannungstransformators liegt in der Regel zwischen 8.000 V und 20.000 V. Die bei Berührung auftretenden Stromstärken können tödlich sein. Die Verbindungen innerhalb des Tesla-Generators dürfen nur mit 20 kV festem Hochspannungskabel (Fa. Bürklin, München, Schillerstraße) vorgenommen werden. Falls es sekundärseitig zu einem Durchschlag kommt, können Lichtbögen bis zu 10 cm entstehen und dabei Feuer und Panik erzeugen.

Die am Toroid der Sekundärspule auftretenden Spitzenspannungen können 1 Million Volt überschreiten.

Da der Hochspannung eine 50-Hz-Wechselspannung überlagert ist, kann auch die Berührung der Sekundärspule tödliche Folgen haben.

1.1.2 Gefahr durch Ozon

Alle Hochspannungsquellen erzeugen mehr oder weniger Ozon. Er wird sowohl durch die Primärfunkenstrecke als auch die sekundärseitigen Entladungen erzeugt. Ozon ist ein stechend riechendes, unsichtbares, gesundheitsschädliches Gas. Der Generator sollte deshalb nur 10–20 Sekunden im Dauerbetrieb gefahren werden. Dabei ist auf gute Lüftung zu achten.

1.1.3 Störung des Rundfunkempfangs

Beim Betrieb eines Tesla-Generators kommt es hauptsächlich im Mittel- und Langwellenbereich zu erheblichen Störungen.

1.1.4 Sicherheitsabstand einhalten

Haushaltsgeräte sowie Geräte der Unterhaltungselektronik sollten aus dem näheren Umfeld (2–3 m) des Tesla-Generators entfernt werden, da sie sonst durch elektromagnetische Beeinflussung zerstört werden können. Bei besonders großen Tesla-Generatoren kann es im Extremfall zu explodierenden Glühlampen und Leuchtstoffröhren kommen. Menschen mit Herzschrittmachern sollten einen Abstand von mindestens 5 m einhalten!

1.1.5 Gefahr durch Röntgenstrahlen

Hochspannungsentladungen zwischen bestimmten Metallen können Röntgenstrahlen erzeugen. Bei Verwendung von Kupfer und Aluminium wird dieser Effekt sicher ausgeschlossen. Bei Tests mit Dentalröntgenfilmen konnten vom Autor keine Röntgenstrahlen entdeckt werden.

1.1.6 Gefahr durch Feuer und Explosion

Wird durch einen Materialfehler eine Isolation durchschlagen, kann es zur Ausbildung eines grellweißen Lichtbogens kommen, dessen Hitze benachbarte Teile in Brand setzen kann. Deshalb ist es sinnvoll, einen Kübel Sand oder einen Kfz-Feuerlöscher bereitzuhalten.

1.1.7 Geräuschbelästigung

Die Geräuschentwicklung der Primär- und Sekundärfunkenstrecke kann mitunter derartig aufdringlich sein, dass es sich empfiehlt, einen Gehörschutzkopfhörer, wie er in Waffengeschäften erhältlich ist, zu tragen.

1.1.8 Gefahr von Sehschäden

Energiereiche Entladungen an der Primärfunkenstrecke führen zu grellweißen Lichtbögen, die bei längerer Beobachtung zu Augenschäden führen können. Beim Lichtbogenschweißen entsteht ähnlich energiereiches Licht mit hohem UV-Anteil. Es sollte deshalb entweder eine Sichtblende davor gestellt oder eine Schweißerschutzbrille getragen werden.

1.1.9 Erdung durch Schutzleiter

Eine gute Erdleitung, d. h. im Normalfall eine saubere Schutzleiterverbindung mit Erdverbindung ist Grundvoraussetzung für den sicheren Betrieb eines Tesla-Generators.

1.1.10 Restladungen an Hochspannungskondensatoren

Restladungen in scheinbar entladenen Kondensatoren können zu tödlichen Unfällen führen. Vor dem Berühren der Kondensatoranschlüsse müssen diese vorher mit einem hoch isolierten Schraubenzieher kurzgeschlossen werden. Für schreckhafte Gemüter empfiehlt sich die Verwendung eines Hochlastwiderstands mit 100 kΩ – 1 MΩ

1.1.11 Schutzempfehlung für Einsteiger

Es ist sinnvoll, erst mit dem Aufbau eines kleinen Tesla-Generators zu beginnen, um so Erfahrungen zu sammeln.

1.2 Einzelkomponenten

Der Aufbau eines Tesla-Generators setzt gewisse Grundkenntnisse über die verwendeten Bauelemente voraus. Im Folgenden sollen die in *Abb. 1* dargestellten Grundkomponenten und deren Funktion kurz erläutert werden:

1.2.1 Netztransformator

Der Netz- bzw. Hochspannungstransformator liefert die elektrische Energie zum Betrieb des Tesla-Generators.

Derartige Trafos werden entweder mit 120 V oder 230 V Netzspannung betrieben und liefern eine Ausgangsspannung von ca. 8.000 V bis 20.000 V.

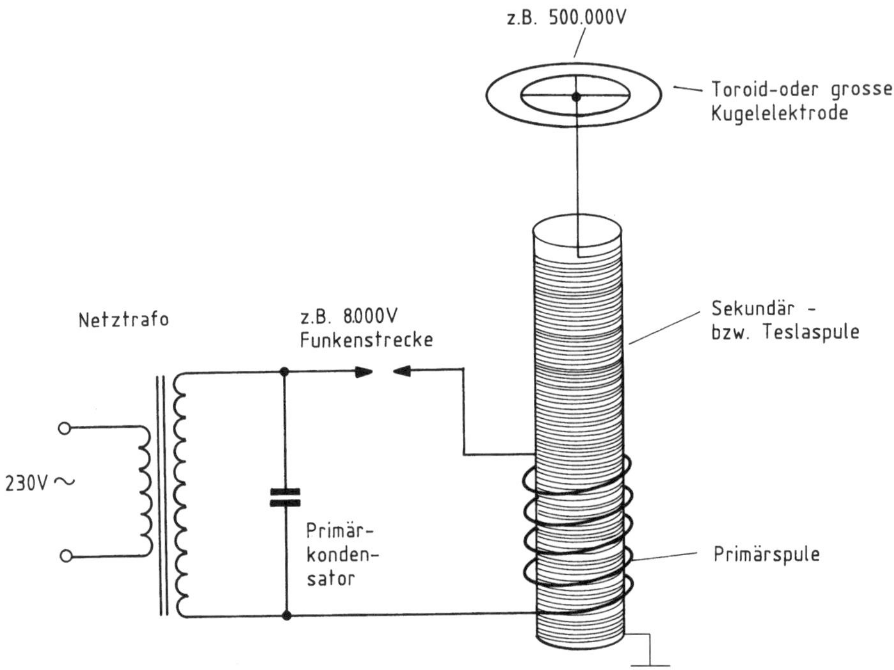

Abb. 1: Grundkomponenten eines Tesla-Generators

Bevorzugt werden für Tesla-Generatoren größerer Leistung Neonröhren-Trafos verwendet.

Auch Zündtrafos zur Zündung von Gas- oder Ölöfen sind gut zu gebrauchen. Während Neon-Trafos bis über 60 mA liefern, sind aus Zündtrafos meist nur 20–30 mA herauszuholen.

Zum Bau von Groß-Tesla-Generatoren mit 3–5 m langen Funkenentladungen werden Energie-Verteiler-Transformatoren benutzt, welche die Hochspannung an den Freileitungen zu Energieversorgungs- oder Messzwecken herunter transformieren. Bei der Stromversorgung von Groß-Tesla-Generatoren werden diese Trafos dann umgekehrt herum betrieben – die Spannung also hochtransformiert.

Der Umgang mit derartigen Hochleistungstransformatoren ist extrem gefährlich. Hier sollten sich nur Fachleute oder Hobby-Elektroniker mit langjähriger Hochspannungserfahrung heranwagen.

Abb. 2 zeigt einen Hochleistungstrafo aus den USA. Er hängt normalerweise an einer Hochspannungsfreileitung bei 20 kV/1 A und liefert sekundär-

Abb. 2: Hochleistungstrafo aus den USA

seitig 230 V/100 A. Im Tesla-Betrieb wird er in umgekehrter Richtung betrieben.

1.2.2 Primärspule

Die Primärspule besteht aus wenige Windungen dickem Kupferdraht oder Kupferrohr. Sie befindet sich meist in Form einer Zylinder- oder Spiralspule am Fußpunkt der Tesla-Spule.

1.2.3 Primärkondensator

Der Primärkondensator hat je nach Leistung des Netztransformators Kapazitätswerte zwischen 5 nF und 50 nF. Seine Spannungsfestigkeit richtet sich nach der maximalen Ausgangsspannung des Netztrafos. Sie liegt meist zwischen 10 und 30 kV. Bei Beschaffungsschwierigkeiten können verschiedene Kondensatoren auch parallel oder seriell geschaltet werden. Das Parallelschalten erhöht die Kapazität, die Reihenschaltung erhöht die Spannungsfestigkeit. Der Primärkondensator wird periodisch durch den Netztransformator so weit aufgeladen, bis er sich über die Funkenstrecke entlädt. Mit diesen impulsförmigen Entladungen wird der Primärresonanzkreis, bestehend aus Primärkondensator und Primärspule, angestoßen bzw. zum Schwingen angeregt.

1.2.4 Funkenstrecke

Wenn die Ladespannung am Primärkondensator groß genug ist, entlädt sich der Kondensator über die Funkenstrecke. Je länger die Funkenstrecke, umso höher ist die für den Überschlag erforderliche Spannung. Der Elektrodenabstand einer Funkenstrecke sollte zwischen 2 und 10 mm einstellbar sein.

1.2.5 Sekundär- bzw. Tesla-Spule

Die Sekundär- bzw. Tesla-Spule besteht entweder aus einem Spulenkörper aus Pappe (Papprohr zum Aufbewahren von Zeichnungen) oder PVC (Kunststoffrohr aus dem Baumarkt) mit einer Länge von 30–200 cm und einem Durchmesser von 5–50 cm. Der Spulenkörper wird mit Kupferlackdraht von 0,15 – 1,3 mm voll bewickelt.

Das untere Ende wird entweder geerdet oder mit dem Schutzleiter verbunden. Das obere Spulenende führt entweder auf eine große Metallkugel oder ein Toroid. Aus der Metallkugel oder dem Toroid treten im Betrieb Funken bzw. Funkenbüschel aus.

1.2.6 Toroid- oder Kugelelektrode

Die Elektrode an der Spitze der Sekundärelektrode wird mitunter auch als Sekundär- oder Abschlusskondensator bezeichnet.

Im Betrieb lädt sich die Elektrode so lange auf, bis die Spannung Energie an die umgebende Luft entladen kann. Je größer die Elektrode, umso größer ist die Ladung und umso länger sind die erzielbaren Funkenstrecken (auch Streamer genannt).

Natürlich muss der Tesla-Generator leistungsfähig genug sein, das Toroid ausreichend aufzuladen.

Deshalb findet man an der Spitze von großen Hochleistungs-Tesla-Spulen meistens auch sehr große Toroide. Durch ein großes Toroid verringert sich natürlich die Eigenresonanzfrequenz der Tesla-Spule. Dies erfordert eine Nachstimmung des Primärresonanzkreises, damit beide Kreise wieder auf der gleichen Frequenz schwingen.

Die Anordnung von Funkenstrecke und Primärkondensator kann gegenseitig vertauscht werden. Die in *Abb. 1* gezeigte Version soll laut unbestätigten Berichten weniger zu Rückzündungen neigen.

1.3 Funktionsweise eines Tesla-Generators

Wie bereits erwähnt, sind die Hauptkomponenten eines Tesla-Generators der Netz- bzw. Hochspannungs-Trafo, der Primärresonanzkreis und der Sekundärresonanzkreis.

Der Netztrafo stellt die Leistung für den aus Primärkondensator, Funkenstrecke und Primärspule bestehenden Primärresonanzkreis zur Verfügung.

Der Blindwiderstand (Reaktanz) in einem Wechselstromkreis ist mit einem Widerstand in einem Gleichstromkreis vergleichbar. Der Unterschied besteht nur darin, dass sich der Blindwiderstand einer Spule oder eines Kondensators mit der Frequenz ändert.

Der Blindwiderstand von Spulen und Drosseln erhöht sich mit der Frequenz des Wechselstroms, während sich der Blindwiderstand eines Kondensators mit zunehmender Frequenz verringert.

Werden eine Spule und ein Kondensator in Reihe geschaltet, gibt es eine so genannte Resonanzfrequenz, bei der sich die Blindwiderstände der Spule und des Kondensators gegenseitig aufheben und der Stromfluss sein Maximum erreicht.

Wenn sich sowohl der Primärkreis als auch der Sekundärkreis in Resonanz befinden und der Blindwiderstand entsprechend *Abb. 3* gegen Null geht, wird die maximal mögliche Energie vom Primärkreis zum Sekundärkreis übertragen. Vom Ohmschen Widerstand des Resonanzkreises wird die Resonanzfrequenz nicht beeinflusst. Durch die am internen Widerstand auftre-

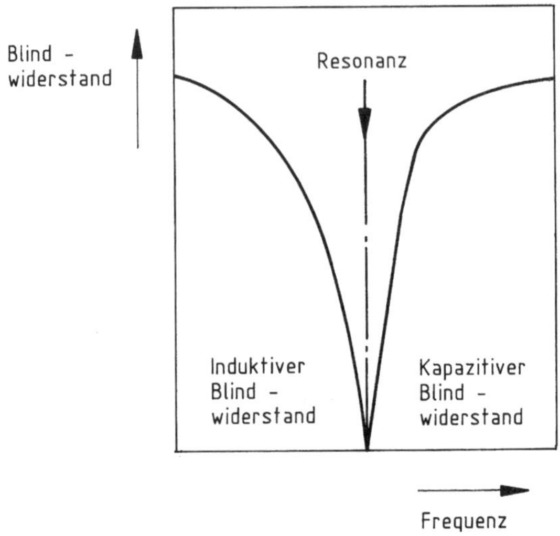

Abb. 3: Resonanzverhalten

tenden Verluste wird jedoch die Güte bzw. der Gütefaktor des Resonanzkreises geringer.

1.3.1 Gedämpftes Schwingverhalten

Wird an einen Primärschwingkreis inklusive Funkenstrecke eine ausreichend hohe Gleichspannung oder eine niederfrequente hohe Wechselspannung gelegt, lädt sich der Kondensator so lange auf, bis die Durchbruchspannung der Funkenstrecke erreicht ist. Dann entlädt sich der Kondensator über die Primärspule und baut dort ein starkes Magnetfeld auf. Sobald das Magnetfeld zusammenbricht, fließt ein Teil der Energie über die noch leitende Funkenstrecke in den Kondensator zurück. Ein weiterer Energieanteil wird an die Sekundärspule übertragen. Wenn nach mehreren Pendelvorgängen das Magnetfeld in der Primärspule total zusammengebrochen ist und der Kondensator keine Energie mehr zum Aufrechterhalten des Lichtbogens liefert, wird der Kondensator in der nächsten Halbwelle erneut vom Netztransformator aufgeladen und das Spiel beginnt entsprechend *Abb. 4* von neuem.

Die Frequenz dieser gedämpften Schwingungen kann aus den Werten von L und C berechnet werden.

Auf diese Weise kann eine hohe gleich- oder niederfrequente Spannung in eine hohe hochfrequente Wechselspannung verwandelt werden.

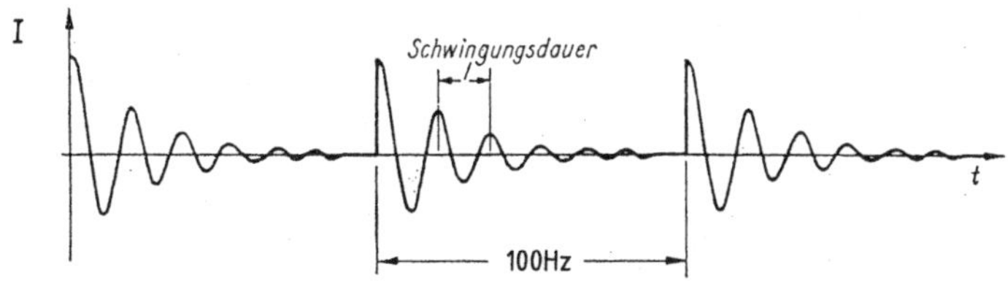

Abb. 4: Gedämpftes Schwingverhalten

Wenn der Sekundärkreis dieselbe Resonanzfrequenz aufweist wie der Primärkreis, beginnt der Sekundärkreis mitzuschwingen. Dabei wird das Toroid bzw. der Sekundärkondensator periodisch aufgeladen und über den freien Raum wieder entladen.

1.3.2 Betrachtung zur Höhe der Tesla-Ausgangsspannung

Das Windungsverhältnis Primär- zu Sekundärspule ist normalerweise sehr hoch. Es liegt im Allgemeinen zwischen 1 : 100 bis 1 : 500. Zum Verständnis der extrem hohen Spannungsübersetzung kann das Transformator-Prinzip herangezogen werden.

Nehmen wir an, die Primärspule hat 5 und die Sekundärspule 1.000 Windungen – dann ist das Übersetzungsverhältnis 1 : 200. Wenn die Spannung an der Primärwicklung 10.000 V beträgt, müsste die Sekundärspannung etwa 2 Millionen Volt erreichen. Dies ist natürlich pure Theorie. In der Realität wird der Kondensator niemals voll aufgeladen. Außerdem werden die Spulen aufgrund von Ohmschen Widerständen niemals von den maximal möglichen Strömen durchflossen.

Meist wird der Primärkondensator höchstens zu 50 % aufgeladen. Selbst wenn das System nur 20 % der errechneten Spannung erreicht, werden immer noch 200.000 V und damit Funken von einigen Dezimetern Länge erzeugt.

Es ist deshalb sehr wichtig, einen relativ verlustarmen Tesla-Generator aufzubauen. Geringe Verbesserungen der Ohmschen Verluste können eine beachtliche Erhöhung der Ausgangsspannung bewirken.

Das folgende Kapitel beschäftigt sich mit den Grundvoraussetzungen für Berechnung und Aufbau eines funktionstüchtigen Tesla-Generators mittlerer Leistung.

1.4 Primärstromversorgung

Als Primärstromversorgung wurde bisher nur der Netztransformator vorgestellt.

Die Primärstromversorgung besteht jedoch real aus mehr als nur dem Netz- bzw. Hochspannungstransformator.

In *Abb. 5* wird der Schaltplan einer typischen Tesla-Primärstromversorgung gezeigt. Die Stromversorgung enthält folgende Bauteile:

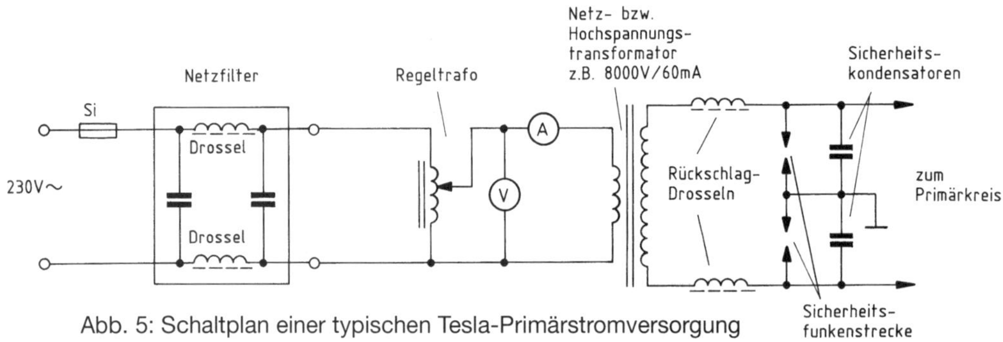

Abb. 5: Schaltplan einer typischen Tesla-Primärstromversorgung

- Netz- bzw. Hochspannungstransformator
- Spannungs- und Strommessgerät (optional)
- Regeltrafo (optional)
- Netzfilter
- Rückschlagdrosseln
- Sicherheitsfunkenstrecke
- Sicherheitskondensatoren (optional)

Nun folgt die Beschreibung der einzelnen Bauteile der Primärstromversorgung und deren Funktion:

1.4.1 Netz- bzw. Hochspannungstransformator

Der Trafo ist der Grundbaustein der Primärstromversorgung. Die Dimensionierung der sonstigen Bauteile orientiert sich hauptsächlich an der Leistung und Ausgangsspannung dieses Trafos.

Da ein Neonröhren-Trafo in Installationsfirmen für Leuchtschriftreklame relativ leicht zu bekommen ist, bauen viele Einsteiger ihren ersten Tesla-

Generator mit einem solchen Trafo auf. Derartige Hochspannungstrafos liegen im Spannungsbereich von 4.000 V bis 15.000 V. Normalerweise sind sie für Ströme von 30 mA oder 60 mA ausgelegt.

Neon-Trafos können bei gleicher Bauart problemlos parallel und seriell geschaltet werden. Beim Parallelschalten muss auf phasenrichtigen Anschluss geachtet werden, sonst kann keine Ausgangsspannung abgegriffen werden. Ein Neonröhrentrafo hat eine „weiche“ Ausgangskennlinie, d. h., bei Belastung über den Nennstrom hinaus bricht die Ausgangsspannung zusammen, ohne dass der Trafo dabei beschädigt wird.

Trotzdem empfiehlt es sich nicht, den Trafo über längere Zeit kurzzuschließen, da dies seine Lebensdauer verkürzen kann.

Damit keine Spannungsspitzen vom Primärkreis in den Trafo zurückschlagen, sollten die Hochspannungsausgangsleitungen mit Rückschlagdrosseln versehen werden.

Wenn Spannungsspitzen ungehindert in die Sekundärwicklung eindringen, kann dies zu irreparablen internen Windungsschlüssen und somit zum Ausfall des Trafos führen.

Es gibt auch Transformatoren mit einer „harten“ Kennlinie. Deren Ausgangsspannung bricht auch bei Überlastung kaum zusammen, sodass energiereichere und längere Tesla-Funkenentladungen erzielbar sind.

„Harte“ Trafos müssen beim Einschalten strombegrenzt werden, da sonst die Haushaltssicherung rausfliegt. Zu diesem Zweck schaltet man eine Drossel in die Netzspannungszuführung. An späterer Stelle wird auf die Berechnung von Strombegrenzungsdrosseln eingegangen.

Einsteiger sollten die Finger von „harten“ Trafos lassen, da im Fehlerfall energiereiche Lichtbögen entstehen, die brennbare Materialien in Brand setzen können.

1.4.2 Spannungs- und Strommesser (optional)

Es empfiehlt sich, Spannungs- und Stromwerte im Auge zu behalten, um möglichen Defekten schnell auf die Spur zu kommen.

1.4.3 Netzfilter

Damit beim Betrieb eines Tesla-Generators keine Hochfrequenz ins Stromnetz vagabundiert, ist es empfehlenswert, ein Netzfilter vorzuschalten.

1.4.4 Sicherheitsfunkenstrecke

Eine Sicherheitsfunkenstrecke, welche zwischen Primärtrafo und Primärkondensator angeordnet ist, dient dem Schutz des Netztrafos.

Wenn Primär- und Sekundär-Resonanzkreis nicht genau aufeinander abgestimmt sind oder sich der Sekundärkreis nicht voll entladen kann, besteht die Möglichkeit, dass Impulse in das Primärsystem zurückschlagen und dort zu einem Isolationsdurchbruch führen. Der dabei entstehende Kurzschluss führt dann zum Totalausfall des Netztrafos.

Die Sicherheitsfunkenstrecke ist im Grunde eine Doppelfunkenstrecke, die in der Regel so konstruiert ist, dass die Ladungen beider Hochspannungsanschlüsse bei Überschreitung der Durchbruchspannung nach Masse abfließen können. Die Elektrodenabstände sind geringfügig größer gewählt als die Abstände der Primärfunkenstrecke.

1.4.5 Sicherheitskondensatoren

Diese kleinen Kondensatoren in der Größenordnung zwischen 80 pf und 100 pf können optional vorgesehen werden und dienen ebenfalls zum Schutz des Netztransformators. Die Prüfspannung liegt zwischen 20 kV und 30 kV. Diese Kondensatoren sind nicht zwingend vorgeschrieben!

1.4.6 Strombegrenzungsdrossel

„Harte“ Netztransformatoren ziehen beim Einschalten mitunter einen derart hohen Strom, dass die Netzsicherung sofort anspricht oder der Trafo Schaden erleidet. Um dies zu vermeiden, wird in eine der beiden 230-V-Netzzuleitungen eine Strombegrenzungsdrossel geschaltet. Bei Neon- oder Ölheizungszündtrafos ist eine Strombegrenzungsdrossel normalerweise nicht erforderlich. Wer sich mit der Beschaffung einer passenden Drossel schwer tut, kann als Ersatzdrossel einen Regelspartrafo benutzen, der über eine Wicklung mit veränderlichem Abgriff verfügt. Der Regeltrafo sollte jedoch nie ganz auf Null Volt gedreht werden, da sonst die Strombegrenzung entfällt.

1.4.7 Regelspartrafo (optional)

Der Regelspartrafo in *Abb. 5* wird zur Variation der Eingangsspannung und nicht zur Strombegrenzung verwendet. Die Strombelastbarkeit des Regel-

Abb. 6: Regelspartrafo

spartrafos muss gleich oder höher bemessen werden als die des Netztransformators. Abb. 6 zeigt einen leistungsstarken Regelspartrafo.

1.4.8 Rückschlagdrossel

Damit reflektierte Hochfrequenzenergie nicht in den Netztransformator zurückfließt und die Isolation durchschlägt, werden Rückschlagdrosseln in die Hochspannungsleitungen eingefügt. Die Drosseln können auf einfache Weise selbst angefertigt werden. Als Träger für die Spule empfiehlt sich ein Papp- oder Kunststoffrohr mit 15–20 mm Durchmesser und etwa 100 mm Länge. Darauf werden 50–100 Windungen Kupferlackdraht mit etwa 0,5–1 mm Durchmesser gewickelt. Zur Erhöhung der Induktivität wird ins Innere des Rohrs ein Ferritstab gesteckt, wie er z. B. bei Conrad-Elektronik erhältlich ist. Obwohl der mittlere Strom relativ klein ist, können kurzzeitig bis zu 100 A fließen.

1.5 Funkenstrecke

Jede Funkenstrecke hat eine bestimmte Durchbruchspannung. Wird diese Spannung erreicht, kommt es zum Funkenüberschlag. In diesem Moment ist die Luft ionisiert, d. h. leitfähig.

Sobald die Spannung an der Funkenstrecke wieder abfällt, hält sich die Ionisierung nicht mehr aufrecht und der Stromfluss bricht ab. Die Elektrodenformgebung hat großen Einfluss auf das Entstehen und Erlöschen der Ionisierung. Durch spitze Elektroden wird die Ionisierung viel schneller eingeleitet und aufrechterhalten.

Bei kugelförmigen oder abgerundeten Elektroden muss sich die Ladung erst über die gesamte Oberfläche aufbauen.

Eine gute Funkenstrecke sollte zwei wesentliche Voraussetzungen erfüllen:

- Die Elektroden sollten groß genug sein, damit sie sich nicht überhitzen, da heiße Luft viel schneller ionisiert wird als kalte Luft.
- Der Luftspalt zwischen den Elektroden sollte nach Unterschreiten der Zündspannung wieder rasch möglichst kühl und frei von ionisierter Restluft sein.

Es gibt verschiedene Möglichkeiten, den Luftspalt zu kühlen bzw. zu entionisieren. Als gute Methode gilt, Luft durch den Luftspalt zu blasen. Meist werden Doppel- oder Mehrfachspaltfunkenstrecken verwendet, die mit Lüftern angeblasen werden.

Wenn die Elektrodenspitzen übermäßig erhitzt werden oder zu eng beieinander stehen, können Metallionen herausgelöst werden, welche den Stromfluss trotz Spannungsabfalls aufrechterhalten. Dies wirkt im Extremfall wie ein kurzgeschlossener Schalter.

Wird der Luftspalt vergrößert, werden für den Funkenüberschlag höhere Spannungen benötigt. Dies führt zwar zu höherer Leistung im Primärkreis und eindrucksvolleren Tesla-Entladungen, aber auch zu einer höheren Beanspruchung von Netztransformator, Primärkondensator und Elektroden. Bei größeren Tesla-Generatoren werden oft rotierende Funkenstrecken verwendet. Für Tesla-Generatoren mit Neon- oder Ölheizungszündtransformatoren lohnt sich dieser Aufwand erfahrungsgemäß nicht. Es ergeben sich kaum erkennbare Unterschiede in der Tesla-Generator-Funkenlänge.

Tesla-Freaks haben schon versucht, Druckluft zwischen den Luftspalt zu blasen oder mit Magnetfeldern den Lichtbogen auszublasen.

Auch dies ergab keine nennenswerten Verbesserungen. Dieses Vorgehen führte manchmal sogar zu massiven Rückzündungen und zu zerstörten Netztrafos und Primärkondensatoren.

Als optimal hat sich die Verwendung einer Doppelfunkenstrecke mit dicken Wolfram-Elektroden und einem 230-V-Radial-Lüfter herausgestellt.

Nach unbestätigten Meldungen soll ein Absaugbetrieb, wo die heiße ionisierte Luft mit einem Kfz-Staubsauger weggesaugt wird, die Leistung verbessert und Rückzündungen vermieden haben. Hier gibt es noch ein weites Betätigungsfeld für Amateur-Wissenschaftler.

1.6 Sekundär- bzw. Tesla-Spule

Die Herstellung der Sekundärspule ist mit einigem mechanischen Aufwand verbunden, der jeden echten Hobby-Elektroniker naturgemäß erschaudern lässt.

1.6.1 Spulenkörper - Material

Es gibt in Geschäften für Bürozubehör Transportrohre aus Pappe für Zeichnungen. Mit diesen lassen sich erste Versuche machen. Diese Pappröhren haben allerdings den Nachteil, dass sie Wasser absorbieren. Der Einfluss des Wassers verändert die elektrischen Eigenschaften. So kann es passieren, dass sich unter dem Einfluss der Luftfeuchtigkeit die Resonanzfrequenz der Sekundärspule geringfügig ändert. Wird das Papprohr vor dem Wickeln mit Klarlack eingesprüht oder mit Schellack bestrichen, weist es auch nach längerem Gebrauch gute elektrische Eigenschaften auf. Sehr gut eignen sich PVC-Abflussrohre aus dem Baumarkt. Dieses Material absorbiert so gut wie kein Wasser und ist viel stabiler als ein Papprohr. Bei schwarzen Kunststoffrohren ist Vorsicht am Platz, da als Farbe vielleicht Kohlenstoffverbindungen verwendet wurden. Da Kohlenstoff leitfähig ist, würde es zu Güteeinbußen und parasitären Funkenentladungen kommen.

1.6.2 Spulenkörper – Länge und Durchmesser

Für einen Tesla-Generator im mittleren Leistungsbereich empfehlen sich Spulenkörperlängen im Bereich zwischen 60 cm und 100 cm. Je nach Länge kommen Durchmesser von 50 mm bis 300 mm in Betracht. Die folgende *Tabelle* zeigt den jeweils zum Spulenkörper passenden Drahtdurchmesser.

Je nach Spulenkörper werden bis zu 800 Meter Kupferlackdraht benötigt.

Tabelle zur Bestimmung des Drahtdurchmessers der Teslaspule

Rohrdurchmesser in mm	Drahtdurchmesser in mm
50 – 75	0,15 – 0,25
75 – 100	0,25 – 0,40
100 – 200	0,50 – 0,65
200 – 300	0.80 – 1,30

Je dünner der Draht, umso höher ist der elektrische Widerstand der Sekundärspule und umso geringer die Güte des Sekundärkreises. Eine geringe Güte wirkt sich unmittelbar auf die Ausgangsleistung bzw. Ausgangsspannung aus. Des Weiteren lässt sich die Sekundärspule mit Drahtdurchmessern von 0.5 mm aufwärts leichter wickeln.

1.6.3 Induktivität der Sekundärspule

Die Induktivität der Sekundärspule kann sowohl gemessen, als auch berechnet werden. Die Induktivität einer Zylinderspule kann durch folgende Formel bestimmt werden:

$$L = \frac{r^2 \cdot N^2}{(23r + 25l) \cdot 1000}$$

L = Induktivität in mH
r = Spulenradius in cm
N = Windungszahl
l = Spulenlänge in cm

Die auf eine Spule mit gegebener Länge aufwickelbare Windungsanzahl lässt sich dadurch ermitteln, dass zuerst festgestellt wird, wie viele Windungen auf einen Zentimeter aufgebracht werden können. Dieser Wert wird dann auf die gesamte Spulenlänge hochgerechnet. Dabei ist natürlich zu berücksichtigen, dass am oberen und unteren Spulenende einige Zentimeter nicht bewickelt werden.

1.6.4 Eigenresonanzfrequenz der Sekundärspule

Die Eigenresonanz der Sekundärspule sollte irgendwo zwischen 100 kHz und 500 kHz liegen. Oberhalb 500 kHz wird der Mittelwellenbereich des

Rundfunks gestört. Unterhalb 100 kHz leidet die Güte der Sekundärspule durch den zu hohen Spulenwiderstand der vielen Windungen.

Zur Messung der Resonanzfrequenz kann nach *Abb. 7* vorgegangen werden. Zunächst muss die Spule aufrecht auf einen Holztisch gestellt werden. Dabei ist darauf zu achten, dass sich im Umkreis von etwa einem Meter weder ein Metallteil noch der Primärkreis befindet. Nun wird am unteren Ende der Spule ein Signalgenerator (0 – 2 MHz) angeschlossen. Anschließend wird ein Oszilloskop-Tastkopf in etwa 1 Meter Entfernung vom oberen Spulenende fixiert. Dann wird der Signalgenerator auf den 2-V-Bereich und das Oszilloskop auf den 100-mV-Bereich eingestellt. Beim Durchdrehen der Ausgangsfrequenz erscheint bei der Resoanzfrequenz ein starker Amplitudenanstieg am Bildschirm.

Bei Sekundärspulen hoher Güte kann der Resonanzanstieg der Signalspannung sehr plötzlich erfolgen.

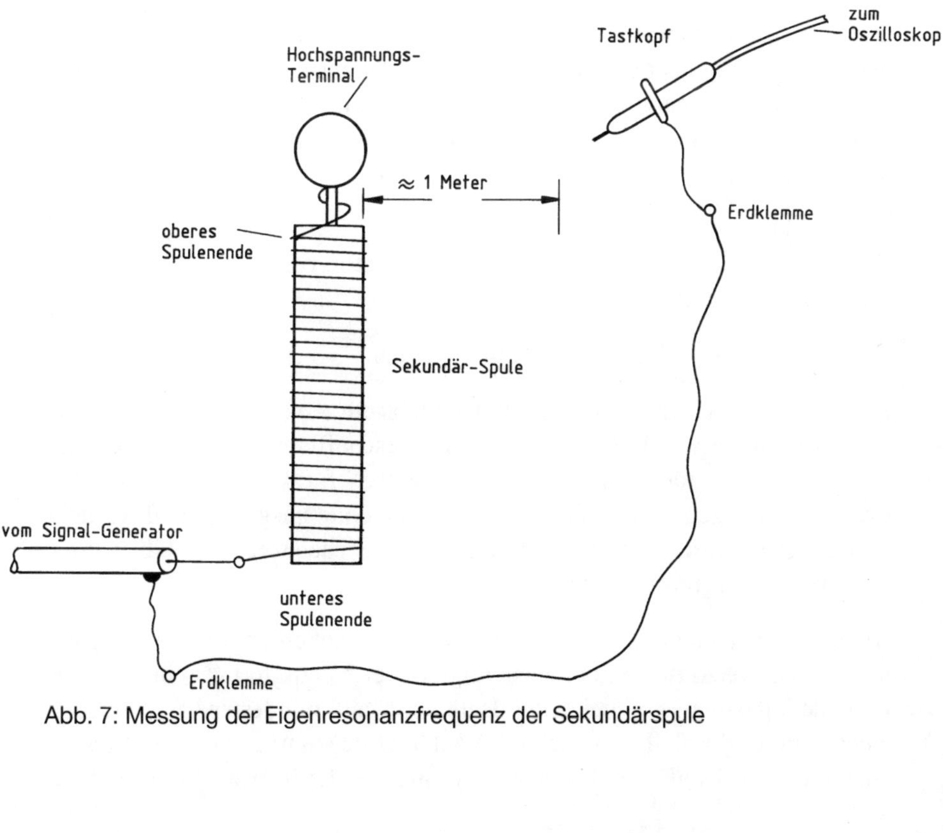

Abb. 7: Messung der Eigenresonanzfrequenz der Sekundärspule

1.6.5 Spulenbeschichtung

Obwohl es von manchen Spulenkonstrukteuren empfohlen wird, ist es nicht erforderlich, einen Schutz- oder Isolierlack aufzusprühen, um die Isolation zu verbessern. Unter Umständen kann dies sogar die Güte herabsetzen, da die Windungskapazität – also die Kapazität von Windung zu Windung – dadurch erhöht wird.

1.7 Primärkondensator

Wie bereits erwähnt, muss die Sekundärresonanzfrequenz mit der Primärresonanzfrequenz übereinstimmen. Die beiden ohne grossen Aufwand veränderbaren Schwingkreiselemente sind der Primärkondensator und im Besonderen die Primärspule. Da es Primärkondensatoren meist nur mit fest vorgegebenen Werten zu kaufen gibt, bleibt für die endgültige Abstimmung nur die Primärspule übrig.

Doch nun zum Primärkondensator: Auf keinen Fall dürfen Elektrolyt-Kondensatoren verwendet werden, da diese für Gleichspannung konzipiert sind und bei Wechselspannungsanwendungen explodieren können. Am besten eignen sich Metallpapier- oder Keramikkondensatoren mit hoher Güte. Bei der Dimensionierung des Kondensators muss dessen Spannungsfestigkeit besondere Aufmerksamkeit geschenkt werden.

Bei einer Nennausgangsspannung des Netztrafos von 8.000 V_{eff} muss am Kondensator mit

8.000 $V_{eff} \cdot 1.41 = 11.315$ V gerechnet werden.

Zur weiteren Sicherheit sollte der Kondensator eine Nennspannung von 15.000 V aufweisen. Bei der Kondensatorbeschaffung muss besonders darauf geachtet werden, dass die Kondensatoren für Wechselspannungsbetrieb mit geringem Verlustfaktor bzw. hoher Güte ausgelegt sind. Gleichspannungstypen können bei dem raschen Polaritätswechsel heiß werden oder plötzlich durchschlagen.

Bei der Dimensionierung des Kondensators ist außerdem die Leistungsfähigkeit des Netztrafos zu berücksichtigen. Der Netztrafo muss in der Lage sein, den Kondensator bei jeder Halbwelle auf mindestens 67 % seiner Nennspannung aufzuladen. Bei 500 Watt Trafoleistung eignen sich Kapazitätswerte von 10 nF, bei 1.000 Watt 20 nF, bei 1.500 Watt 30 nF und bei

Abb. 8: Keramikkondensatoren hoher Güte

2.000 Watt und darüber 40–50 nF. *Abb. 8* zeigt Keramikkondensatoren hoher Güte mit 3.3 nF/40 kV.

1.8 Primärspule

Wenn die Resonanzfrequenz der Sekundärspule durch Messung ermittelt wurde, wird ein zum Netztrafo passender Kondensator ausgewählt.

Nun kann der Primärresonanzkreis durch Hinzufügen der passenden Primärspule vervollständigt werden. Das Endziel besteht darin, zu einer frequenzmässigen Übereinstimmung zwischen Sekundär- und Primärkreis zu kommen.

1.8.1 Spulenkörper - Konstruktion

Bei der Konstruktion der Primärspule beginnen viele Einsteiger mit einer Zylinderspule, die meist den doppelten Durchmesser der Sekundärspule aufweist. Der dabei verwendete rohrförmige Spulenkörper besteht wieder aus Pappe oder Kunststoff. Die Länge des Rohrs sollte höchstens ein Fünftel der Sekundärspulenkörperlänge betragen. Befindet sich die Primärspule zu nahe an der Sekundärspule, kann es zu Funkenüberschlägen kommen. In einem solchen Fall kann ggf. durch Zwischenstellen eines Kunststoffrohrs Abhilfe geschaffen werden.

Beim Bau von Tesla-Generatoren mittlerer Leistung werden normalerweise Spiralspulen oder kegelförmige Spiralspulen bevorzugt. Sie bieten durch den größeren Abstand zum Hochspannung führenden Abschnitt der Sekundärspule eine größere Sicherheit gegen Funkenüberschläge.

1.8.2 Drahtdurchmesser der Primärspule

Für Tesla-Generatoren mittlerer Leistung von 500–1.000 Watt empfiehlt sich ein Drahtdurchmesser von etwa 3 mm. Gut geeignet ist auch 5–6 mm starkes Kupferrohr. Nicht isolierte Kupferdrahtwindungen sollten einen gegenseitigen Abstand von 5–10 mm haben. Dies vereinfacht den Anschluss von Primärkondensator und Funkenstrecke.

1.8.3 Messung der Resonanzfrequenz des Primärkreises

Für diese Messung muss die Sekundärspule außer Reichweite gebracht werden. Aus *Abb. 9* ist die Messanordnung zu ersehen. Für die Messung ist der Hochspannungstrafo abgetrennt und die Funkenstrecke mit einem Kurzschlussbügel überbrückt. Wie schon erwähnt, ist die Position von Kondensator und Funkenstrecke austauschbar und für die Funktion ohne Bedeutung! Nun werden ein Oszilloskop und ein Signalgenerator (0–2 MHz) mit einem Vorwiderstand von 10–56 kΩ am Primärkondensator C angeschlossen. Das Oszilloskop wird auf 100 mV pro Teilstrich und der Signalgenerator auf 5 V Ausgangsspannung justiert. Beim Durchdrehen des Signalgenerators erscheint bei der Resonanzfrequenz plötzlich ein Amplitudenanstieg.

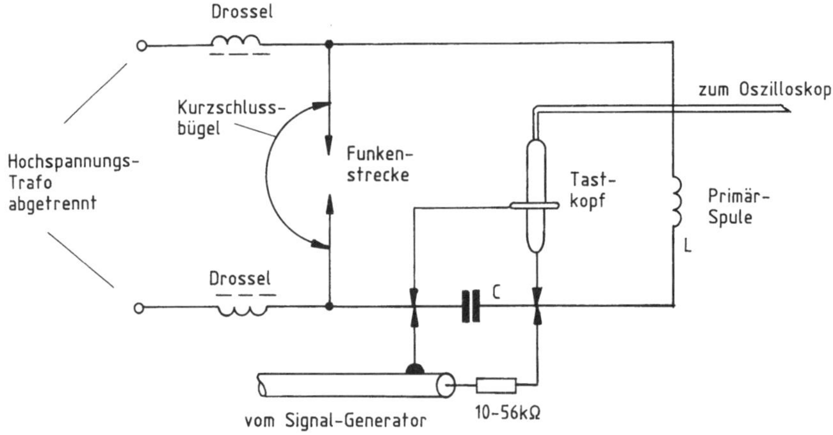

Abb. 9: Messung der Resonanzfrequenz des Primärkreises

Nun gibt es zwei Möglichkeiten:

Die Primärresonanzfrequenz ist höher oder niedriger als die Sekundärresonanzfrequenz.

Wenn die Primärkreisfrequenz höher ist als die Sekundärkreisfrequenz, kann man

- die Primärkapazität erhöhen,
- mehr Windungen anzapfen,
- Draht von der Sekundärspule abwickeln, bis beide Frequenzen übereinstimmen,
- die kugelförmige Elektrode verkleinern.

Wenn die Primärkreisfrequenz niedriger ist als die Sekundärkreisfrequenz, kann man

- weniger Primärwindungen anzapfen,
- die Primärkapazität verringern,
- zusätzliche Windungen auf die Sekundärspule aufbringen, bis beide Frequenzen übereinstimmen,
- die kugelförmige Elektrode vergrößern.

Wer das Toroid oder die Kugelelektrode übrigens der Sekundärspule zu nahe montiert, verliert, wie schon erwähnt, Spulengüte, da sich die Elektrode dann wie eine Kurzschlusswindung verhält.

1.8.4 Kopplungsbetrachtungen

Bei der Kopplung von zylinderförmigen Spulen wird ein optimales Durchmesserverhältnis von Primärspule zu Sekundärspule von 2 : 1 angegeben.

Hat die Sekundärspule also einen Durchmesser von 10 cm, empfiehlt sich für die Primärspule ein Durchmesser von 20 cm.

Bei den üblichen spiral- und kegelförmigen Spulen genügt ein Verhältnis von 1,5 : 1. Wird das Verhältnis zu klein, kann es zu Funkenüberschlägen und Lichtbögen kommen. Bei zu großem Verhältnis wird die Kopplung zwischen Primär- und Sekundärspule zu gering, sodass keine optimale Leistungsübertragung stattfindet.

Zur Vermeidung von Funkenüberschlägen sollte sich die erste Windung der Primärspule nie oberhalb des Fußpunkts der Sekundärspule befinden.

1.9 Toroid oder Kugelelektrode

Das Toroid oder die Kugelelektrode an der Spitze der Sekundärspule kann auch als Sekundärkapazität betrachtet werden. Ein Toroid mit 50 cm Durchmesser hat eine Kapazität von ca. 6 pF. Dieser Wert kann sich je nach Aufbau der Sekundärspule geringfügig ändern. Die Kapazität kann auf folgende Weise bestimmt werden: Man misst die Resonanzfrequenz der Sekundärspule erst ohne und dann mit dem Toroid. Anschließend wird die Kapazität berechnet, die erforderlich ist, um diese Frequenzverschiebung hervorzurufen.

Je glatter die Oberfläche des Toroids, umso mehr Energie wird gespeichert, bevor sich eine Funkenentladung bzw. ein „Streamer" entwickeln kann. Das Ergebnis ist eine viel längere Funkenentladung.

Je größer das Toroid und damit die Abschlusskapazität ist, umso mehr Ladeenergie muss der Netztransformator bereitstellen. Wer das obere Ende der Sekundärspule mit einer Metallspitze versieht, wird nur geringe Funkenlängen erzielen, da die gesamte Energie durch Sprüh- bzw. Korona-Entladungen verloren geht.

Blank polierte Toroide gibt es bei *Information Unlimited* in den USA (siehe Anhang) zu kaufen. Zur Not tut es auch ein flexibler Lüftungsschlauch aus Aluminium, der einfach zu einem Toroid gebogen wird. Diese elastischen Metallschläuche gibt es in Autozubehörläden und Baumärkten. Auch ein großes mit Aluminium- oder Kupferfolie überzogenes Styropor-Toroid aus dem Heimwerker-Bastelbedarf entsprechend *Abb. 9a* ist nicht die schlechteste Lösung. Allerdings sollte auf die Drahtzuführung verzichtet werden.

Abb. 9a: Mit Kupferfolie bewickeltes Styropor-Toroid

1.10 Berechnung eines Teslagenerators

Es folgen einige überschlägige Berechnungen zur Herstellung eines Tesla-Generators mittlerer Leistung. Zur Verfügung stehen folgende Bauelemente:

- 15 kV/60 mA-Neonröhren-Transformator
- 8 Bariumtitanat-Blockkondensatoren von je 4.000 pF/30 kV
- 1.000 m Kupferlackdraht mit 1 mm Durchmesser
- 15 m Kupferrohr mit 6 mm Durchmesser

1.10.1 Ermittlung der Primärkapazität

Die Parallelschaltung der 8 Blockkondensatoren ergibt rechnerisch einen Wert von 32 nF. Durch Messung wird ein Wert von 22 nF erhalten. Der Hersteller vermerkt die Toleranzangabe von 20 % oder 30 % normalerweise auf den Bauteilen.

1.10.2 Berechnung der Sekundärspule

Zur Verfügung steht ein 105 cm langes Kunststoffrohr mit einem Außendurchmesser von 21 cm. Bei einem Drahtdurchmesser von 1 mm passen auf einen Zentimeter Rohrlänge 10 Windungen Kupferlackdraht.

Wenn wir oben und unten je 5 cm unbewickelt lassen, verfügen wir über eine gesamte Spulenlänge von 95 cm mit 950 Windungen. Die Induktivität der Sekundärspule errechnet sich wie folgt:

$$L = \frac{r^2 \cdot N^2}{(23 \cdot r + 25 \cdot l) \cdot 1000};$$

$$L = \frac{10.5^2 \cdot 950^2}{(23 \cdot 10.5 + 25 \cdot 95) \cdot 1000}; \qquad \mathrm{L = 38\ mH}$$

Dabei ist:
L = Induktivität in mH
r = 10.5 cm
l = 95 cm
N = 950 Wdg.

Bei einer Nachprüfung am Messgerät können Abweichungen bis über 10 % festgestellt werden. Dies ist jedoch nicht weiter tragisch, da wir ja über eine veränderliche Primärinduktivität verfügen.

1.10.3 Benötigte Drahtlänge für die Sekundärspule

Um die Länge des benötigten Drahts zu bestimmen, benützen wir die Formel:

$$l_{Draht} = \frac{2\pi \cdot r \cdot N}{100} = \frac{2\pi \cdot 10.5 \cdot 950}{100};$$

$$l_{Draht} = 626\ m$$

l_{Draht} = gesamte Drahtlänge im m
r = 10.5 cm
N= 950 Wdg.

1.10.4 Resonanzfrequenz der Sekundärspule

Für eine überschlägige Berechnung verwenden wir folgende Formel:

$$f_0 = \frac{1}{2\pi\sqrt{L \cdot \frac{C}{1000}}};$$

$$f_0 = \frac{1}{2\pi\sqrt{\frac{38 \cdot 0.000013}{1000}}} = \frac{1}{2\pi\sqrt{49.4 \cdot 10^{-8}}};$$

$$f_0 = 227\ kHz$$

Dabei ist:
f_0 = Resonanzfrequenz in kHz
L = Induktivität der Sekundärspule in mH
C = 0.000013 μF =13 pF als angenommene Umgebungskapazität

Die Messung ergibt 212 kHz. Beim Nachmessen der Resonanzfrequenz können Abweichungen von bis zu 10 % vom errechneten Wert festgestellt werden. Durch Wicklungstoleranzen und Schwankungen der Umgebungskapazität sind derartige Unterschiede durchaus erklärbar.

Entscheidend ist, dass die überschlägige Berechnung einen Anhaltswert liefert, der uns Hilfestellung bei der Auslegung des Primärkreises gibt.

1.10.5 Berechnung der Primärspule

Nun kann die Primärspule berechnet werden. Wir wissen, dass die Resonanzfrequenz der Sekundärspule bei etwa 212–227 KHz liegt und eine Primärkapazität von 22 nF verwendet wird.

Der Primärkreis soll nun auf der gleichen Frequenz in Resonanz geraten. Mit folgender Formel wird die erforderliche Primärinduktivität berechnet:

$$L = \frac{1}{4\pi^2 f_0^{\,2}\left(\frac{C}{1000}\right)};$$

$$L = \frac{1}{4 \cdot 3.14^2 \cdot 212^2 \cdot \frac{0.022}{1000}};$$

$$L = 0.048\; mH$$

L = Primärinduktivität in mH
f_0 = Resonanzfrequenz in kHz
C = Primärkapazität in µF

Nun kann die Primärspule konstruiert werden.
Es soll eine leicht kegelförmige Spiralspule mit einem 20°-Anstiegswinkel von der innersten zur äußersten Windung verwendet werden. Bei dem geringen Anstiegswinkel kann zur Induktivitätsberechnung die Formel für flache Spiralspulen angewandt werden:

$$L = \frac{r^2 \cdot N^2}{(20r + 28l) \cdot 1000};$$

$$L = \frac{19.5^2 \cdot 10^2}{(20 \cdot 19.5 + 28 \cdot 13) \cdot 1000};$$

$$L = 0.050\; mH$$

L = Primärinduktivität in mH
r = mittlerer Radius der Spiralspule in cm
$r = r_{\text{Sek.-Spule}}$ + 2.5 cm (Sicherheitsabstand) + a (halbe Spiralspulenbreite)

$$r = 10.5cm + 2.5cm + \frac{26-13}{2}cm = 19.5cm$$

N = Primärwindungszahl (10)
l = Länge der Spiralspule in cm (13 cm)

Die tatsächlich gemessene Primärinduktivität weicht nur geringfügig von dem errechneten Wert ab.

Inbetriebnahme:
Vor der Inbetriebnahme werden alle Bauteile nochmals auf festen Sitz und die richtige Verbindung überprüft. Ist ein Regeltrafo vorhanden, wird die Betriebsspannung langsam hochgeregelt und die Funkenentwicklung beobachtet.

Nach Montage des Toroids hat sich die Resonanzfrequenz der Sekundärspule auf 190 kHz verringert. Um dies auszugleichen, müssen an der Primärspule mehr Windungen abgegriffen werden. Die am Toroid erzeugte Funkenlänge ist ein Maßstab für eine gute Übereinstimmung zwischen Primär- und Sekundärresonanzfrequenz.

1.11 Fehlersuche

1.11.1 Mögliche Ursachen für Rückzündungen

- Wenn die Sicherheitsfunkenstrecke öfters anspricht, kann die Ursache ein nicht sauber auf Resonanz abgestimmtes System sein.
- Fehlerhafte oder lose Kabelverbindungen
- Funkenstrecke ist zu groß eingestellt
- Schlechte Erd- bzw. Schutzleiterverbindung
- Zu starke Kopplung von Primär- und Sekundärspule
- Sicherheitsfunkenstrecke zu eng eingestellt

1.11.2 Mögliche Ursachen für fehlende Sekundärentladungen

- Fehlerhafte Kabelverbindungen
- Primär- und Sekundärspule nicht miteinander in Resonanz
- Kopplung zwischen Primär- und Sekundärspule ist zu schwach
- Primärkondensator hat internen Kurzschluss
- Netztransformator hat Windungs- oder Kurzschluss

1.11.3 Sprüh- bzw. Korona-Entladung am Toroid oder an der Kugelelektrode

- Toroid oder Kugelelektrode ist zu klein
- Zu großer Abstand zwischen Sekundärspule und Toroid bzw. Kugelelektrode

1.11.4 Sporadische Funkenbildung am Toroid

- Die Funkenstrecke ist zu groß eingestellt
- Die Funkenstrecke ist dauernd ionisiert
- Die Leistung des Netztransformators reicht nicht zur Aufladung des Primärkondensators
- Schlechte Kabelverbindungen

1.11.5 Schwache bläuliche Funkenentladungen am Toroid

- Ausgangsspannung des Netztrafos zu klein
- Zu kleine Primärkapazität – speichert zu wenig Energie
- Zu hoher Gleichstromwiderstand der Sekundärspule – Drahtdurchmesser zu dünn
- Keine oder schlechte Erdung der Sekundärspule (Schutzleiter nicht angeschlossen)
- Primär- und Sekundärkreis nicht korrekt aufeinander abgestimmt
- Toroid oder Kugelelektrode zu klein
- Unzureichende Leistung des Netztransformators

1.11.6 Funkenüberschläge oder Lichtbögen zwischen Sekundär- und Primärspule

- Der Abstand zwischen Primär- und Sekundärspule ist zu klein
- Eine kleine Sekundärspule wir mit zu viel Leistung beaufschlagt.
- Zu kleiner Drahtdurchmesser wird mit zu viel Leistung beaufschlagt.

1.12 Verwendung „harter“ Netztransformatoren

Bei der Verwendung „harter“ Netztransformatoren, also Hochspannungstransformatoren, die auch bei Belastung über den Nennstrom hinaus nur geringfügig in ihrer Ausgangsspannung nachgeben, muss der Eingangsstrom mit einer Drossel begrenzt werden.

Mit „harten" Trafos, die meist nur von Energieversorgungsunternehmen hergestellt und verwendet werden, können extrem leistungsfähige Tesla-Generatoren gebaut werden.

Im Normalbetrieb sollen diese Trafos, wie schon erwähnt, die Hochspannung von Überlandleitungen auf 230 V oder 380 V herunter transformieren. Beim Tesla-Betrieb werden sie in umgekehrter Richtung betrieben.

1.12.1 Strombegrenzung bei „harten" Trafos

Ohne Strombegrenzung fliegt bei diesen Trafos beim Einschalten meist sofort die Sicherung raus oder die Wicklung wird überlastet. Dies hängt vom Einschaltzeitpunkt ab, d. h. an welchem Punkt der Sinuskurve der Trafo in Betrieb genommen wird. Wird im Nulldurchgang oder in dessen Nähe eingeschaltet, passiert natürlich nichts. Um beim Einschalten keine Überraschungen zu erleben, sollte in die 230-V-Netzzuleitung eine Drossel zur Begrenzung des hindurchfließenden Wechselstroms geschaltet werden. Die Strombelastbarkeit der Drossel sollte größer als der Nennstrom des Netztransformators sein.

Beispiel:
Ein „harter" Netztrafo hat bei einer Ausgangsspannung von 15.000 V eine Nennstrombelastbarkeit von 60 mA. Primärseitig arbeitet der Trafo mit 230 V und einem Nennstrom von 4.5 A. Zur Berechnung des erforderlichen Blindwiderstand gilt:

$$x_L = \frac{u}{i};$$

$$x_L = \frac{230V}{4.5A};$$

$$x_L = 51\ \Omega$$

x_L = Blindwiderstand der Drossel
u = Netzspannung (230 V)
i = Nennstrom (4.5 A)

Aus dem Blindwiderstand x_L lässt sich die Induktivität der Drossel errechnen:

$$L = \frac{x_L \cdot 1000}{2 \cdot \pi \cdot f};$$

$$L = \frac{51 \cdot 1000}{2 \cdot 3.14 \cdot 50};$$

$$L = 162\ mH$$

x_L = Blindwiderstand der Drossel (51 Ω)
f = Netzfrequenz (50 Hz)
L = Induktivität der Drossel

Es muss also eine Drossel von 162 mH beschafft oder gebaut werden.

1.13 Tipps und Tricks

Hier noch weitere Tipps und Tricks für den Bau von Tesla-Generatoren:

1.13.1 Lange, grellweisse Funkenentladungen (Streamer)

Um lange, grellweisse Funkenentladungen zu erzeugen, muss das Toroid einen Mindestdurchmesser von 30 cm aufweisen. Das Toroid wirkt wie ein Kondensator nach Masse und verringert damit die Resonanzfrequenz der Sekundärspule. Bei Anschluss eines anderen Toroids muss immer die Primärwicklung neu abgestimmt werden. Auch ein mit schwacher Leistung versorgter Tesla-Generator kann ziemlich lange Funken erzeugen, wenn auf das Toroid ein Reißnagel geklebt wird.

1.13.2 Leistungsoptimierung

Entgegen der gängigen Auffassung ist für die Funkenlänge weniger die Höhe der Spannung als die Leistung des Netztrafos maßgebend. Es heißt, für blitzähnliche Tesla-Entladungen von 30–50 cm Länge sind Netzleistungen von 500–1.000 W erforderlich.

Wer Riesen-Tesla-Generatoren mit 2–3 m langen Blitzen bauen will, kommt an „harten“ 10.000-V-Freileitungsmast - Transformatoren nicht herum, die dann umgekehrt herum betrieben werden. Zur weiteren Leistungssteigerung empfehlen sich folgende Maßnahmen:

- Stärkerer Draht im Primär- und Sekundärkreis
- Optimale Leistungsankopplung zwischen Primär- und Sekundärspule

- Eine Sekundärspule mit großem Durchmesser und relativ geringer Länge
- Höhere Trafoleistung durch Parallelschalten von zwei Netztrafos
- Verwendung von Netztrafos mit höherer Ausgangsspannung
- Einsatz rotierender Funkenstrecken

1.13.3 Kopplungsfehler vermeiden

Falsche Kopplung ist oft die Ursache für schlechte Ausgangsleistung. Eine spiralförmige Primärwicklung sollte relativ eng gewickelt sein. Der Primärspulenanfang sollte sehr nahe am unteren Ende der Sekundärwicklung angeordnet sein.

1.13.4 Netztrafo und Primärkondensator müssen zusammenpassen

Ist der Netztrafo zu klein bemessen und der Kondensator zu groß, wird der Kondensator bei jeder Sinushalbwelle der 50-Hz-Netzspannung nur teilweise aufgeladen und die Ausgangsleistung dadurch verringert.

Ein zu kleiner Kondensator entnimmt einem leistungsfähigen Netztrafo einen zu geringen Strom, sodass die Ausgangsleistung ebenfalls darunter leidet. Hat ein Neonstreufeld-Trafo z. B. eine Ausgangsspannung von 7.500 V bei 60 mA Nennstrom, ergibt dies eine Impedanz von 125 KΩ. Die beste Leistungsanpassung wird also mit einem Kondensator der gleichen Impedanz erzielt.

$$x_L = x_C = \frac{1}{2\pi \cdot f \cdot C};$$

$$C = \frac{1}{2\pi \cdot f \cdot x_C};$$

$$C = \frac{1}{2\pi \cdot 50 \cdot 125 \cdot 10^3};$$

$$C = 25\ nF$$

1.13.5 Netztrafo immer vor Rückzündungen schützen

Wie schon betont, kann Hochfrequenzenergie in den Trafo zurückfließen und die Ausgangspannung unzulässig erhöhen. Dies kann zur Zerstörung des Trafos führen. Deshalb immer eine Sicherheitsfunkenstrecke und Rückschlagdrosseln vorsehen.

1.13.6 Drahtdurchmesser der Sekundärspule nicht zu klein wählen

Bei zu kleinem Drahtdurchmesser wird der Spulenwiderstand zu groß und damit die Güte des Resonanzkreises verschlechtert. Das Verhältnis von Länge zu Durchmesser der Sekundärspule sollte bei etwa 3 : 1 liegen.

Ist die Spule 100 cm hoch, sollte sie einen Durchmesser von etwa 30 cm haben. Die Originalspulen von Tesla waren dick wie Weinfässer.

Wenn der Tesla-Generator auf einer niedrigen Frequenz schwingen soll, sollte man nicht einfach dünneren Draht nehmen, um mehr Windungen zu erhalten, sondern den Durchmesser der Sekundärspule erhöhen.

1.14 Experimental-Tesla-Generator – Bausatz für eine halbe Million Volt

In den USA gibt es bei Information Unlimited einen leistungsfähigen Tesla-Generator-Bausatz zu kaufen (siehe Anschrift im Anhang).

Die Bezeichnung lautet BTC 4. Das Gerät erzeugt 500.000 V und kann bis zu 75 cm lange Blitze (Streamer) erzeugen. In *Abb. 10* ist die Grundschaltung angegeben.

Der Tesla-Generator ist im mittleren Leistungsbereich angesiedelt und wird von 4 Neontrafos mit Energie versorgt. Diese Trafos sind primärseitig in Reihe und sekundärseitig parallel geschaltet. Sekundärseitig stehen 8.000 V und 60 mA zur Verfügung. Die halbe Ausgangsspannung von 4.000 V wird auf den Schutzleiter bzw. Erde gelegt. Bezogen auf Erde liegen also nirgends mehr als 4.000 V. Beim Zusammenschalten der Primär- und Sekundärwicklungen muss auf phasenrichtige Verbindungen geachtet werden.

Ein Netzfilter soll verhindern, dass Rückschlag-Impulse in die Netzleitung geraten können. Eigentlich würden hierfür die beiden 0.47-µF/400-V-Kondensatoren bereits ausreichen. Netzfilter mit zulässigen Strömen von 5 A–10 A sind im Fachhandel leicht zu beschaffen. Für die ersten Versuche ist es immer sinnvoll, die netzseitige Eingangsspannung mit einem Regeltrafo

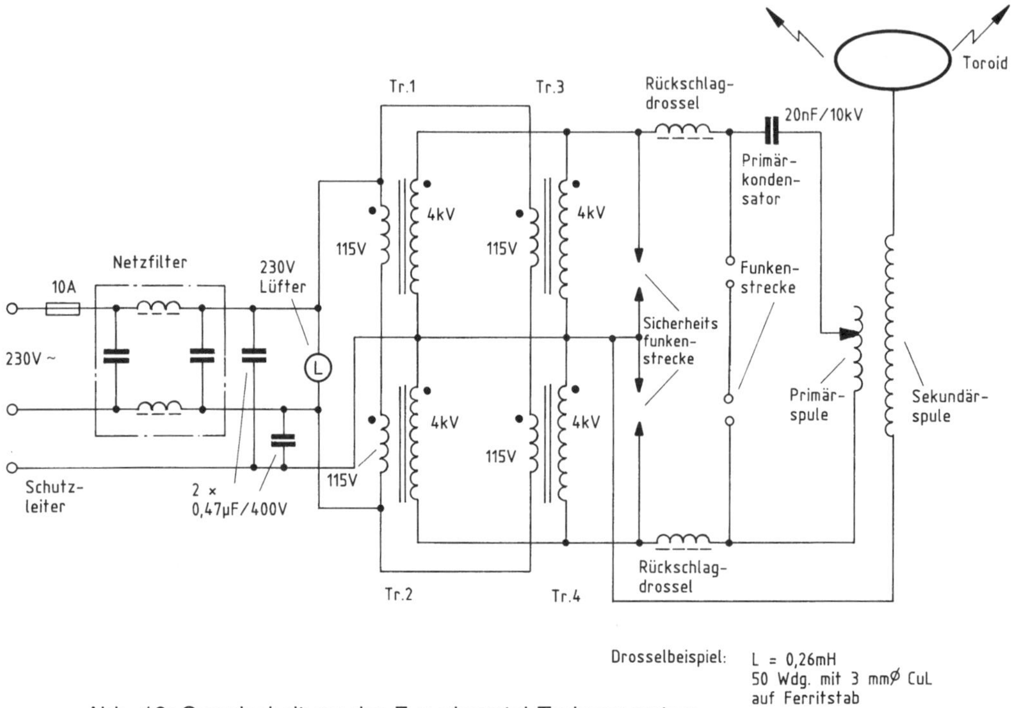

Abb. 10: Grundschaltung des Experimental-Teslagenerators

langsam hochzufahren und zu beobachten, ob irgendetwas Außergewöhnliches passiert.

Abb. 11 zeigt den kompletten konstruktiven Aufbau ohne Toroid und *Abb. 12* den komplett aufgebauten Tesla-Generator. Die *Abb. 13* und *14* (ist etwas verwackelt) zeigen den im Betrieb befindlichen Generator. *Abb. 13* wurde mit Fotoblitz aufgenommen, sodass die Funkenentladungen nur schwach zur Geltung kommen.

Das Kupferrohr der spiralförmigen Primärspule wird mit 4 jeweils um 90° versetzten Rasterkämmen entsprechend *Abb. 15* fixiert.

Die Primärspule hat entsprechend *Abb. 16* acht Windungen mit 6-mm-Durchmesser-Kupferrohr und wird bei Einhaltung der gegebenen Bauteiltoleranzen bei etwa 7.5 Windungen angezapft. *Abb. 17* gibt eine Vorstellung vom Aufbau der Rückschlagdrosseln. Im Innern eines bewickelten Kunststoffrohrs von etwa 25 mm Durchmesser wird zur Erhöhung der Induktivität ein Ferritstab befestigt. Aus *Abb. 18* ist die verwendete Doppelfunken-

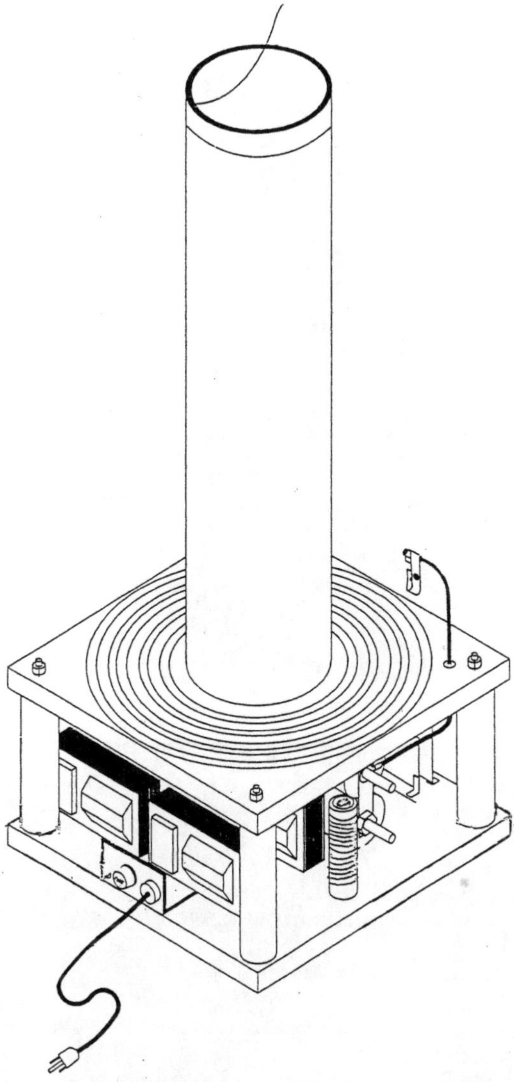

Abb. 11: Konstruktiver Aufbau ohne Toroid

strecke zu ersehen. Beim BCT 4-Bausatz bestehen die Elektroden aus Wolframstäben. Hinter der Funkenstrecke ist ein 230-V-Lüfter positioniert.

Deutlicher sichtbar wird dies in *Abb. 19.* Mit 3 Imbus-Schrauben können die Elektrodenabstände justiert werden. Aus *Abb. 20* ist die Grundplatte mit der Anordnung der wichtigsten Bauteile ersichtlich. Gleich hinter der Funkenstrecke ist der 20-nF/10-kV-Primärkondensator angebracht. Die 4 Neontrafos mit 4 kV/30 mA benötigen den meisten Platz. Wer sich für den

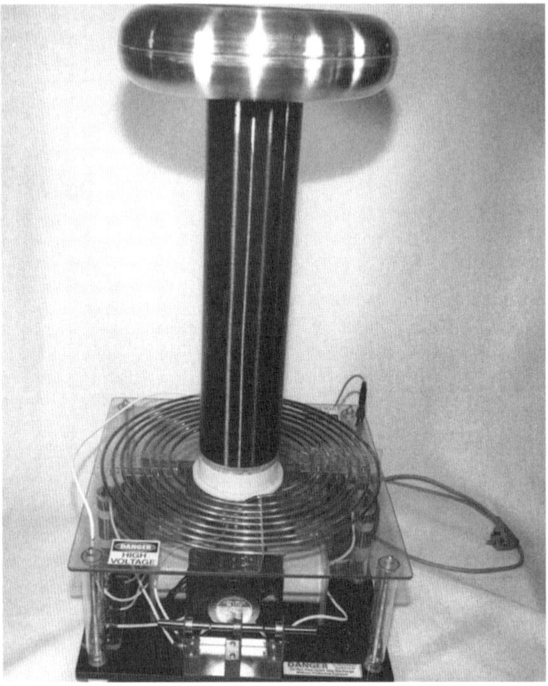

Abb. 12: Komplett aufgebauter Experimental-Teslagenerator

Abb. 13: Mit Blitzlicht fotografierter, in Betrieb befindlicher Experimental-Teslagenerator (aufgenommen im Hochspannungsraum der Fachhochschule Augsburg)

Abb. 14: Bei Dunkelheit fotografierter Experimental-Teslagenerator

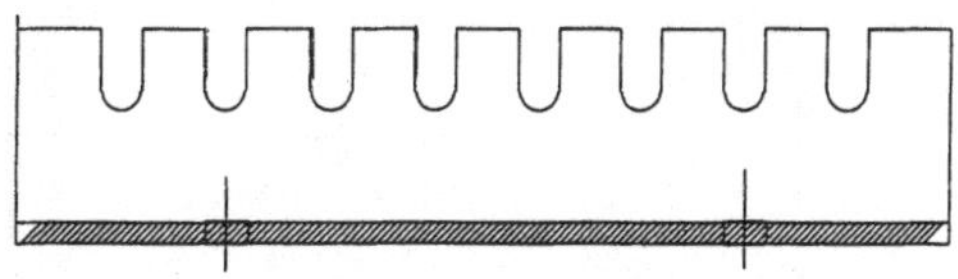

Abb. 15: Rasterkämme zur Fixierung der Primärspule

Kauf des BCT 4-Bausatzes interessiert, muss mit etwa 1000 € rechnen, wobei der Zoll noch mit ca. 200 € zu Buche schlagen kann. Die Bestellung kann auch übers Internet unter Angabe der Mastercard-Nummer erfolgen. Wer einen fertig aufgebauten BCT 4-Tesla-Generator entsprechend *Abb. 12* kaufen will, kann sich unter Tel. 08 21/15 35 28 gerne an den Autor des Buches wenden.

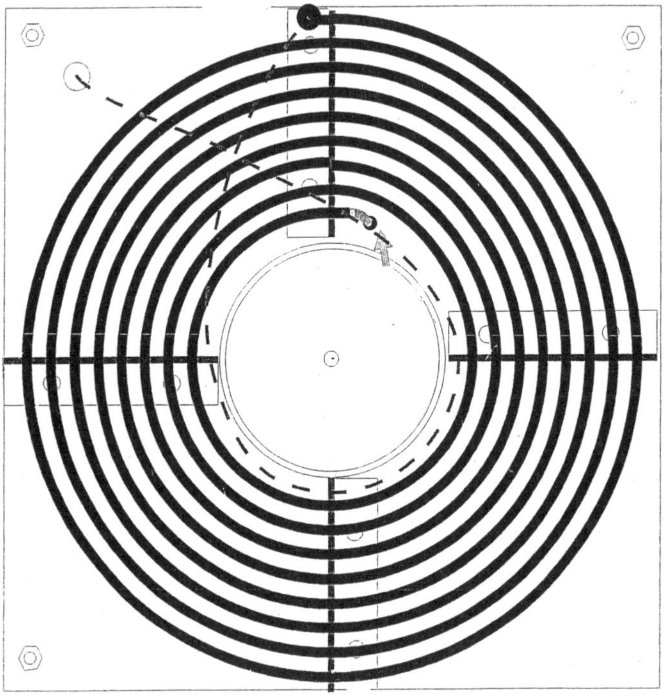

Abb. 16: Primärspule mit acht Windungen

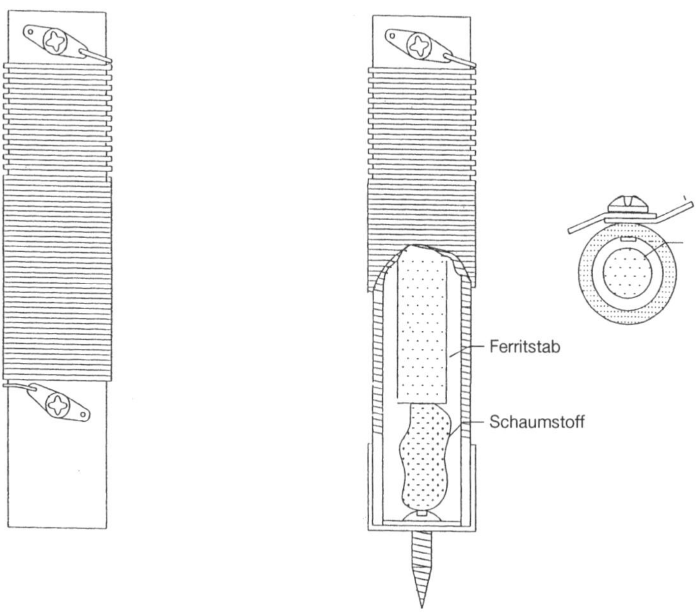

Abb. 17: Rückschlagdrossel mit Ferritstab

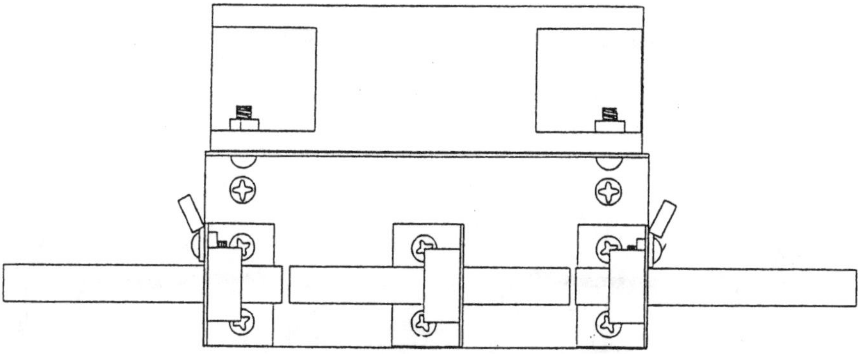

Abb. 18: Doppelfunkenstrecke mit Radial-Lüfter (Draufsicht)

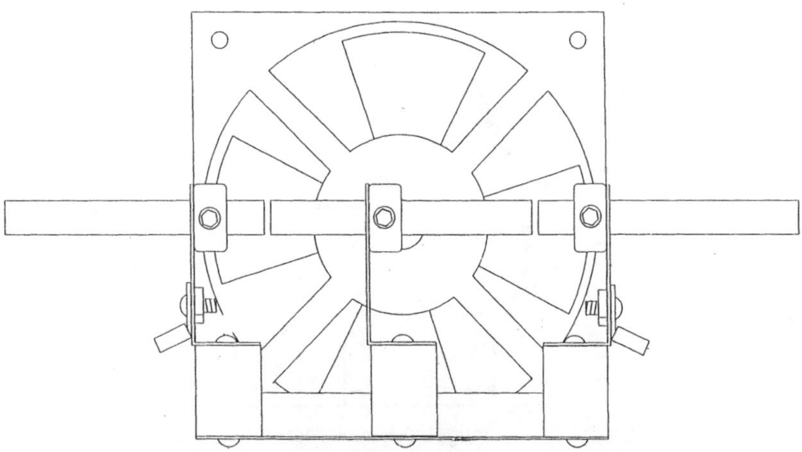

Abb. 19: Doppelfunkenstrecke mit Radial-Lüfter (Vorderansicht)

Doch nun zum Experimentalteil des Buches. Dieser Abschnitt beschäftigt sich mit modernen Experimenten zur drahtlosen Energieübertragung. Bei allen Experimenten hat das große Vorbild Nikola Tesla Pate gestanden!

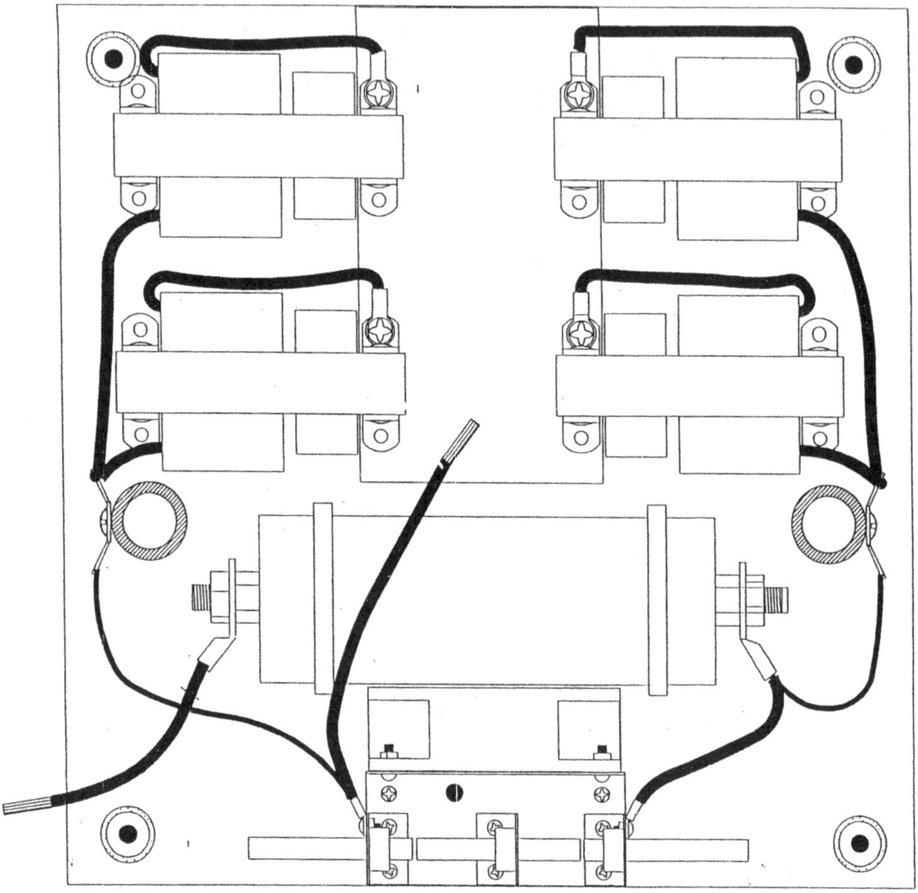

Abb. 20: Grundplatte mit den wichtigsten Bauelementen

Teil 2 Experimente mit drahtloser Energieübertragung nach Tesla

2.1 Einführung

Wie bereits im Buch „Tesla-Energie“ vom Franzis’ Verlag erwähnt, hat Tesla einige Jahre versucht, Elektrizität in der Größenordnung von Megawatt über große Entfernungen drahtlos zu übertragen. In Teslas Vorstellung war die Erde ein riesiger Leiter, in dem sich Ströme sehr niedriger Frequenz durch spezielle horizontal angeordnete Spulen induzieren ließen.

Tesla hat im Rahmen seiner Experimente, Energie drahtlos zu übertragen, eine Reihe von Patenten angemeldet. Eines seiner bekanntesten Patente wird in *Abb. 21* gezeigt. Das Funktionsprinzip ist relativ einfach. Der Sender links im *Abb. 21* wird von einem Hochfrequenzgenerator angesteuert. Damals war das noch eine Art umlaufender Maschinengenerator, also ein Dynamo mit hoher Wechselstromfrequenz. Die Energie wird in eine spiralförmige Resonanzkreisspule gekoppelt.

Die Wicklungskapazität und die Kugelkapazität an der Spitze der Sendeantenne bilden den Resonanzkreiskondensator. Das äußere Ende des Resonanzkreises ist geerdet, während das innere Ende zur Sendeantenne führt.

Empfängerseitig sieht es nicht viel anders aus. Der Empfangsresonanzkreis ist mit dem Senderesonanzkreis hinsichtlich Aufbau und Resonanzfrequenz identisch. Das äußere Ende der Spule liegt wieder auf Erdpotenzial.

Mit der äußeren Ankoppelspule des Empfängers wird die empfangene Energie ausgekoppelt und auf eine Anzahl Lampen (L) oder Elektromotore (M) gegeben.

Die Spiralform der Spulen hat Tesla vermutlich wegen der damals noch schlechten Isolierstoffe gewählt. Es gibt auch andere Vermutungen, die allerdings sehr spekulativ sind. Genauso sind die Angaben zur Drahtlänge zu betrachten, die laut Tesla ein Viertel der Resonanzwellenlänge sein soll. Dies ist ein Punkt, auf den später noch experimentell eingegangen wird.

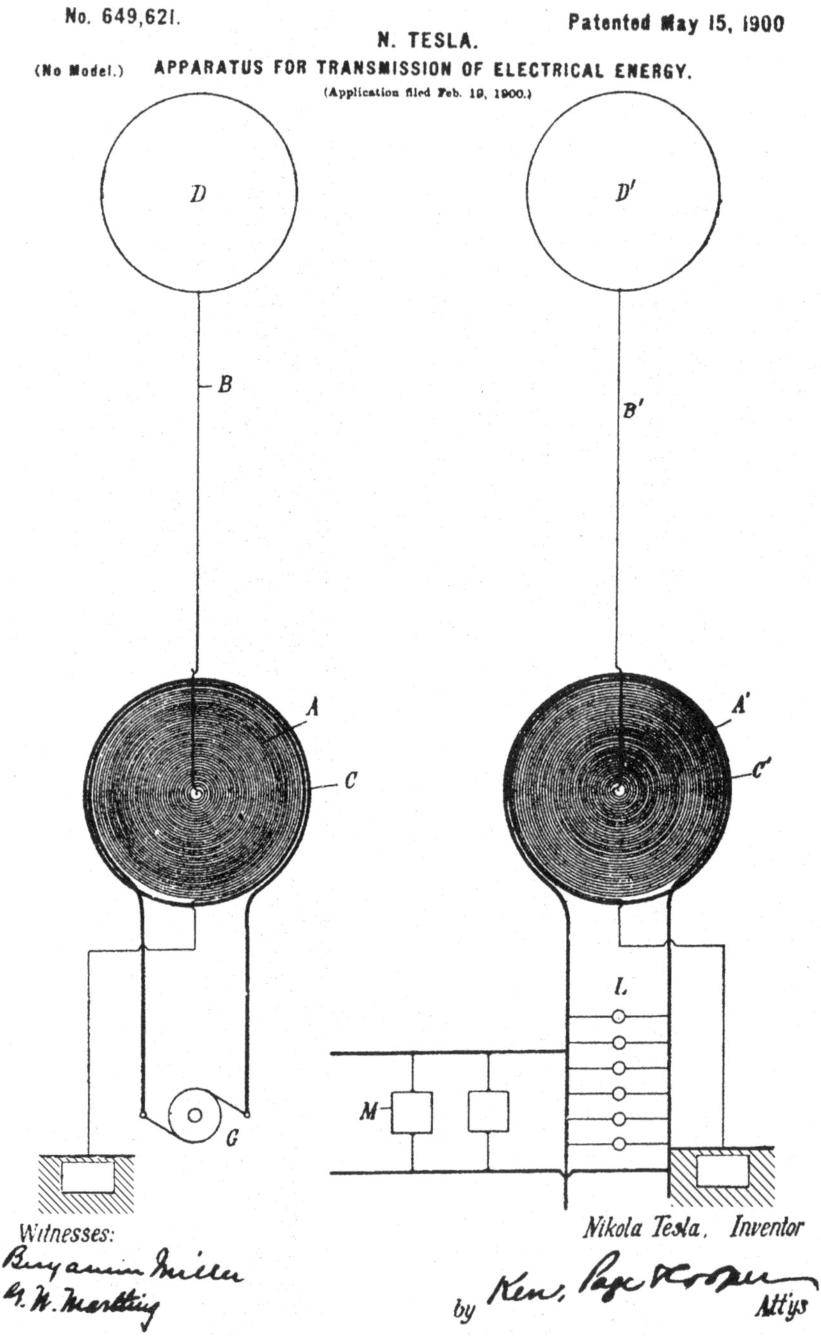

Abb. 21: Tesla `s Patent zur drahtlosen Energieübertragung

Teslagenerator (BTC 4) von Tesla-Guru Zahnarzt Dr. Simon, München
(siehe auch www.bestdentist.de)

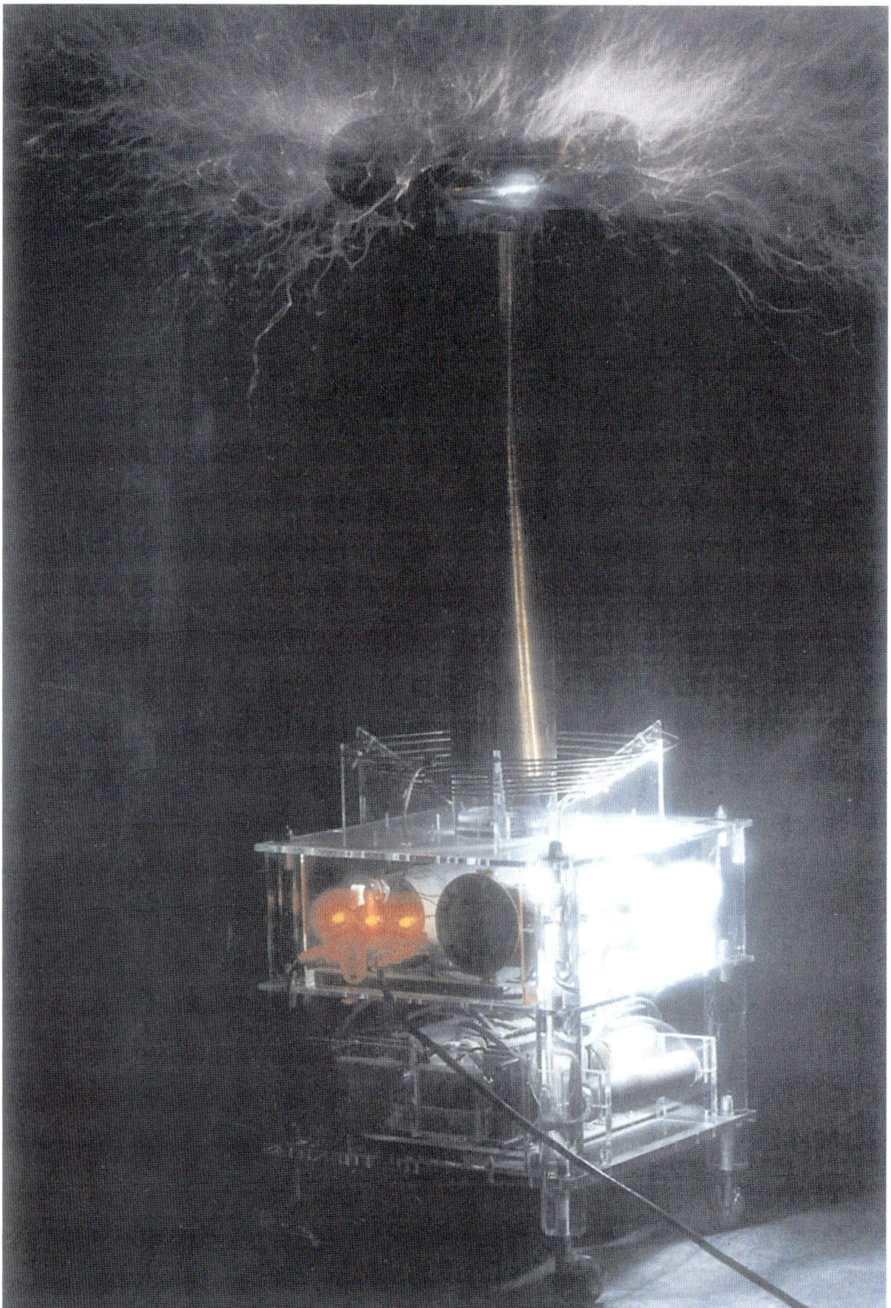

Teslagenerator von Dr. Simon (Aufnahme bei Dunkelheit)

Katalog-Cover von Information Unlimited als Hauptlieferanten für Teslageneratoren und Hochspannungsbauteile in den USA (Katalogausschnitt im Anhang)

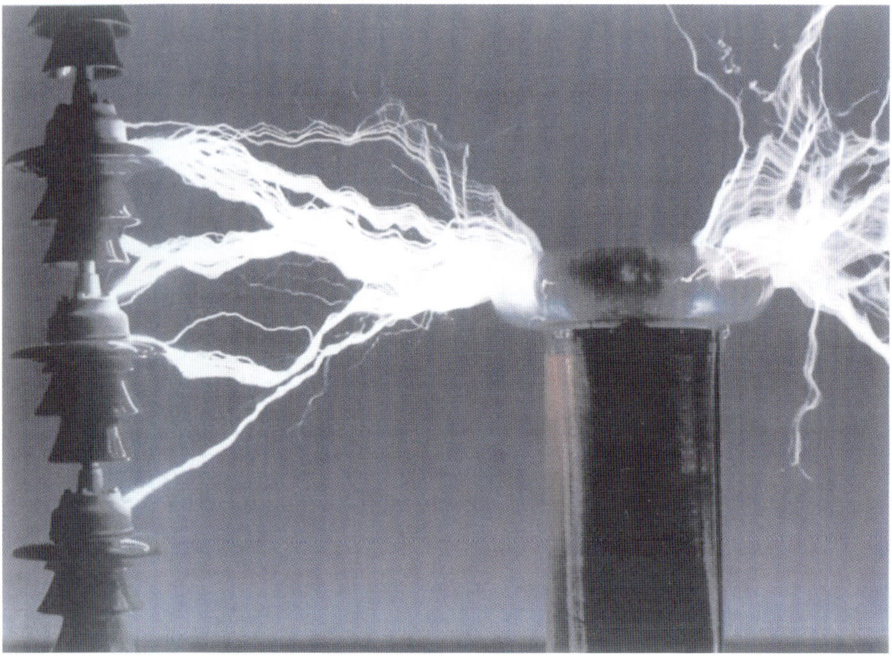

Tesla-Entladungen (Quelle: Resonance Research Inc.)

Der 2-Millionen-Volt-Blitzmann Dr. Austin Richards (Quelle: Incredible)

Die nun folgenden Experimente orientieren sich alle an der Tesla-Schaltung in *Abb. 21*. *Abb. 22* zeigt eine zeitgemäße Darstellung der Schaltung, während die Schaltung in *Abb. 23* die Grundlage für unsere Experimente bildet. Die Energie wird vom HF-Generator nach Spar-Trafoart in den Senderkreis eingespeist. Am Empfängerkreis wird die übertragene Energie auf die gleiche Art wieder ausgekoppelt.

Sender- und Empfängerresonanzkreis müssen auf die gleiche Frequenz abgestimmt sein, sonst kommt keine Energieübertragung zustande.

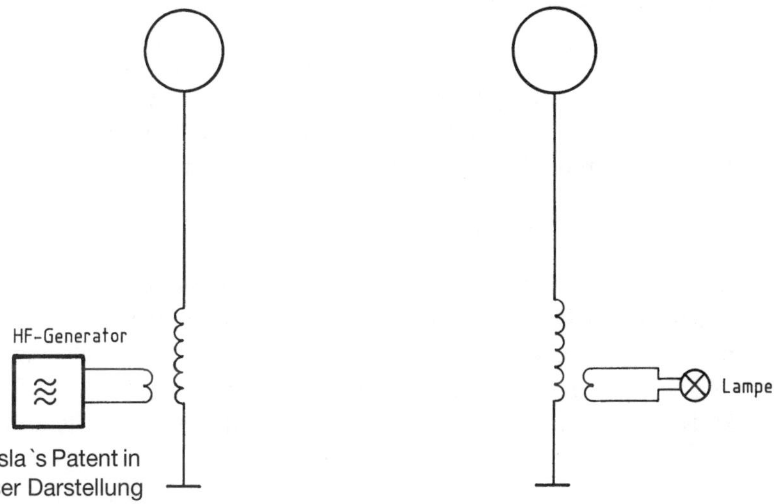

Abb. 22: Tesla`s Patent in zeitgemässer Darstellung

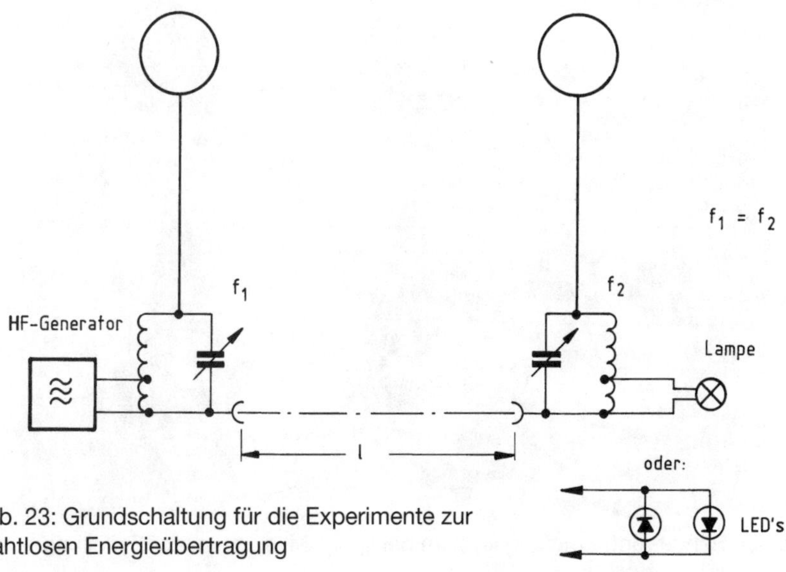

Abb. 23: Grundschaltung für die Experimente zur drahtlosen Energieübertragung

2.2 Energieübertragung mit Kegelspulen bei f_0 = 1MHz

Für die ersten Experimente mussten ein paar Styroporteile aus einem Bastelbedarfsladen (Fa. Bastlerzentrale in Augsburg, Leonhardsberg) herhalten. Aus *Abb. 24* sind die mit Kupferlackdraht bewickelten Formteile zu ersehen. Bei jeder Spule ist rechts im Bild der 500-pf-Drehkondensator angebracht. Als Tesla-Antennen werden mit Alufolie überzogene Styroporkugeln verwendet. Zur Fixierung und Kontaktgabe wird versilberter Kupferdraht herumgewickelt.

Der Senderkreis wird von einem Funktionsgenerator angesteuert. Als Quasi-Erdverbindung wird in *Abb. 24* zu Demonstrationszwecken ein kurzes Kabelstück verwendet. Hier können auch viele Meter hauchdünner Kupferlackdraht die Verbindung zum Empfängerkreis bilden.

Die Abmaße der Styroporteile gehen aus *Abb. 25* hervor.

Die gesamte Schaltung der Sende- und Empfangsanordnung ist in *Abb. 26* zu sehen. Als LEDs sollten superhelle, rote Ausführungen (Conrad Elektronik) benutzt werden, da diese auch auf größere Entfernungen als 5 m noch deutlich sichtbar sind. Als Verbindungsleitung zwischen Sende- und Empfangskreis eignen sich auch Lurex-Fäden (metallisierte Kunststofffäden) oder

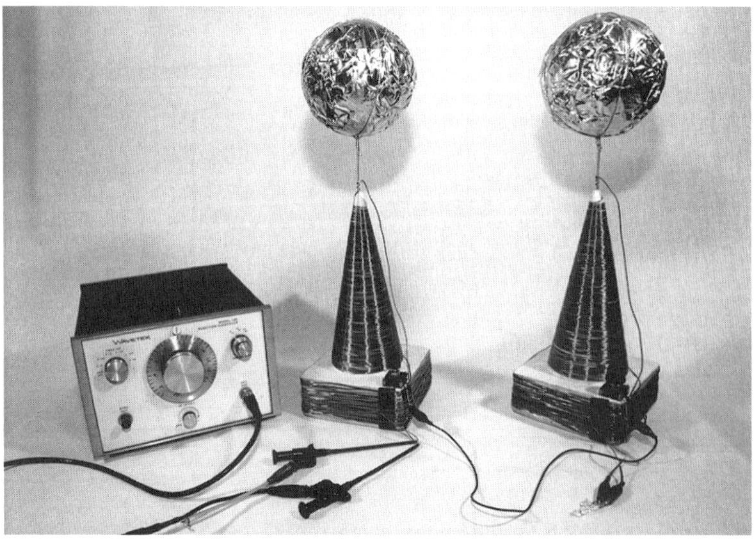

Abb. 24: Sende- und Empfangssystem bei f_0 = 1 MHz mit kurzer Erdleitung

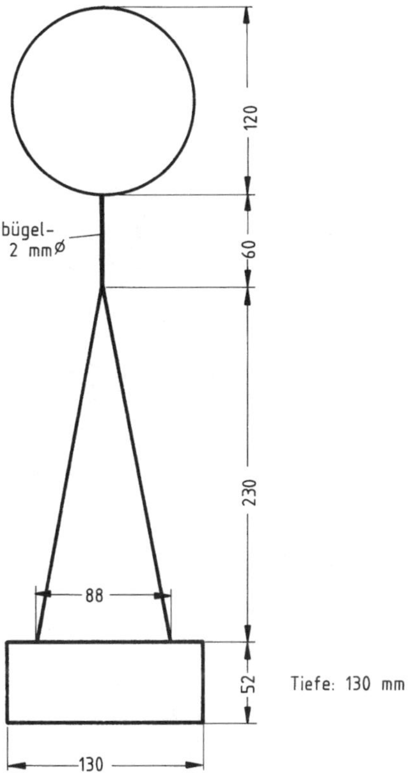

Abb. 25: Abmasse der Styropor-Wickelteile

Fäden mit eingewebten 0,04 mm dicken V4A-Stahlseelen, die normalerweise zur Vermeidung statischer Aufladung in Teppiche eingewebt werden.

Mit einer Drahtschleife am Oszilloskop-Tastkopf wird zuerst der Senderkreis induktiv auf Resonanz bei ca. 1 MHz abgestimmt. Anschließend wird mit dem Empfangskreis das Gleiche gemacht. Wenn die beiden LEDs hell aufleuchten, sind beide Kreise miteinander in Resonanz.

Nun stellt sich natürlich die Frage, mit welchem Medium die Energie übermittelt wird. Der Verfasser ist aufgrund eigener Versuche der Meinung, dass die Energieübertragung über die Erdleitung zustande kommt. Merkwürdig ist jedoch, dass auch Widerstände bis zu 100 kΩ und sogar Drosseln den Energiefluss über die Erdleitung nur unwesentlich schwächen.

Mysteriös ist auch, dass bei Entfernung der Kugelelektroden die übertragene Energie deutlich geringer wird. Noch merkwürdiger wird es schließlich, wenn die LEDs des Empfängerkreises innerhalb eines geschlossenen Blechgehäuses, also innerhalb eines Faradayschen Käfigs fröhlich weiter-

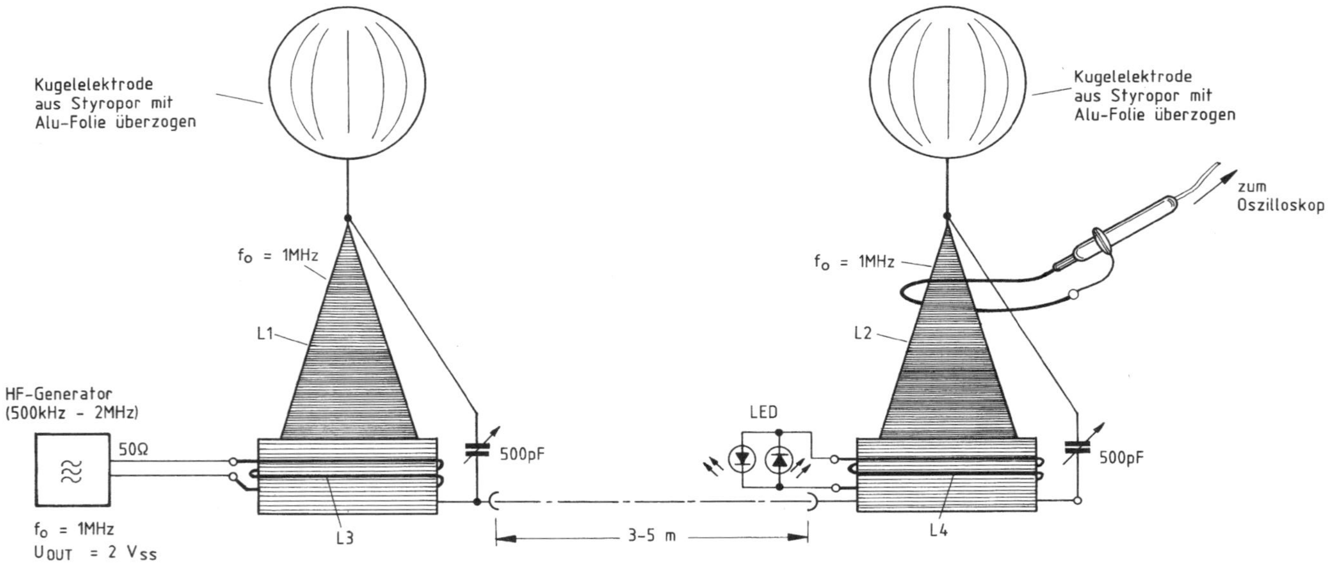

L1 = L2 = 138 Wdg. mit HF-Litze
oder 1 mmØ CuL
(Kegel 120 Wdg., unten 18 Wdg.)

L3 = L4 = 5 Wdg. Kupferlitze

LED = ultrahelle rotleuchtende
LED's von Conrad Electronic

Abb. 26: Daten der Sende- und Empfangsanordnung für $f_0 = 1$ MHz

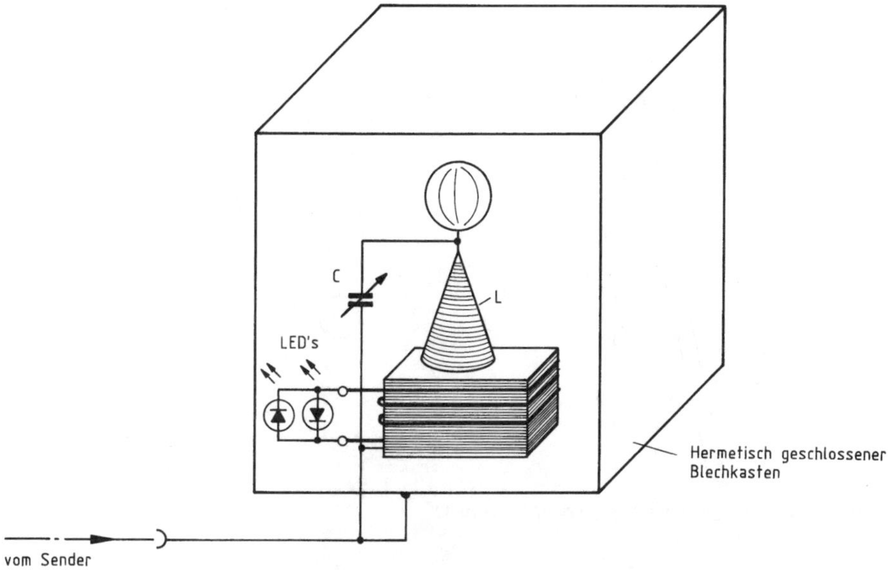

Abb. 27: Energieempfang im hermetisch geschlossenen Blechkasten

leuchten. Um für diesen in *Abb. 27* dargestellten Effekt eine Erklärung zu finden, wurde von Hobby-Forschern der Begriff „Skalarwellen" geprägt. Diese sollen angeblich auch Metallgehäuse durchdringen. Der Verfasser hält derartige Erklärungen für sehr spekulativ und physikalisch nicht belegbar. Außerdem fehlt der experimentelle Nachweis der „Skalarwellen". Nach Entfernen der Erdleitung ist es mit der Energieübertragung jedenfalls vorbei. Um das Phänomen dieser Art von Energieübertragung zu klären, kann ein Versuch mit gekoppelten Pendeln aus dem Internet herangezogen werden.

Pendelversuch:

Entsprechend Abb. 28 sind an einem Drahtseil zwei gleichartige Pendel aufgehängt. Jedes ist für sich an der Aufhängung kugelgelagert. Sie sind nur über die Bewegung des Seils miteinander gekoppelt. Was würden Sie meinen, passiert, wenn ein Pendel angestoßen wird?

Die naheliegendste Erklärung wäre, dass das zweite Pendel langsam zu schwingen beginnt, bis beide dann gleich stark schwingen. Dem ist aber nicht so!

Dass Pendel noch so einige Überraschungen zu bieten haben, zeigen ja schon die Versuche mit dem Foucault'schen Pendel, das während der Sonnenfinsternis seine Bahn ändert. Ein viel greifbareres, aber nicht weniger interessantes Phänomen zeigen die zwei gekoppelten Pendel.

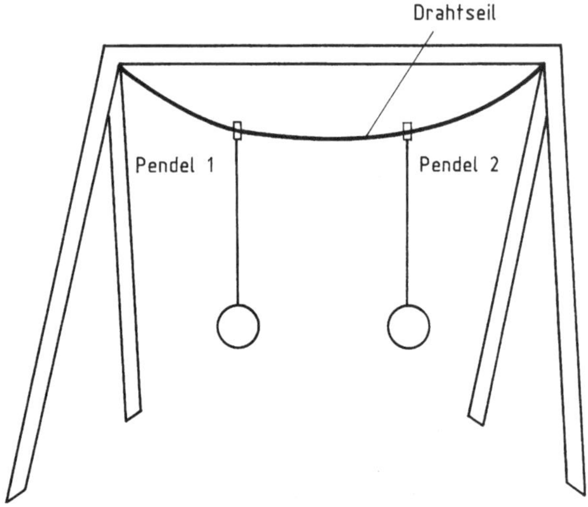

Abb. 28: Pendelversuch aus dem Internet

*Wird eines von ihnen angestoßen, so ist nach einiger Zeit das andere Pendel in Bewegung, während das ursprünglich bewegte **vollständig** zur Ruhe gekommen ist. Dieser Vorgang wiederholt sich dann ständig. Es kommt immer abwechselnd ein Pendel zum Stillstand, es wird also immer einem Pendel die **komplette Energie** durch das andere entzogen.*

Energetisch betrachtet, ist das ein sehr unüblicher Vorgang in der Physik. Denken Sie nur einmal an zwei Wasserbehälter, die in einem Raum aufgestellt werden. Wenn einer davon warmes Wasser enthält und der andere kaltes, so wird nach einiger Zeit der warme Wasserbehälter ausgekühlt sein. Der kalte wird sich aber nicht auf Kosten der Raumtemperatur, die ja jetzt angestiegen ist , wieder auf die Ausgangstemperatur des ersten erwärmen. Dahinter steckt das Gesetz der Entropie, das besagt, dass es ohne Energieaufwand nicht möglich ist, Energie von einem kalten zu einem warmen Körper zu transportieren.

*Was in der Wärmetechnik also vorerst noch unmöglich ist, funktioniert in der Mechanik und Elektrotechnik sehr wohl. Aber auch dort ist es nicht selbstverständlich, dass ein Bauteil einem anderen die komplette Energie entzieht. Das ist nur mit einer ganz bestimmten Kombination von Energiespeichern möglich. Denn es funktioniert nur mit zwei Schwingkreisen, die auf gleiche Resonanzfrequenz abgestimmt und nur lose miteinander gekoppelt sind. Das ist vergleichbar mit dem Tesla-Trafo, bei dem ebenfalls eine **Pendelschwingung** zwischen Primär- und Sekundärspule auftritt.*

Ein Schwingkreis ist demnach in der Lage, einem anderen die komplette Energie zu entziehen.

Die zitierte Betrachtung über gekoppelte Pendel stammt aus dem Internet und ist inklusiv Demonstration unter www.hcrs.at/ abrufbar.

Wir wollen uns mit dieser Erklärung zunächst zufrieden geben und unsere Experimente fortsetzen.

2.3 Energieübertragung mit Zylinder-/Spiralspulen bei $f_0 = 1$ MHz

Abb. 29 zeigt ein weiteres Experiment mit einer Kombination aus Zylinder- und Spiralspule. Dieser Versuch ist ein Zugeständnis an einzelne Tesla-Freaks, die der Meinung sind, dass Spiralspulen gewisse mystische Effekte zeigen, also für Energieübertragungszwecke besonders gut geeignet sind. Der Verfasser konnte in diesem Zusammenhang keine Besonderheiten feststellen.

Als Wickelkörper wurden für diesen Versuch auf dem Kopf stehende runde Holzdöschen verwendet. *Abb. 30* zeigt die Abmaße von Sende- und Emp-

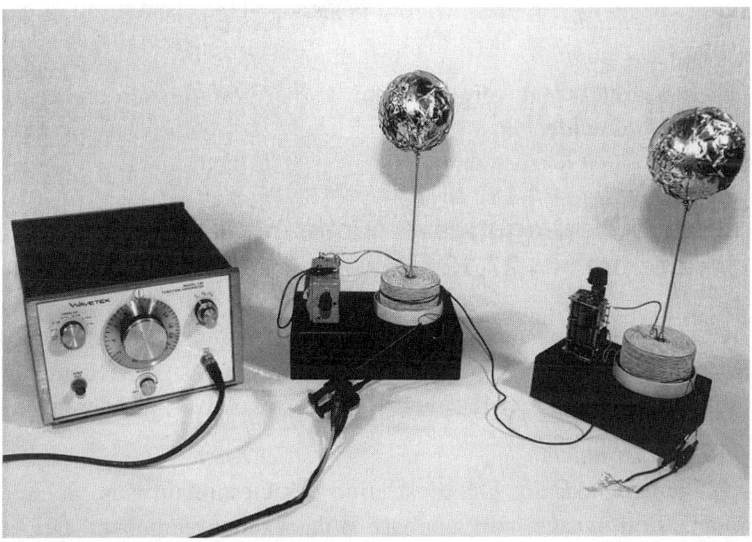

Abb. 29: Sende- und Empfangssystem mit kombinierter Zylinder/Spiralspule bei f_0 = 1 MHz

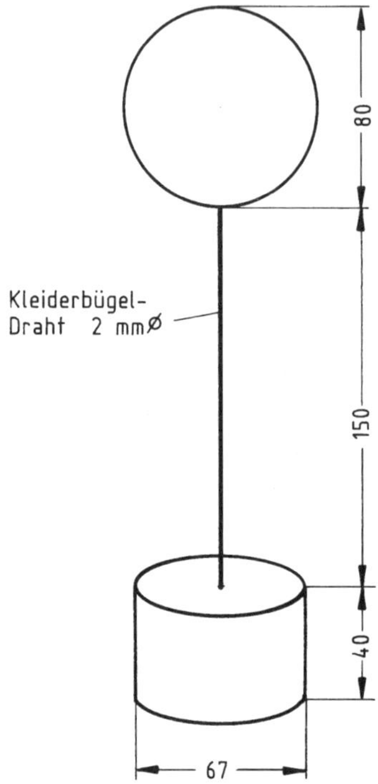

Abb. 30: Abmasse von Sende- und Empfangskreis

fangskreis, während aus *Abb. 31* die gesamte Versuchsanordnung hervorgeht.

Wie schon betont, ist im Vergleich zum vorherigen Versuch nichts Außergewöhnliches zu entdecken.

2.4 Energieübertragungsversuche mit 3-Watt-Gegentakt-Sender bei f_0 = 27.12 MHz

In den nun folgenden Versuchen soll ein kostengünstiger, selbstgebauter HF-Generator verwendet werden. Der in Abb. 32 gezeigte Gegentaktoszillator schwingt bei 27,12 MHz und liefert etwa 3 Watt Sendeleistung bei 15 V Betriebsspannung.

Abb. 33 dient wieder zur Demonstration des Gesamtaufbaus. Sender und Empfänger sind in zwei aufklappbare Holzkästchen eingebaut. Die Länge des Verbindungskabels ist nicht kritisch und kann weit über 5 Meter hinausgehen.

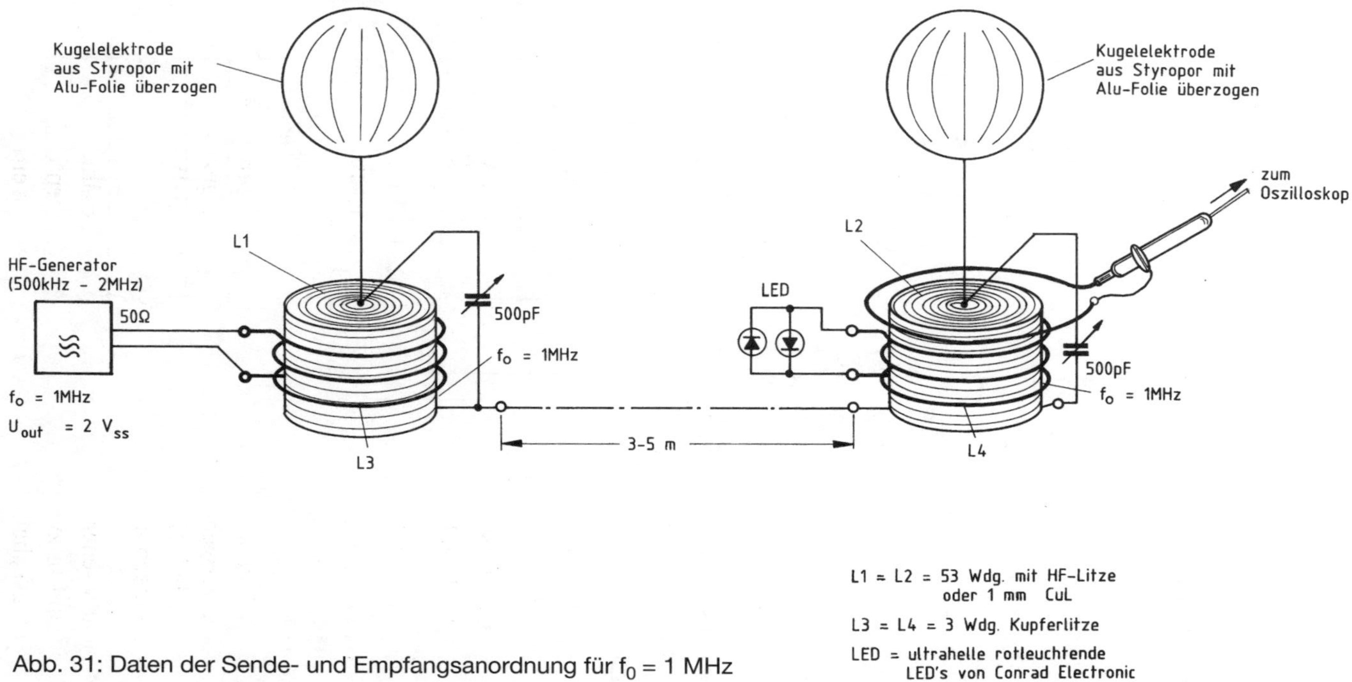

Abb. 31: Daten der Sende- und Empfangsanordnung für f_0 = 1 MHz

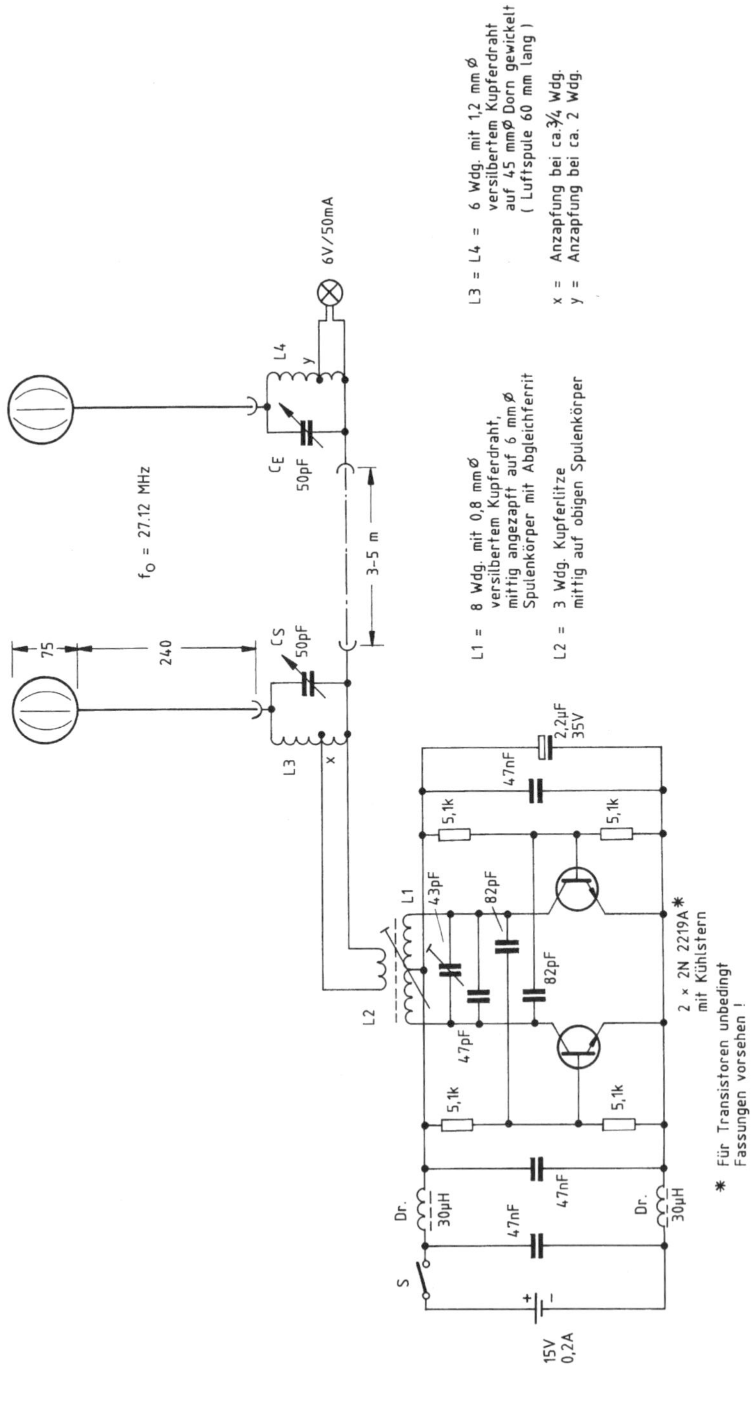

Abb. 32: 27,12 MHz – Gegentaktoszillator mit Sende- und Empfangskreis

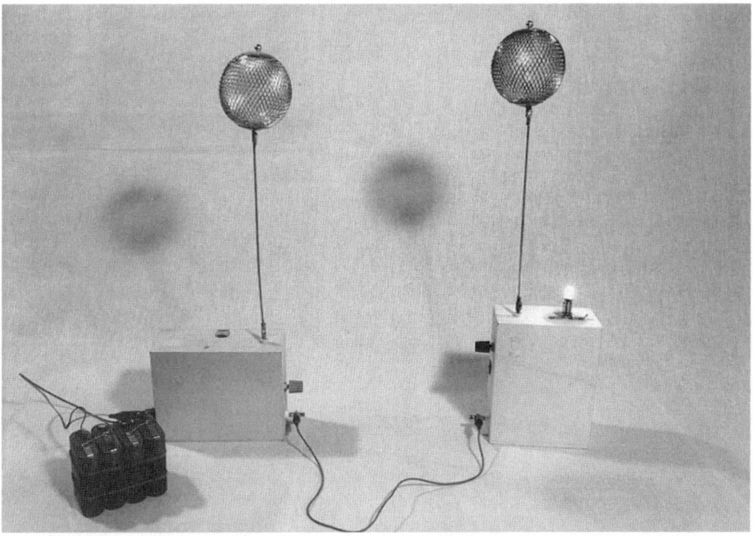

Abb. 33: Gesamtaufbau von Sender und Empfänger

Als Elektroden wurden aufgrund nostalgischer Tesla-Neigungen Christbaumkugeln aus Metall verwendet, die an Weihnachten leicht zu bekommen waren. (Ideenhaus by Siller und Laar, Augsburg, Maximilianstr.)

Zur Versorgung des Senders wurden 4 x 4.5-V-Alkali-Mangan-Flachbatterien vorgesehen. Zur Abstimmung von Sender- und Empfängerkreis wurde jeweils ein Drehkondensator eingebaut.

Abb. 34 zeigt das Innenleben der beiden Holzkästchen als Gesamtansicht, während aus *Abb. 35* und *Abb. 36* die Details von Sender und Empfänger ersichtlich sind.

Der Gegentaktoszillator schwingt zwar zuverlässig an, zeigt aber bei zu starker Ankopplung an den Senderesonanzkreis doch einige Macken. Der Ferrit-Abgleichkern sollte keinen zu hohen A_L-Wert haben und genau mittig positioniert werden. Die optimale Ankopplung an den Senderkreis am Punkt x in Abb. 32 muss experimentell ermittelt werden.

Das Gleiche gilt für die Lämpchenankopplung am Empfängerkreis.

Der Gegentaktoszillator sollte an L2 mindestens 3 Watt abgeben. Zur Prüfung wird an L2 ein Lämpchen mit 6 V/0.5 A angeschlossen. Mit dem 43-pF-Schwingkreiskondensator kann die Frequenz auf etwa 27,12 MHz hingezogen werden. Trotz sorgfältigen Aufbaus muss hierbei mit Abweichungen von 2–3 MHz gerechnet werden.

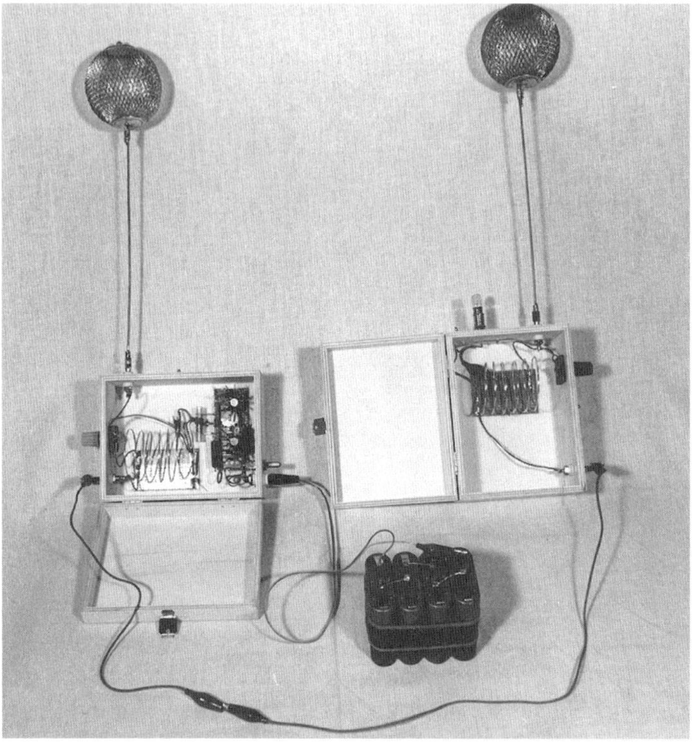

Abb. 34: Innenleben der Holzkästchen

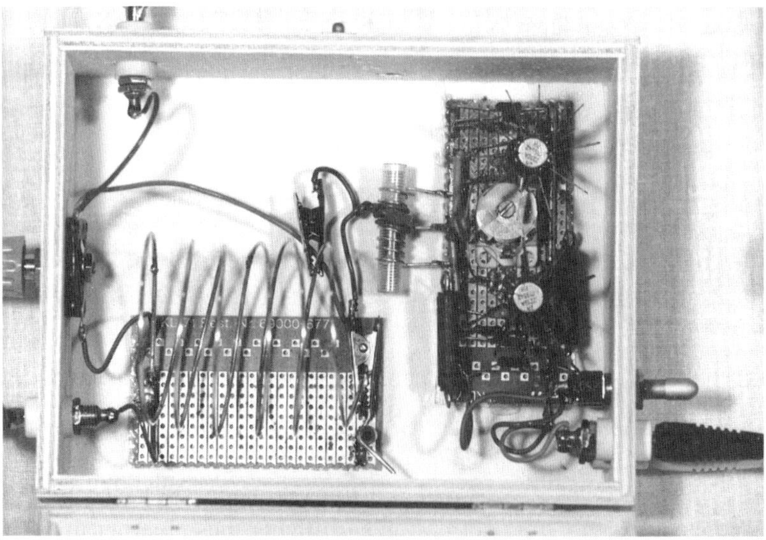

Abb. 35: Detailansicht des 27,12 MHz – Senders

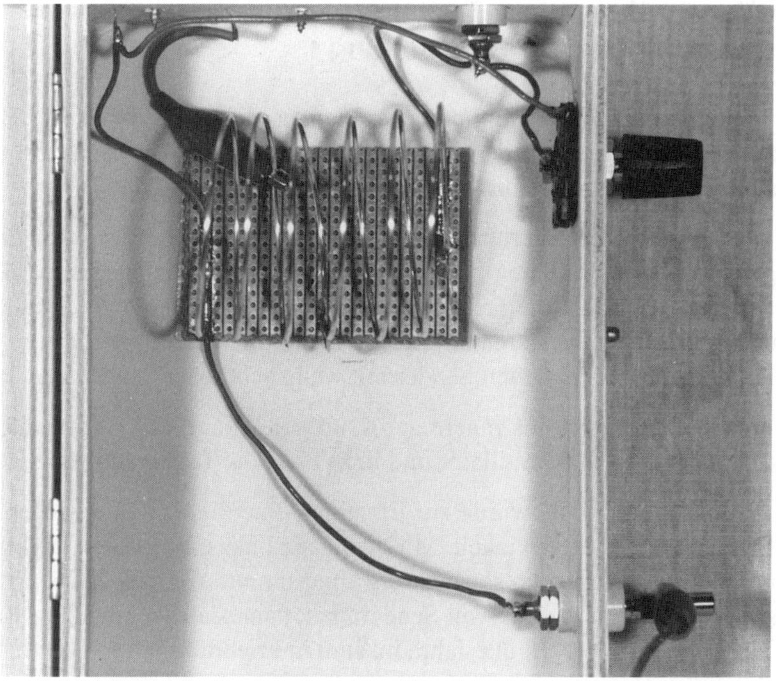

Abb. 36: Detailansicht des 27,12 MHz – Empfängers

Für den Abgleich von Sende- und Empfangskreis ist nicht unbedingt ein Oszilloskop erforderlich. Beim Durchdrehen des Sendekreiskondensators C_S ist meist schon ein leichtes Glühen des Empfängerlämpchens erkennbar. Mit dem Empfangskreiskondensator C_E lässt sich dann nachstimmen und der Punkt größter Leuchtstärke finden.

Wenn die Anpassarbeiten korrekt durchgeführt werden, arbeitet die Anordnung sehr zuverlässig. Ist Anpassung und Abstimmung nicht optimal, kann der Oszillator und damit die Energieübertragung zusammenbrechen. Sowohl die Sende- als auch die Empfangsantenne reagieren auf Handkapazitäten. Beim Abstimmvorgang sollte die Hand den Elektroden bzw. der Antenne deshalb nicht zu nahe kommen.

Mitunter kann es für einen stabilen Betrieb auch sinnvoll sein, die Einspeise-Energie von L2 am oberen oder mittigen Teil von L3 zuzuführen. In *Abb. 32* wird die Oszillatorenergie am Fußpunkt der Antenne eingespeist. Hier gilt wieder: Probieren geht über Studieren.

2.5 Verwendung einer Treiberstufe zur Rückwirkungsunterdrückung

Zur Reduzierung von Abstimmungsproblemen, die meist durch Rückwirkung des Empfängers auf den Sender zurückzuführen sind, kann dem Gegentaktoszillator eine Treiberstufe nachgeschaltet werden.

Abb. 37 zeigt die erweiterte Senderschaltung. Rückwirkungen vom Empfänger auf den Oszillator werden nun in hohem Maße unterdrückt. Leistungsmäßig bringt die Treiberstufe fast keine Verbesserung. Vermutlich eignen sich die Transistoren 2N2219A nicht für höhere HF-Leistungen. *Abb. 38* zeigt den kompletten Sender mit weihnachtlicher Sendeantenne.

Einen genaueren Blick ins Innere der Kiste ermöglicht *Abb. 39*. Rechts im Bild sind der Gegentaktoszillator und links oben die Treiberstufe zu sehen.

Die Resonanzkreisspule wurde zur Erzielung einer hohen Güte wieder mit großem Durchmesser gewickelt. Mit dem ganz links eingebauten Drehkondensator wird der Senderesonanzkreis abgestimmt. Wer gar keine Erfahrung oder Lust zum Aufbau von Sendern hat, kann sich eventuell auf Elektronik-Flohmärkten (z. B. alle Jahre im Juni in Friedrichshafen) nach einem HF-Leistungsgenerator umsehen.

Der in *Abb. 40* gezeigte HF-Power-Generator auf 40.68 MHz mit 40–100 Watt Ausgangsleistung konnte z. B. bei der Firma MIR in München, Landwehrstraße für 75 € erstanden werden.

Derart hohe HF-Leistungen erfordern natürlich Vorsichtsmaßnahmen, um HF-Verbrennungen durch den Skin-Effekt zu vermeiden.

Es folgen nun einige Versuche wahlweise mit dem 3-Watt-Gegentaktoszillator oder der Treiberversion und verschiedenen Empfängerversionen.

2.6 Energie-Empfänger mit Zylinderspule bei f_0 = 27,12 MHz

Abb. 41 zeigt den Gegentaktsender kombiniert mit einem Empfänger hoher Spulengüte. Die Spulendaten sind in *Abb. 42* angegeben.

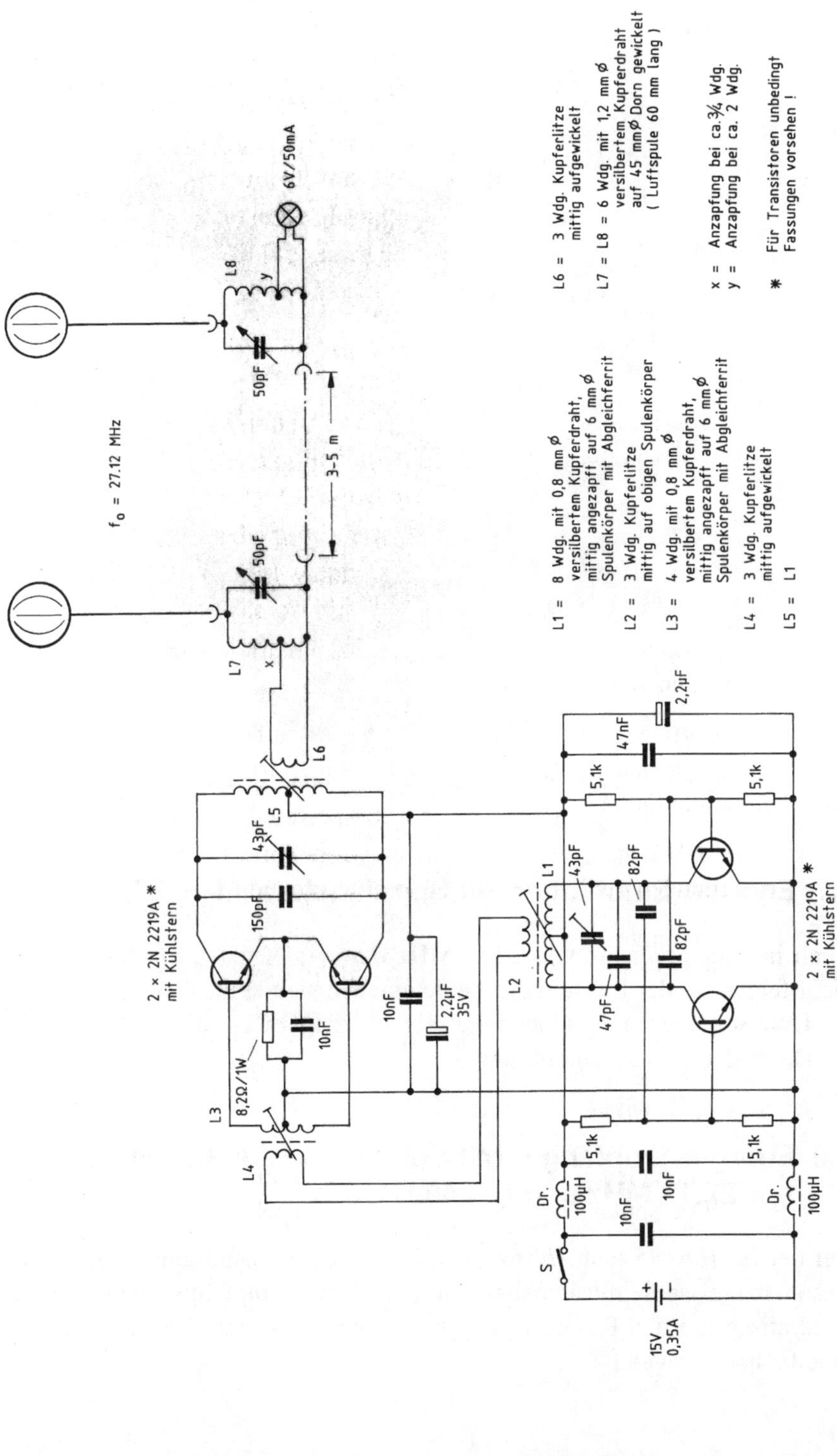

Abb. 37: Mit Treiberstufe erweiterter Sender für $f_0 = 27,12$ MHz

Abb. 38: Kompletter Sender mit weihnachtlicher Sendeantenne

2.7 Energie-Empfänger mit Spiralspule bei f_0 = 27,12 MHz

Auch bei der Frequenz von 27.12 MHz darf ein Versuch mit Spiralspule nicht fehlen. In der Leistungsausbeute ergeben sich keine deutlich sichtbaren Unterschiede zur Zylinderspule. *Abb. 43* zeigt den Aufbau und *Abb. 44* die Daten der Versuchsanordnung.

2.8 Energie-Empfänger mit Spiralspule aus Leitsilber bei f_0 = 27.12 MHz und f_0 = 40.68 MHz

Bei der in *Abb. 45* und *Abb. 46* gezeigten Versuchsanordnung wurde die Resonanzkreisspule mit Leitsilber aufgemalt. Die Empfangsantenne wurde quadratisch um den Resonanzkreis herum gemalt. Auch diese Anordnung arbeitet hervorragend.

Abb. 39: Blick ins Innere der Kiste

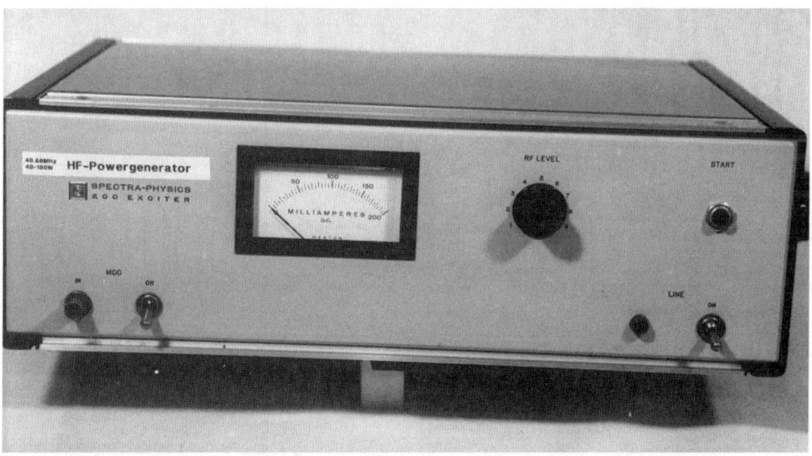

Abb. 40: HF – Powergenerator 40,86 MHz für 40 – 100 Watt Ausgangsleistung

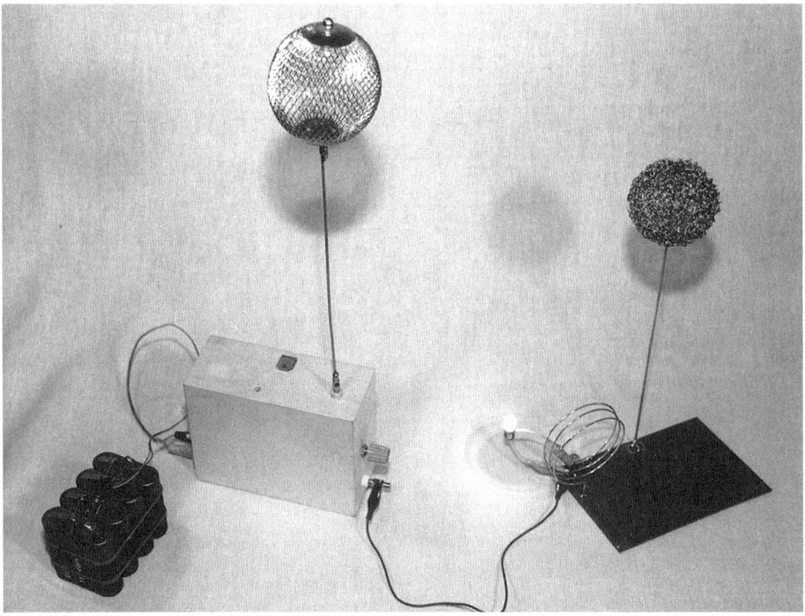

Abb. 41: Energieempfänger mit Zylinderspule bei f_0 = 27,12 MHz

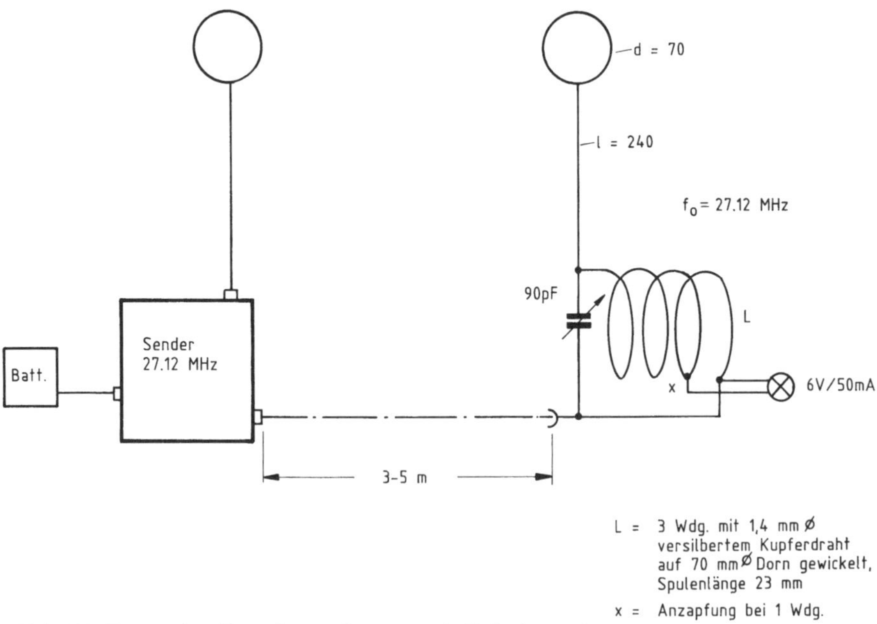

Abb. 42: Daten des Energieempfängers mit Zylinderspule

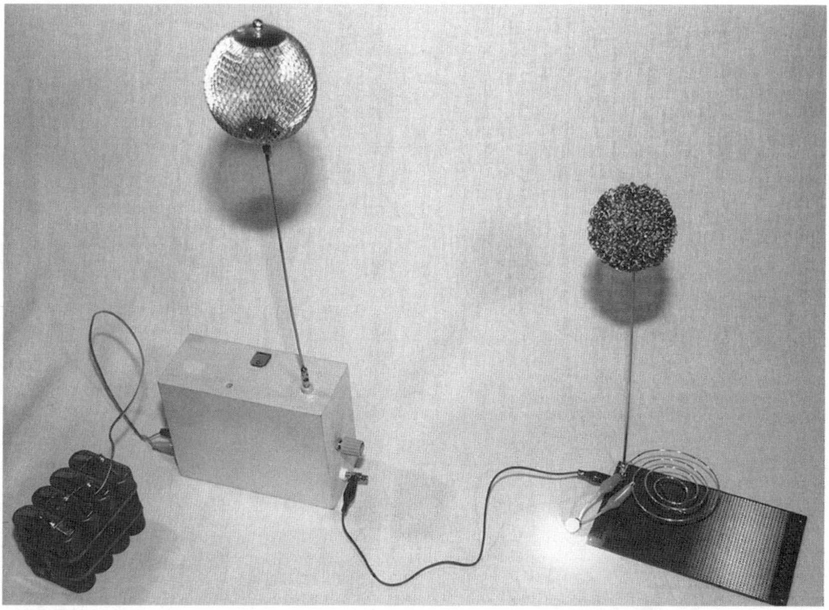

Abb. 43: Energieempfänger mit Spiralspule bei f_0 = 27,12 MHz

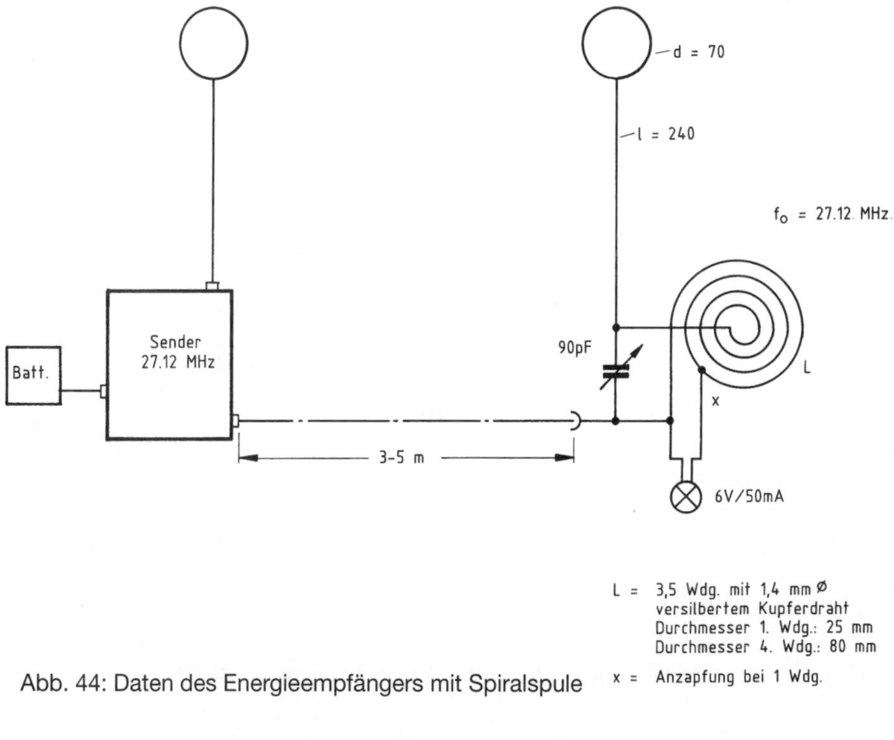

Abb. 44: Daten des Energieempfängers mit Spiralspule

Abb. 45: Energieempfänger mit Spiralspule aus Leitsilber

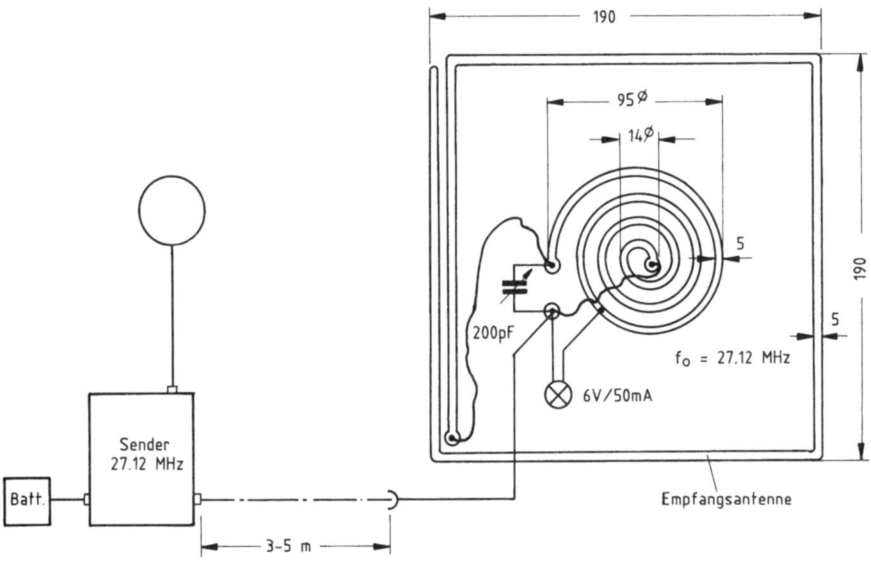

Abb. 46: Daten des Energieempfängers mit Spiralspule aus Leitsilber

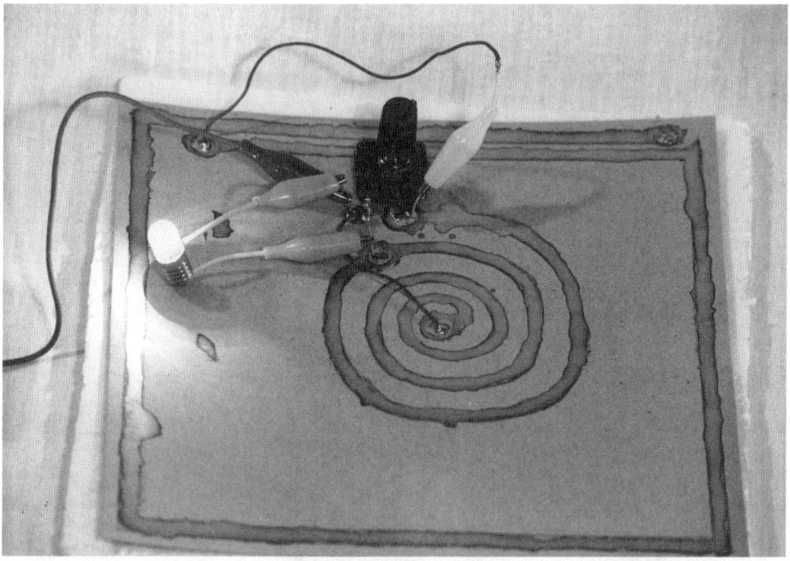

Abb. 47: Konstruktiver Aufbau in vergrösserter Ansicht

Abb. 47 gibt eine Vorstellung vom konstruktiven Aufbau und den Abmaßen des Systems. Das Leitsilber (Conrad-Elektronik) wurde mit einem feinen Pinsel auf Karton aufgetragen. Zur Kontaktgabe zu den Kabelanschlüssen wurden Reißnägel benutzt. Um einen sicheren Kontakt zu erzielen, wurde der Zwischenraum zwischen Reißnägeln und Leitsilberbahn kräftig mit Leitsilber getränkt.

Statt mit dem 27.12-MHz/3-Watt-Gegentaktoszillator wurde das System versuchsweise mit dem HF-Power-Generator aus *Abb. 42* mit 30 Watt bei 40.68 MHz angesteuert. Bei einer Kabellänge von 3–5 Meter wurde damit eine 12 V/10 Watt-Lampe zum Leuchten gebracht.

2.9 Energie-Empfänger in futuristischer Kugelform bei $f_0 = 27{,}12$ MHz

Abb. 48 zeigt eine originelle Möglichkeit, einen Energie-Empfänger in kompakter Form aufzubauen. Zum Verständnis des technischen Aufbaus dient *Abb. 49*.

Die Plastikkugel ist mit Kupferfolienbändern beklebt, welche zusammengeschaltet die Empfangsantenne ergeben. Im Inneren der Kugel befindet sich die Spule L1, der Abstimmkondensator und das Lämpchen.

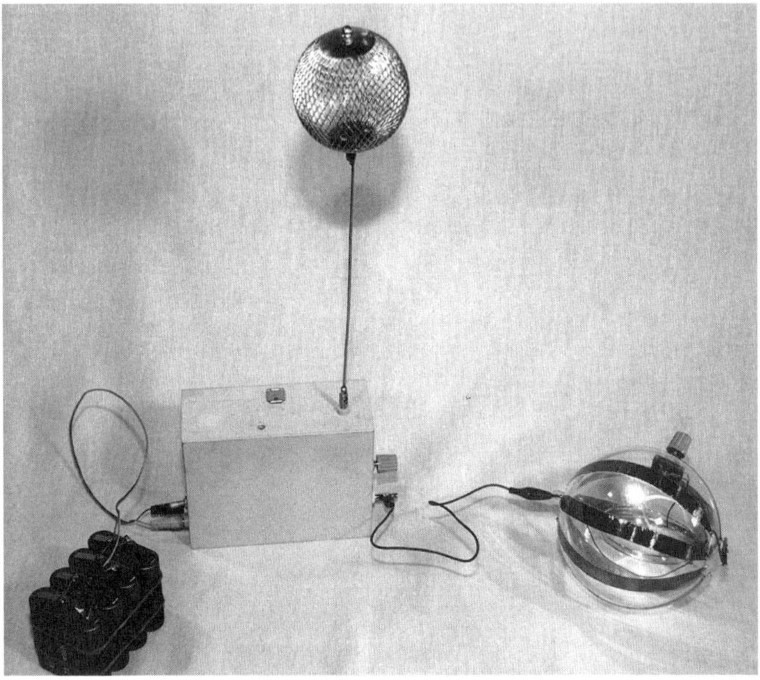

Abb. 48: Energieempfänger in futuristischer Kugelform bei f_0 = 27,12 MHz

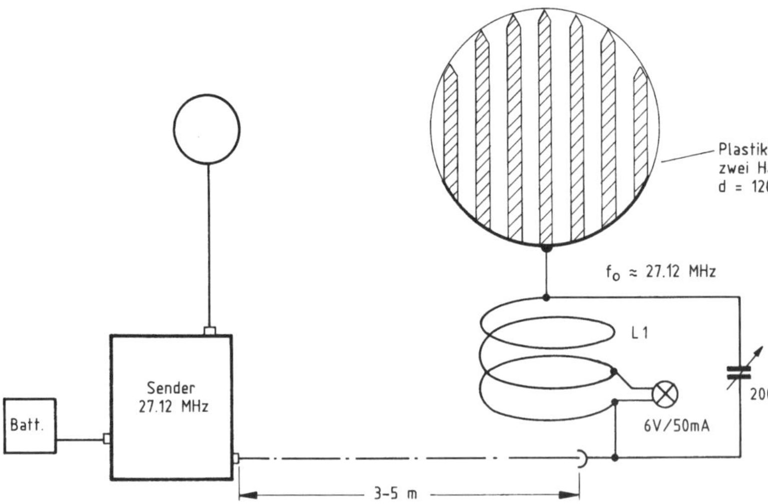

Abb. 49: Daten des Energieempfängers in futuristischer Kugelform

L1 = 3 Wdg. mit 1,4 mm Ø versilbertem Kupferdraht auf 70 mm Ø Dorn gewickelt, Spulenlänge 15 mm

Angesteuert wird der Energie-Empfänger mit dem 3-W-Gegentaktoszillator oder dem um die Treiberstufe erweiterten 3-W-Gegentaktoszillator. In *Abb. 50* und *Abb. 51* ist das Innenleben des kugelförmigen Energie-Empfängers

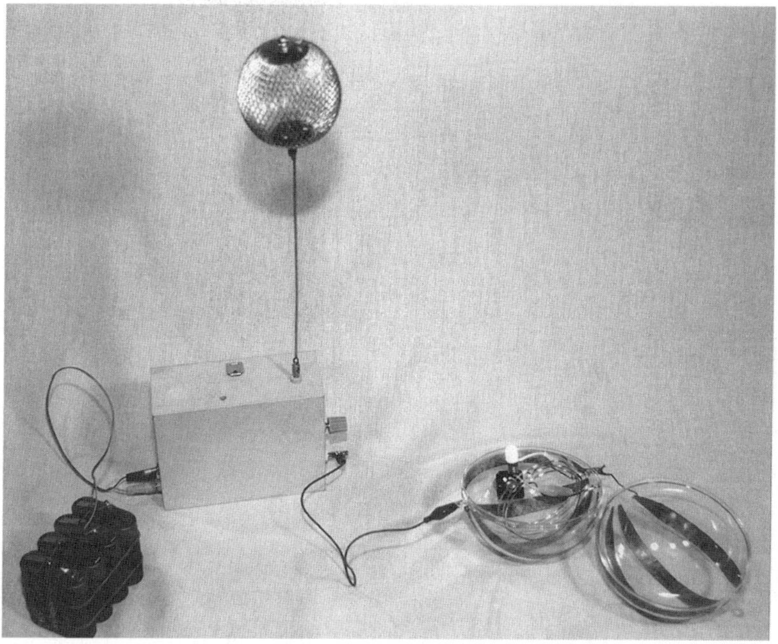

Abb. 50: Geöffneter Kugel - Energieempfänger

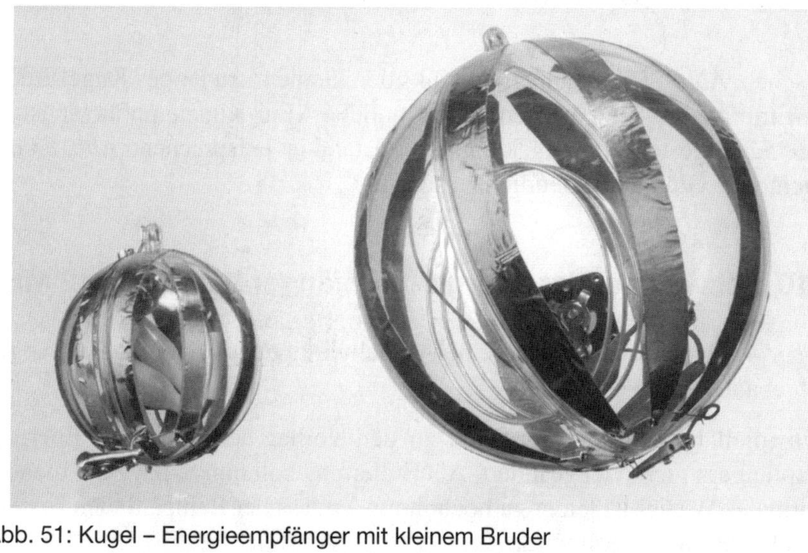

Abb. 51: Kugel – Energieempfänger mit kleinem Bruder

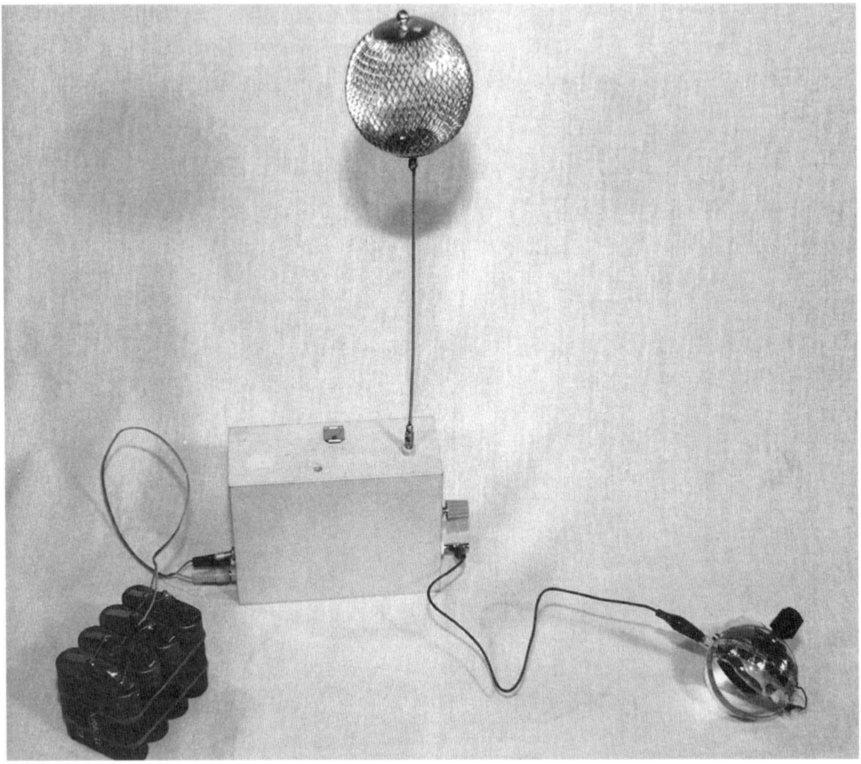

Abb. 52: Mini-Kugel-Energieempfänger in Betrieb

zu sehen. *Abb. 51* zeigt außerdem links den kleinen Bruder des Kugel-Energie-Empfängers. Der im Betrieb befindliche Mini-Kugelempfänger ist in *Abb. 52* dargestellt. In aufgeklapptem Zustand ist entsprechend *Abb. 53* die leuchtende Glühlampe deutlich zu sehen.

2.10 Schwimmender Energie-Empfänger bei f_0 = 27,12 MHz

Abb. 54 gibt Aufschluss, wie eine Art schwimmender Energie-Empfänger aufgebaut werden kann.

Prinzipiell hat sich im Vergleich zu den vorher beschriebenen Energie-Empfängern nicht viel geändert. Als Erdleitung soll nun Salzwasser dienen. Normales Wasser ist leider zu hochohmig, sodass der Lampenfaden bestenfalls leicht rot glühend wird.

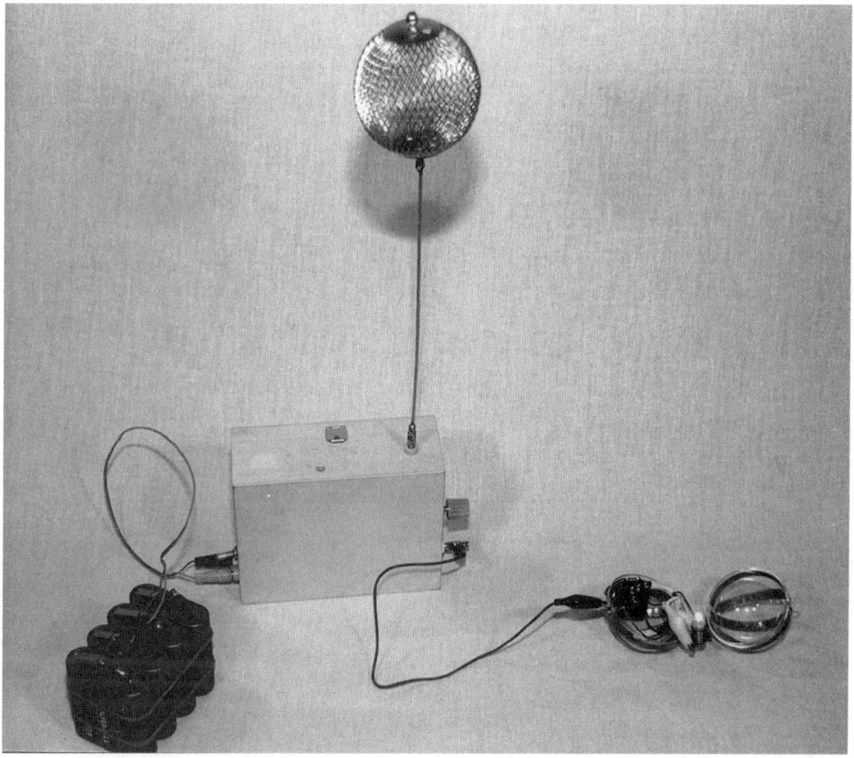

Abb. 53: Geöffneter Mini-Kugel-Energieempfänger

Ein halbes Pfund Salz setzt den Widerstand des Wassers so weit herunter, dass das Lämpchen je nach Abstand zwischen Sende- und Empfangskupferfolie mehr oder weniger hell leuchtet.

Abb. 55 zeigt ein Foto des schwimmfähigen Energie-Empfängers. Spule, Abstimmkondensator und Lämpchen sind in einem wasserdichten Kunststoffdöschen untergebracht. Die Gesamtanordnung ist aus *Abb. 56* und *Abb. 57* ersichtlich. Durch Lichtreflexe ist *Abb. 56* leider etwas verwirrend.

Die Draufsicht in *Abb. 57* zeigt jedoch deutlich die wesentlichen Elemente, wie die Sende- und Empfangsfolie und einen Teil des Doseninnenlebens. Wie schon betont, kommt ohne Salzbeigabe kaum eine Energieübertragung zustande. Der Einfluss des Salzes auf den spezifischen Widerstand des Wassers wird in *Abb. 58* deutlich sichtbar. Das Lämpchen leuchtet bei richtiger Frequenzabstimmung hell auf. Allerdings dürfen Sende- und Empfangsfolie nicht allzu weit voneinander entfernt sein. Auch der Abstand

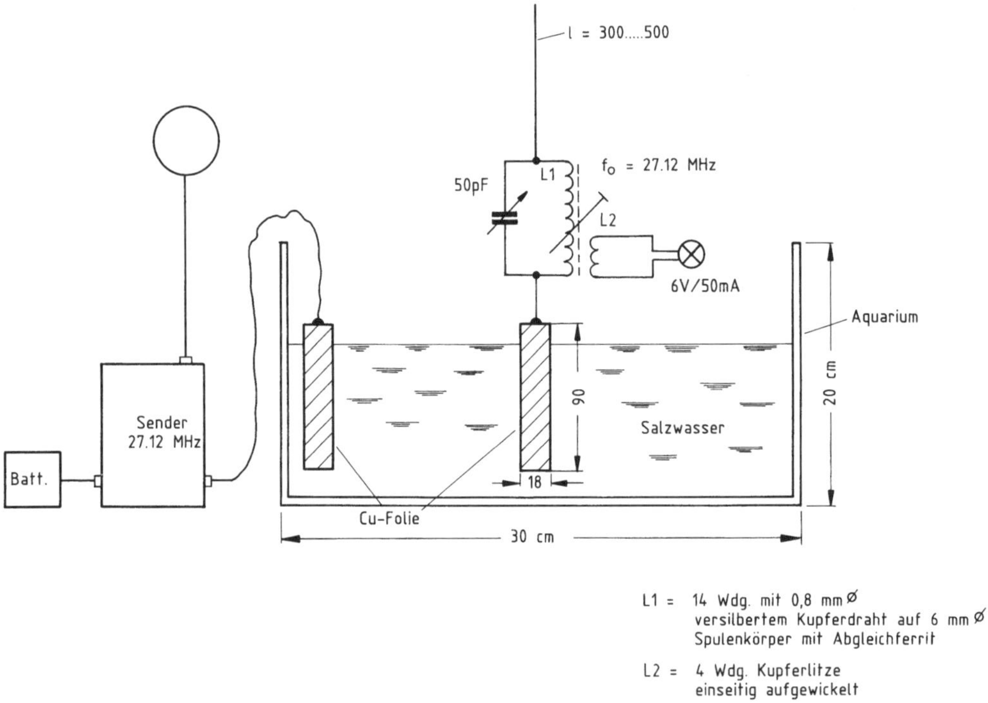

Abb. 54: Aufbau des schwimmenden Energieempfängers bei f_0 = 27,12 MHz

zwischen Sende- und Empfangsantenne scheint eine stärkere Rolle zu spielen. Hier tut sich ein großes Feld für weitere Experimente auf.

2.11 Spielzeug-Hubschrauber mit Energie-Empfänger bei 27.12 MHz

Wird die an einen Energie-Empfänger übertragene Hochfrequenzenergie gleichgerichtet, kann auch ein Spielzeugmotor betrieben werden. Allerdings müssen zur Gleichrichtung der HF-Energie Schottky-Dioden verwendet werden, welche eine geringere Schwellspannung (0,3 V) und gute HF-Eigenschaften aufweisen.

Abb. 59 zeigt einen Spielzeugmotor mit Propeller, dem ein Schottky-Graetz-Gleichrichter von Hewlett Packard (HP 82-2813) und ein Glättungskondensator von 100 nF vorgeschaltet ist.

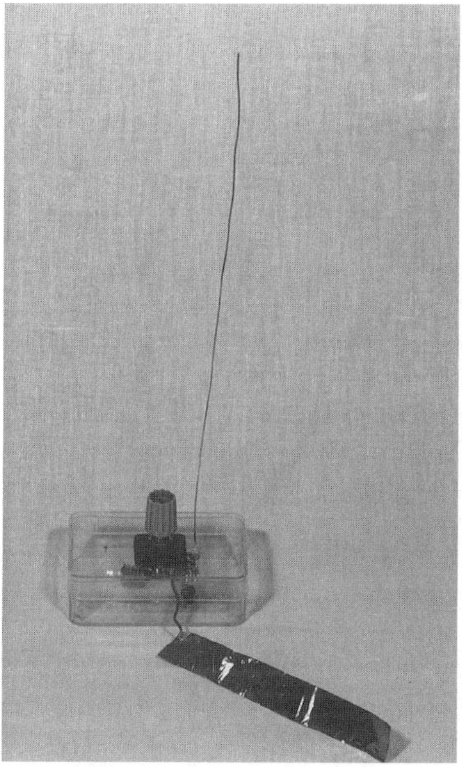

Abb. 55: Schwimmfähiger Energieempfänger

Doch nun zum Hubschraubermodell in *Abb. 60* und *Abb. 61*, das mit einer einfachen Diode arbeitet. Obwohl dadurch die Hälfte der übertragenen Energie verschenkt wird, ist dies trotzdem die konstruktiv bessere Lösung.

Das Gestänge, an dem der Hubschrauber und der Energie-Empfänger hängt, ist gleichzeitig die Erdleitung. Ein kleines Graphit- oder Kugellager gibt ausreichend Kontakt, damit die Erdleitung zum Energie-Empfänger keine Unterbrechung aufweist. Durch eine leichte Neigung des Hubschraubers nach vorne entsteht genügend Vortrieb, sodass sich die Mimik in kreisförmige Bewegung versetzt. Damit Hubschrauber und Energie-Empfänger im Gleichgewicht bleiben, sind in der Plastikkugel als Ballast Bleikugeln enthalten. In *Abb. 60* ist ein Graphitkugellager eingebaut, das aus einem durchbohrten Graphitstab besteht, in dem sich eine Achse mit oben befindlicher Metallkugel dreht.

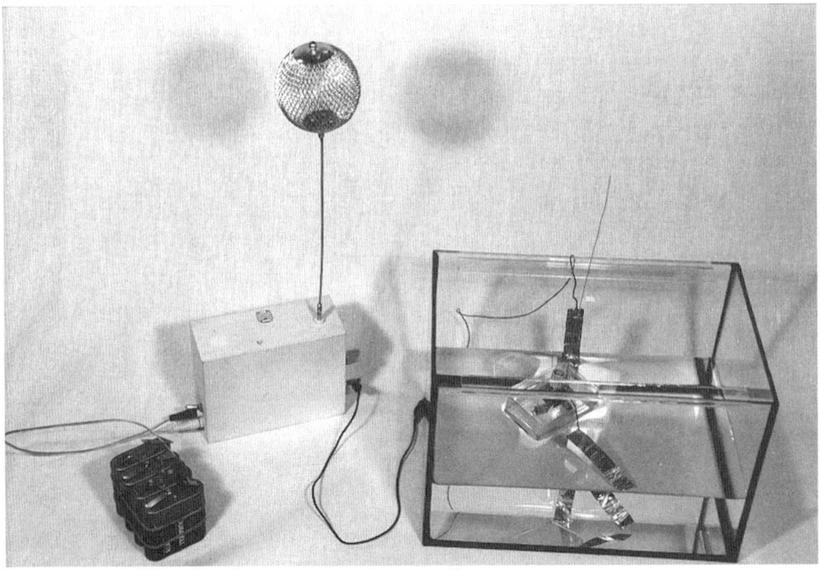

Abb. 56: Versuchsanordnung in Vorderansicht

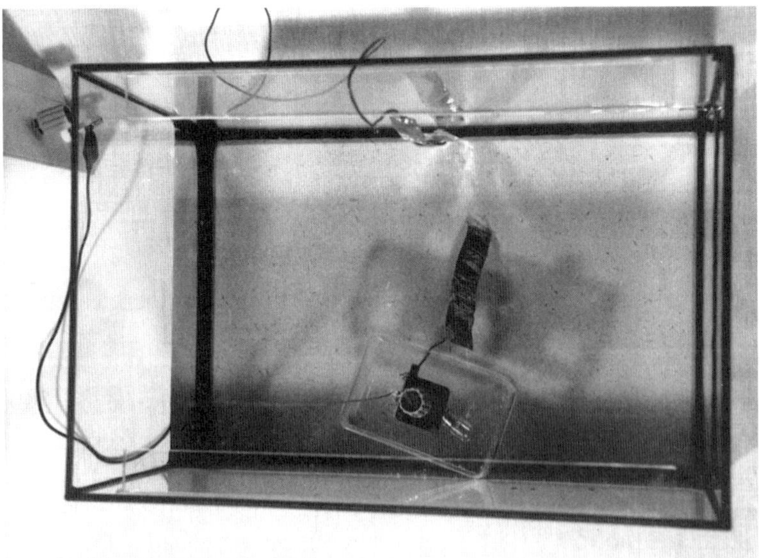

Abb. 57: Versuchsanordnung in Draufsicht

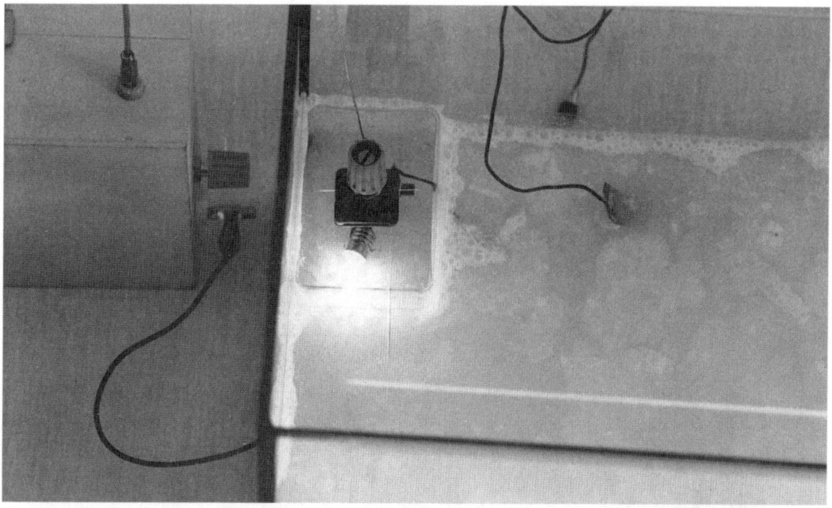

Abb. 58: Mit Salzwasser leuchtet das Lämpchen hell auf

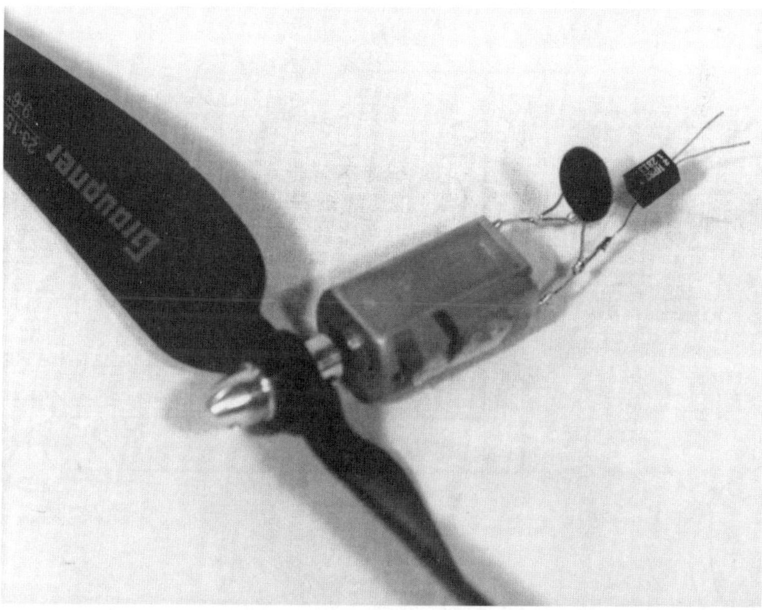

Abb. 59: Hochfrequenzgespeister Spielzeugmotor mit Schottky-Graetzgleichrichter

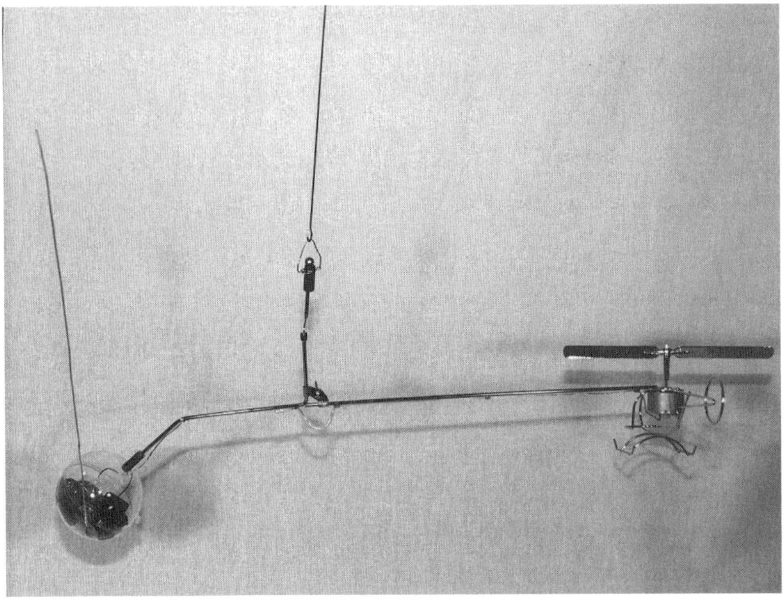

Abb. 60: Spielzeug-Hubschrauber mit Energieempfänger bei f_0 = 27,12 MHz

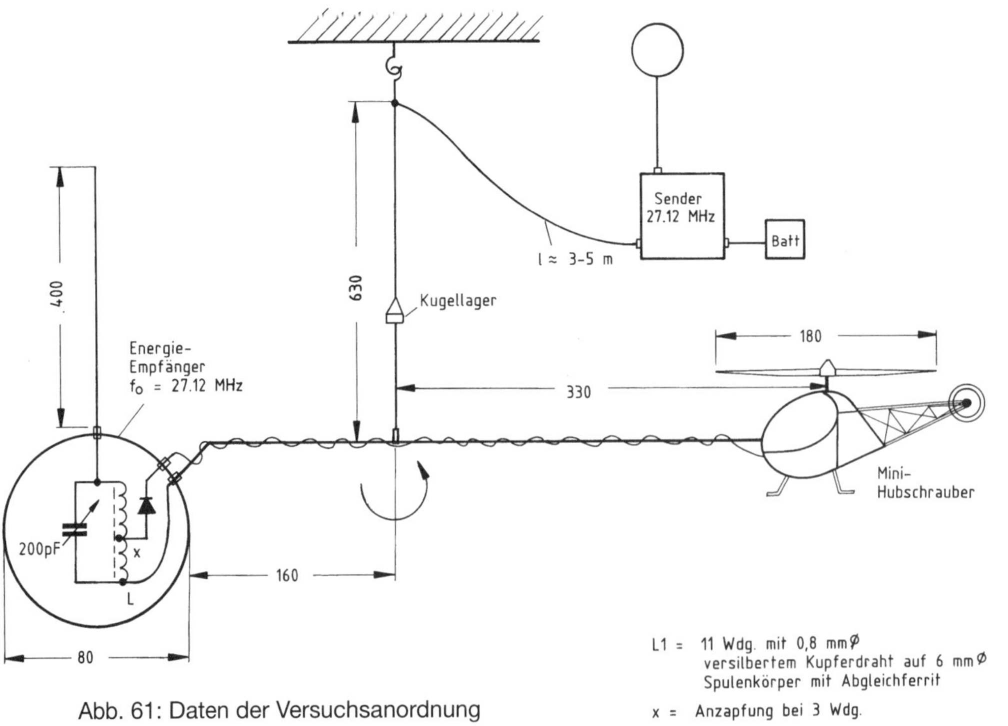

Abb. 61: Daten der Versuchsanordnung

2.12 Energieübertragung mit λ/4-Zylinderspulen bei $f_0 = 27{,}12$ MHz

In *Abb. 62* steuert der 3-W-Gegentaktoszillator eine λ/4-Spule an, d. h. die Sendespule wird mit einem 2.75 Meter langen versilberten Kupferdraht gewickelt. Das Gleiche gilt für die Empfangsspule. Auch mit diesem System lässt sich HF-Energie übertragen. Allerdings müssen mit zwei Trimmkondensatoren von 90 pF kapazitive Korrekturen vorgenommen werden, damit sich am Lämpchen eine maximale Leistungsausbeute ergibt.

Außerdem muss die Teleskopantenne des Empfängers in ihrer Länge optimiert werden. In *Abb. 63* ergibt sich durch die Christbaumkugeln auf Sender und Empfänger eine geringere Leistungsausbeute.

Abb. 64 zeigt das Innere von Sender und Empfänger. Als Korrekturkapazitäten wurden kleine 90-pF-Trimmkondensatoren von Conrad-Elektronik eingebaut. *Abb. 65* und *Abb. 66* zeigen Nahaufnahmen von Sender und Empfänger.

2.13 Energieübertragung mit λ/4-Spiralspulen bei $f_0 = 27{,}12$ MHz

Ein weiterer Versuch mit reinen Spiralspulen und zwei Teleskop-Stabantennen ist in *Abb. 67* zu sehen. Die Schaltungsanordnung wird in *Abb. 68* gezeigt. Im Vergleich zu der Zylinderspulen-Version zeigt die Spiralspulen-Version hinsichtlich Energieausbeute keine Verbesserungen. Auch hier sind wieder Korrekturkapazitäten erforderlich. Bei voll ausgezogenen Teleskop-Antennen kommt es zu einer maximalen Leistungsausbeute auf der Empfängerseite.

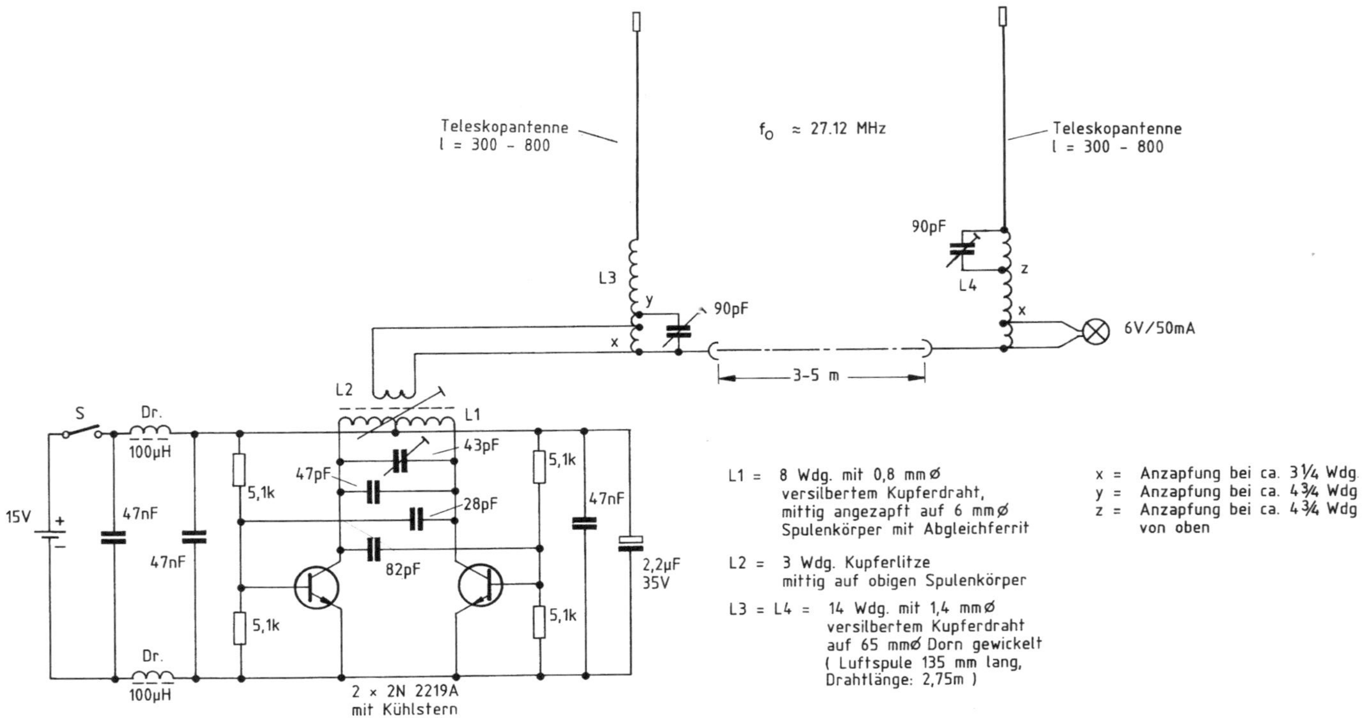

Abb. 62: Energieübertragung mit λ/4 – Zylinderspulen bei f_0 = 27 12 MHz

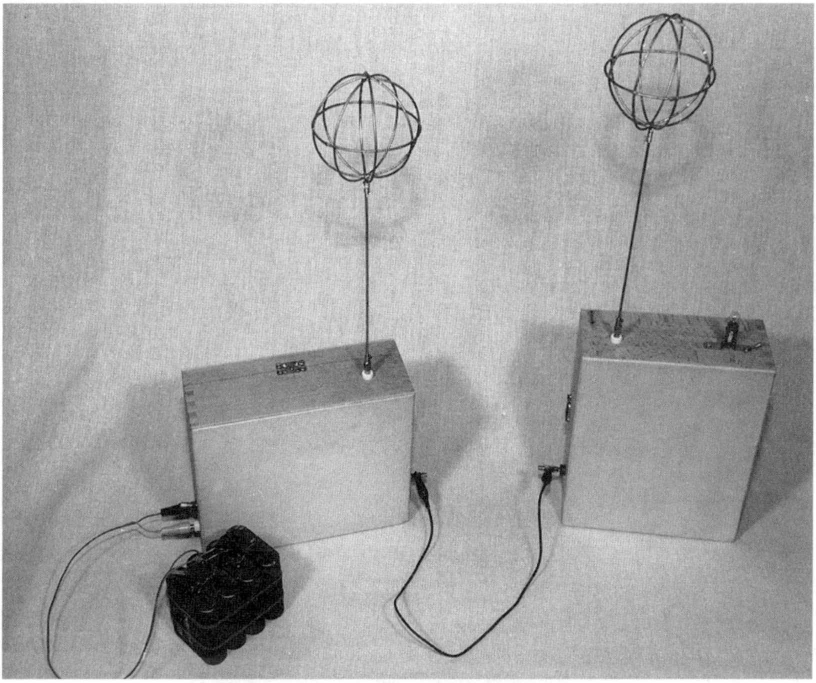

Abb. 63: Sende- und Empfangsanordnung

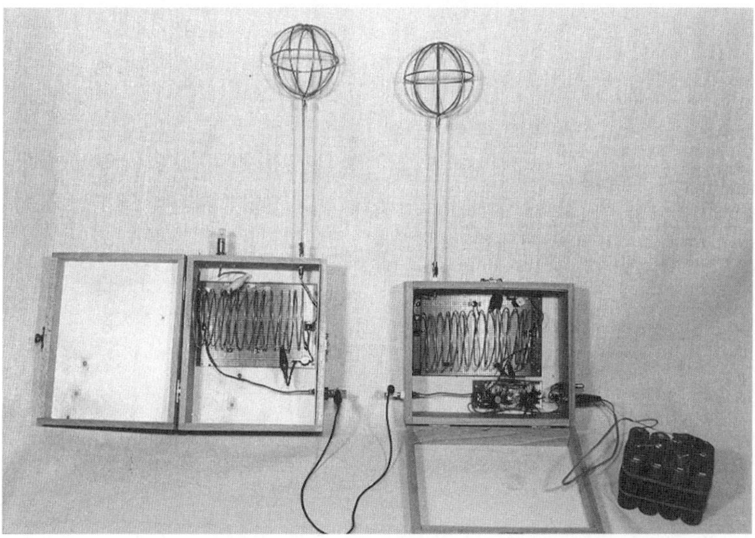

Abb. 64: Geöffneter Sender und Empfänger

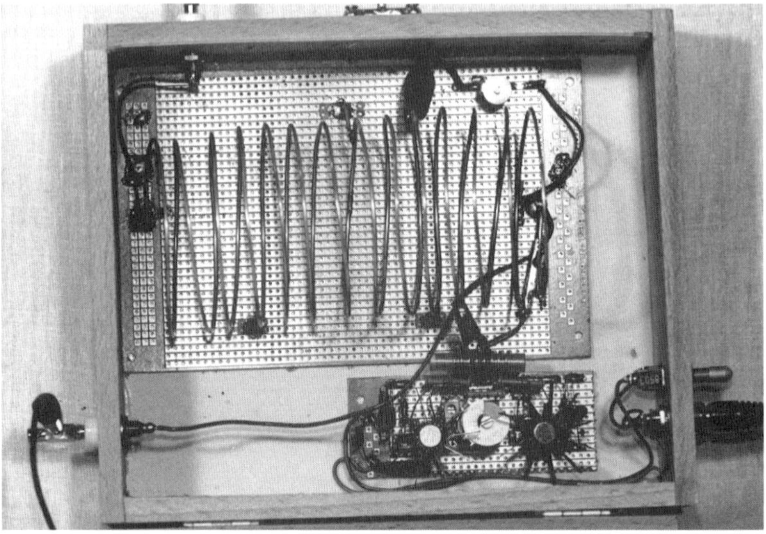

Abb. 65: Nahaufnahme des Senders

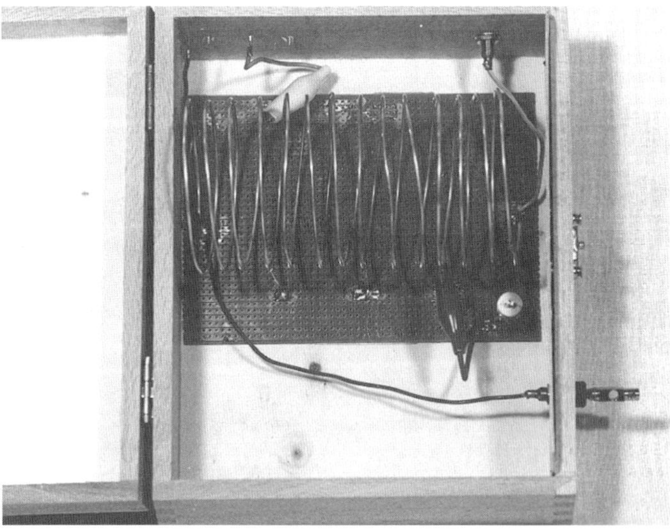

Abb. 66: Nahaufnahme des Empfängers

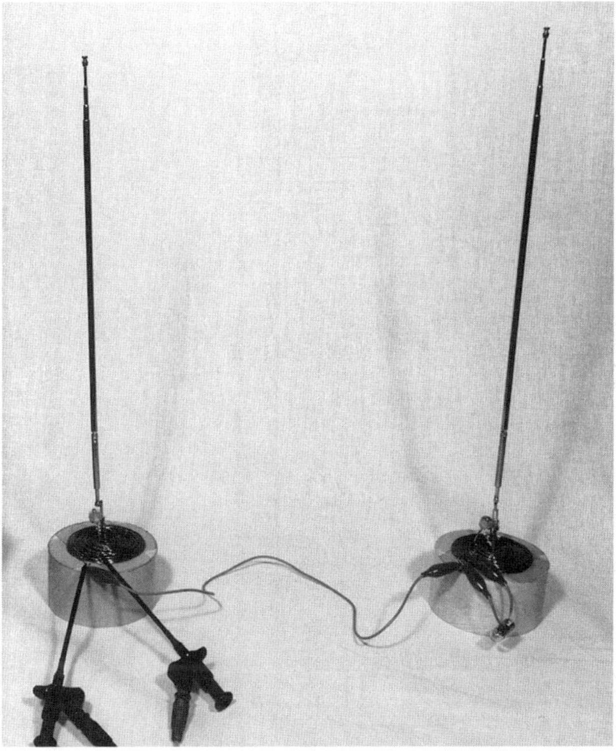

Abb. 67: Versuchsanordnung mit λ/4-Spiralspulen und Teleskopantennen

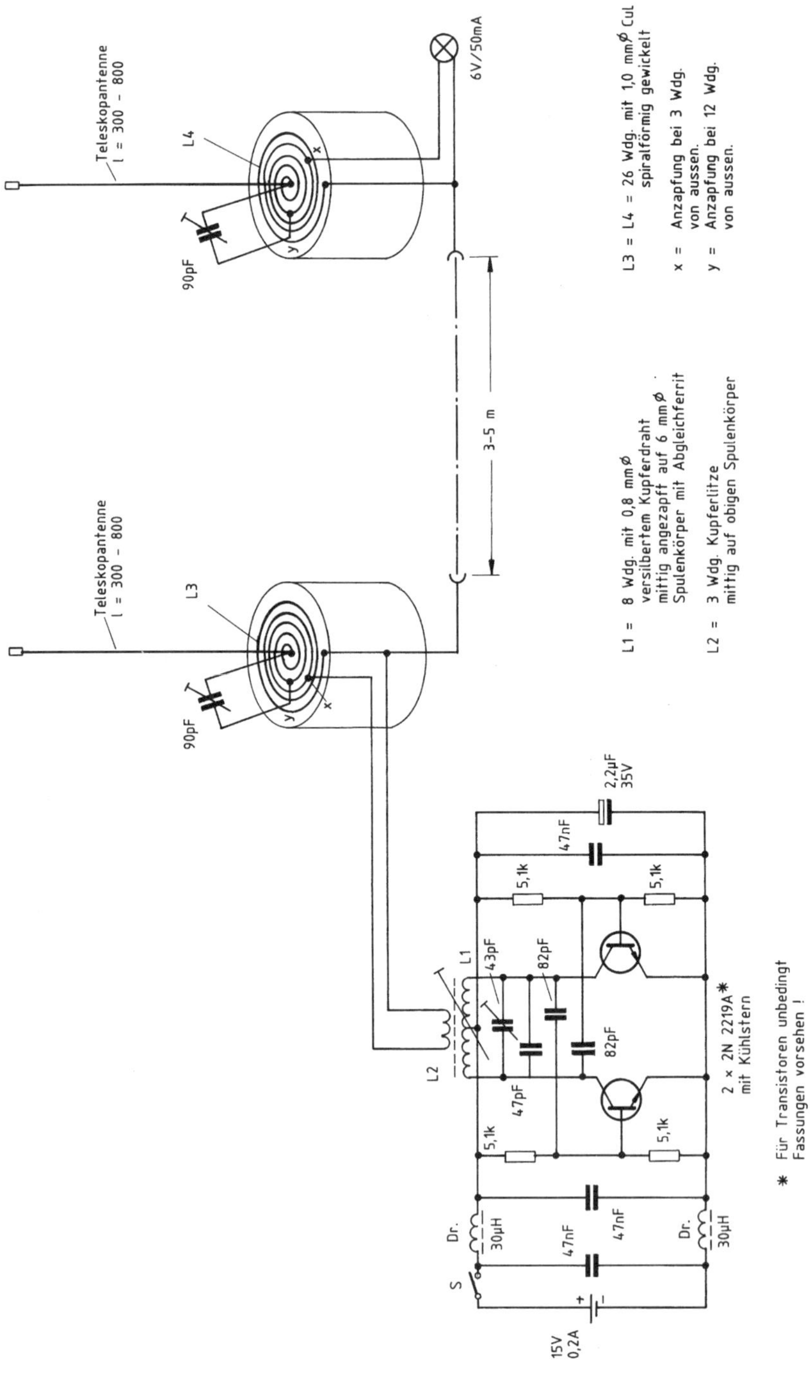

Abb. 68: Schaltung und Daten der Versuchsanordnung mit λ/4-Spiralspulen bei f_0 = 27,12 MHz

2.14 Energieübertragung mit Quarzen auf der Frequenz 1 MHz

Wenn mit LC-Resonanzkreisen eine Energieübertragung möglich ist, müsste dies auch mit in Resonanz befindlichen Quarzen realisierbar sein.

Abb. 69 zeigt eine Versuchsanordnung mit der sich mittels Quarzen elektrische Energie im Milliwatt-Bereich übertragen lässt.

Ein quarzgesteuerter CMOS-Generator erzeugt ein 1 MHz-Rechtecksignal mit dem ein 1 MHz-Quarz in Resonanz versetzt wird. Mit dem 12 pF-Rohrtrimmer kann die Schwingfrequenz des Oszillators auf die Resonanzfrequenz des Quarzes Q2 abgestimmt werden. Je nach Güte von Q2 schwingt dieser dann sinusförmig mit einer Schwingungsamplitude von 150 – 200 V Spitze/Spitze. Mit dem 33 pF-Kondensator wird ein Teil der Schwingungsenergie über zwei antiparallel geschaltete ultrahelle LEDs (ca. 10.000 mcd) auf die Sendeantenne ausgekoppelt.

Die Empfangsanordnung in ca. 5 Meter Entfernung zeigt die empfangene Energie mit zwei LEDs an. Der 12 pF-Rohrtrimmer dient zur Resonanzabstimmung des Empfangsquarzes. Die Quarze können über die Fa. Strixner und Holzinger (München, Schillerstr.) bezogen werden.

Es empfiehlt sich mindestens 5 Quarze zu kaufen, um Exemplare schlechter Güte aussondern zu können.

Die Minus-Leitung am Fußpunkt der Sende- und Empfangseinrichtung darf keinesfalls auf Masse oder Schutzleiter gelegt werden. Die Minus-Leitung darf auch nicht mit größeren Metallkörpern verbunden werden. Batteriebetrieb ist in jedem Fall sinnvoll.

Abb. 70 zeigt den Platinenaufbau von Sender und Empfänger für die Schwingfrequenz von 1 MHz. Über die beiden Quarze ist ein LED-Lenser aufgeklebt. LED-Lenser dienen bei Handys als optische Feldstärkeanzeiger, die bei Senderbetrieb leuchten. Da die Schwingungsamplitude des in Resonanz versetzten Quarzes Q2 sehr hoch ist, wird der LED-Lenser zum Leuchten angeregt. Ein empfindlicher LED-Lenser ist in *Abb. 71* zu sehen. Es handelt sich hierbei um eine besonders billige Form einer Feldstärkeanzeige.

Der Komplett-Aufbau einer Energieübertragung mit 1 MHz-Quarzen ist in *Abb. 72* dargestellt.

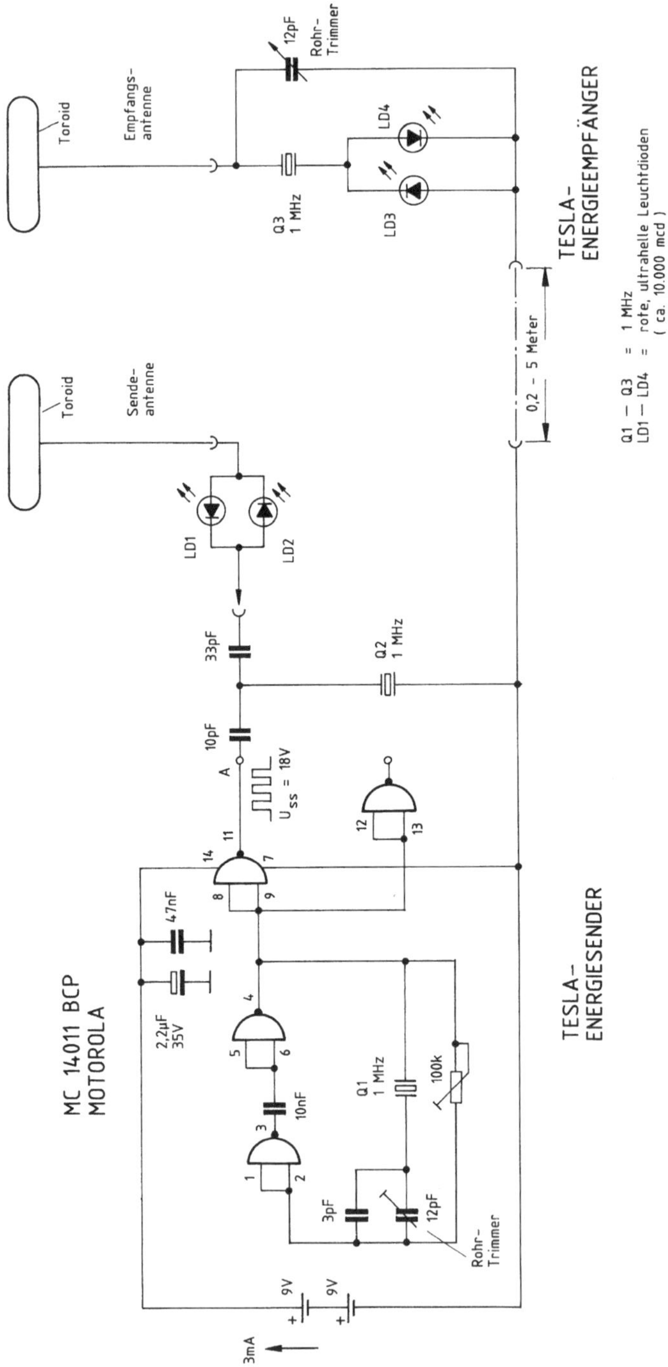

Abb. 69: Energieübertragung mit 1 MHz-Quarzen

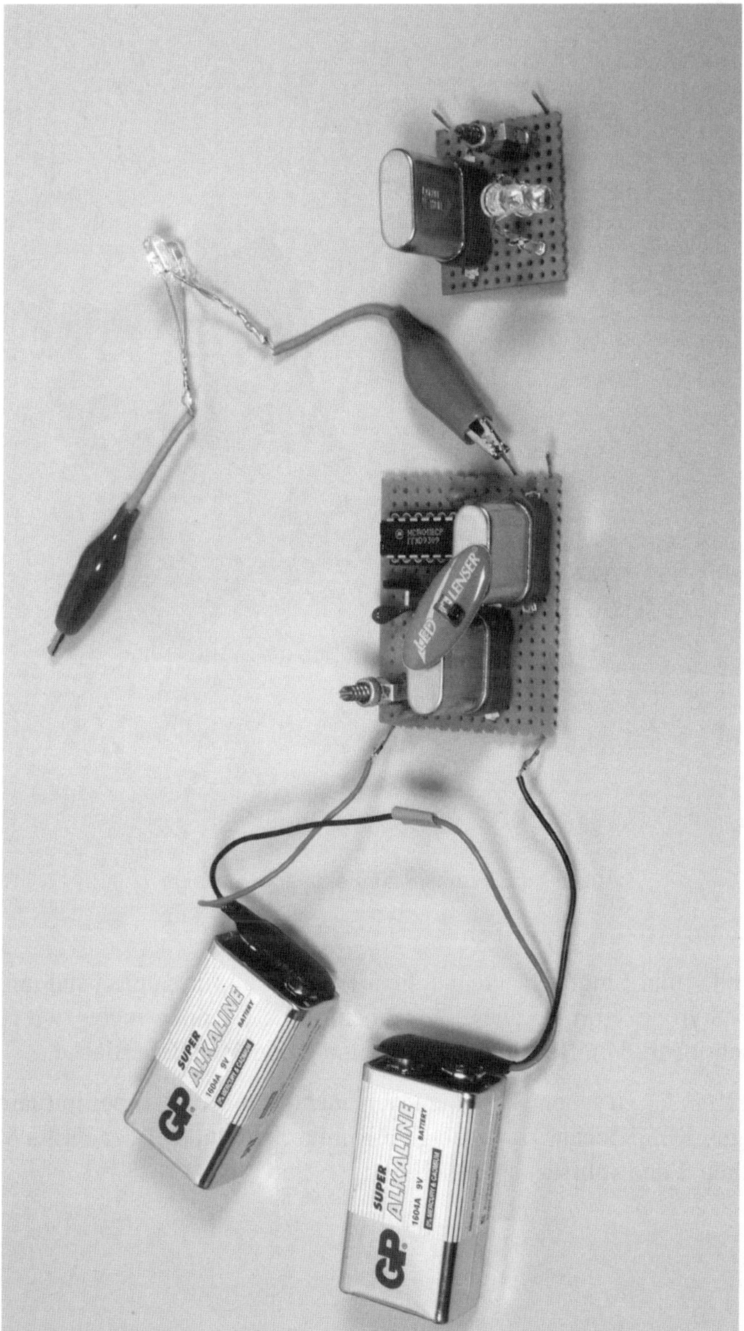

Abb. 70: 1 MHz-Sender und -Empfänger

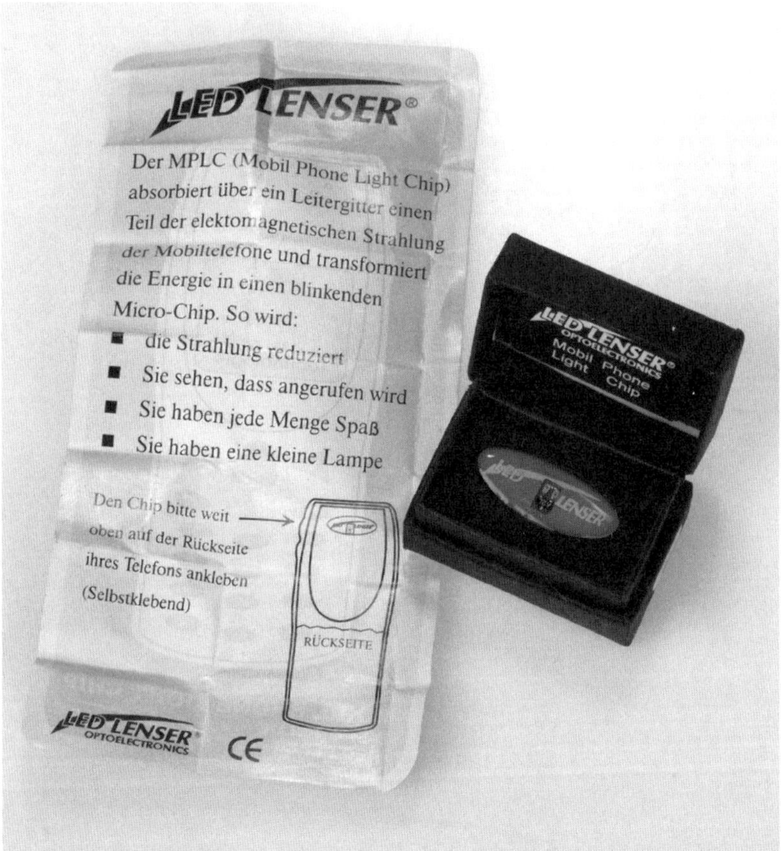

Abb. 71: LED-Lenser zur Feldstärke-Anzeige

Als Sende- und Empfangsantenne dient jeweils ein mit Kupferband umwickeltes Styropor-Toroid. Diese Antennenform ist jedoch nicht zwingend vorgeschrieben. Von Bedeutung ist nur eine große Metalloberfläche.

Wie in *Abb. 73* zu sehen ist, eignen sich auch große Kühlkörper mit lamellenartigen Kühlflächen. Die gezeigten Kühlkörper sind bei der Firma MIR (München, Landwehrstr.) erhältlich.

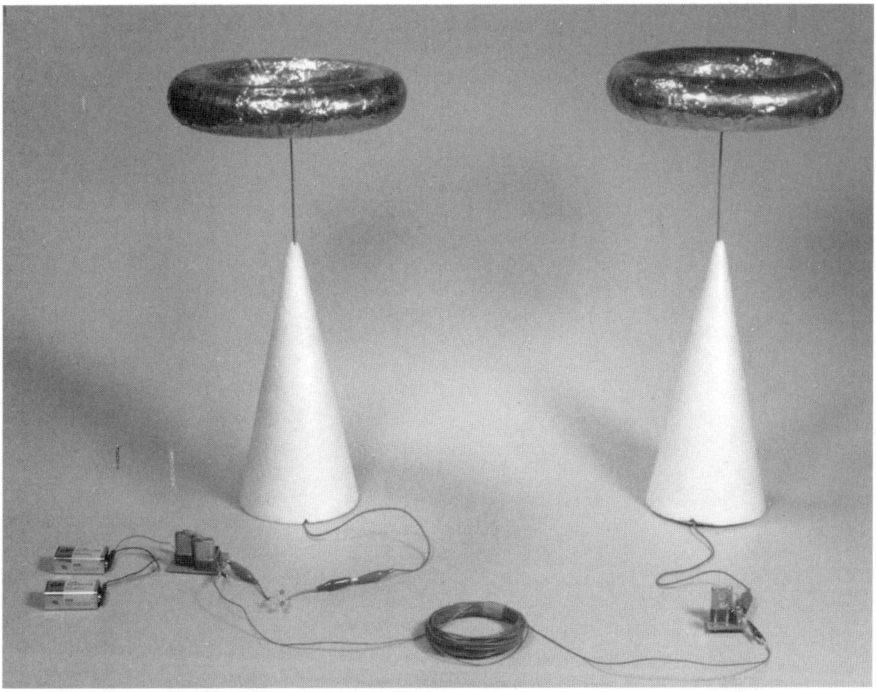

Abb. 72: Versuchsaufbau der Energieübertragung mit 1 MHz-Quarzen

2.15 Energieübertragung mit Quarzen auf der Frequenz 13,56 MHz

Wer lieber mit erlaubten Frequenzen experimentiert, kann die Energieübertragung auch mit der Fernsteuerfrequenz 13,56 MHz demonstrieren.

Abb. 74 zeigt den Schaltungaufbau.

Bei dieser relativ hohen Frequenz muss oszillatormäßig mit High Speed TTL-Bausteinen gearbeitet werden. Um bei TTL zu einer hohen Rechteckausgangsspannung zu kommen, wird als Endstufe der Open Collector-TTL-Baustein SN 74H05 verwendet. Auf diese Weise steht zur Quarzanregung eine Rechteckausgangsspannung von 27 V Impulshöhe zur Verfügung. Leider ist die Güte von höherfrequenten Quarzen nicht so hoch, sodass an Q2 nur Resonanzspannungen von etwa 60 V Spitze/Spitze gemessen werden können.

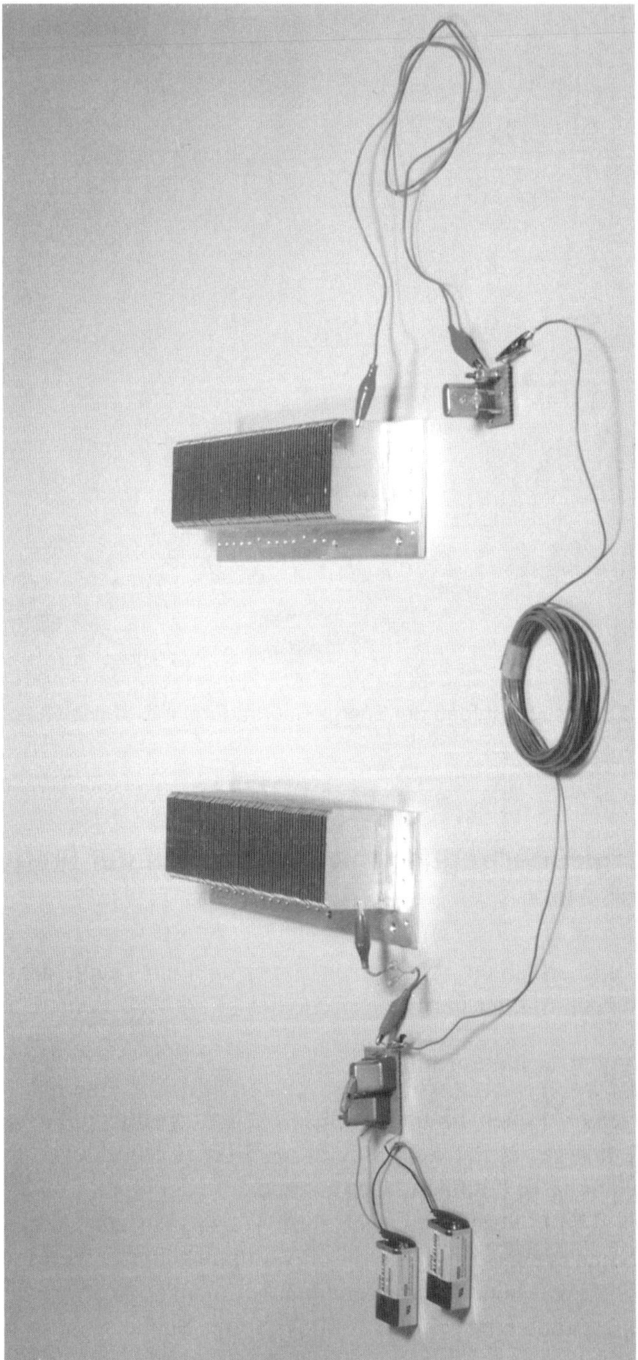

Abb. 73: Energieübertragung mit großen Kühlkörpern als Antennen (1 MHz)

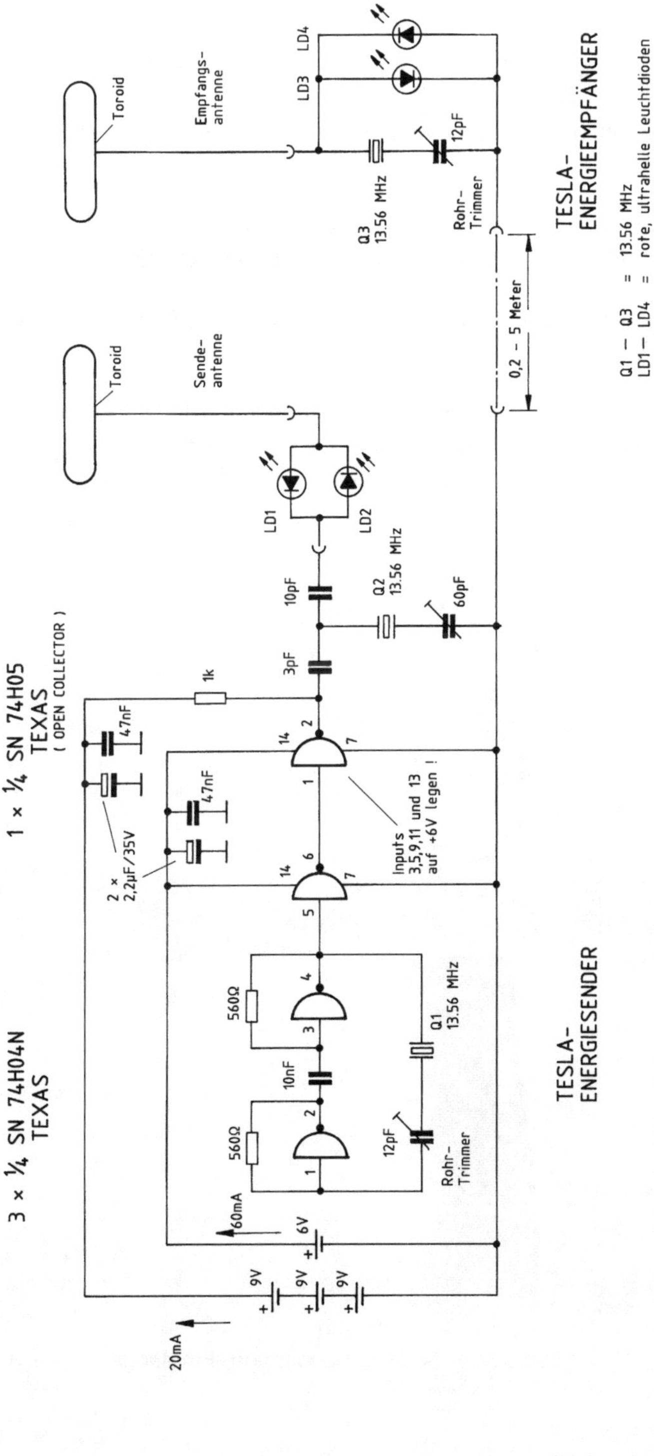

Abb. 74: Energieübertragung mit 13,56 MHz-Quarzen

Die Energieabstrahlung ist am Aufleuchten der Sender-LEDs ersichtlich.

Empfängerseitig wird mit dem 12 pF-Rohrtrimmer auf maximale Helligkeit der Empfangs-LEDs abgeglichen. Der Sender darf wegen des hohen Stromverbrauchs nur mit Alkali Mangan Batterien betrieben werden. Anderenfalls neigt er zu wilden Schwingungen.

Wie schon erwähnt, sollten für die Experimente sowohl im 1 MHz- als auch im 13,56 MHz-Bereich keine Netzgeräte verwendet werden.

Bezüglich der Antennen gelten wieder die selben Gesichtspunkte wie bei der 1 MHz-Version.

Aus *Abb. 75* ist der Platinenaufbau zu ersehen. Die Betriebsspannung von 27 V wird durch 3 seriell geschaltete 9V-Alkali-Batterien erzeugt. Die 6 V-Quelle besteht aus 4 seriell geschalteten 1,5 V-Mignonzellen.

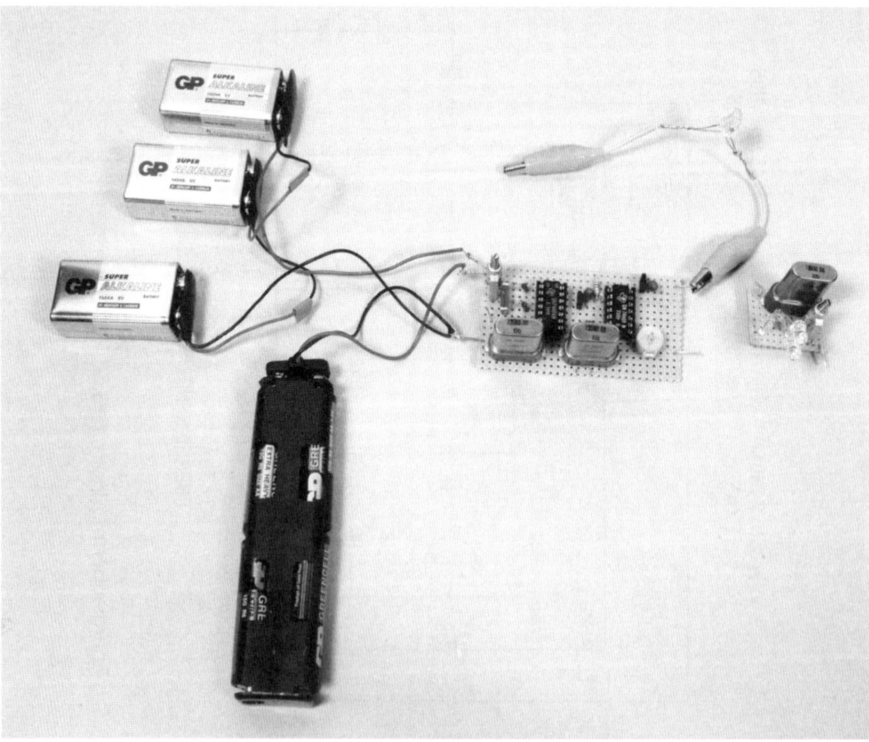

Abb. 75: 13,56 MHz-Sender und -Empfänger

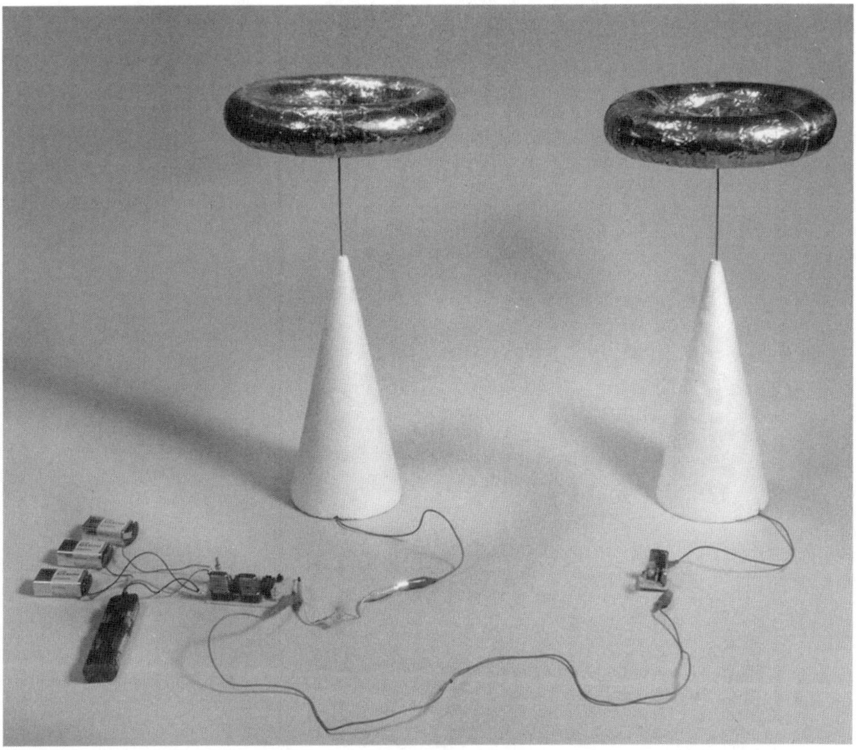

Abb. 76: Versuchsaufbau der Energieübertragung mit 13,56 MHz-Quarzen

Der Gesamtaufbau der Energieübertragungsstrecke geht aus *Abb. 76* hervor.

Die Zwischenschaltung einer etwa 10 Meter langen Kabelrolle entsprechend *Abb. 77* sowie das Auswechseln der Toroide gegen Kühlkörper entsprechend *Abb. 78* ergibt keine spürbaren Änderungen der Empfangsenergie.

2.16 Abschlussbetrachtung anhand zweier Energieübertragungsbeispiele

Abschliessend soll auf die Bedeutung der „Erdleitung“ für die Energieübertragung eingegangen werden. Man beachte, dass die Schaltungen in *Abb. 79* und *80* nahezu identisch sind.

In *Abb. 79* ist der Sender und der Empfänger am Fußpunkt der Schaltung mit einem Stück Kabel verbunden.

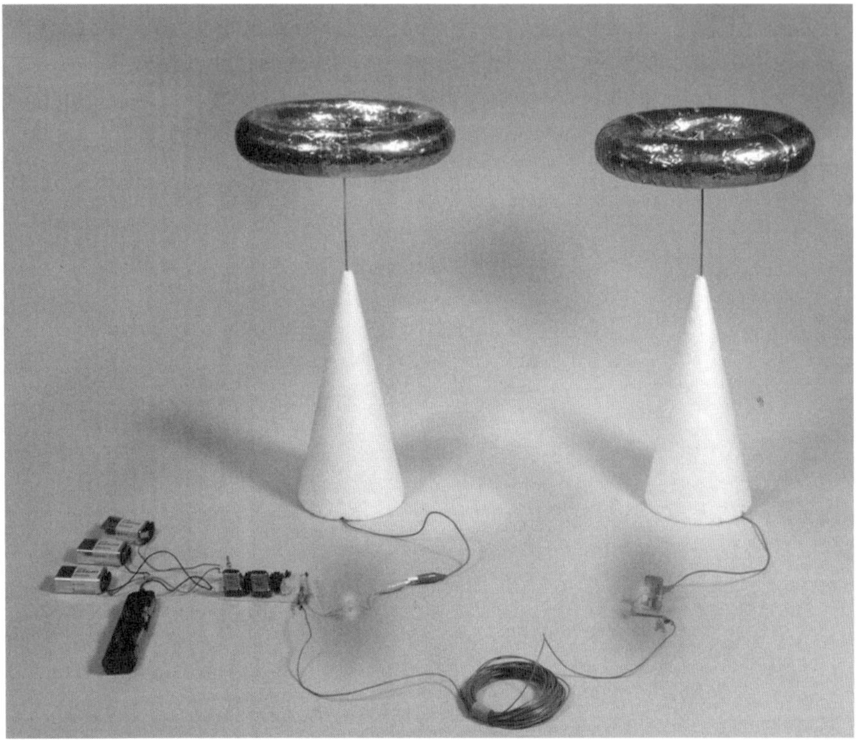

Abb. 77: Kabelrolle von 10 m Länge ist ohne Einfluss auf die Energieübertragung

In *Abb. 80* ist der Sender und der Empfänger am Fußpunkt der Schaltung über den Schutzleiter von zwei 230 V-Steckdosen verbunden.

Der in beiden Applikationen verwendete Mittelwellenoszillator erzeugt eine HF-Ausgangsleistung von etwa 5 Watt. Mit dem Kabel als Übertragungsleitung können mit der Schaltung von *Abb. 79* am Empfangssystem etwa 2 Watt Ausgangsleistung gemessen werden. Dies entspricht einem Wirkungsgrad von etwa 40 %.

Wenn die Schaltung nach *Abb. 80* verwendet wird, ergibt sich nur ein Wirkungsgrad von 0,1 %.

Dabei wird deutlich, dass die HF-Energie auf welche Weise auch immer von der Erde absorbiert wird und nur mit dem Kabel, als Teil eines schwingfähigen Doppel-Resonanzkreises, relativ hohe Energien mit brauchbarem Wirkungsgrad übertragen werden können. Dies deckt sich mit den Ergebnissen von gekoppelten Pendeln auf Seite 62.

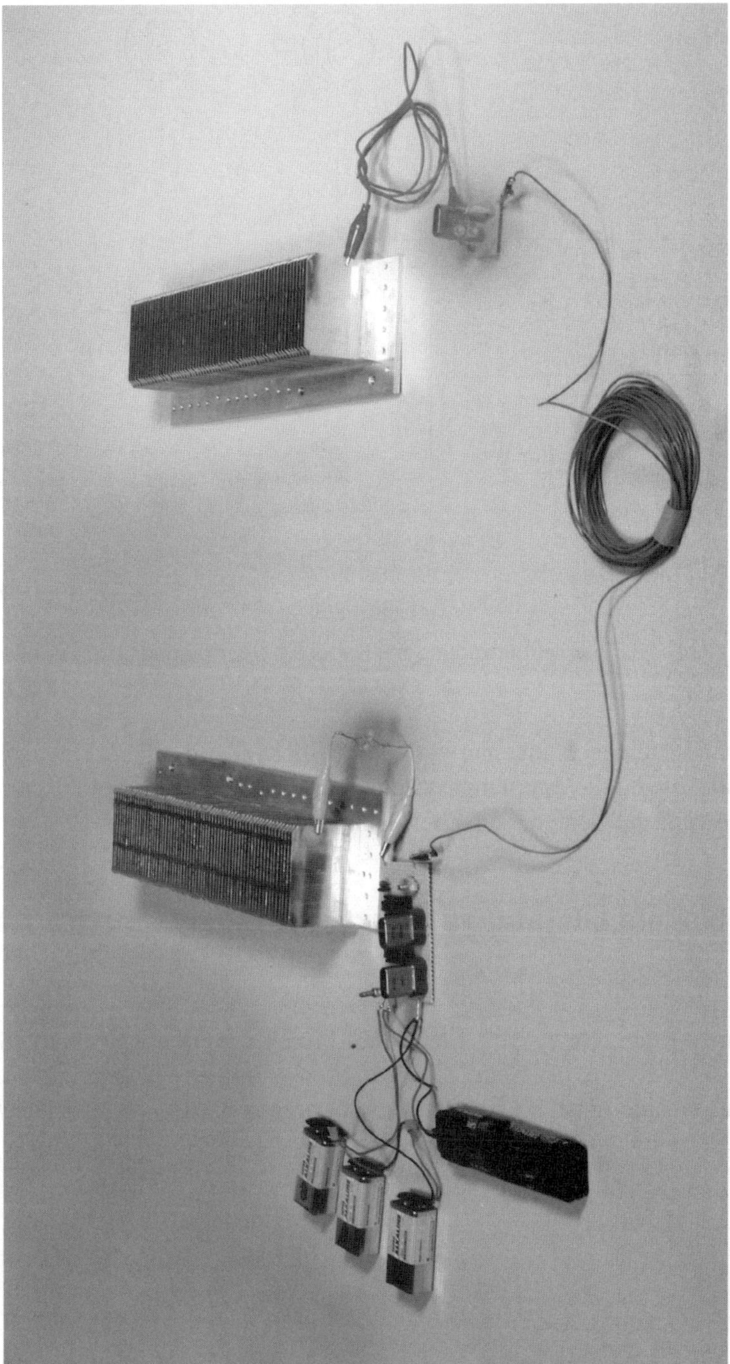

Abb. 78: Energieübertragung bei 13,56 MHz mit großen Kühlkörpern als Antennen

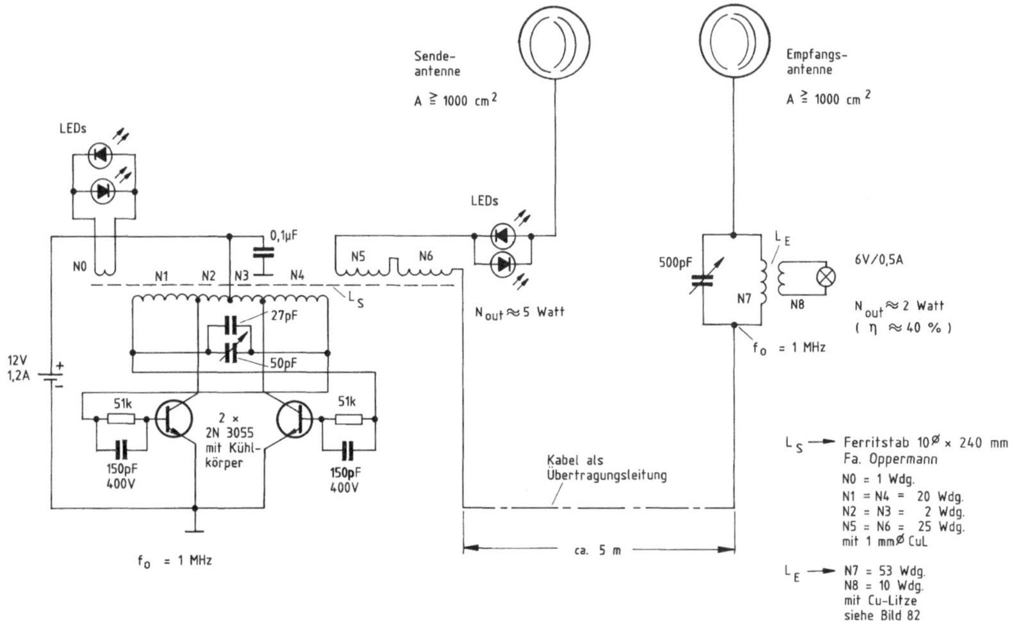

Abb. 79: Energieübertragung mit Kabel als Übertragungsleitung

In *Abb. 81* ist der Platinenaufbau des Mittelwellenoszillators zu sehen, während *Abb. 82* das Empfangssystem zeigt. Das gleiche Empfangssystem wurde bereits auf Seite 63 zur Energieübertragung benutzt.

2.17 Weitere Literatur zu Fragen der Energieübertragung

Hier noch ein Hinweis:

Im Franzis-Buch „New Age – Elektronik-Projekte für den Selbstbau" ISBN 3-7723-4910-2 wird ab Seite 87 gezeigt, wie mittels gekoppelten Resonanzkreisen eine Leistung von 20 Watt übertragen wird.

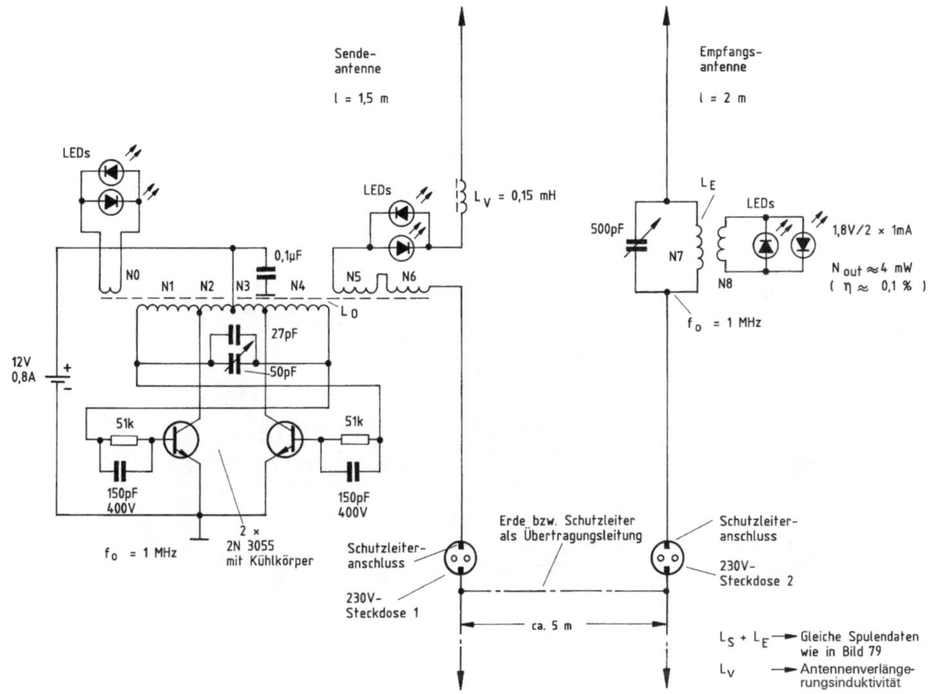

Abb. 80: Energieübertragung über Erde bzw. Schutzleiter als Übertragungsleitung

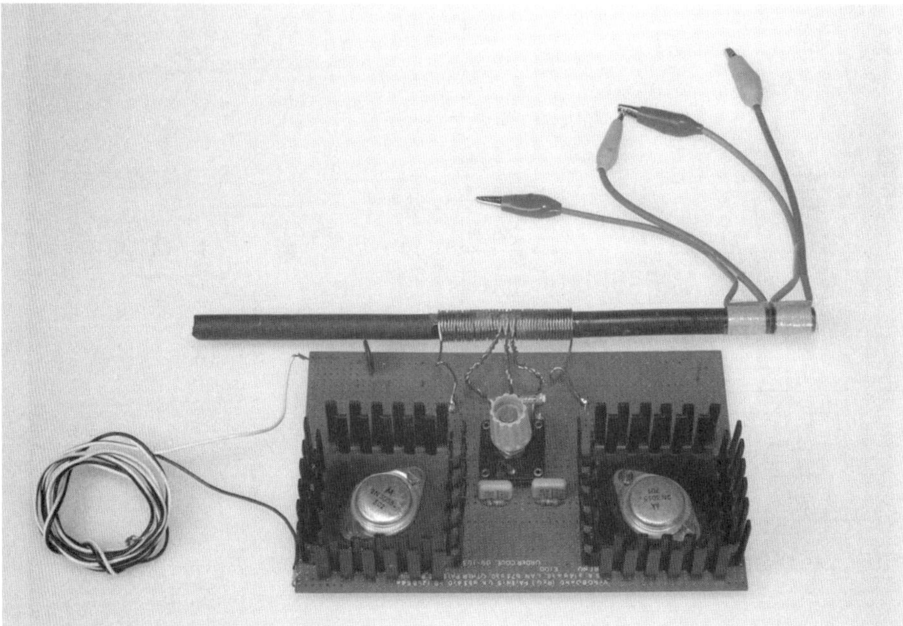

Abb. 81

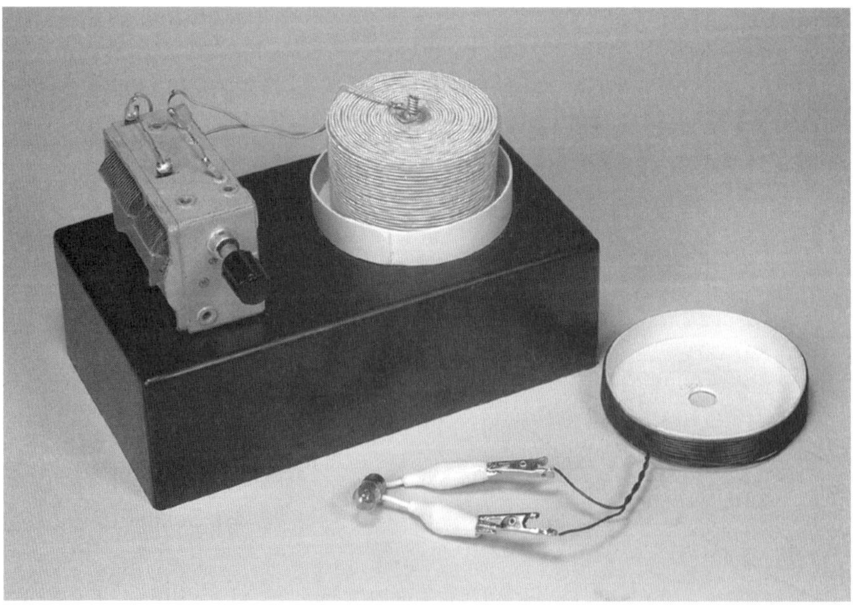

Abb. 82

Anhang 1

Sind Sie ein Teslaspulen-Guru?

Mit diesen Fragen und Antworten können Sie Ihr Wissen über Teslaspulen testen bzw. erweitern:

1. Warum muss die Anzahl der Primärwindungen verkleinert werden, wenn der Kondensator im primären Schwingkreis vergrößert wird?
2. Warum muss die Anzahl der Primärwindungen vergrößert werden, wenn der Radius der Primärspule verkleinert wird?
3. Warum nimmt die Spitzenstromstärke des Primärstroms zu, wenn der Kondensator im primären Schwingkreis vergrößert wird?
4. Warum nimmt der Q-Faktor(Güte-Faktor) zu, wenn die Sekundärwindungszahl verkleinert wird?
5. Warum nimmt der Q-Faktor(Güte-Faktor) ab, wenn der Radius des Sekundärspule vergrößert wird?
6. Warum nimmt der K-Faktor(Kopplungsfaktor) zu, wenn die Sekundärwindungszahl verkleinert wird?
7. Warum nimmt der K-Faktor(Kopplungsfaktor) ab, wenn die Anzahl der Sekundärwindungen pro cm verkleinert wird?
8. Warum nimmt die Länge der Funken zu, wenn der Radius der Sekundärspule vergrößert wird?
9. Warum nimmt die Länge der Funken ab, wenn die Anzahl der Sekundärwindungen pro cm verkleinert wird?
10. Warum nimmt die Leistung pro Dezimeter des Funkens zu und der Wirkungsgrad ab, wenn die Nennleistung des Hochspannungstransformators vergrößert wird?
11. Warum vergrößert sich das L/D-Verhältnis (Verhältnis Länge zu Durchmesser der Teslaspule), wenn die Anzahl der Sekundärwindungen pro Dezimeter verkleinert wird?
12. Warum nimmt die Betriebsfrequenz zu, wenn der Radius der Sekundärspule verkleinert wird?

13. Warum nimmt die Isolation der Drähte der Sekundärwindungen ab, wenn die Anzahl der Sekundärwindungen pro cm vergrößert wird?
14. Warum nimmt die Induktivität der Sekundärspule zu, wenn die Anzahl des Sekundärwindungen pro cm vergrößert wird?

Die Antworten auf die Teslaspulen-Guru-Fragen

1. Damit eine Tesla-Spule richtig arbeitet, muß sie abgestimmt werden. Um abgestimmt zu sein, muß sie die Bedingungen der Gleichung

   $$L_p C_p = L_s C_s$$

   erfüllen. Das heißt, die Resonanzfrequenzen des primären LC-Parallelresonanzkreises und des sekundären LC-Parallelresonanzkreises müssen gleich sein. Falls der Kondensator im primären Schwingkreis vergrößert wird, muß die Induktivität des primären Schwingkreises verkleinert werden, indem die Windungszahl verringert wird.

2. Die Wheeler-Gleichung für die Induktivität der Primärspule lautet

   $$L_p = \frac{R^2 N^2}{9R + 10B}.$$

   Wenn der Radius R verkleinert wird, muß die Windungszahl (N) vergrößert werden, damit sich die Induktivität der Primärspule und somit die Abstimmung des primären Schwingkreises auf den sekundären Schwingkreis nicht ändert. Falls die Resonanzfrequenz des primären Schwingkreises geändert wird, würde die Tesla-Spule nicht mehr mit dem Primärkreis in Resonanz sein.

3. Die Gleichung für den Spitzenstrom lautet:

   $$I_p = U_p \sqrt{\frac{C_p}{L_p}}.$$

   Wird die Kapazität des primären Schwingkreises vergrößert, wird die Spitzenstromstärke zunehmen.

4. Der Q-Faktor der Tesla-Spule hängt von verschiedenen Parametern ab. Einer dieser Parameter ist die Frequenz. Wenn die Sekundärwindungszahl verringert wird, reduziert sich die Länge des Drahtes der Sekundärspule, wodurch die Frequenz erhöht wird. Es gilt

   $$f_0 = \frac{74981}{\text{Länge des Drahtes in Meter}}.$$

In der Gleichung

$$Q = 6{,}28 \frac{f_0 \cdot L}{R}$$

ist erkennbar, daß eine Erhöhung der Frequenz den Q-Faktor vergrössert.

5. Der Q-Faktor wird verkleinert, wenn der Radius der Sekundärspule vergrößert wird, weil die Länge des Drahtes der Sekundärspule vergrößert wird. Dies wird die Frequenz und den Q-Faktor verringern.(siehe Nr. 7).

6. Der K-Faktor (Kopplungsfaktor) ist ein Maß für die Anzahl der Flußlinien, welche die Primär- und Sekundärspule miteinander koppeln. Wenn die Sekundärwindungszahl verringert wird, nimmt die Länge der Sekundärspule ab. Das bedeutet, daß die Gesamtzahl der Sekundärwindungen sich näher an der Primärspule befindet, wodurch die Kopplung vergrößert wird. Eine Vergrößerung der Kopplung bedeutet eine Vergrößerung des K-Faktors.

7. Wenn die Anzahl der Sekundärwindungen pro cm verkleinert wird, vergrössert sich die Länge der Sekundärspule (B in der Wheeler-Gleichung) für die gleiche Windungszahl. Dies vergrößert die Länge der Sekundärspule, wobei sich mehr Windungen weiter entfernt von der Primärspule befinden. Die Kopplung bzw. der K-Faktor wird dadurch verringert.

8. Die Länge der Funken hängt am meisten von der Eingangsleistung und der Induktivität der Sekundärspule ab.

   Wenn der Radius der Sekundärspule vergrößert wird, nimmt die Induktivität der Sekundärspule zu (Wheeler-Gleichung). Eine Vergrößerung der Induktivität wird die Länge der Funken vergrößern.

9. Wenn die Anzahl der Sekundärwindungen pro cm verkleinert wird, vergrössert sich die Länge der Sekundärspule für die gleiche Windungszahl. Diese Länge ist das B in der Wheeler-Gleichung. Da B im Nenner steht, wird die Induktivität mit zunehmendem B verringert. Dies wird wiederum die Länge der Funken verkleinern.

10. Die Leistung pro Dezimeter des Funkens kann als Massstab des Gesamtwirkungsgrads des Teslasystems verwendet werden. Dieses Verhältnis ist kein absoluter Parameter, deshalb kann es lediglich für Ver-

gleichszwecke verwendet werden. Es gleicht dem dB-Verhältnis der Funktechnik. Wenn die Tesla-Spule vergrößert wird, erhöht sich die Spannung in der Sekundärspule, wobei dies im Vergleich zu kleineren Spulen, die mit einer geringeren Leistung arbeiten, mehr Verluste pro Watt Eingangsleistung erzeugt. Der Wirkungsgrad großer Spulen ist deshalb kleiner, als der Wirkungsgrad kleiner Spulen.

11. Wenn die Anzahl der Sekundärwindungen pro cm verkleinert wird, nimmt die Länge der Sekundärspule für die gleiche Windungszahl zu. Dadurch wird das L/D-Verhältnis offensichtlich vergrößert.

12. Wenn der Radius der Sekundärspule verkleinert wird, verringert sich für die gleiche Windungszahl die Induktivität. Die Gleichung für diese Bedingung lautet:

$$f_0 = \frac{1}{6{,}28\sqrt{LC}}.$$

Da die Induktivität im Nenner steht, wird die Frequenz zunehmen, wenn die Induktivität verringert wird.

13. Die Vergrößerung der Anzahl der Sekundärwindungen pro cm bedeutet, daß der Abstand zwischen den Drähten verkleinert wird. Für kleine Drahtdurchmesser bedeutet dies, daß der Isolationsabstand geringer wird.

14. Wenn die Anzahl der Sekundärwindungen pro cm vergrößert wird, reduziert sich die Länge der Sekundärspule (B). Dadurch wird die Induktivität erhöht. (siehe Nr. 12).

Diese Fragen und Antworten stammen von Tesla-Guru John H. Couture aus San Diego (Kalifornien)

Anhang 2

Versuch zur Gewinnung freier Energie aus der Luft

Der Lichtnetz-Coronareffekt-Generator

Die ersten Versuche zur Energiegewinnung aus der Luft waren nicht sehr ermutigend. Die Tatsache, dass mit natürlicher Erdung und Coronarantenne keine bemerkenswerte Energiepotentiale zu erzeugen sind, lenkte die Aufmerksamkeit auf das ungeheure Potential der Netzfrequenz, bzw. die Erdung über das Lichtnetz.

Es ist eine bekannte Tatsache, dass ein Kraftwerk einen Sender für elektromagnetische Energie darstellt. Durch die ausschliessliche Verteilung von Wechselstromenergie über Leitungen an die einzelnen Abnehmer, ist diese Tatsache jedoch in den Hintergrund der Betrachtungen gerückt. Es handelt sich bei einem E-Werk natürlich auch um einen Sender im Bereich der elektromagnetischen Schwingungen, der allerdings auf extremen Längstwellen sendet.

Antennengebilde sind in diesem Bereich nicht mehr dimensionierbar, da unser Planet dafür zu klein wäre (c. 50.000 km Länge einer einzelnen Schwingung würde eine Antenne gleicher Länge bedingen).

Tesla hat dies frühzeitig erkannt und einen 1901 patentierten Energieempfänger konzipiert, der „aperiodisch" auf diese Schwingungen reagiert – das bedeutet, dass es keiner abstimmbaren Schwingkreiselemente wie Spulen, Antennen oder Kapazitäten bedarf, wie sie in der klassischen Funktechnik üblich sind. Lediglich ein Kondensator, der, wie er schreibt, möglichst gross sein soll, stellt hier den Wandler für Schwingungsenergie aus der Luft dar. Ein Kondensator ist für Tesla ein gewaltiger Energiespeicher, Energiewandler oder Energieerzeuger. Der Aufruhr, den ein geladener Kondensator im Medium (Luft, Wasser, Erde) erzeugt, ist nach Meinung Teslas von gewaltiger Grösse und nur durch Verluste im Kondensator überhaupt zu bändigen.

Verluste entstehen z. B. durch Übergangswiderstände, schlechtes Dielektrikum oder Coronareffekte, die den aufgeladenen Kondensator ständig zwingen Energie an das Medium abzugeben, bis seine elektrische Ladung aufgebraucht ist.

Der Antenneneffekt, den ein elektrischer Schwingkreis bewirkt, wenn er auf eine Schwingungsabstrahleinrichtung bzw. eine Antenne einwirkt, ist sowohl für den Laien als auch für den Profi eine verblüffende Tatsache. Einem Sendekreis wird Energie entzogen, indem ein Draht in die Luft gespannt wird. Dieser einzelne Draht endet am Antennenende im Nichts.

Und dennoch zieht dieser Draht gewaltige Energien aus dem Sende-Resonanzkreis und übergibt sie dem Medium.

Dieses Medium ist noch immer nicht eindeutig definiert – ist es der leere Raum, ist es der von Teilchen unbekannter Art erfüllte Sternenraum, der Äther – bis heute weiss niemand eine verbindliche Antwort darauf. Aber die Tatsache, dass Energie irgendwohin entschwindet, bleibt nach wie vor ein ein geheimnisvolles Geschehen.

Die allgemein bekannten Überlandleitungen führen den Strom der E-Werke in Form hochgespannter Ströme zum Verbraucher. Es ist leicht zu verstehen, was auf diesen Fernleitungen sonst noch passiert – sie strahlen in das umgebende Medium.

Diese Strahlung äussert sich in Verlusten der Eingangsleistung des E-Werks und geht auf diese Weise nutzlos verloren. Dies geschieht immerhin mit einem Anteil von 10 – 15 % der Eingangsenergie. Angesichts der riesigen Gesamtleistung von E-Werken im Megawatt-Bereich ist dies eine nicht zu vernachlässigende Grösse.

Gelänge es also, diesen Coronareffekt zu nutzen, würden sinnlos verpulverte Energien einer vernünftigen Nutzung zugeführt werden.

Wir können also das E-Werk als gigantischen Sender für elektromagnetischen Schwingungen im 50 Hz-Bereich betrachten. Somit müsste es eigentlich möglich sein, diese Schwingungen mit einer Antenne aufzufangen und zu verwerten. Die Frage ist nur, wie man dies am besten verwirklicht.

Die Lösung könnte so aussehen:
Wenn das Leitungsnetz des E-Werkes als über-bzw. unterirdische Sendeantenne betrachtet, wird nur noch ein Gegenpol gebraucht, um zwischen E-Werksantenne und Gegenpol ein elektrisches Feld zu erzeugen. Als Gegenpol könnte eine konventionelle Antenne , eine Metallplatte in der Luft oder ein längerer Draht verwendet werden. Mit grösserer Antennenfläche liesse sich auch mehr Energie gewinnen. Die zwischen der E-Werksantenne und dem Anten-

nendraht bestehende elektrische Energie kann in einem Kondensator gespeichert werden. Der Kondensator kann quasi den Schwingkreis ersetzen.

Aus Bild 83 geht die Versuchsanordnung hervor. Ein stromführender Leiter des Lichtnetzes ist über eine Diode mit einem Anschluss des Kondensators verbunden. Der andere Anschluss des Kondensators führt zum Antennengebilde. Der Kondensator speichert nun die Lichtnetz-Coronarenergie. Die zu gewinnenden Energiemengen sind direkt proportional zur Grösse der einzelnen Komponenten: Grösserer Kondensator gleich grössere Energie, grössere Antenne gleich grössere Energie. Die Versuchsanordnung ergab 230 Volt Gleichspannung mit Schwankungen von ca. 3 Volt. Bis zum Erreichen der maximalen Ladespannung von 230 Volt ergab sich eine Aufladezeit von 3 – 4 Minuten.

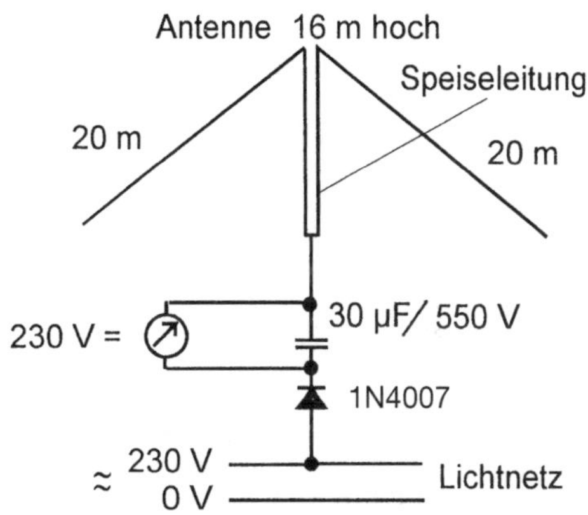

Abb. 83: Gewinnung freier Energie aus der Luft

In der Versuchsanordnung wurde sichergestellt, dass sich keine Kriechströme gegen Erde bei der Antennendurchführung durch das Mauerwerk ausbilden konnten. Die Antenne wurde durch Eierketten an den Enden isoliert befestigt. Und die Speiseleitung (450 Ohm) ist mit Plastik gut isoliert. Eine hochohmige, galvanische Verbindung gegen Erde war somit ausgeschlossen.

Für die Versuche wurde eine Amateurfunkantenne zweckentfremdet.

Die gewonnene Energie reicht zum Betrieb einer Leuchtstoffröhre mit 15 Watt Leistung aus, wenn diese der Diode parallel geschaltet wird.

In der Leuchtstoffröhre traten optische Effekte auf, welche die Verbindung zum Medium deutlich machten. So wurden Lichtaussetzer und Blitze durch Stossimpulse unbekannter Herkunft beobachtet. Es könnte sich dabei um subharmonische Schwingungen der Netzfrequenz handeln.

Erst durch einen Resonanzeffekt könnte eine beträchtliche Steigerung der Energieabgabe realisiert werden. Auch der Kondensatorwert müsste für optimale Energieabgabe noch optimiert werden. Statt mit Speicherkondensatoren könnte die Energie auch mit Akkus gespeichert werden.

Eine wesentlich verbesserte Versuchsanordnung liesse sich durch die Verwendung eines echten 50 Hz – Resonanzkreises und einer Auskopplung der Resonanzenergie mittels Dioden erreichen. Auch mit Hilfe moderner Technik ist es nicht einfach einen 50 Hz-Resonanzkreis hoher Güte aufzubauen, der ein scharfes Resonanzmaximum erzeugt. Spulen mit Eisenkernen sind auf Grund ihrer hohen Verluste ungeeignet. Das gleiche gilt für grosse Kondensatorwerte, welche die Güte ebenfalls verschlechtern. Handliche Antennen und Energiekonverter wären Grundvorausetzung für die praktische Nutzung von „Energie aus der Luft“.

Anhang 3

Bausätze und Bauelemente aus den USA

www.amazing1.com (Katalog-Abruf)

High Voltage Parts

Capacitors for Tesla Coils and Multipliers

.005M/10KVAC - Cylindrical (1 3/8" x 4 1/4") **$59.95**
.02M/10KVAC - Cylindrical (2 3/8" x 7 1/2") **$229.95**
.1M/20KVAC - Cylindrical (6 5/8" x 14") **$449.95**
.001/10KV - .001mfd 10 KV Ceramic Axial **$3.00**
.001/15KV - .001mfd 15 KV Ceramic Radial **$3.95**
.0047/20KV - .0047mfd 20 KV Ceramic Axial **$24.95**

Transformers 50/60 Hz/Current Limited

4KV/.03A - Open Core Floating Coil **$49.95**
6KV/.02A - Open Core Floating Coil **$59.95**
9KV/.06A - Cased- Ctr Point Grnd **$169.95**
12KV/.06A - Cased-Ctr Point Grnd **$199.95**
15KV/.120A - Cased-Ctr Point Grnd **$495.95**

Pole Transformers

Heavy duty 14.4KV 5 KVA 2 Bushing Oil Filled Unit 220 110VAC Input. Good for TESLA Coils up to 12 Foot Discharges!! Includes Shipping & Handling (USA ONLY)
14.4KV/.5A **$599.95**

Toroid Terminals

TO8 - 8 x 2" Spun Torus For BTC30.. .... **$59.95**
TO12 - 12 x 3" Spun Torus For BTC4 .... **$79.95**

Spark Gap Switches and Accessories

SPARK1 - Fan Cooled 3 Point Tungsten Spark Gap for Coils up to 3 ft. Discharge-Incl BTC4 Plans **$129.95**
SPARK2 - Rotary Gap -12 Tungsten Points-For Coils up to 7 ft. Discharge-Incl BTC5 Plans **$595.95**
TUNG141B - 1 X 1/4" Tungsten Rod Inserted into a 7/8" Brass Sphere with 1/4-20 Mounting Hole **$14.95**
TUNG38 - 2.1/2 X 3/8" Pure Tungsten Rod **$19.95**

HV Diodes for Multipliers 100 nanosec

VG12 - 15 KV 10 ma 100 ns Rectifier **$2.95**
VG22 - 22 KV 10 ma 100 ns Rectifier **$3.95**
VG30 - 30 KV 10 ma 100 ns Rectifier **$4.95**

High Voltage/High Meg Resistors

1000M - 1000meg 10 KV Flat **$12.95**
100MT - 100meg 10 KV Tiger Type **$14.95**
100M - 100meg 1/2 Watt Carbon **$3.00**

High Frequency Ferrite Transformers

Includes Circuit Schematics

28K077 - Used in Light Saber Kits, Neon and Miniature High Voltage Applications **$9.95**
28K089 - Used in Small Neon, Tesla, and High Voltage Applications **$19.95**
FLYTCL - 10 KV For TCL5, GRA3, JACOB etc. **$29.95**
FLYPVM - 15 KV For Plasma Drivers etc **$39.95**
FLYPVM+ - 20 KV For High Voltage Multipliers, Storage Energy Chargers, etc **$49.95**
CD25B - 25KV Pulses for Stun Guns, Ignitors ... **$16.95**
CD45 - 45KV Pulses higher output of above **$18.95**

Capacitors for Energy Storage

750M/330V - Cylindrical 3 x 1" Photoflash 82 J ... **$12.95**
1200M/400V - Cylindrical 6 x 3" 95 J **$19.95**
2500M/400V - Cylindrical 8 x 3" 200 J **$29.95**
32M/4500V - 10 X 3 X 4" Oil Filled Cans 325J .... **$POR**
1600M/4500 - 3' X 3' X 2' on Wheels. 16KJ With Explosion Shields. 1 X 1/4" Copper Bar Output Terminations ..... **$POR**

Ion and Electric Field Detector

Hand held device indicates the presence of electric fields, ions and other related phenomena. Battery operated with sensitivity control. A must for those experimenting with HV and static fields.

IOD1 - Plans..**$6.00** **IOD1K** - Kit/Plans **$39.95**
IOD10 - Assembled **$79.95**

$ave! Build Your Own HV Capacitor

Suitable for Tesla coils and other high voltage projects. Contains valuable formulas and information.
GLC1 Plans...**$5.00**

Video of Tesla Coil in Operation

System produces 6 to 10' discharges from a voltage magnifier. 60 min VHS covers other subjects.
VIDTES - Includes Free Plan Choice **$29.95**

Nuclear Experiments

3 Million Volt Van De Graf Generator

Generate crashing bolts of lightning! Shows how to build
HV1 - Plans-allows scaling up or down **$10.00**

Particle Beam / Proton Accelerator

Complex data shows how to build a particle accelerator using tandem and paralleled voltage magnifiers. Also shown is our basic design of a particle beam weapon. Data includes vacuum, high voltage and support equipment. Data may be hazardous in the wrong hands!
CPFG1 - Plans **$20.00**

Spinthariscope

See radiation in the form of cosmic ray and high speed particles.
SS3 - Plans **$10.00**

Cloud Chambers

See visible paths made by atomic particles, cosmic rays etc.
CC8 - Plans **$8.00**

Geiger Counters

Detects Alpha, Beta and Gamma Radiation
GC6 - Plans **$10.00**

Atom Smasher

Build a medium energy particle accelerator that will split atoms. Lab device includes details on high voltage magnifier, accelerator assembly and vacuum system.
AS8 - Plans **$15.00**

Faraday Cage Construction

For operating large coils near sensitive equipment.
FAR1 Plans...**$5.00**

Information Unlimited, PO Box 716 Amherst, NH 03031-0716 Orders 1-800-221-1705

Tesla-Gesellschaften in den USA

International Tesla Society
P.O. Box 5636
USA-Colorado Springs CO 80931
Tel.: 001-719-475-09 18
Fax: 001-719-475-05 82

Diese Gesellschaft gibt einen Katalog mit Büchern und Tapes heraus. Sie sponsert außerdem jährliche Symposien, betreibt ein Museum und veranstaltet Seminare. Das vierteljährlich erscheinende Magazin *Extraordinary Science* ist im Mitgliedsbeitrag enthalten.

Tesla Coil Builders'Association
3 Amy Lane
USA-Queensburgy NY 12804-9432
Tel.: 001-518-792-1003

Diese 1982 gegründete Bildungseinrichtung liefert Informationen zu Teslaspulen – Hochspannungs-/Hochfrequenztransformatoren. Sie veröffentlicht einen vierteljährlich erscheinenden Newsletter.

Tesla Book Company
P.O. Box 121873
USA-Chula Vista CA 91912
Tel.: 001-619-585-84 87
Fax: 001-619-4 25 64 85

Dieser Verlag führt sowohl Videos als auch eine ausführliche Buchliste. Der Katalog ist kostenlos.

Günter Wahl

New Age Elektronik Projekte für den Selbstbau

Elektrostatischer Foliengenerator · Magnetische Kristalle
Electric Man als Party-Schreck · Ionen-Detektor
Solid State Teslagenerator zur Energieübertragung
Multifrequenz-Oszillator nach Lakhovsky · Hochspannung im Gartenbau
Gepulster Mikrowellenherd zur Gehirnmanipulation

Teil 3

Mit 125 Abbildungen

FRANZIS

Vorwort

New Age-Elektronikprojekte unterscheiden sich in vielerlei Hinsicht von den meisten anderen Projekten über Elektronik. Viele Projekte in diesem Buch stehen in irgendeiner Weise mit den umstrittenen Ideen des New Age im Zusammenhang.

Die New Age-Bewegung ist ein Phänomen, das unsere heutige Kultur immer mehr durchdringt. Viele von uns haben den Begriff schon einmal gehört, wissen aber nicht, was er bedeutet, oder besitzen nur unvollständige Vorstellungen vom New Age-Denken.

Während New Age überwiegend dem mystischen oder spirituellen Bereich zuzuordnen ist, gibt es in ihm aber auch Ideen, die wissenschaftlichen Hypothesen ähneln. Aus verschiedenen Gründen sind die meisten Hypothesen des New Age niemals wissenschaftlich überprüft worden. Die meisten Wissenschaftler weisen derartige Gedanken als nicht überprüfenswert von sich. Andererseits scheint es, dass die meisten Anhänger des New Age nur aus philosophischen Gründen gewillt sind, an diese Ideen zu glauben. Sie denken entweder nicht über wissenschaftliche Beweise nach oder sind damit zufrieden, an zwanglose anekdotenhafte Beweise zu glauben, die niemals wirklich schlüssig sein können. Die wenigen Laborexperimente, die in diesen Bereichen ausgeführt worden sind, sind oft unvollständig, wobei ihnen die notwendige wissenschaftliche Kontrolle fehlt, um die Gültigkeit der erhaltenen Daten zu sichern.

In den letzten Jahren ist viel über New Age-Themen geschrieben und veröffentlicht worden. Das wenigste Material besitzt irgendeinen wissenschaftlichen Nutzen oder irgendeine wissenschaftliche Gültigkeit. Es scheint, dass die Bücher über New Age ausnahmslos von „wahren Gläubigen“ geschrieben werden. Die Autoren versuchen fast immer, Anhänger für ihre persönlichen Überzeugungen zu gewinnen. Dabei wird manchmal unzureichendes oder fragliches Beweismaterial als schlüssiger Beweis betrachtet.

Allzu oft sind New Age-Autoren Fanatiker, die jede eigentlich irrelevante Anekdote als einen unwiderlegbaren Beweis akzeptieren. Sie scheinen zu glauben, dass, wenn sie die Möglichkeit eines Phänomens beweisen, damit bereits seine Existenz bewiesen ist.

Die unerschrocken gegen die Ideen des New Age argumentierenden Autoren sind manchmal ebenso schlimm. Sie akzeptieren die gegenwärtige wissenschaftliche Theorie als gegeben und als fast heilige Tatsache. Die Geschichte der Wissenschaft ist aber voll von lange erhaltenen Theorien, die schließlich widerlegt wurden. Die Zweifler sind außerdem der Meinung, dass sie ihre Aufgabe erledigt haben, wenn sie irgendeinen Weg aufgezeigt haben, wie ein offensichtliches Phänomen gefälscht werden kann. Wenn ein Phänomen gefälscht werden kann oder es jemals gefälscht worden ist, dann beanspruchen die Kritiker, dass alle ähnlichen Ereignisse gefälscht sein müssen. Unglücklicherweise sind viele angesehene Wissenschaftler in diese unwissenschaftliche Falle gegangen.

Die jüngsten seltsamen und rätselhaften Entdeckungen der Quantenphysik lehren uns allmählich die Torheit der wissenschaftlichen Arroganz. Viele der alten geliebten Überzeugungen der Wissenschaftler sind durch die Quantenphysik erschüttert oder zerstört worden. In einigen Fällen erscheint es, als ob in der Quantenphysik und im New Age über die gleichen Dinge gesprochen wird, wobei lediglich andere Begriffe verwendet werden.

Dieser Teil des Buches beschäftigt sich mit faszinierenden Schaltungsideen. Sie werden in diesem Abschnitt anregende und interessante Themen finden, und falls Sie überhaupt keinen Zusammenhang mit den Ideen des New Age erkennen können, dann werden Sie zumindest einige ungewöhnliche elektronische Projekte entdecken. Die meisten dieser Schaltungen sind interessante wissenschaftliche Projekte, wobei viele dieser Grundschaltungen für andere, für die Praxis nützliche Anwendungen modifiziert werden können.

Inhalt

Einführung

Obwohl heutzutage die meisten Menschen bereits etwas von New Age gehört haben, weiß die Mehrzahl nicht, was dies eigentlich bedeutet. Einigen Umfragen zufolge ist die Einstellung der allgemeinen Öffentlichkeit gegenüber dem New Age durch unbestimmtes Misstrauen und Abneigung gekennzeichnet.

Was ist aber das New Age und was hat es mit Elektronik zu tun? In diesem Abschnitt soll eine Antwort auf diese Frage versucht werden. Die echten Technikfreaks werden enttäuscht sein, weil in diesem Abschnitt nur wenig über Elektronik zu finden ist. Es erscheint aber notwendig, die Ideen darzulegen, die den in diesem Buchabschnitt dargestellten Projekten zugrunde liegen. Die folgende Erörterung kann als eine Form der theoretischen Grundsteinlegung betrachtet werden.

New Age und Wissenschaft

New Age ist ein zwangloser umfassender Begriff, der eine Anzahl von mehr oder weniger unabhängigen Strömungen und Ideen abdeckt. Es ist durchaus möglich, dass jemand, der auf irgendeinem Gebiet des New Age aktiv ist, keinerlei Interesse an anderen Aspekten des New Age hat, die andere für absolut grundlegend und wesentlich betrachten. Es ist nicht sinnvoll, alle Anhänger des New Age als eine homogene und organisierte Gruppe zu betrachten.

Das Gleiche gilt aber ebenso für die Wissenschaft. Schließlich ist ein Physiker kein Biologe, der wiederum kein Chemiker ist. Selbst die speziellen Zweige der Wissenschaft besitzen verschiedene Spezialgebiete. Ein Wissenschaftler kann wenig oder gar kein Interesse an einem anderen Spezialgebiet besitzen. Einige Wissenschaftler sind der Meinung, dass bestimmte Spezialisierungen wertlos oder sogar lächerlich sind. Das New Age besitzt eine ähnliche Vielfalt.

Es gibt aber bestimmte Eigenschaften, die den meisten, wenn nicht allen Ideen des New Age gemeinsam sind. Viele Konzepte des New Age besitzen ein starkes spirituelles Element. Eine zugrunde liegende Annahme besteht darin, dass es mehr in der Realität gibt, als wir mit unseren Sinnen direkt erfassen können. Die Anhänger des New Age glauben nicht an das streng mechanistische und deterministische „Uhrwerk"-Universum der klassischen Physik. Bevor Sie die New Age-Anhänger als einen Haufen abergläubischer Verrückter abschreiben, erinnern Sie sich, dass die Quantenphysik die rein deterministische, mechanische Weltsicht weitgehend besiegt hat. Es scheint, dass es mehr in der Realität gibt, als es den Anschein hat. Selbstverständlich beschäftigt sich die Quantenphysik mit subatomaren Teilchen. Es gibt ungeachtet der sehr ausgeprägtem Unterschiede in der Terminologie und den Schwerpunkten zwischen dem New Age und der Quantenphysik einige auffallende Ähnlichkeiten.

Die Vorstellungen des New Age werden im Allgemeinen durch die herkömmliche Wissenschaft nicht bewiesen oder akzeptiert. Viele Wissenschaftler neigen automatisch dazu, derartige Ideen zu diskreditieren. Aber „nicht bewiesen" bedeutet nicht „widerlegt". Die moderne Wissenschaft kann nicht alles erklären. Viele Dinge, die wir einst für unmöglich gehalten haben oder dem Bereich der Magie zugeordnet haben, sind wissenschaftlich bewiesen worden. Erinnern Sie sich, dass die Mehrheit in der wissenschaftlichen Gemeinschaft es einstmals für theoretisch unmöglich gehalten hat, dass Gegenstände, die schwerer als Luft sind, fliegen können. Die Theorie von den Bakterien wurde einmal verächtlich als eine abergläubische Fantasie abgetan. Die Heim-Computer bzw. PCs wurden als fast lächerliche Science-Fiction-Idee betrachtet, bis sie im Markt verfügbar waren. Die Hypnose wurde einmal für ein okkultes magisches Phänomen gehalten, aber heute wird sie als ein nützliches wissenschaftliches und therapeutisches Werkzeug angesehen.

Viele Anhänger des New Age verweisen auf diese früheren Fehler der wissenschaftlichen Gesellschaft zum Verständnis für ihre Ansichten. Es ist aber ein schlechter Grund, nur weil etwas nicht widerlegt worden ist, anzunehmen, dass es wahr sein muss. Diese Argumentation ist lediglich abergläubisches Denken. Erinnern Sie sich aber immer daran: Es ist genauso abergläubisch, die Position einzunehmen, dass etwas falsch sein muss, nur weil es sich noch nicht als wahr erwiesen hat. Dies gilt auch, selbst wenn eine fragliche Idee sich im Gegensatz zur aktuellen wissenschaftlichen Theorie befindet. Die Geschichte der Wissenschaft ist voll von Theorien, die einmal allgemein für wahr gehalten und später bezweifelt wurden.

Der wirklich wissenschaftliche Standpunkt gegenüber den meisten Ideen des New Age lautet „Niemand weiß es bestimmt". Die Ideen sind weder bewiesen noch widerlegt worden. Jedermann hat ein Recht auf seine eigene Meinung. Es ist eine Sache zu sagen: „Ich glaube, dass *X* wahr ist" oder „Ich glaube, dass *Y* falsch ist", es ist aber etwas vollkommen anderes, darauf zu bestehen, „*X* ist absolut wahr" oder „*Y* ist unstrittig falsch" und direkt oder indirekt festzustellen: „Jeder, der mir nicht zustimmt, hat Unrecht und ist ein Dummkopf." Die Menschen auf irgendeiner Seite der Debatte über die NewAge-Konzepte neigen dazu, gerade einen derartigen abergläubischen und unwissenschaftlichen Standpunkt einzunehmen. Leider geraten viele respektierte Wissenschaftler mit exzellenten Referenzen in diese Falle (gewöhnlich auf der verneinenden Seite: „Diese Idee ist falsch!"). Aber ungeachtet seines akademischen Hintergrunds und seiner früheren Erfahrungen und Leistungen ist jeder, der eine derartige Einstellung übernimmt, abergläubisch. Derartige dogmatische Haltungen (pro oder kontra) sind genau das Gegenteil von Wissenschaft.

Viele Konzepte des New Age sind wahrhaft faszinierend und eine Untersuchung wert. Ohne umfassende Experimente wird niemand jemals wissen, ob diese Ideen wirklich wahr oder falsch sind. Die in diesem Buch beschriebenen elektronischen Projekte sollen Ihnen helfen, eigene Experimente auf diesen faszinierenden Gebieten im Grenzbereich der Wissenschaft auszuführen. Der Aufbau irgendeines dieser Projekte impliziert in keiner Weise den Glauben oder den Zweifel an den diesem Projekt zugrunde liegenden Konzepten. Wie dem auch sei, es macht zumindest Spaß, an diesen Projekten zu arbeiten und mit ihnen zu experimentieren.

Notwendigerweise sind die aufgeführten Projekte im Vergleich zu dem, was den Forschern in modernen Laboratorien zur Verfügung steht, eher primitiv. Erwarten Sie nicht, dass Sie mit irgendeinem dieser Projekte irgendetwas schlüssig beweisen oder widerlegen können. Der Zweck der Projekte besteht darin, einige ungewöhnliche Phänomene in zwangloser Weise zu untersuchen. Sie sollten jedoch nicht überrascht sein, wenn Sie feststellen, dass die Ergebnisse eines Ihrer Experimente bewirken, dass Sie einige Ihrer Überzeugungen überdenken müssen. Die wahre Wissenschaft arbeitet manchmal auf diese Weise. Schließlich ist die Wissenschaft nicht so sehr eine Menge von absoluten Antworten, sondern das systematische Stellen von Fragen.

Die Meinungen und Konzepte des New Age

Die Konzepte des New Age reichen von einfachen Variationen alter philosophischen Ideen bis zum Glauben an einige ziemlich althergebrachte Phänomene. Einige Anhänger des New Age sind vernünftige, intelligente und gebildete Leute, während andere unrealistische Fanatiker sind, die zu extremistischen Randgruppen gehören. Es ist selbstverständlich immer eine individuelle Beurteilung, was als Teil einer extremistischen Randgruppe und was als vernünftig bezeichnet wird. Viele, wenn nicht die meisten der Anhänger des New Age betrachten einige der New Age-Ideen als eher lächerlich oder wenigstens belanglos.

In diesem Abschnitt sollen einige interessante New Age-Konzepte vorgestellt werden. Bewahren Sie sich Ihren kritischen Blick auf die Dinge, aber seien Sie bitte nicht voreingenommen, auch wenn Ihnen manches unglaublich vorkommt.

Offensichtlich ist das gemeinsame Element durch die ganze NewAge-Bewegung der Glaube an die wesentliche Verbundenheit allen Lebens oder sogar des ganzen Universums. Entsprechend vielen New Age-Philosophien ist alles wirklich lebendig (obwohl nicht notwendigerweise in einem strengen biologischen Sinn). So werden z. B. die Kristalle als eine Lebensform betrachtet.

Einige stark religiös orientierte Anhänger des New Age glauben, dass alles, was existiert, ein Teil von Gott oder einem allumfassenden Geist ist. Die weniger religiösen New Age-Anhänger haben ähnliche Ansichten, obwohl sie dazu neigen, Wörter wie „Gott“ zu vermeiden. Wenn jemand von ihnen sagt: „Ich bin Gott“, dann meint er oder sie das nicht in dem Sinn, wie es ein ägyptischer Pharao beanspruchte, ein Gott zu sein. Die Bedeutung ist hier, dass, weil alles ein Teil von Gott ist, jeder von uns auf die gleiche Art Gott ist, wie ein Tropfen Meerwasser der Ozean ist. In seinem grundlegenden Aufbau ist der Tropfen des Meerwassers der Ozean im Kleinen. Der Ozean ist ein wenig unvollkommener, wenn dieser Tropfen entfernt wird. Selbstverständlich ist dieser Tropfen aber weit davon entfernt, ein vollständiger Ozean zu sein, wobei der Ozean ohne einen einzelnen Tropfen höchstwahrscheinlich genauso gut auskommen kann. Wenn aber zu viele Tropfen entfernt werden, wird der Ozean erkennbar entleert.

Infolge dieser zugrunde liegenden Annahme einer universellen Verbundenheit legen die New Age-Ideen große Betonung auf Brüderlichkeit und soziales Gemeinwesen. Aus ähnlichen Gründen sind oft Fragen der Ökologie für die Anhänger des New Age wichtig. Viele von ihnen glauben: „Was ich anderen antue, wird mir angetan, weil es keinen wirklichen Unterschied zwischen mir und anderen gibt." Zerstörerische Herrschaftskulte, wie z. B. der Satanismus, werden normalerweise nicht als ein Teil der New Age-Bewegung betrachtet, obwohl es einige Überlappungen gibt. Viele New Age-Anhänger besitzen ein starkes Interesse am Okkulten, aber die meisten Lehren des New Age kritisieren den Missbrauch des Okkulten sehr deutlich und weisen darauf hin, dass ein derartiger Missbrauch zwangsläufig negative Folgen für den Urheber hat.

Die Anhänger des New Age glauben, dass sich die Menschheit im fortgeschrittenen Prozess der geistigen Entwicklung befindet. Wir sind jedoch nicht so fortgeschritten oder vollständig entwickelt, wie wir sein könnten. Ist es vernünftig anzunehmen, dass die Gattung Mensch am Endpunkt ihrer Entwicklung steht? Es gibt selbstverständlich beträchtlichen Raum für eine Debatte darüber, welche Möglichkeiten sich schließlich noch ergeben könnten.

Ähnlich der biologischen Evolutionstheorie, nach der einfachen Entwicklungen komplexere und höher entwickelte Stufen folgen, schlägt das spirituelle Evolutionskonzept des New Age vor, dass wir zu einem früheren verlorenen Zustand des vollständigen Entwicklungsstands zurückkehren, oder es schlägt eine erneute Erkenntnis dessen vor, was wir wirklich sind, obwohl wir die Wahrheit vergessen haben, die wir einst kannten.

Deshalb wird diese spirituelle Evolution in gewissem Sinne als kontinuierlich angenommen, dass wir fortwährend in ein neues Zeitalter eintreten oder einen neuen Schritt in unserer Entwicklung gehen. Viele New Age-Anhänger glauben jedoch, dass wir uns in einer kritischen Zeit befinden, in der sich die Menschheit einen großen Schritt vorwärts bewegt. Folglich befinden wir uns am Beginn eines neuen Zeitalters in unserer geistigen Entwicklung.

Damit steht im Zusammenhang, dass viele Anhänger des New Age an die Reinkarnation in irgendeiner Form glauben. Dieser Glaube beinhaltet normalerweise nicht die Seelenwanderung zu einer anderen Lebensform wie in der Hindureligion. Weil entsprechend dem New Age-Glauben alles lebt und Teil des Weltgeistes oder Gottes ist, ist der Tod logischerweise in irgendeinem realen Sinn unmöglich (obwohl die biologischen Körper zu einem Ende kommen und zerfallen). Weil die menschlichen Seelen noch nicht vollständig entwickelt sind, wird davon ausgegangen, dass die Reinkarnation durch mehrere Leben der Seele eine Chance gibt, zusätzliche Lektionen zu lernen und sich zu einem Zustand der Vollkommenheit zu bewegen.

Diese Ideen des New Age sind dem Bereich der Philosophie zuzuordnen, wobei die Wissenschaft legitim nicht sehr viel über sie sagen kann. Wie könnte jemand empirische Experimente planen, um zu prüfen, ob wir wirklich Teil von Gott oder eines allumfassenden Weltgeistes sind? Es würde unmöglich sein, derartige Ideen wissenschaftlich zu beweisen oder zu widerlegen.

Andere Konzepte des New Age beschäftigen sich damit, wie die Welt innerhalb des physikalischen Bereichs funktioniert. Diese Ideen postulieren Ursache-Wirkung-Beziehungen, gerade wie traditionelle wissenschaftliche Hypothesen und Theorien, obwohl sie philosophisch weit davon entfernt sind. Es ist möglich und wünschenswert, empirische Experimente zu entwerfen, um derartige New Age-Theorien zu überprüfen.

Denken Sie daran, dass viele Menschen, die sich selbst als New Age-Anhänger betrachten, ganz anders über viele Dinge denken können. Hier soll nur eine kurze Zusammenfassung der Grundüberzeugungen gegeben werden, die als der gesamten New Age-Bewegung zu Eigen sind.

Heilungen

Viele Anhänger des New Age glauben, dass der physische Körper nicht wirklich real ist bzw. dass er von einer geringeren Realität als der Geist oder der Verstand ist. Dieser Glaube ist die Umkehrung des herkömmlichen wissenschaftlichen/medizinischen Modells, das dazu neigt, größtes Gewicht darauf zu legen, was berührt oder direkt und genau gemessen werden kann. Die Verschiebung der Betonung auf das Unsichtbare und Unmessbare durch das New Age ist aber der Wissenschaft nicht vollständig fremd. Die Psychologie beschäftigt sich zum Beispiel mit einem ähnlich nebulösen Gegenstand.

In den meisten New Age-Theorien über Gesundheit kann der Körper und sein Zustand durch den Verstand oder den Geist beeinflusst oder sogar vollständig gesteuert werden. Eine Krankheit wird oft als eine Illusion betrachtet; ihr kann mental oder spirituell entgegengewirkt werden. Die nichtmedizinische Heilung ist ein Wesensmerkmal des New Age. Die Behandlungen reichen von der Verwendung von Kräutern (die tatsächlich eine Form der herkömmlichen medizinischen Behandlung ist, aber nur andere Substanzen verwendet) bis zu ungewöhnlichen physikalischen Behandlungen, wie z. B. Akupunktur. Manchmal wird das physische Element fast vollständig gemieden, wobei die Heilung streng durch mentale oder spirituelle Mittel versucht wird, wie z. B. durch Handauflegen. Einige Heiler behaupten, dass sie Heilungen über beträchtliche Entfernungen bewirken können.

Während keine dieser Heilungstechniken effektiv wissenschaftlich bewiesen worden ist, scheint es, dass manche von ihnen in einigen Fällen funktionieren. Der wissenschaftliche „Beweis" gegen die meisten Heilungstechniken des New Age ist eigentlich recht schwach, wobei er mehr mit vorgefertigten Annahmen als mit wahrer wissenschaftlicher Forschung zu tun hat. Selbstverständlich ist weitere Forschung über diese Techniken notwendig. Sie könnten auf einer psychosomatischen Ebene arbeiten oder mit Naturgesetzen im Zusammenhang stehen, die wir noch nicht entdeckt haben.

Kristalle

Unter den Anhängern des New Age sind Kristalle sehr populär. Einige New Age-Anhänger halten Kristalle für nichts weiter als schöne symbolische Gegenstände. Andere glauben, dass Kristalle sehr viel Energie psychischer Natur enthalten, die durch einen begabten Menschen abgezweigt werden kann. Wieder andere nehmen eine Zwischenposition ein, sie halten den Kristall selbst nicht notwendigerweise für die Quelle von Energie, sondern für eine leistungsfähige konzentrierende Energiezentrale für die psychischen oder mentalen Energien eines Menschen. Chemisch sind diese Kristalle nicht von denjenigen verschieden, die in elektronischen Quarzuhren verwendet werden, obwohl die New Age-Kristalle viel größer sind. Weil die Kristalle in der New Age-Bewegung eine so wichtige und weit verbreitete Rolle spielen, wird ihnen Aufmerksamkeit geschenkt.

UFOs

Die unbekannten Flugobjekte (UFOs) gehören zu den kontroverseren Bereichen des New Age. Einige Anhänger des New Age glauben nicht an die Existenz von UFOs und bestehen darauf, dass diese im New Age-Denken nichts verloren haben. Andere glauben sehr stark an UFOs. Sie sind der Überzeugung, dass die UFOs Raumschiffe von einem anderen Planeten oder aus einer anderen Dimension sind. Innerhalb der New Age-Bewegung wird im Gegensatz zu früheren UFO-Überzeugungen angenommen, dass diese Außerirdischen gütig und uns sogar aktiv von Nutzen sind. Sie versuchen, unser spirituelles Wachstum zu unterstützen. Viele Gläubige sehnen sich nach persönlichem Kontakt mit diesen freundlichen Außerirdischen. Einige behaupten, dass sie derartige Kontakte bereits hatten oder immer noch haben.

Andere New Age-Anhänger glauben, dass die UFOs spirituelle Erscheinungsformen irgendeiner Art sind, die möglicherweise mit Engeln im Zusammenhang stehen. Weil sie keine physikalischen Objekte sind, würde diese Theorie erklären, warum sie selten auf Geräten für die Bahnverfolgung zu sehen sind. Weil sie der normalen wissenschaftlichen Messbarkeit ausweichen, ist es sehr schwierig, diese Theorie in irgendeinem realen Laboratorium zu beweisen oder zu widerlegen.

Eine weitere populäre New Age-Theorie über UFOs besteht darin, dass sie ein psychisches Phänomen sind, das in die Gedächtnisse von Menschengruppen projiziert wird. Ob die UFOs streng eine Halluzination sind oder ob sie irgendeine Art externe „Realität" annehmen, ist innerhalb dieses Konzepts eine irrelevante Frage. Es zählt, was die Projektionen bedeuten. Mit anderen Worten, die UFO-Sichtungen sind hauptsächlich ein symbolisches Phänomen. Dieses Ideengerüst wird meist mit den Theorien der Jungschen Psychologie verbunden, die von New Age-Jüngern oft studiert wird.

In einem gewissen Sinn ist es eher lächerlich, zu sagen: „Ich glaube nicht an UFOs." Wenn es da oben etwas gibt und man weiß nicht, was es ist, dann ist es eben ein UFO, selbst wenn es tatsächlich ein Wetterballon ist. Beachten Sie, dass die projizierte symbolische Interpretation immer noch verwendet wird, selbst wenn später bewiesen wird, dass das UFO ein Wetterballon war. Die psychischen und emotionalen Wirkungen auf den Beobachtenden sind die gleichen.

Außersinnliche Wahrnehmung

Die außersinnliche Wahrnehmung (ESP) ist nicht streng dem New Age-Denken zuzuordnen, obwohl sie in vielen Bereichen des New Age eine Rolle spielt. Der Begriff der außersinnlichen Wahrnehmung bezieht sich auf eine Anzahl von Phänomenen, die das Empfangen oder Senden von Informationen ohne die Verwendung der fünf normalen Sinne – Sehen, Hören, Riechen, Schmecken und Tasten – umfassen. Die *Telepathie* ist z. B. ein direkter Kontakt von zwei Menschen über große Entfernungen. Eine Person A kann irgendwie erfassen, was die Person B denkt. Die *Telekinese* ist die Fähigkeit, Gegenstände nur durch die Kraft des Geistes zu bewegen, ohne sie zu berühren. Das *Hellsehen* bedeutet streng definiert das Sehen über Entfernungen. Diesem Phänomen könnte das Fühlen, was einem geliebten Menschen an einem entfernten Ort widerfährt, oder die Vorhersage der Zukunft zugeordnet werden.

Viele Aspekte der außersinnlichen Wahrnehmung klingen für die meisten von uns recht weit hergeholt. Berücksichtigen wir aber die Tatsache, dass der Wissenschaft bekannt ist, dass der durchschnittliche Mensch weniger als 10 % von seinem Gehirn tatsächlich verwendet. Wozu dient der Rest des Gehirns? Kann die Natur wirklich so verschwenderisch sein? Sind 90 % des Gehirns für automatische Funktionen oder für eine Notfallsicherung reserviert? So gesehen scheint es eher unwahrscheinlich anzunehmen, dass wir keine zusätzlichen mentalen Fähigkeiten besitzen, derer wir uns nicht bewusst sind. Diese Argumentation beweist jedoch längst nicht, dass die außersinnliche Wahrnehmung existiert. Sie deutet aber darauf hin, dass derartige Dinge theoretisch möglich sein könnten oder zumindest nicht schlüssig widerlegt sind.

Biologische Funktionen

Die meisten Funktionen des Körpers laufen normalerweise automatisch ab. So können wir unsere bewussten Gedanken anderen Dingen widmen. Wir denken z. B. normalerweise nicht daran, dass wir atmen müssen, obwohl wir es ständig tun (falls wir nicht absichtlich den Atem anhalten). Der Körper bewegt die notwendigen Muskeln automatisch und stellt auch die Menge der Luft ein, die wir mit jedem Atemzug in unsere Lungen aufnehmen. Die Einstellungen für das Atmen erfolgen, ohne dass wir darüber nachdenken. Diese Aufgabe wird von einem unbewussten Teil unseres Gehirns ausgeführt. Wir können aber unsere bewussten Gedanken verwenden, um den automatischen Ablauf außer Kraft zu setzen. Sie können Ihren Atem anhalten, oder Sie können beschließen, tief oder flach, schnell oder langsam zu atmen. Das Atmen ist deshalb eine halbautomatische Funktion.

Es wird normalerweise davon ausgegangen, dass andere Körperfunktionen vollständig automatisch ablaufen und sich außerhalb der Reichweite unserer bewussten Gedanken befinden. Beispiele der vollständig automatischen Funktionen umfassen den Herzschlag, die Verdauung und die Körpertemperatur. Durch Biorückkopplung können Menschen offensichtlich lernen, überraschend viel bewusste Kontrolle über solche angeblich automatischen Körperfunktionen zu erhalten. Im New Age wird die Rückkopplung verwendet, um die Meditation zu unterstützen und die mentale und sogar psychische Leistung zu vergrößern.

Mit diesen Phänomenen steht der Biorhythmus im Zusammenhang. Sehr viele Dinge in der Natur arbeiten nach sich wiederholenden regelmäßigen Mustern oder Rhythmen. Ist unser gesamtes Wohlbefinden und die Lebensfähigkeit an einen zyklischen Rhythmus gebunden? Entsprechend der Idee des Biorhythmus besitzen wir drei regelmäßige Zyklen, jeder mit seinem eigenen Rhythmus bzw. seiner eigenen Wiederholungsrate. Diese Zyklen sind physisch, intellektuell und emotional.

New Age und Quantenphysik

Wie am Anfang erwähnt wurde, haben viele Vorstellungen des New Age eine überraschende Unterstützung durch die Entwicklungen und Entdeckungen der Quantenphysik erfahren. Es ist an dieser Stelle nicht möglich, die Quantenphysik umfassend darzustellen. Wir werden lediglich einen kurzen Blick auf einige der wichtigen Konzepte werfen.

Ärgern Sie sich nicht, wenn Sie dieses Sachgebiet nicht verstehen. Es ist sehr komplex und wirklich fantastisch. In der Tat haben viele Wissenschaftler, die auf diesem Gebiet arbeiten, halb im Spaß gesagt, dass jemand, der denkt, dass er die Quantenphysik versteht, demonstriert, dass er die Quantenphysik überhaupt nicht versteht. In einem gewissen Sinne befindet sich die Quantenphysik von Natur aus jenseits des menschlichen Verständnisses. Es erscheint oftmals so, als ob alles keinen Sinn ergibt. Die Experimente scheinen aber zu funktionieren und erfüllen die sonderbaren Vorhersagen dieser Theorie.

Die Quantenphysik beschäftigt sich hauptsächlich mit subatomaren Teilchen, aus denen unter anderem Protonen und Neutronen zusammengesetzt sind, die zusammen mit den Elektronen wiederum die Grundbausteine aller Atome sind. Auf der Quantenebene brechen die normalen Gesetze der Physik zusammen. Das Verhalten eines subatomaren Teilchen ist oft vollständig unvorhersehbar. Sie könnten zum Beispiel bestimmen, wie schnell sich ein Teilchen bewegt, dann wissen Sie aber nicht, wo es sich zu einem gegebenen Zeitpunkt befindet. Sie könnten andererseits genau bestimmen, wo sich das Teilchen zu einem bestimmten Zeitpunkt befindet, Sie werden dann aber absolut nichts über seine Bewegung wissen. Es ist theoretisch unmöglich, gleichzeitig sowohl den Ort als auch die

Geschwindigkeit eines Quantenteilchens zu kennen. Im besten Fall können Sie als Kompromiss eine ungefähre Geschwindigkeit und den ungefähren Ort messen. Je mehr wir über den Ort des Teilchens wissen, desto weniger wissen wir über seine Geschwindigkeit und umgekehrt. Diese Unbestimmtheit hat mit der Messtechnik nichts zu tun. Es ist die fundamentale Einschränkung der Natur des Teilchen an sich. So seltsam es klingt, wenn wir die genaue Geschwindigkeit des Teilchens kennen, dann ist das Teilchen gleichzeitig überall auf einmal.

Sie können dies auch nicht umgehen, indem Sie zuerst die Geschwindigkeit eines Teilchens und dann zu einem späteren Zeitpunkt seine Position messen. Es nützt auch nichts, wenn jemand anderes die zweite Messung ausführt. Irgendwie beeinflusst die bloße Ausführung einer Messung tatsächlich die eigentliche Natur des Quantenteilchens. Sobald die Geschwindigkeit eines Quantenteilchens genau gemessen ist, besitzt es überhaupt keine definierte Position. So seltsam es klingt, das Teilchen ist buchstäblich überall auf einmal.

Wenn zwei Quantenteilchen miteinander in Kontakt kommen und dann getrennt werden, dann könnten sie sich unter bestimmten Bedingungen verhalten, als ob sie sich immer noch im vollständigen Kontakt miteinander befinden würden. Wenn irgendetwas auf das Teilchen A einwirkt, zeigt das Teilchen B unverzüglich die gleiche Wirkung, selbst wenn sich die Informationen darüber, was mit dem Teilchen A geschehen ist, schneller als mit Lichtgeschwindigkeit bewegen müssen (was physikalisch unmöglich ist), um das Teilchen B zu erreichen, damit es entsprechend reagieren kann. Derartige gleichzeitige Reaktionen sind in Laboratorien oft beobachtet worden, auch wenn es unmöglich ist, diese zu erklären und offensichtlich die meisten fundamentalen Gesetze der klassischen Physik verletzt werden. Die Ergebnisse der Quantenexperimente sind eigentlich unmöglich, obwohl sie definitiv auftreten. Könnten derartige Quanteneffekte möglicherweise solche Phänomene wie Hellsehen und Telepathie erklären?

Es ist bekannt, dass in der Quantenphysik alle subatomaren Teilchen in einer gewissen Art miteinander verbunden sind, was noch nicht vollständig verstanden wird. Weil alles aus subatomaren Teilchen aufgebaut ist, bedeutet dies, dass alles, was existiert, auf irgendeiner Ebene miteinander verbunden ist. Diese Theorie ist eine andere Formulierung des Grundkonzepts des New Age über die Einheit des Universums, die bereits erörtert wurde.

Die New Age-Anhänger und die Esoteriker haben durch die Jahrhunderte lange behauptet, dass die gesamte Materie tatsächlich nur Geist oder Energie ist, die bei spezifischen Frequenzen oder Mustern schwingt. Diese Idee ist von den Physikern, die subatomare Teilchen untersuchen, fast schlüssig bestätigt wurden, obwohl sie eine andere Terminologie verwenden. Die Anhänger des New Age sagen, dass die ganze Materie tatsächlich Energie ist. Die Quantenphysiker sagen, dass alle Materie aus winzigen, mysteriösen Teilchen aufgebaut ist, die als *Quanten* bezeichnet werden. Diese bestehen nicht aus Materie, sondern auch Energiepaketen. Sind die Unterschiede hier wirklich so extrem?

Zumindest ist die Quantenphysik so bizarr und unmöglich, dass viele der Behauptungen über New Age-Phänomene im Vergleich beinahe vernünftig erscheinen. Erinnern Sie sich immer daran, was Hamlet sagte: „Es gibt mehr zwischen Himmel und Erde, als wir uns in unserer Schulweisheit erträumen können" – oder in unserer Wissenschaft.

Sie werden mit den folgenden Elektronik-Projekten viel Spaß haben. Außerdem werden einige dieser Projekte auf Partys ganz groß ankommen.

1 Geheimnisse der elektrischen Aufladung

Alle Versuche zur Elektrizitätserzeugung durch Reibung und Influenz sowie der elektrischen Anziehung bzw. Abstoßung sind bis heute nicht imstande, alle elektrischen Erscheinungen zu erklären. Es herrscht die Vorstellung, dass es zwei besondere unwägbare Stoffe, die positive und die negative Elektrizität, gibt, die in jedem Körper in gleichen Mengen vorhanden und hier so lange gleichmäßig vermischt sind, wie der Körper unelektrisch ist, sodass er in diesem neutralen Zustand elektrische Wirkungen in seiner Umgebung nicht zu äußern vermag. Diese Stoffe oder Fluida befolgen das Gesetz: Gleichnamige Elektrizitäten stoßen sich ab, ungleichnamige ziehen sich an.

Leiter und Nichtleiter unterscheiden sich dadurch, dass in Leitern die Elektrizität frei beweglich ist, während ihr in Nichtleitern reibungsartige Widerstände den Weg verlegen.

Die Erzeugung von Elektrizität durch Reibung wird folgendermaßen erklärt: Werden zwei ungleichartige oder auch gleichartige Körper gegeneinander gerieben, so wird dem einen von dem anderen eine gewisse Menge positiver (negativer) Elektrizität zugeführt (entzogen), wodurch er nachher „positiv", der andere „negativ" elektrisch erscheint.

Dass sich Elektrizität auf einem etwa positiv geladenen Leiter nur auf der Oberfläche lagert, folgt aus der gegenseitigen Abstoßung positiver Elektrizitätsteilchen. Sämtliche vorhandenen Elektrizitätsteilchen werden danach bemüht sein, sich in möglichst großen gegenseitigen Abständen zu lagern, deren Anordnung nur auf der Oberfläche erreichbar ist.

Im folgenden Kapitel wird gezeigt, wie mittels einer modernen Vorrichtung und der Anwendung von Reibung und Influenz Elektrizität erzeugt werden kann.

1.1 Elektrostatischer Foliengenerator

Der elektrostatische Foliengenerator ist die moderne Form eines Elektrophors. Mit dem Begriff „Elektrophor" werden viele nichts anfangen können. Dieses Gerät ist die primitivste Form eines Hochspannungsgenerators und stammt aus dem Jahr 1775. Er ist entsprechend *Abb. 1* aufgebaut. Die untere und obere Scheibe besteht aus Metall: In der unteren topfförmigen Scheibe ist Isolationsmaterial aus Harz, der sogenannte Kuchen enthalten. Beim Kuchen moderner Ausführung handelt es sich z. B. um Isoliermaterial wie PVC, Teflon oder Acrylglas. Der Kuchen wird durch Reiben mit einem Kunststofffasertuch oder durch kurzzeitiges Anlegen einer hohen Gleichspannung an den beiden Metallscheiben aufgeladen. Ist der Kuchen einmal aufgeladen, kann durch wiederholtes Abheben der oberen Scheibe eine Ladungstrennung vollzogen werden. Vor dem Abheben der oberen Scheibe muss allerdings die negative Elektrizität durch Berühren mit dem Finger (der Handgriff ist isoliert!) abgeleitet werden. Bei jedem Abheben sammelt sich auf der oberen Scheibe positive Elektrizität, mit der z. B. eine Leydener Flasche nach und nach aufgeladen werden kann.

Diese altmodische Form der elektrostatischen Elektrizitätsgewinnung soll nun durch eine moderne Art ersetzt werden. Der Grundaufbau des so genannten elektrostatischen Foliengenerators ist in *Abb. 2* zu sehen.

Vor Inbetriebnahme des Foliengenerators wird die PVC-Folie (in Schreibwarengeschäften erhältlich) zwischen die beiden kupferkaschierten Epoxydplatten gelegt und für einige Minuten an Hochspannung von 5 ... 10 kV gelegt. Dabei wird die Folie wie beim Elektrophor aufgeladen bzw. polarisiert.

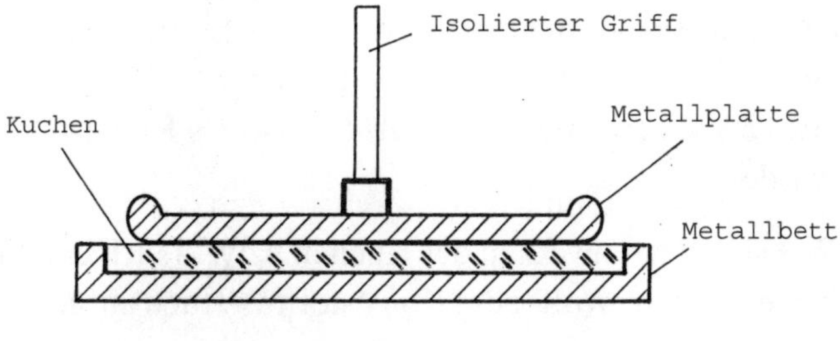

Abb. 1: Der Elektrophor

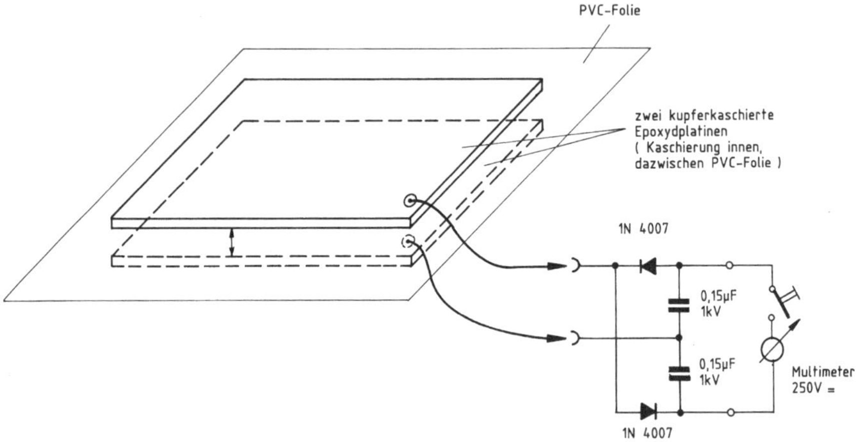

Abb. 2: Elektrostatischer Foliengenerator – Grundaufbau

Zur Aufladung können verschiedene Hochspannungsgeneratoren verwendet werden. In *Abb. 3* wird ein Kaskadengenerator gezeigt, dessen Ausgangsspannung durch Hinzufügen weiterer Dioden und Kondensatoren beliebig erhöht werden kann. Ein im Bausatzhandel erhältlicher Hochspannungsgenerator ist aus *Abb. 4* zu ersehen. *Abb. 5* zeigt die komplett aufgebaute Schaltung. Zur Polarisierung der PVC-Folie eignet sich auch die in *Abb. 6* gezeigte Schaltung eines Piezo-Generators. Der kleine Quarzimpulsgeber entsprechend *Abb. 7* stammt aus einem Gasfeuerzeug und liefert bei Betätigung der Taste etwa 10.000 Volt Ausgangsspannung. Mittels eines Verdopplers kann die Ausgangsspannung des Piezo-Generators auf 20 kV erhöht werden. Nach mehrmaligem Drücken der Taste baut sich über den beiden 1-nF-Kondensatoren die Hochspannung auf. *Abb. 8* zeigt den kompletten Piezo-Generator mit einer improvisierten Funkenstrecke. Das Innenleben geht aus *Abb. 9* hervor. Grundsätzlich eignet sich jeder Hochspannungsgenerator zur Polarisierung. Die Ausgangsspannung sollte jedoch nicht so hoch sein, dass die PVC-Folie durchschlagen wird. Der Autor verwendete einen aus einer Restlichtröhre ausgebauten Hochspannungsgenerator von etwa 5 kV, der entsprechend *Abb. 10* in ein Kunststoffgehäuse eingebaut wurde.

Wie schon betont, kann der Kuchen bzw. die PVC-Folie auch durch Reiben mit einem Woll- oder Kunststofffasertuch aufgeladen bzw. polarisiert werden. Diese Art der Polarisierung ist nach den Erfahrungen des Autors nicht so lange haltbar. Um sich den Vorgang vereinfacht vorzustellen, kann die Folie nach ihrer Polarisierung quasi als elektrostatischer Permanentmagnet betrachtet werden.

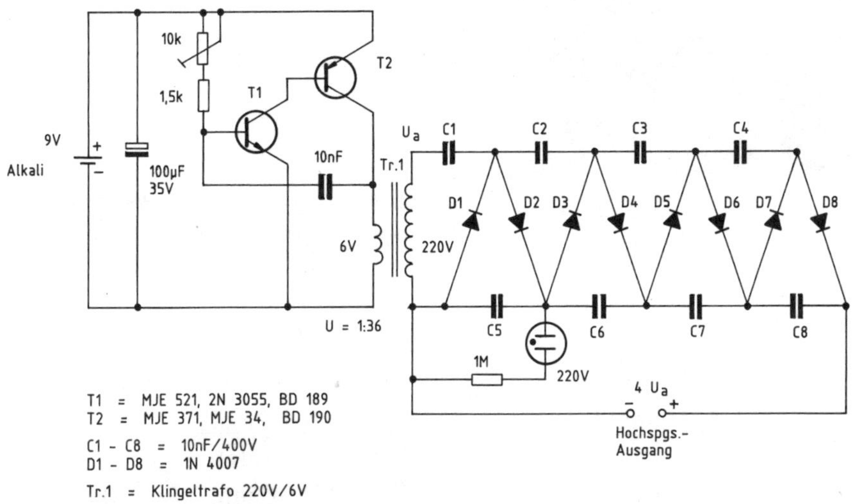

Abb. 3: Kaskaden-Hochspannungsgenerator

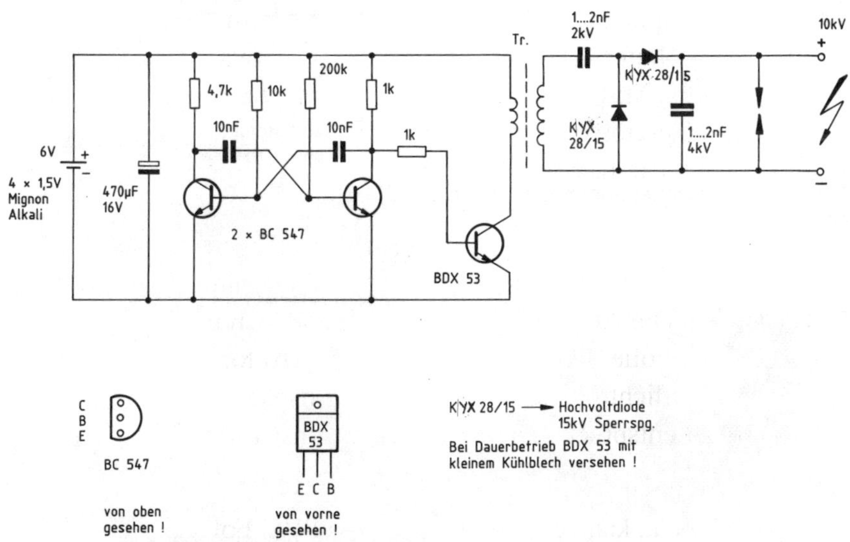

Abb. 4: EAM-Hochspannungsgenerator

Abb. 5: Fertig aufgebauter Hochspannungsgenerator von EAM

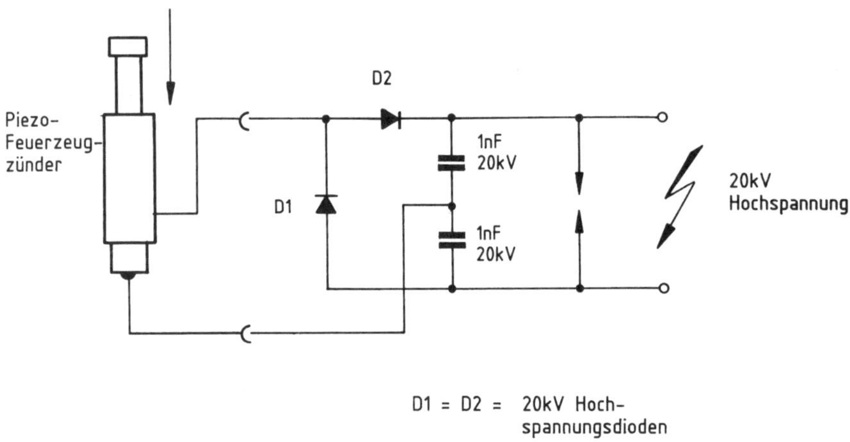

Abb. 6: Piezo-Hochspannungsgeneratorschaltung

Abb. 7: Quarzimpulsgeber aus Gasfeuerzeug

Abb. 8: Piezo-Hochspannungsgenerator mit improvisierter Funkenstrecke

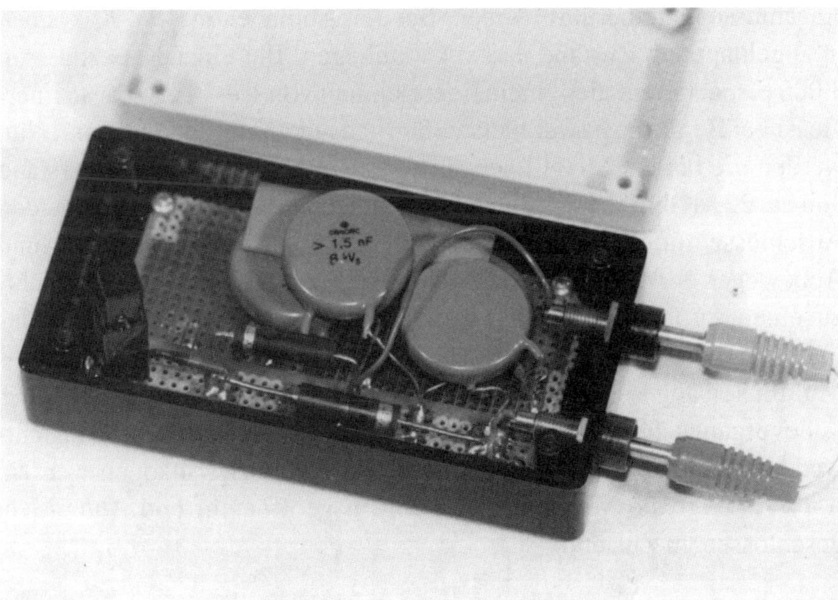

Abb. 9: Aufbau des Piezo-Generators

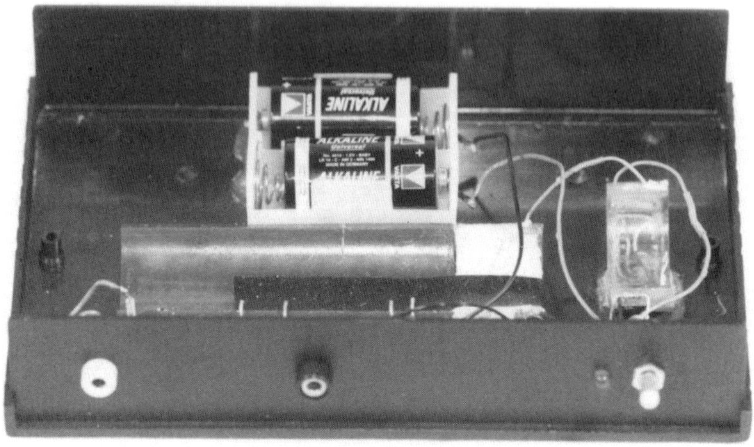

Abb. 10: Aus Restlichtröhre ausgebauter Hochspannungsgenerator

Doch nun zurück zur Funktionsweise der Grundschaltung des Foliengenerators in Abb. 2.

Während und nach der Polarisation dürfen die Metallflächen und Anschlüsse nicht berührt werden. Bei den Abmaßen in *Abb. 11* können in zugeklapptem Zustand 3 ... 6 kV anliegen. Bei einer Kapazität von 3.000 pF entspricht dies einem Energieinhalt von 15–20 mJ. Diese Energie ist bei Berührung zwar nicht gefährlich, aber sehr unangenehm. Nun werden die beiden Metallflächen mit einem hochohmigen Widerstand von ca. 22 MOhm vorsichtig entladen. Anschließend werden die beiden Anschlüsse mit der Ladeschaltung in Abb. 2 verbunden. Das Auf- und Abbewegen der oberen kupferkaschierten Epoxydplatine in Abb. 2 führt zu einer Aufladung der 0.15-μF-Kondensatoren. Zur Kontrolle des Ladezustands kann mittels eines Tasters kurzzeitig ein hochohmiges Multimeter angeschlossen werden. Zur einfachen Demonstration des Ladevorgangs dient Abb. 11. Hier kann die Auf- und Abbewegung entweder von Hand oder mittels eines kleinen Motors vollzogen werden. *Abb. 12* zeigt die Versuchsanordnung in geöffnetem und *Abb. 13* in geschlossenem Zustand.

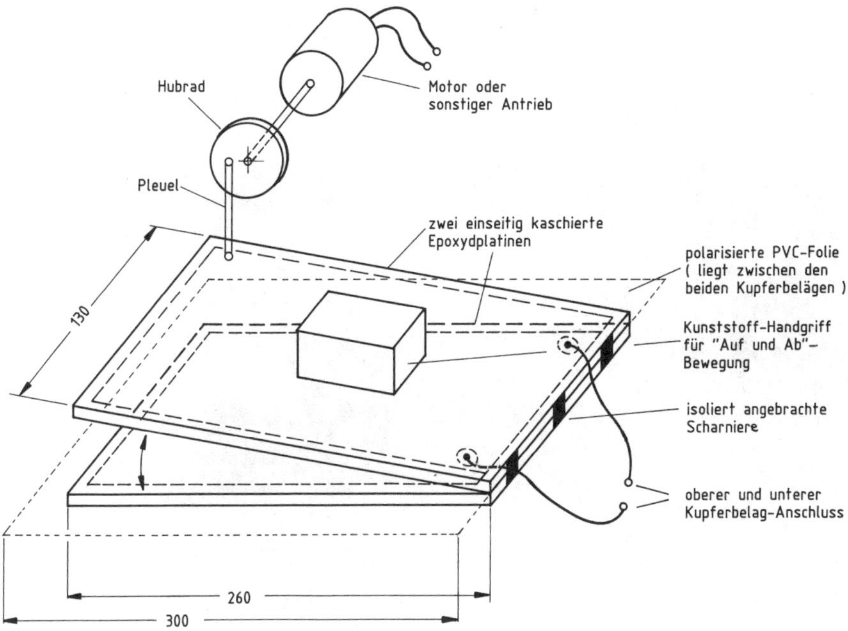

Abb. 11: Elektrostatischer Foliengenerator

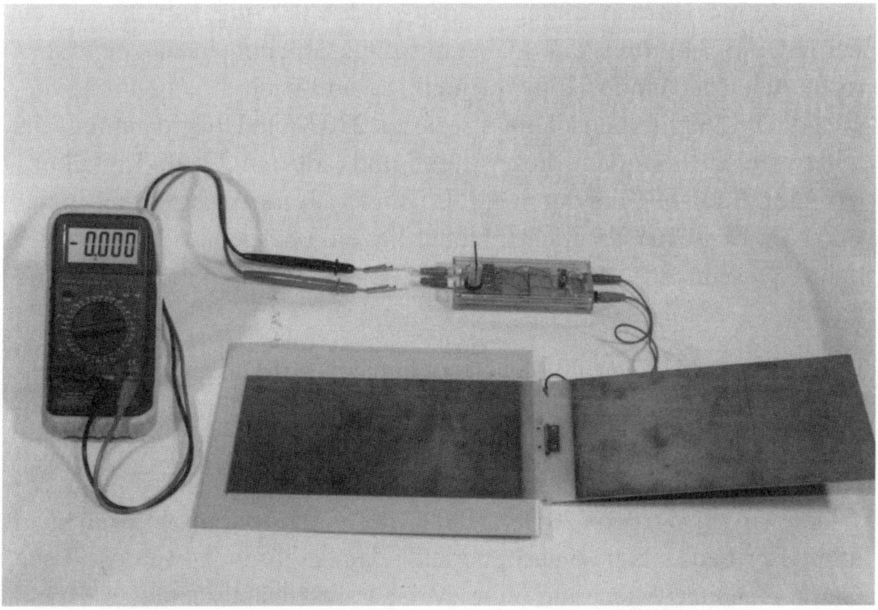

Abb. 12: Foliengenerator-Versuchsanordnung in geöffnetem Zustand

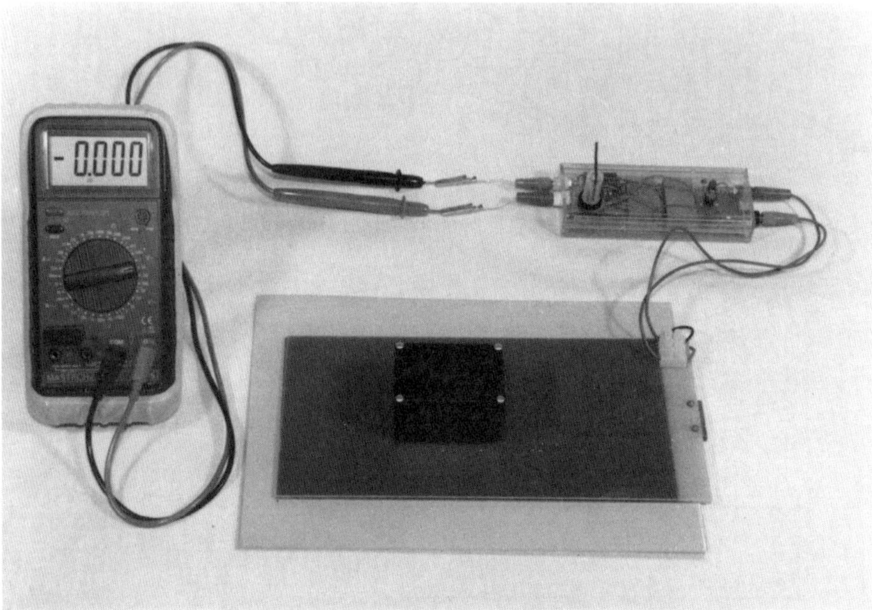

Abb. 13: Foliengenerator-Versuchsanordnung in geschlossenem Zustand

Die erzeugte Hochspannung an den beiden 0.15-µF-Kondensatoren wird in *Abb. 14* mittels eines Überspannungsableiters in eine praxisgerechte Gleichspannung transformiert. Sobald nach 8 ... 12 Pumpvorgängen die Durchbruchspannung von ca. 230 V am Überspannungsableiter erreicht ist, bricht dieser durch und lädt den 22-µF-Tantalkondensator. Dann beginnt durch regelmäßiges „Pumpen" ein neuer Ladevorgang. Der Überspannungsableiter hat ein Glasgehäuse, sodass der beim Durchbruch entstehende Lichtbogen gut beobachtet werden kann.

Überspannungsableiter gibt es standardmäßig mit Durchbruchspannungen von 90, 150, 230, 600 und 1.000 V. *Abb. 15* zeigt einen 600-Volt-Typ und *Abb. 16* zwei 230-Volt-Ausführungen. Nach ca. 30 Lichtbögen am 230-V-Überspannungsableiter hat die Ladespannung am 22-µF-Kondensator etwa den Wert von 20 V erreicht. Zu Demonstrationszwecken kann mit dieser Ladeenergie eine Batterieblitzlampe gezündet werden, deren Glaskolbenhitze wiederum eine Modellraketenzündschnur in Brand setzt.

In *Abb. 17* wird links ein Karton Raketenmotore gezeigt. In der Mitte ist das Gehäuse der Ladeschaltung mit Drucktaster, eingesteckter Blitzlampe, Zündschnur und Raketenmotor zu sehen. Neben dem Raketenmotor liegt eine mit Zündschnur versehene Batterieblitzlampe und eine unpräparierte Blitzlampe. Ganz rechts ist eine Schachtel Batterieblitzlampen zu sehen. Leider sind Batterieblitzlampen nur in wenigen Fotogeschäften noch erhältlich, sodass diese raffinierte Art der Raketenzündung wohl der Vergangenheit angehört.

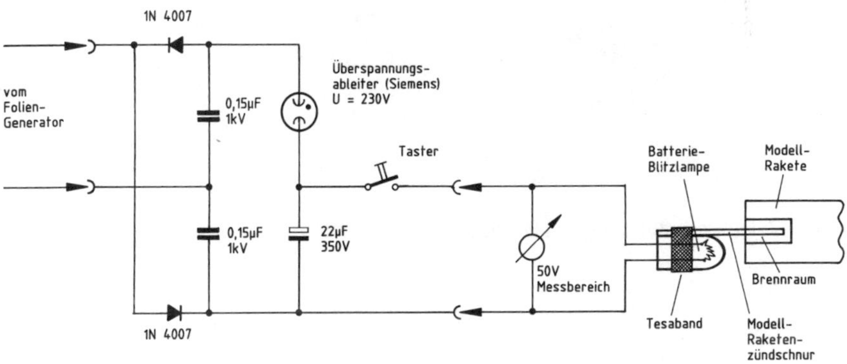

Abb. 14: Umformung der Hochspannung in eine praxisgerechte Gleichspannung

Abb. 15: Überspannungsableiter für 600 V

Abb. 16: Überspannungsableiter für 230 V

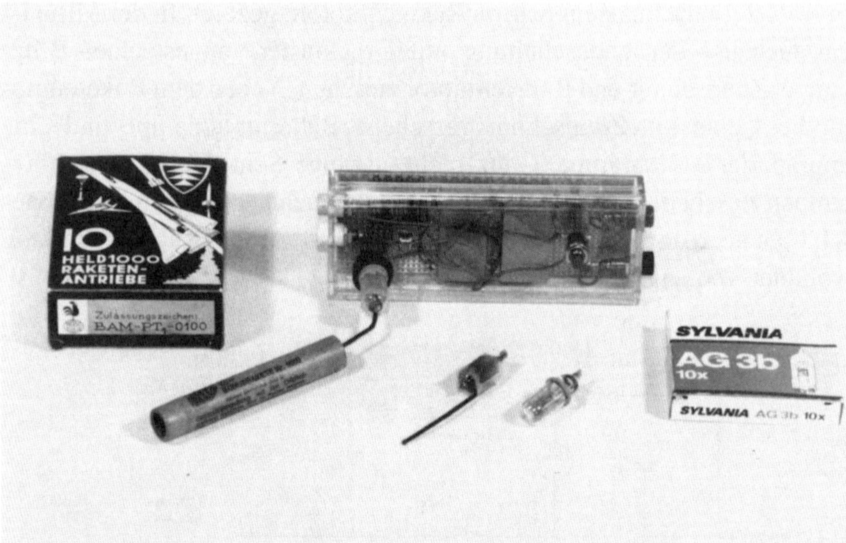

Abb. 17: Raketenzündung mit Blitzlampen (Demonstrations-Set)

Dieser Versuch soll vor Augen führen, wie wandelbar Elektrizität ist, wie quasi aus dem Nichts – also ohne besonderen mechanischen Aufwand – praktisch verwertbare elektrische Energie erzeugt werden kann.

Im nächsten Kapitel wird gezeigt, wie mittels elektrischer Oberflächenladungen beachtliche Kräfte erzeugt werden können, die den Vergleich mit magnetischen Kräften nicht zu scheuen brauchen.

1.2 Elektrostatischer Kristallmagnet

Viele New Age-Jünger schwören auf die magische Kraft von Kristallen. In diesem Kapitel sind wir jedoch nicht auf der Suche nach den magischen Kräften, sondern nach sehr realen physikalischen Kräften. Der 1920 von Johnson und Rahbeck entdeckte Effekt eröffnet die Möglichkeit, die Anziehungskräfte eines geladenen Plattenkondensators für mechanische Krafteinwirkung anstelle von Elektromagneten zu benutzen.

In der Versuchsanordnung nach *Abb. 18* wird ein Kristall(halbleiter) wie z. B. eine geschliffene Schiefer- oder Achatscheibe von der oberen Metallscheibe mit großer Kraft festgehalten.

Die Erklärung hierfür ist folgende: Metallplatte und Kristall berühren sich nur an wenigen Punkten. An diesen erfolgt der Ausgleich der Spannungen in einem relativ schwachen Strom. Da nun sowohl der Kristall – infolge seines großen Querschnitts – als auch die Metallplatte bis zu diesen Punkten praktisch keinen Widerstand haben, jedoch die Übergangsstellen infolge ihrer geringen Ausdehnung sehr große Widerstände darstellen, liegt der ganze Spannungsabfall an diesen kurzen Strecken. Es herrscht also zwischen den einander nicht berührenden Stellen von Kristall und Metall praktisch die volle Spannung. Infolge der kleinen Entfernungen von etwa 10^{-7} cm sind die in dem so gebildeten Plattenkondensator auftretenden Anziehungskräfte sehr groß, während die benötigten Ströme verschwindend klein sind.

Abb. 19 zeigt zwei Achatscheiben, wie sie für ein paar Euro in Geschenkeläden oder im Mineralienhandel erhältlich sind. Der Effekt lässt sich auch mit Schieferscheiben von Kinder-Schultafeln demonstrieren.

Abb. 18: Johnson/Rahbeck-Effekt

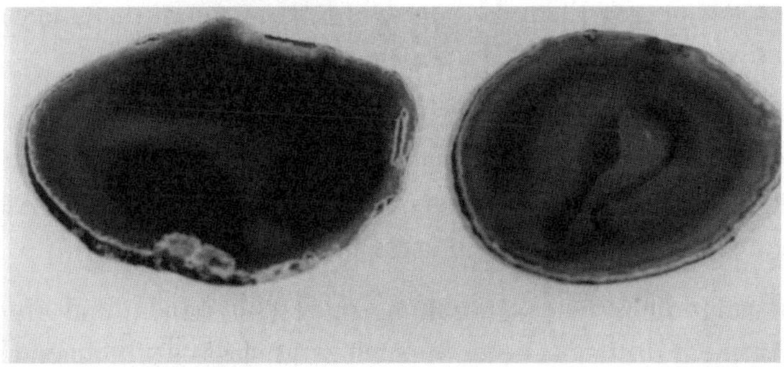

Abb. 19: Achat-Kristallscheiben

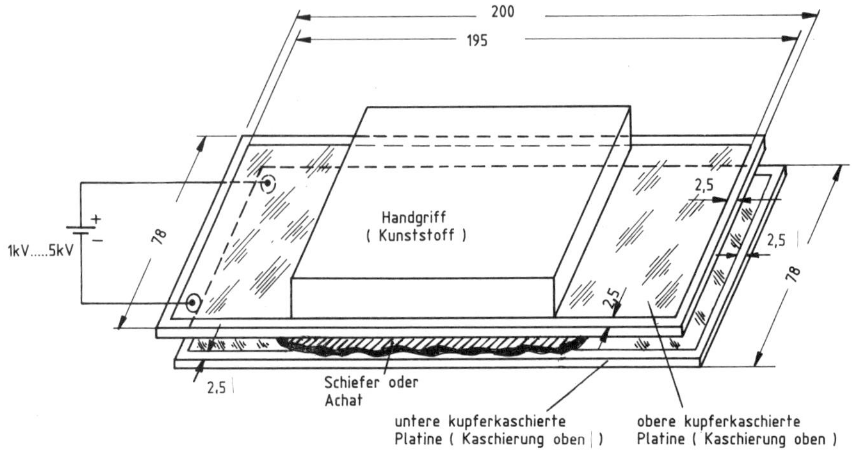

Abb. 20: Konstruktion der Versuchsaufbaus mit kupferkaschierten Platinen

Aus *Abb. 20* geht die Konstruktion des Versuchsaufbaus hervor. Im Gegensatz zum Johnson-Rahbeck-Effekt wird die Achatscheibe nicht von der oberen Kupferschicht festgehalten, sondern von der unbeschichteten Oberfläche der Platine. Dies ist physikalisch nicht leicht erklärbar. Als Hochspannungsgeneratoren können z. B. die in den Bildern 3, 4 und 6 angegebenen Schaltungen benutzt werden.

Die Achatscheibe wird also zwischen die beiden einseitig kupferbeschichteten Epoxydplatten gelegt. Die untere Grundplatte zeigt mit ihrer Kupferseite nach oben. Auf ihr liegt die mit Benzin gereinigte Achatscheibe. Die obere Gegenplatte liegt wie schon erwähnt mit ihrer isolierenden Epoxydseite auf der Achatscheibe.

Nach dem Anlegen der Hochspannung bleibt die Achatscheibe beim Anheben der oberen Platte kleben. Die Klebekraft ist dabei erstaunlich hoch und von der Höhe der Hochspannung abhängig.

Der Klebeeffekt kann beim Ausschalten oder Abklemmen des Hochspannungsgenerators mehrere Stunden bestehen bleiben. Der obere und untere freigeätzte Platinenrandbereich von 2.5 mm Breite soll Funkenüberschläge zwischen oberer und unterer Platine verhindern.

Abb. 21 zeigt die Versuchsanordnung in geschlossenem und *Abb. 22* in aufgeklapptem Zustand. Dieser Versuch zeigt, dass es oft lohnend ist, alte Physikbücher aus Antiquariaten zu studieren und vermeintlich überholt geglaubte Experimente unter veränderten Bedingungen und mit modernen Mitteln nachzuvollziehen. Die daraus gewonnenen Erkenntnisse können so manches bisher ungelöste Rätsel lösen helfen.

Abb. 21: Versuchsaufbau in geschlossenem Zustand

Abb. 22: Versuchsaufbau in geöffnetem Zustand

2 Hochspannungsgeneratoren

Viele ungeklärte Phänome sind besonders bei der Anwendung hoher Spannungspotenziale zu beobachten. Dies wird im weiteren Verlauf des Buches noch deutlich werden. Zur Erzeugung hoher Gleichspannungen oder hoher Impulsspannungen werden Hochspannungsgeneratoren gebraucht. Im Folgenden werden eine Reihe Hochspannungsgeneratoren vorgestellt.

2.1 Kondensatorentladeschaltung

Der Übertrager in *Abb. 23* transformiert die Eingangspannung auf ungefähr 48 V, die von der Diode 1N4003 gleichgerichtet wird. Die resultierende Gleichspannung lädt den 10-µF-Kondensator durch den Strombegrenzungswiderstand 100 Ω auf den vorgegebenen Spannungspegel. Wenn die Spannung am Schleiferkontakt ungefähr 8.6 V erreicht, beginnt der erste 2N2222 zu leiten, zieht einen Strom über die Basis-Emitter-Strecke des zweiten 2N2222. Dieser wird leitend und liefert eine positive Spannung an das Gate des Thyristors. Die positive Gatespannung bewirkt die Zündung. Dadurch entlädt sich der 10-µF-Kondensator durch die Primärwicklung der Zündspule Tr., was einen Funken an den Elektroden erzeugt. Die am Ausgang verfügbare Spannung hängt vom Wert des Ladekondensators, der Spannung und dem Wicklungsverhältnis ab. Die Frequenz bzw. die Impulswiederholung der Hochspannung wird von den Widerständen der Primär- und Sekundärwicklung des Transformators und dem Ladewiderstand bestimmt. Je kleiner die Werte dieser Bauteile, desto größer ist die Ausgangsfrequenz.

Wird diese Kondensatorentladeschaltung fremdgesteuert wie z. B. durch einen Unterbrecherkontakt, entspricht sie einer Thyristorzündung, wie sie in vielen hochwertigen Autos zum Einsatz kommt.

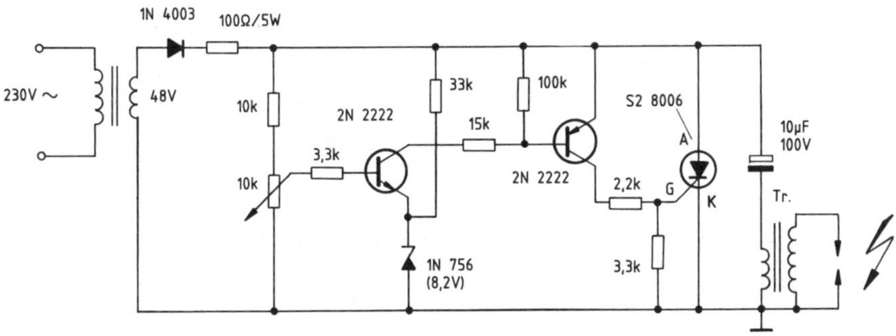

Abb. 23: Kondensatorentladeschaltung

2.2 Hochspannungsgenerator mit TV-Zeilentrafo

Hochspannungsgeneratoren mit Zeilentransformatoren aus alten Fernsehgeräten erfreuen sich wegen ihres einfachen Aufbaus und ihrer großen Leistungsfähigkeit großer Beliebtheit. In *Abb. 23a* ist eine typische Applikation zu sehen, wie sie sich zur Ansteuerung von Plasmakugeln eignet. Das 20-kΩ-Potentiometer soll auf größtmögliche Stromaufnahme gedreht werden. Bei Betrieb einer Plasmakugel nimmt die Schaltung etwa 2 A auf. Statt der Diode BYV 95C eignen sich auch andere schnelle

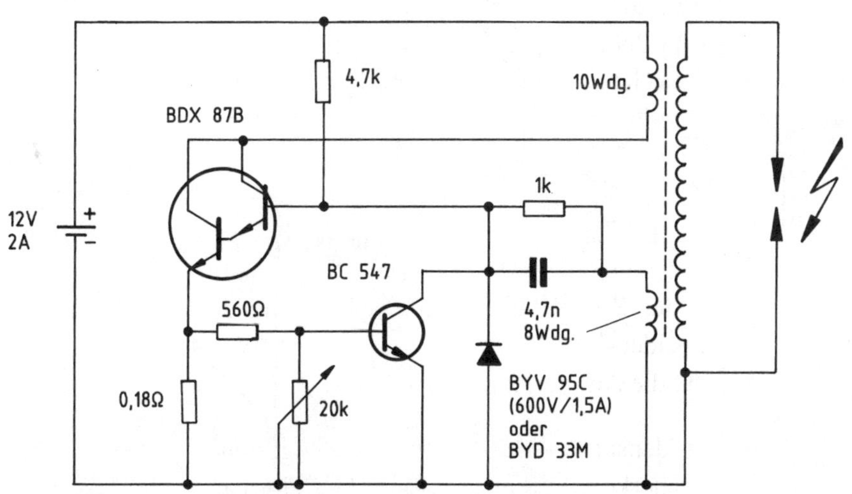

Abb. 23a: Hochspannungsgenerator mit TV-Zeilentrafo

Dioden. Der Darlington-Transistor BDX 87 B sollte mit einem Kühlkörper versehen werden. Bei der Auswahl des Zeilentrafos sollten Typen bevorzugt werden, die über eine sehr breite scheibenförmige Sekundärwicklung verfügen. Schlanke Sekundärspulen sind nicht so gut geeignet.

2.3 Hochspannungsgenerator mit Triac und KFZ-Zündspule

Bei der Schaltung in *Abb. 24* handelt es sich um eine Art diskret aufgebaute Dimmerschaltung. Die Funkenlänge als Funktion des Kondensators C kann aus dem angegebenen Diagramm entnommen werden.

2.4 Hochspannungsgenerator mit Dimmer und KFZ-Zündspule

Entsprechend *Abb. 25* eignet sich auch ein einfacher Dimmer zur Ansteuerung einer KFZ-Zündspule.

Mittels einer zusätzlichen Verdopplerschaltung kann die Schaltung bis zu 35 kV bereitstellen, die KFZ-Zündspule wird durch die steilen Einschaltflanken des Dimmers im 100-Hz-Rhythmus angesteuert.

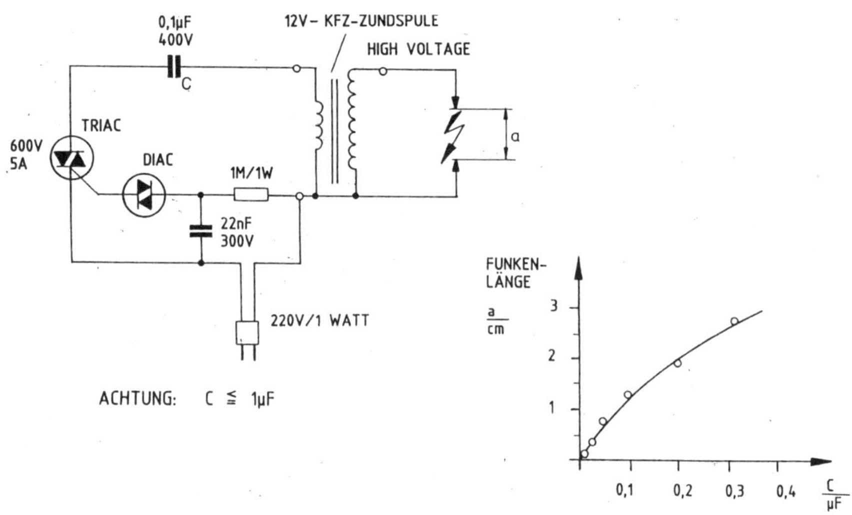

Abb. 24: Hochspannungsgenerator mit Triac und KFZ-Zündspule

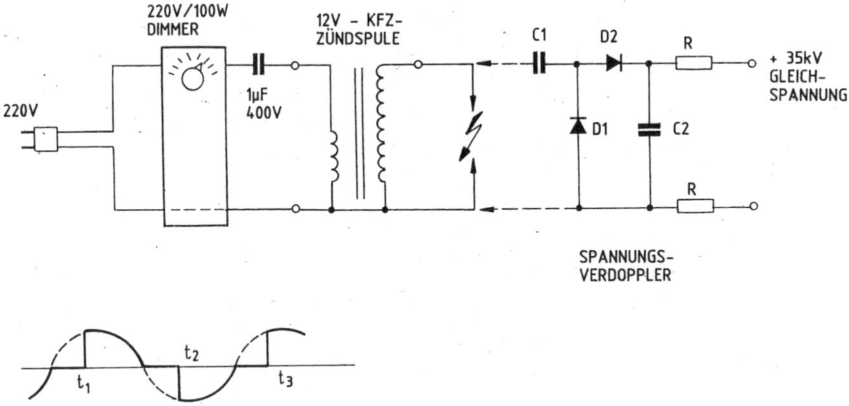

Abb. 25: Hochspannungsgenerator mit Dimmer und KFZ-Zündspule

2.5 Hochspannungsgeneratoren nach Dr. Fehl

2.5.1 Hochspannungsgenerator mit Relais

Diese „Klingelschaltung" wird in *Abb. 26* gezeigt. Das Relais nimmt sich beim Schließen selbst die Spannung weg und öffnet sofort wieder. Dadurch erhält die Zündspule die gewünschten Ein- und Ausschaltimpulse ähnlich wie bei der normalen KFZ-Zündanlage. Die Frequenz ist von den mechanischen Eigenschaften des Relais abhängig. Die Funkenlänge liegt bei gut 1 cm und hängt auch vom verwendeten Kondensator ab. Zu beachten ist der Stromverbrauch von ca. 5 A. Deshalb ist die Verwendung eines Akkus sinnvoll. Es ist wohl die einfachste und ungefährlichste Schaltung, die nach einem Besuch auf dem Autofriedhof schnell realisiert ist. Schwachpunkt ist aber das Relais.

2.5.2 Hochspannungsgenerator im Netzbetrieb mit Thyristor und Diode

Die in *Abb. 27* angegebene Schaltung ist ein 50-Hz-Generator mit einseitiger Ansteuerrichtung. Die Sperrspannung des Thyristors sollte nicht oberhalb 400 Volt liegen. Es ist also unbedingt ein G-Typ zu wählen. M- und N-Typen zünden nicht!

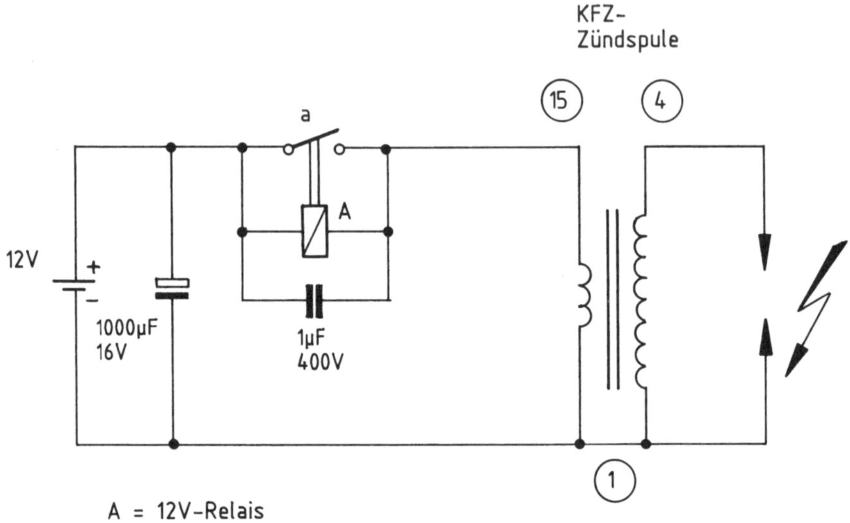

Abb. 26: Hochspannungsgene rator mit Relais

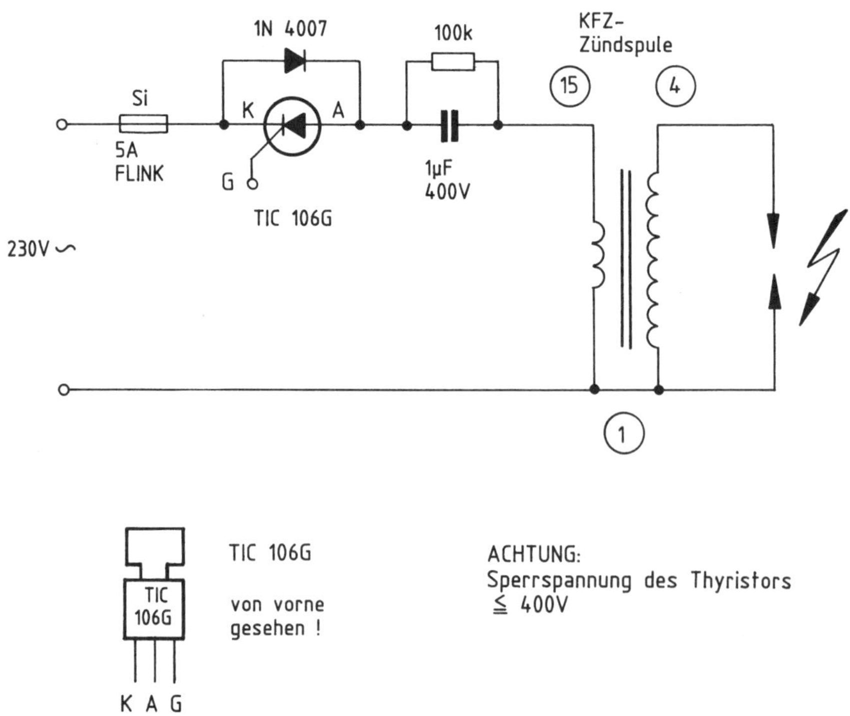

Abb. 27: Hochspannungsgenerator im Netzbetrieb mit Thyristor

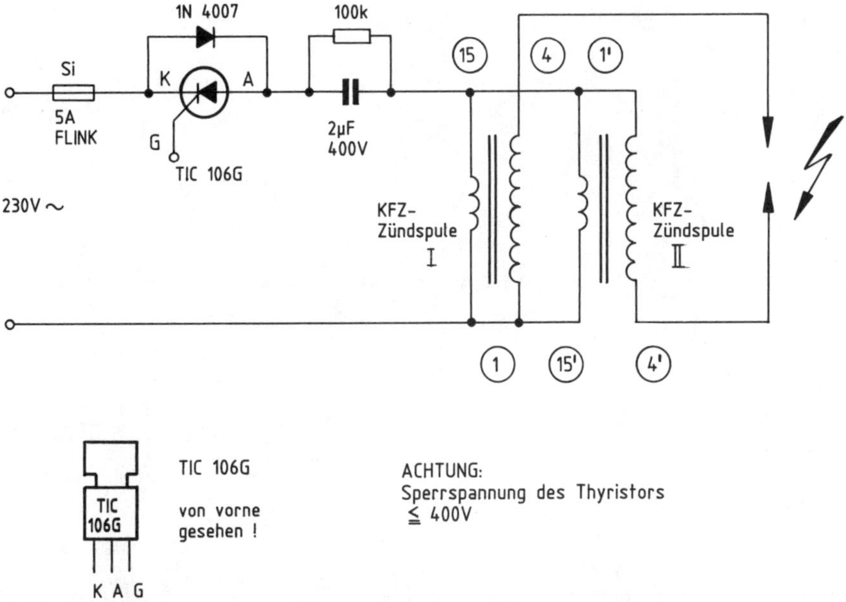

Abb. 28: Hochspannungsgenerator im Netzbetrieb mit KFZ-Zündspulen im Antiparallelbetrieb

2.5.3 Hochspannungsgenerator im Netzbetrieb mit KFZ-Zündspulen im Antiparallelbetrieb

Die Schaltung in *Abb. 28* bringt es auf eine maximale Schlagweite von 13.5 cm. Der Ladekondensator darf keinesfalls größer als 3 µF gemacht werden, sonst kommt es zu Durchschlägen in den Zündspulen. *Abb. 29* zeigt ein Foto des Aufbaus.

2.5.4 Hochspannungsgenerator im Netzbetrieb mit Thyristor

Die in *Abb. 30* angegebene Schaltung ist laut Dr. Fehl die optimale Generatorschaltung hinsichtlich Aufwand und Effektivität. Sie arbeitet mit allen Thyristor-Exemplaren und ist auf einer Holzplatte einfach zu montieren. Statt KFZ-Zündspulen können auch Zeilentrafos verwendet werden. Eine Schlagweite von 1 cm ist immer erreichbar.

Die Bauteilwerte sind unkritisch. Der Gate-Schutzwiderstand sollte nie unter 4.7 kΩ liegen und das 1-MΩ-Potentiometer sollte mit 1–2 Watt belast-

Abb. 29: Versuchsaufbau des Hochspannungsgenerators im Netzbetrieb mit KFZ-Zündspulen im Antiparallelbetrieb

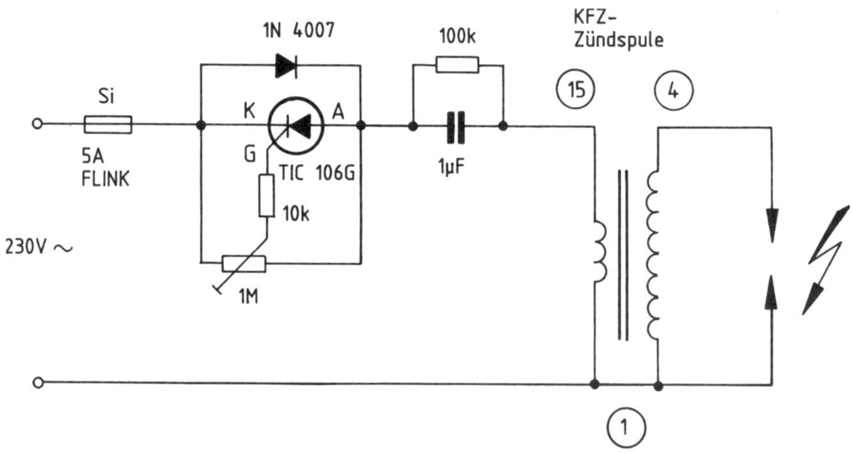

Abb. 30: Hochspannungsgeneratorschaltung im Netzbetrieb mit Thyristor

bar sein. Der Wert sollte nicht kleiner als 100 kΩ sein. *Abb. 31* zeigt den Aufbau und *Abb. 32* den verwendeten Folienkondensator.

Abb. 31: Versuchsaufbau des Hochspannungsgenerators im Netzbetrieb mit einstellbarer Zündung

Abb. 32: Es dürfen nur Folienkondensatoren verwendet werden!

Von besonderer Bedeutung ist die Spannungsfestigkeit der Kondensatoren, also mindestens 400 V, besser noch 630 V. Auch dürfen niemals Elkos verwendet werden!

Bei allen Veränderungen am Gerät oder bei Korrekturen an der Funkenstrecke muss der Netzstecker gezogen werden. Schalter, besonders natürlich einpolige Schalter, sollten nicht verwendet werden!

2.5.5 Hochspannungsgenerator im Netzbetrieb mit Triac

Aus *Abb. 33* geht noch einmal die gleiche Grundschaltung, jedoch unter Verwendung eines Triacs, hervor.

Standard-Zündspulen mit Vorwiderstand, der allerdings nicht angeschlossen wird, eignen sich gut für alle genannten Hochspannungsgeneratoren. In modernen Autos werden diese Zündspulen nicht mehr eingebaut, sodass es mitunter schwierig sein kann, ein Schrottauto zu finden. Wegen ihrer höheren Leistungsfähigkeit sind Transistor-Zündspulen noch besser geeignet. Diese sind noch schwieriger aufzutreiben. Wer überhaupt keinen Zugriff hat, kann auch mit Zeilentrafos experimentieren, die problemlos bei der Firma Oppermann beschafft werden können.

Abb. 34 zeigt den Versuchsaufbau mit dem Triac und einem eigentlich nicht zulässigen einpoligen Kippschalter. Ein Versuchsaufbau mit einem Zeilentrafo geht aus *Abb. 35* hervor.

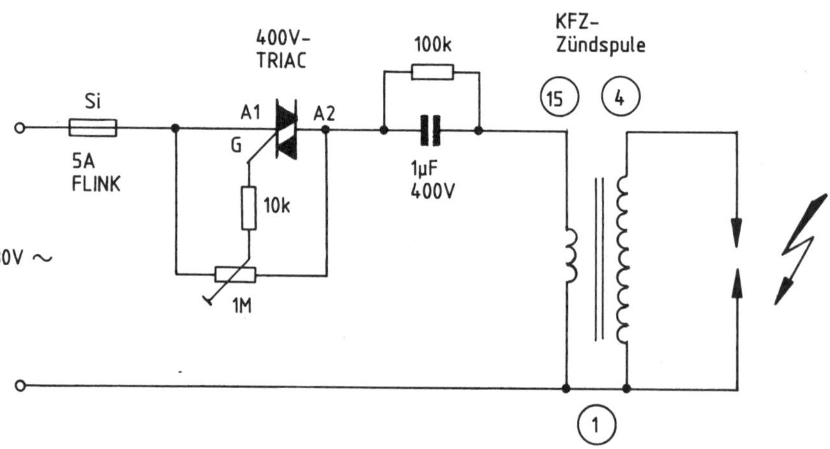

Abb. 33: Hochspannungsgeneratorschaltung im Netzbetrieb mit Triac

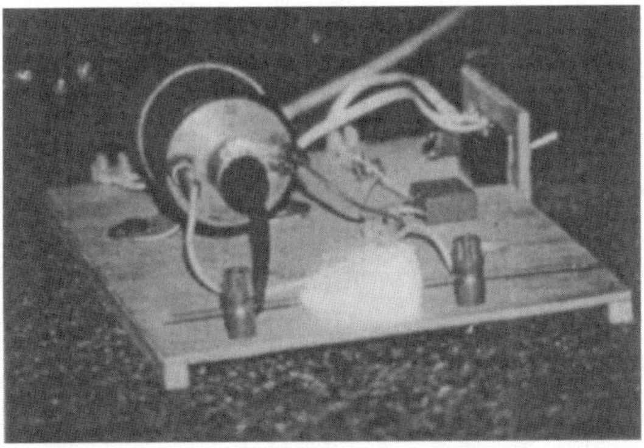

Abb. 34: Versuchsaufbau des Hochspannungsgenerators im Netzbetrieb mit Triac

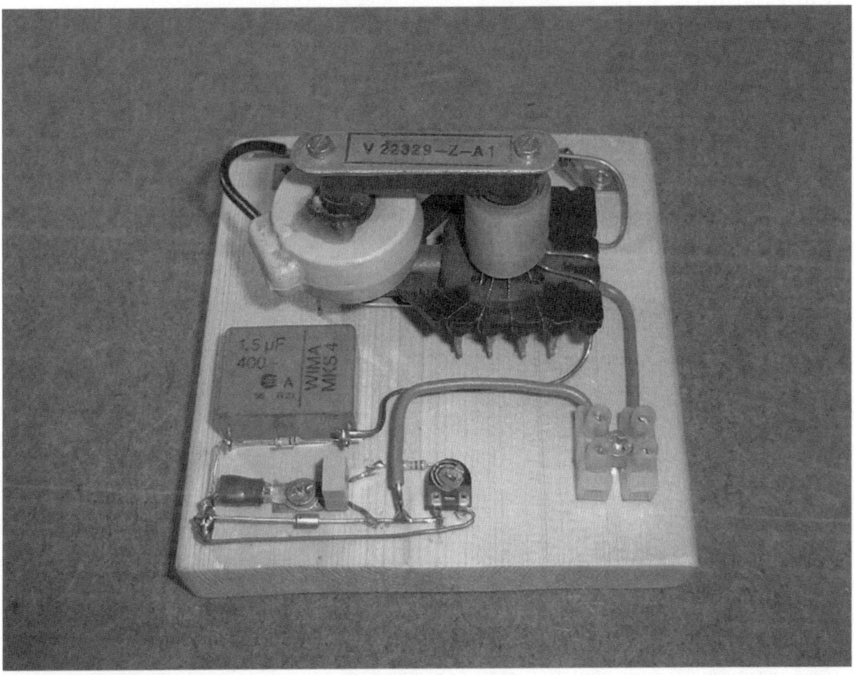

Abb. 35: Versuchsaufbau mit Zeilentrafo

Die Primärwindungen des Zeilentrafos werden nicht abgewickelt, sondern beibehalten. Die passende Windungszahl wird entsprechend maximaler Schlagweite durch Probieren ermittelt. Mittels eines Ohm-Meters können Anfang und Ende der jeweiligen Primärspulen ermittelt werden. Gegebenenfalls können auch mehrere Spulen hintereinander geschaltet werden.

2.5.6 Hochspannungsmessung mittels Nähnadelfunkenstrecke

Als Meßelektroden eignen sich hervorragend Nähnadeln. Eine einfache Nadelfunkenstrecke bis 70 kV besteht aus zwei neuen Nähnadeln (Sorte 00), die in Achsrichtung der Zuleitungen eingesetzt werden. Die Zuleitungslänge muss mindestens zweimal so lang wie die Schlagweite sein. Die folgende Tabelle gilt für eine Temperatur von +25 °C, einen Luftdruck von 760 mm Quecksilber und eine Luftfeuchtigkeit von 80 %: Luftfeuchteänderungen haben großen Einfluss auf die Schlagweite.

Der Unterschied zwischen geerdeter und symmetrischer Funkenstrecke ist nur gering.

Schlagweite in cm	Spitzenspannung in kV
1	12
1.5	17.4
2	22.8
2.5	28
3	32.5
3.5	36.8
4	40.7
4.5	44.6
5	48.6
5.5	52
6	55.2
6.5	58.2
7	60.9
7.5	63.6
8	66
8.5	68.5
9	70.8

2.6 Solid State-Funkeninduktor großer Leistung nach Ing. Sodtke

Abb. 36 zeigt die Grundbausteine des fast einen halben Meter langen Funkeninduktors. Die Ansteuerung erfolgt elektronisch über das 230-V-Netz. Der fertig aufgebaute Funkeninduktor ist in *Abb. 37* zu sehen

2.6.1 Ansteuerschaltung mit Thyristor

Die Thyristorschaltung nach *Abb. 38* ähnelt sehr den bekannten Dimmerschaltungen. Ein Netztransformator wird nicht benutzt, deshalb ist beim Aufbau dieser Schaltung die übliche Vorsicht wie bei allen netzbetriebenen Schaltungen geboten. Als Thyristor Th eignet sich jede Standardtype für mindestens 700 V und 8 A im Plastikgehäuse TO-220, z. B. TIC126N12 oder BT151. Der Thyristor zeigt nur eine geringe Wärmeentwicklung, zur Kühlung genügt ein kleiner Fingerkühlkörper. Vorteilhaft ist auch die Verwendung eines Thyristors mit innerer Isolierung.

Abb. 36: Mechanische Grundbausteine des Funkeninduktors großer Leistung

Abb. 37: Komplett zusammengebauter Funkeninduktor großer Leistung

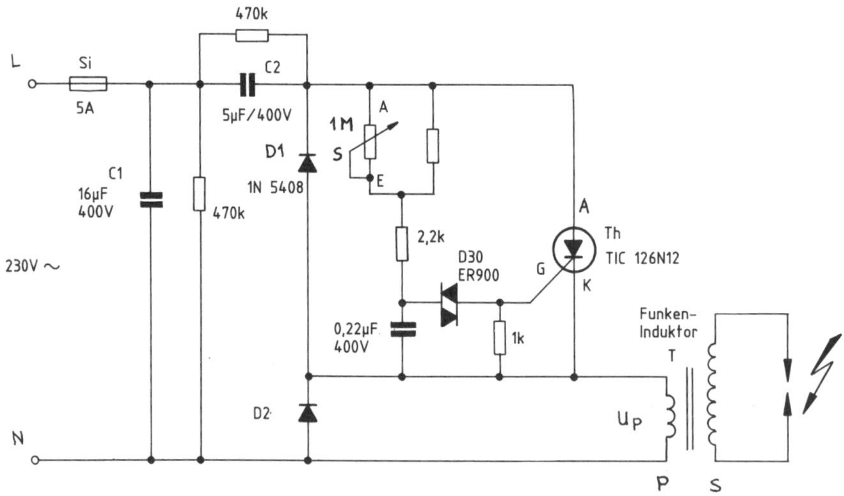

Abb. 38: Ansteuerschaltung mit Thyristor

Die Thyristorschaltung nutzt nur die positiven Netzhalbwellen aus. Sie liefert eine Folgefrequenz von 50 Hz. Sie eignet sich besonders zur Erzeugung von Hochspannungsimpulsen gleichgerichteter Polarität zum

Betrieb von Geissler'schen und Crookes'schen Röhren, Kathodenstrahl- und Kanalstrahlröhren usw. Der Zündzeitpunkt x des Thyristors ist mittels des Potentiometers 1Mohm/log veränderbar. Damit lässt sich die Hochspannung von nahezu Null (unter 10 %) bis zum Maximalwert einstellen. Bei kleinem Abgriff erhöht sich die Pulsfolge durch mehrfaches Nachladen von C_2 bis auf 500 Hz bei der Thyristorschaltung bzw. 1.000 Hz bei der Triacschaltung.

Der Kondensator C_1 dient zur Überbrückung der Netzleitungen L und N, damit die Impulsentladungsströme über C_1 und nicht über die Netzleitungen fließen. Der eigentliche Impulsentladungskondensator ist C_2. Er wird während der negativen Netzhalbwelle über die Diode D_1 auf den Scheitelwert von 325 V aufgeladen, links negativ, rechts positiv. Während der positiven Halbwelle addiert sich die Ladespannung von C_2 zur Netzspannung. Zur Veranschaulichung dient *Abb. 39a,b*. U_L ist die Netzspannung am Punkt L. Die Spannung U_A an der Anode A des Thyristors erreicht im Maximum der positiven Halbwellen bei x den doppelten Scheitelwert in Höhe von $2 * \sqrt{2} * 230V = 650V$, wie man leicht mit einem Oszilloskop messen kann. Die Größe der Kapazität C_2 hat auf die Höhe der Spannung keinen Einfluss. Diese Schaltung weist keine wärmeerzeugenden Vorwiderstände oder Ladewiderstände auf. Der Wirkungsgrad liegt sehr nahe beim theoretischen Maximalwert von 100 %.

Für C_1 und C_2 eignen sich impulsfeste MP- oder MKP-Becher-Kondensatoren für mindestens 450 V Wechselspannung. Sie sind verlustarm und selbstheilend. Man kann es auch mit Leuchtstofflampenkondensatoren versuchen; es eignen sich aber nur solche Typen, die keine eingebaute Überstromsicherung haben, denn diese würde bei den großen Impulsströmen, die in dieser Schaltung fließen, sofort durchbrennen. Die Hochohmwiderstände parallel zu C_1 und C_2 sind Entladewiderstände.

Bei einer Einstellung des Zündzeitpunkts auf x wird das Maximum der Entladungsimpulse erreicht. Der Thyristor wird unmittelbar nach der Zündung sehr niederohmig mit einem Spannungsabfall zwischen A und K von ungefähr 1 V. Dadurch erreicht die Spannung U_P an der Primärwicklung P des Hochspannungstransformators T den Spitzenwert von 650 V, wenn man die vergleichsweise geringen Spannungsabfälle in D_1 und Th vernachlässigt.

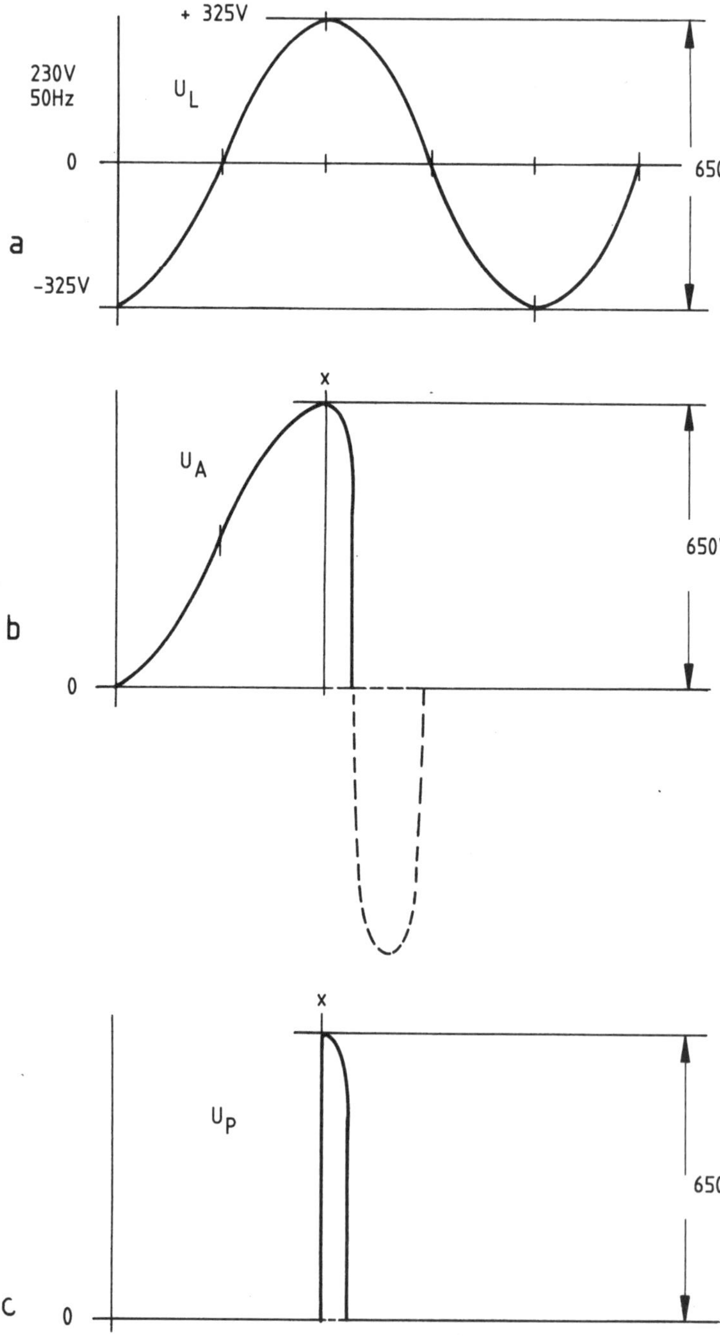

Abb. 39a, b, c:

Für die ersten Versuche empfiehlt es sich, mit einer kleinen Potentiometereinstellung zu beginnen, Potentiometerschleifer S in der Nähe von A = Anfang, evtl. auch zunächst mit einem kleinen Kondensator C_2 von 2 ... 3 µF. Man kann dann auch mit einer KFZ-Zündspule experimentieren. Zur Sicherheit empfiehlt es sich, in die Netzzuleitung bei L noch einen Netzschalter, eine Sicherung, träge, ca. 3 ... 6 A je nach Kondensatorwert, und zur Verhinderung von EMV-Störungen eine Thyristor-Entstördrossel mit 10A oder 16A einzuschalten. Durch den Widerstand parallel zum Potentiometer soll bewirkt werden, dass der Punkt x genau beim Endanschlag des Potentiometers erreicht wird. Sein Wert muss durch Versuch ermittelt werden, normalerweise muss er 1Mohm oder größer sein.

Die Energie, die bei jeder Entladung von C_2 über den Thyristor in den Hochspannungstransformator abgegeben wird, lässt sich wie folgt berechnen. Die Spannung am Punkt A beträgt zu Beginn 650 V und sinkt während des Stromflusses durch die Primärwicklung bei vollständiger Entladung bis auf 0 V ab. In einer vereinfachten Betrachtungsweise soll zunächst angenommen werden, es sei nur die Primärspule P mit ihrer Induktivität L_P eingeschaltet. Mit der Entladung wird ein Resonanzkreis bestehend aus C_2 und L_P in seiner Eigenschwingung im Spannungsscheitelwert angestoßen. Der Primärinduktivitätswert des nachfolgend beschriebenen Hochspannungstransformators liegt je nach den Abmessungen des Eisenkerns und der Wicklung von 50 Windungen typischerweise zwischen 0,5 ... 1,0 mH. Als Rechenwert soll im Folgenden $L_P = 0,8$ mH angenommen werden.

Die Resonanzfrequenz des Primärkreises beträgt bei $C_2 = 5\mu F$:

$\omega = (C_2 * L_P)^{-0,5}$,
$\omega = (5 * 10^{-6} * 0,8 * 10^{-3})^{-0,5}$,
$\omega = 1,58 * 10^4 \, s^{-1}$.

$f = \omega/(2 * \pi)$,
$f = 1,58 * 10^4/(2 * \pi)$,
$f = 2.500$ Hz

Die Resonanzfrequenz liegt also im Tonfrequenzbereich.

Die Periodendauer T für eine volle Schwingung beträgt:

$T = 1/f$,
$T = 1/2500 s^{-1}$,
$T = 400\ \mu s$

Nach einer Viertelschwingung $T/4 = 100\ \mu s$ ist C_2 auf 0 V entladen und die zuvor gespeicherte Kondensatorenergie ist in magnetische Energie in der Primärspule und dem Eisenkern umgewandelt worden. Diese Viertelschwingung ist in *Abb. 39c* unten eingezeichnet, sie beginnt bei x im Maximum und endet bei 0 V. Mit der Einschaltung einer sogenannten Freilaufdiode D_2 endet sie auch an dieser Stelle. Der weitere Schwingungsverlauf ist unterdrückt. Es ist nur die positive Viertelschwingung vorhanden. Für D_2 muss eine Leistungsdiode für mindestens 700 V Sperrspannung und eine Strombelastbarkeit von ca. 25 ... 40 A gewählt werden.

Ohne Einschaltung der Diode D_2 schwingt der Resonanzkreis aus C_2 und L_P weiter, wenn dem Hochspannungstransformator keine Energie z. B. durch Funkenüberschlag oder andere Belastung entnommen wird, und klingt gedämpft aus. Das ist in Abb. 39b in der Mitte gestrichelt angedeutet. Dabei geht die Schwingung auch in negative Spannungswerte.

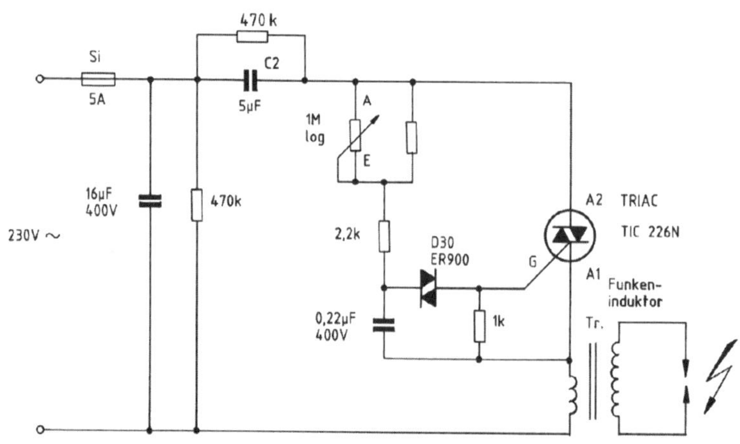

Abb. 39: Ansteuerschaltung mit Tiac

Aus ω und L_P lässt sich der induktive Widerstand Z_P der Primärspule berechnen:

$Z_P = \omega * L_P$,
$Z_P = 1{,}58 * 10^4 * 0{,}8 * 10^{-3}$ Ohm ,
$Z_P = 12{,}6$ Ohm .

Der kapazitive Widerstand Z_C von C_2 ist bei der Resonanzfrequenz stets genauso groß:

$Z_C = 1/(\omega * C_2)$,
$Z_C = 1/1{,}58 * 10^4 * 5 * 10^{-6}$,
$Z_C = 12{,}6$ Ohm .

Der Primärspulenstrom I_P erreicht am Ende der Viertelschwingung sein Maximum

$I_P = U_P/Z_P$,
$I_P = 650V/12{,}6$ Ohm ,
$I_P = 52$ A .

Dieser Primärstrom fließt kurzzeitig aus C_2 über den Thyristor in die Primärwicklung des Hochspannungstransformators. Der Thyristor verträgt kurzzeitig, wie in den Datenblättern angegeben ist, einen wesentlich höheren Spitzenstrom als seinen Nennstrom. Für die Dauer einer Netzhalbwelle, also 10 ms, vertragen Thyristoren allgemein den 10fachen Nennstrom, 8A-Typen also 80 A. Für noch kürzere Zeiten bei der weiter unten erklärten Streuresonanzschwingung im µs-Bereich dürfen die Spitzenströme auf über 200 A hinausgehen, ohne dass die Thyristoren Schaden nehmen. Das Gleiche gilt auch für Triacs. Diese Eigenschaft nutzt die hier beschriebene Schaltung zur Erzeugung großer Leistungen aus. Das ist ein wesentlicher Vorteil gegenüber Schaltungen mit Transistoren oder MOSFETs, die so große Spitzenströme nicht vertragen.

Die im Kondensator C_2 gespeicherte Energie W_C beträgt:

$W_C = 0{,}5 * C_2 * U_A^2$,
$W_C = 0{,}5 * 5 * 10^{-6} * 650^2$Ws ,
$W_C = 1{,}0$ Ws bzw. Joule .

Kontrollrechnung: Die gleich große Energie befindet sich am Ende der Viertelschwingung als magnetische Energie W_L in der Primärspule:

$W_L = 0{,}5 * L_P * I_p^2$,
$W_L = 0{,}5 * 0{,}8 * 10^{-3} * 52^2$ Ws ,
$W_L = 1{,}0$ Ws bzw. Joule .

Es geht also keine Energie verloren.

Bei dieser Energieumsetzung wurde für diese vereinfachte Rechnung angenommen, dass der verlustbehaftete Widerstand des Kupferdrahts der Primärspule gegenüber ihrem induktiven Widerstand von 12,6 Ohm vernachlässigbar klein ist. Die Primärspule muss also mit genügend dickem Draht gewickelt werden, wie wir noch im folgenden sehen werden. Der Widerstand liegt dann im Milli-Ohm-Bereich. Mit ähnlich kleinem Verlustwiderstand und nicht zu dünnen Verbindungsdrähten muss der gesamte Aufbau der Thyristorschaltung ausgeführt werden.

Die Leistung, die diese Thyristorschaltung erzeugt und an den Hochspannungstransformator abgibt, erhält man durch Multiplikation der Kondensatorenergie W_C mit der Pulsfolgefrequenz von f = 50 Hz:

$P = W_C * f$,
$P = 1{,}0\text{Ws} * 50\text{s}^{-1}$,
$P = 50$ W .

Wenn man unter der Formel für W_C nachschaut, erkennt man, dass die Leistung bei der gegebenen Entladespannung von 650 V proportional zur Kapazität von C_2 ist. Wählt man zunächst $C_2 = 2{,}5$ µF, so ist die Leistung nur halb so groß. Nimmt man dagegen $C_2 = 10$ µF, wobei auch C_1 mindestens auf 32 µF oder 2 * 16 µF in Parallelschaltung verdoppelt werden muss, so erhält man mit der Thyristorschaltung P = 100 W.

2.6.2 Ansteuerschaltung mit Triac

Der beschriebene Pulsgenerator lässt sich statt des Thyristors auch mit einem Triac TIC226N, T0805NH oder T0812NJ usw. aufbauen, siehe *Abb. 40*. Die Zündungen des Triacs und die Entladungen von C_2 erfolgen dann abwechselnd in den positiven und negativen Netzhalbwellen mit gleicher Intensität. Die Impulsfolgefrequenz verdoppelt sich auf 100 Hz

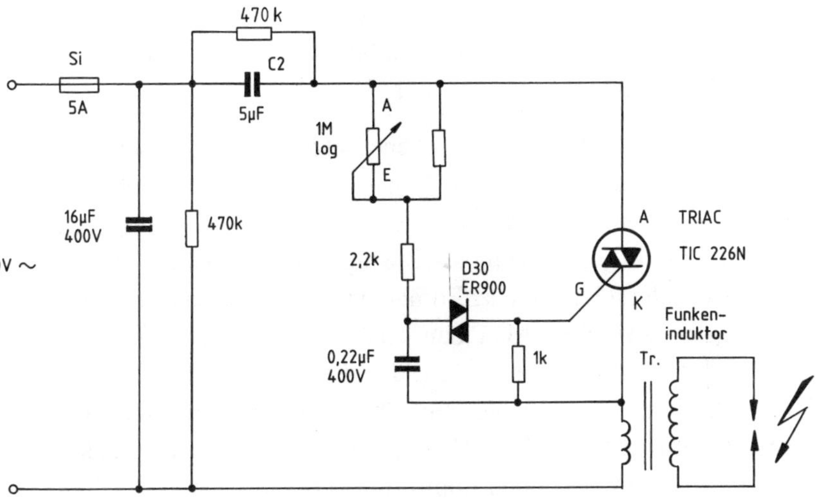

Abb. 40: Ansteuerschaltung mit Triac

mit abwechselnder Polarität und die Leistung wird doppelt so hoch, also 100 Watt bei C_2 = 5 µF und 200 Watt bei C_2 = 10 µF. Die Dioden D_1 und D_2 müssen in der Triacschaltung weggelassen werden.

Man kann sich einen Eindruck von der Maximalleistung dieser Hochspannungsgeneratoren verschaffen, indem man an den Ausgang der Sekundärspule S eine Kette von 7 bzw. 14 Stück hintereinander geschalteten gewöhnlichen 230-V/15-W-Glühlampen anschließt. Alle Lampen leuchten mit ihrer normalen Helligkeit.

Es sind auch Impulsgeneratoren mit noch größeren Kondensatoren und dementsprechend größeren Leistungen gebaut worden, so z. B. mit C_1 = 3 x 16 µF in Parallelschaltung und C_2 = 3 x 4 µF bis 4 x 4 µF in Parallelschaltung. Sie funktionieren einwandfrei mit den hier angegebenen Thyristoren und Triacs. Die Parallelschaltung hat den Vorteil, dass jeder Einzelkondensator nicht mit dem vollen Spitzenstrom belastet wird. Die Parallelschaltung könnte auch bei den oben zugrunde gelegten kleineren Kapazitätswerten angewendet werden. So große Kondensatoren wie z. B. 48 µF sollte man beim Einschalten nicht direkt an die Netzleitungen legen. Hier hat sich eine Anlass-Schaltung bewährt, die einen Hochlastdrahtwiderstand von z. B. 10 bis 18 Ω in die Netzzuleitung zur Strombegrenzung einschaltet. Dieser Widerstand wird dann mit einem verzögert einschaltenden Relaiskontakt überbrückt. Als Netzsicherung dient ein Sicherungsautomat, der, in den Impulsgenerator eingebaut, gleichzeitig auch als Netzeinschalter benutzt wird.

Ein Hinweis soll noch auf eine mögliche Netztrennung gegeben werden. Die hier beschriebenen Schaltungen liegen alle mit den Bauelementen des Impulsgenerators und der Primärspule direkt am Netz. Den Impulsgenerator sollte man in ein schutzgeerdetes Blechgehäuse einbauen. Die Leitungen und die Anschlussklemmen der Primärspule muss man entsprechend isoliert verlegen bzw. abdecken. Man kann auch einen Trenntransformator einsetzen. Auf der 230-V-Netzseite würde das aber wegen der großen kapazitiven Blindströme einen dementsprechend überdimensionierten und daher teuren Transformator erfordern. Eine Möglichkeit ist die Zwischenschaltung eines selbst gewickelten speziellen Impulstransformators in die Zuleitungen zur Primärspule. Für die beschriebenen Dimensionierungen und Impulsleistungen bis 200 Watt muss dazu ein 1 : 1-Trenn-Transformator mit M102a-Dynamoblechkern mit 2 x 320 Windungen von ca. 1,6 mm$^{\varnothing}$ Kupferlackdraht gewickelt werden. Diesen Transformator baut man dann in das Pulsgeneratorgehäuse mit ein und erfüllt damit alle Netztrennungsanforderungen.

2.6.3 Der Bau des Funkeninduktor

Der Hochspannungstransformator besteht aus einer zylindrischen Primärspule mit Eisenkern und einer zylindrischen Sekundärspule, die übereinander geschoben werden. Damit erreicht man eine feste Kopplung mit einem Kopplungsfaktor von k = 0,95 ... 0,96 wie bei einem Netztransformator. Auf Grund der höheren Primärfrequenz von 2,5 kHz (bei $C_2 = 5$ µF) wird dieser Wert aber mit sehr viel kleineren Windungszahlen realisiertbar, die verhältnismäßig leicht selbst zu wickeln sind. So erhält die Primärwicklung 50 Windungen für 650 V und die Sekundärwicklung 2.500 Windungen für ein Übersetzungsverhältnis von 50 bzw. bis zu 5.000 Windungen für ein Übersetzungsverhältnis bis zu 100.

Primärspule

Zuerst wird die Primärspule des Transformators angefertigt. Der Eisenkern ist in offener Bauweise ausgeführt, d. h. der magnetische Rückschluss erfolgt über die Luft. Man kann dazu ein geeignetes schlankes Blechpaket aus einem demontierten Netztransformator verwenden. Wegen der Primärresonanz im Tonfrequenzbereich wären Ferritkerne oder dünn lamellierte Bandkerne wegen geringerer Wirbelstromverluste besser geeignet. Bei dem großen Primärstrom entsteht im Kern aber eine große magnetische Induktion, die doppelt so groß ist wie die Sättigungsinduktion der besten Leistungsferritsorten. Ferrite scheiden also aus. Sehr gut und leicht beschaffbar ist ein Bündel Blumendraht aus einem Blumenfachgeschäft oder Gärtnereibetrieb. Man wähle gerade Drähte mit einer Länge von 400 mm, die eine grüne Lackierung haben. Dadurch sind sie genauso wie Trafobleche voneinander elektrisch isoliert. Wegen des geringen Querschnitts haben diese Drähte sehr kleine Wirbelstromverluste. Sie wurden aus diesem Grunde bereits vor 100 Jahren in den damals gebauten Funkeninduktoren mit Erfolg eingesetzt. So ein Bündel schiebt man stramm in ein isolierendes Rohr gleicher Länge aus Polyethylen, PVC, Pertinax oder einfach Pappe von 50 mm Innendurchmesser, wie es für den Postversand verwendet wird.

Auf dieses Rohr wickelt man die Primärwicklung aus dickem Kupferlackdraht von mindestens 3,0 mm Durchmesser. Es werden in der Mitte 50 Windungen dicht aneinander aufgebracht und die Enden mit Isolierschlauch isoliert und festgeklebt. Die überstehenden Enden des Eisenkerns bleiben unbewickelt. Nach dem Wickeln kann die gesamte Primärspule mit Eisenkern zur Verbesserung der Isolation in flüssigem Stearin getränkt werden. Man geht dabei genauso vor, wie es im Folgenden beim Tränken der Sekundärspule beschrieben ist.

Vorteilhaft ist auch eine Bewicklung mit 2 Lagen von je 50 Windungen nebeneinander. Gesamte Wickelbreite ungefähr 220 mm. Man nimmt dazu Draht von z. B. 2,0 mm Durchmesser und führt alle Enden isoliert nach einer Seite heraus an ein Klemmenbrett mit 4 Anschlussklemmen. Bitte Wicklungsanfänge und -enden beachten und kennzeichnen! Die beiden Teilwicklungen lassen sich dann für verschiedene Experimente wahlweise in Parallelschaltung oder Reihenschaltung umschalten:

Parallelschaltung	**Reihenschaltung**
50 Windungen: – hohes Übersetzungsverhältnis – hohe Sekundärspannung – niedriger Sekundärstrom	100 Windungen: – halbes Übersetzungsverhältnis – halbe Sekundärspannung – doppelter Sekundärstrom

Effekt der Spannungsverdopplung
Bei diesem Hochspannungstransformator muss auf einen besonderen Effekt geachtet werden, der dazu führt, dass an der Sekundärspule Spitzenspannungen auftreten, die nahezu doppelt so hoch sind, wie sie sich aus dem Übersetzungsverhältnis allein errechnen lassen. Zur Erklärung muss man dazu das Ersatzschaltbild eines zur Vereinfachung als verlustfrei gedachten Transformators heranziehen, siehe *Abb. 41a.* L_P und L_S stellen die Primär- bzw. Sekundärinduktivität dar, die mit ihren größten Anteilen von 95 ... 96 % miteinander verkoppelt sind. Jeweils kleine Anteile L_{SP} und L_{SS} stellen die sogenannten Streuinduktivitäten dar, die nicht miteinander verkoppelt sind. Betrachtet man als weitere Rechnungsvereinfachung zunächst einen 1 : 1-Transformator mit gleichen Primär- und Sekundärwindungszahlen, so kann man nach *Abb. 41b* die verkoppelten Anteile zu einer einzigen Induktivität M zusammenfassen, die fast so groß wie die gesamte Primärinduktivität ist. C_S stellt die unvermeidliche Schalt- und Wicklungskapazität der Sekundärspule dar.

Der Effekt der Spannungsüberhöhung kommt durch die Streuinduktivitäten zustande. Sie betragen jeweils nur etwa 4 ... 5 % der Gesamtinduktivität, haben aber dennoch eine große Wirkung. Sie bilden mit der sekundären Spulenkapazität C_S einen Serienresonanzkreis der nach dem Zünden des Thyristors oder Triacs zu einer hohen Eigenresonanz angestoßen wird und gedämpft ausklingt. Wer diese Spannungsüberhöhung messtechnisch untersuchen möchte, muss die Ersatzschaltung des Transformators nachbilden und an die Thyristorschaltung anschließen. Für M wird die fertige Primärspule eingesetzt. Für L_{SP} und L_{SS} werden zwei Luftspulen aus dickem Kupferdraht mit je ca. 25 bis 40 µH bei Primärparallelschaltung oder je 100 bis 160 µH bei Primärreihenschaltung genommen. Z.B. etwa

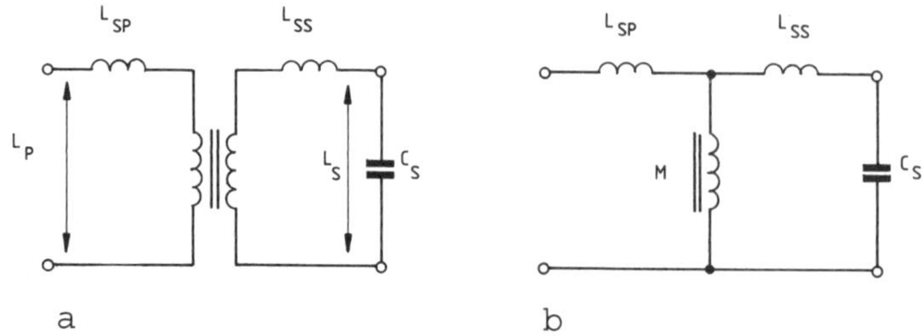

Abb. 41: Ersatzschaltbilder (siehe Text)

solche, wie sie in Lautsprecherweichen Verwendung finden, jedoch unbedingt ohne Ferrit- oder Eisenkern. Für C_S wird die mit dem Quadrat des Übersetzungsverhältnisses umgerechnete Sekundärkapazität in Form eines Folienkondensators eingesetzt. Ein Transformator mit 50-facher Übersetzung hat ca. 50 pF, das ergibt $50^2 * 50$ pF = 0,125 µF. Ein Transformator mit 100-facher Übersetzung hat ca. 100 pF, das ergibt $100^2 * 100$ pF = 1 µF. Man wird also mit verschiedenen Kondensatoren messen und an den Ausgang einen Scope mit Tastkopf 10 : 1 oder besser 100 : 1 anschließen. Masseanschluss und Netz-Nullleiter müssen beachtet werden! Die Scopetriggerung ist auf intern und positive Flanke einzustellen. Ohne Anschluss von C_S erhält man bei genügender Dehnung in der X-Achse die 2,5-kHz-Viertelschwingung, die in *Abb. 42* gestrichelt gezeichnet ist. Nach Anschließen von C_S sieht man ein Bild, das an den Rücken eines Sauriers erinnert, in Abb. 42 ausgezogen gezeichnet. Über die Viertelschwingung überlagert sich die abklingende Streuresonanzschwingung, bei kleinem C_S mit rascher, bei größerem C_S mit langsamerer Wellenfolge. Die erste Spitze erreicht einen Höchstwert, der etwa 80 ... 90 % über 650 V liegt, sodass eine Spitzenspannung von rund 1,85 * 650 V = 1.200 V auftritt.

An der fertigen Sekundärspule tritt im gleichen Verhältnis eine Spannungserhöhung auf. Ein Transformator mit 50-facher Übersetzung wird dann 50 * 1.200 V = 60 kV erzeugen und mit 100-facher Übersetzung 100 * 1.200 V = 120 kV. Einen gewöhnlichen Scope-Tastkopf wird man allerdings dort besser nicht anschließen ...

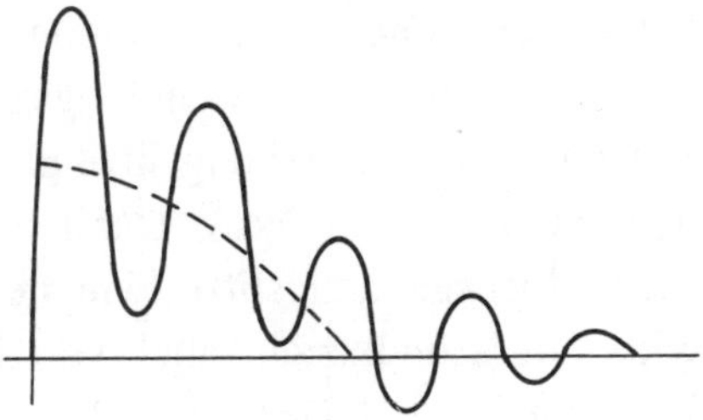

Abb. 42: Diagramm (siehe Text)

Sekundärspule

Die Sekundärspule muss für hohe Spannungen gut isoliert werden. Dafür nimmt man Haushaltspapierfolie. Zeitungspapier tut's auch. Wie das funktioniert, wird hier weiter unten erklärt. Die Spule wickelt man auf ein

Rohr aus Pertinax oder Pappe. Der Innendurchmesser wird so ausgewählt, dass sich das Rohr ohne viel Luft über die Primärspule schieben lässt. Die Länge soll etwa 80 mm mehr als die Länge der Primärwicklung betragen,

z. B. 220 mm + 80 mm = 300 mm. Dazu baut man sich eine geeignete Wickelvorrichtung mit einem Zählwerk. Als Anschluss zum Wicklungsanfang wählt man eine isolierte Litze, die man auf dem Rohr befestigt. Dieser Wicklungsanfang wird beim Betrieb geerdet, sodass nur am Wicklungsende Hochspannung auftritt. Die Wicklung wird mit Kupferlackdraht von

ca. 0,40 ... 0,50 mm Durchmesser je nach gewünschter Windungszahl ausgeführt. Die Wickelbreite wählt man in den ersten Lagen genauso groß wie die Wickelbreite der Primärwicklung.

Es muss gleichmäßig Windung an Windung gelegt werden ohne Überlappung. Darauf folgen die erste Schicht Papierisolation von mindestens 2 mm Dicke und die zweite Lage Kupferdraht usw. Die Papierisolation muss an beiden Seiten je ca. 30 ... 40 mm überstehen, damit später keine Funkenüberschläge aus der Spule kommen.

Wichtig ist, dass keine Windung auf diesen Rand kommt oder gar darüber hinausrutscht; hier hilft es, jedes Lagenende mit etwas Klebstoff zu sichern. Die weiteren Lagen werden aus Isolationsgründen nach und nach in der Wickelbreite etwas verringert.

Vorteilhafterweise erstellt man sich zu Arbeitsbeginn einen Wickelplan mit den einzelnen Lagenwindungszahlen und Lagenbreiten passend für die gewünschte Gesamtwindungszahl. An das Wicklungsende lötet man zunächst eine Verstärkungslitze und wickelt diese mit in eine Deckisolation von 4 ... 5 mm Dicke. Daran lötet man schließlich ein Stück gut isolierte Hochspannungslitze, wie sie für Neonreklameanlagen verwendet wird, oder Zündkerzenkabel, von dem man sich 2 ... 3 m in einer KFZ-Werkstatt besorgt. Der Spule gibt man jetzt durch Auffüllen mit weiterem Papier oder besser Pappe eine glatte zylindrische Form.

Wer die Möglichkeit hat, kann die Spule in einer Vakuumtränkanlage mit Isolierlack tränken lassen. Wichtig ist, dass die Papierisolation vollkommen frei von Luftporen wird!

Das gilt auch für die folgende Prozedur. Für das Tränken in Heimarbeit beschafft man sich einen Topf von ca. 350 bis 400 mm Höhe, in dem man auf einer regelbaren Herdplatte mehrere Stearinkerzen wie z. B. große Campinglichter langsam zum Schmelzen bringt. Darin taucht man für mindestens 2 Stunden die Spule so weit ein, dass alle Papier- und Pappe-Isolation mit flüssigem Wachs bedeckt ist. Wichtig ist die Verwendung eines Thermometers zur laufenden Kontrolle der Temperatur des Stearins. Sie muss bei 110 bis 120 °C liegen, darf aber nicht höher steigen, damit die Isolation nicht gefährdet wird. Das anfänglich starke Aufschäumen zeigt den Austritt von Luft- und Wasserdampfbläschen an. Wenn es aufgehört hat und fast keine Blasen mehr aufsteigen, ist der Tränkvorgang beendet. Das Abkühlen erfolgt zunächst im Topf unter Wachsbedeckung.

Wenn das Wachs noch leicht warm und noch nicht ganz fest geworden ist, wird die Spule vorsichtig herausgenommen. Anschließend wird sie in ein Rohr aus Polyethylen, PVC oder evtl. aus Pertinax von passendem Durchmesser und gleicher Länge geschoben und mit geschmolzenem Stearin ausgegossen.

Derartige Rohre kann man sich in Durchmessern von 125 mm oder 150 mm im Baustoffhandel beschaffen. Die Hochspannungslitze sollte vor dem Einschieben nach oben durch ein seitlich vorher in das Rohr gebohrte Loch gesteckt werden. Dadurch erreicht man einen langen Kriechweg und vermeidet eventuelle Hochspannungsüberschläge direkt an der Sekundärspule. Jetzt werden Primär- und Sekundärspule zusammengesteckt und einem ersten Test unterzogen. Die Funken schlagen mit lautem Knattern zwischen Drahtspitzen je nach Höhe der Spannung über 60 bis 120 mm. Zum Schluss wird der gesamte Transformator auf eine Grundplatte mit seitlichen Halteplatten aus Isoliermaterial montiert. Auch Holz ist geeignet. Man kann ihm ein Aussehen geben wie den Funkeninduktoren aus der Anfangszeit des 20. Jahrhunderts.

Der Funkeninduktor liefert bei einer maximalen Eingangsleistung von 200 Watt und 100 Funken pro Sekunde in der Triac-Version 120 kV. In der Thyristor-Version nimmt er 100 Watt auf und liefert 50 Funken pro Sekunde.

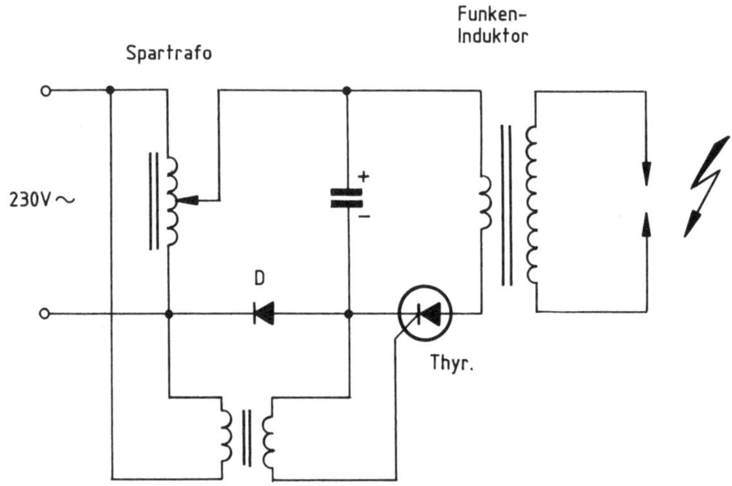

Abb. 43: Ansteuerung des Funkeninduktors im Deutschen Museum

2.7 Solid State-Funkeninduktor des Deutschen Museums in München

Im Deutschen Museum in München steht für Demonstrationszwecke ein noch wesentlich größerer Funkeninduktor mit Schlagweiten von mehr als 50 cm. Besucher können das Monster selbst per Druckknopf in Betrieb nehmen. Die Schaltung in *Abb. 43* zeigt die Ansteuerung des Funkeninduktors.

2.8 Hochspannungsgenerator nach Marx

In der Reihe der Hochspannungsgeneratoren darf der Marx-Generator nicht fehlen. Die Schaltung wurde erstmals 1923 von Erwin Marx (1893–1980) beschrieben und erlaubt die Erzeugung sehr hoher Spannungen und Ströme. Dies wird ermöglicht , indem Kondensatoren parallel aufgeladen und seriell wieder entladen werden. Marx-Generatoren für den Heimgebrauch können viele hundert kV Spannung und hohe Impulsströme von bis zu 50 A erzeugen. Die impulsförmige Ausgangsspannung entspricht in ihrem Verlauf einem echten Blitz.

Wie aus *Abb. 44* hervorgeht, besteht die Gesamtschaltung aus einem Hochspannungsgenerator, einer TV-Kaskade und dem Marx-Generator selbst.

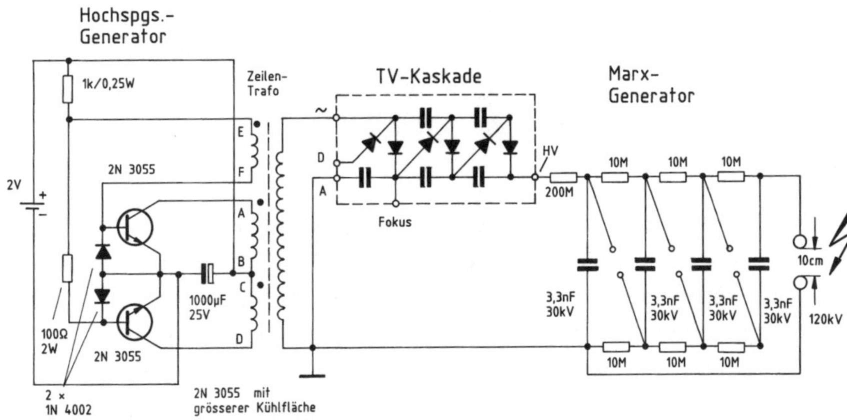

Abb. 44: Marx-Generator mit Ansteuerung

Zum Betrieb des Marx-Generators wird eine hohe Gleichspannung benötigt. Diese wird entsprechend Abb. 44 mittels eines Zeilentrafo-Hochspannungsgenerators und einer TV-Kaskade erzeugt. Die Primärwicklungen A–B und C–D bestehen aus jeweils 4 Windungen Kupferlackdraht mit 1 mm$^{\varnothing}$ Durchmesser, die auch bifilar gewickelt werden können.

Die Rückkopplung E–F wird mit 4 Windungen Kupferlackdraht von 0.5 mm Durchmesser auf die anderen beiden Wicklungen gewickelt. Wenn am heißen Zeilentrafo-Ausgang mit einem Schraubenzieher kein Lichtbogen gezogen werden kann, schwingt der Generator nicht. Dann muss die Rückkopplungswicklung E–F umgepolt werden.

Die Zeilentrafo-Ausgangsspannung von etwa 30 kV wird mittels einer TV-Kaskade vervielfacht und gleichgerichtet. Die Kaskade kann natürlich auch diskret mit einzelnen Kondensatoren und Dioden aufgebaut werden. Die optimalen Bauteilwerte liegen für die Kondensatoren etwa bei 1.5 ... 2.2 nF/10 kV. Als Hochspannungsdioden eignen sich beispielsweise die Typen KYX 28/15, BY 16 und DD 1800.

Doch nun zum Marx-Generator selbst:

Kondensatoren

Die Werte für die Kondensatoren können sich von 200 pF bis 5 nF bewegen. Je größer die Ladekondensatoren , umso höher muss der Ladewiderstand (200 MOhm für 5 nF) am Ausgang der TV-Kaskade sein. Wer keinen 200-MOhm-Widerstand auftreiben kann, muss 20 einzelne 10-MOhm-Widerstände hintereinanderschalten. Alle 10-MOhm-Widerstände sollten eine Belastbarkeit von mindestens 1 Watt aufweisen.

Funkenstrecken
Die Ausführung der Funkenstrecke ist unkritisch. Dicke Kupfer- oder Messingdrähte sind völlig ausreichend. Metallkugeln aus Geschenkeläden oder Heimwerkermärkten sind natürlich optisch ansprechender. Bei nicht leitenden Funkenstrecken werden alle Kondensatoren parallel geladen. An den Funkenstrecken liegen die Kondensatorladespannungen. Die Funkenstrecken sollten in ihrem Abstand einstellbar sein, sodass sie zum Beispiel bei 30 kV durchschlagen. Durch die gleichzeitigen Überschläge an den Funkenstrecken sind nun kurzzeitig alle Kondensatoren hintereinandergeschaltet, da die Funkenstreckenwiderstände viel niedriger als die Ladewiderstände sind. Die Kondensatoren entladen sich dann natürlich auch über die Ladewiderstände. Der Spannungsimpuls reicht jedoch zum Durchschlagen einer 10 cm langen Hauptfunkenstrecke aus. Obwohl ein gewisser Automatismus dafür sorgt, dass alle Funkenstrecken gleichzeitig zünden, kommen trotzdem ab und zu Fehlzündungen vor.

Mit Marx-Generatoren können Blitzeinschläge simuliert werden. Bei Großanlagen, wie zum Beispiel im Vorführraum des Deutschen Muserums in München, werden Spannungen von über 1 Million Volt erzeugt. Die Schlagweite eines Marx-Generators ist im Vergleich zu einer ebenso großen Gleichspannung erheblich vermindert. Zur Funkenentwicklung wird eine gewisse Zeit benötigt. Bei einem kurzen Spannungsimpuls reicht die Zeit nur, wenn die Hauptfunkenstrecke kurz genug ist.

Beim Experimentieren mit Marx-Generatoren ist größte Vorsicht geboten. Die Funkenstrecken dürfen nur justiert werden, wenn alle Kondensatoren entladen sind. In *Abb. 45* ist der professionelle Aufbau eines Marx-Generators zu sehen. Die Rohre in den einzelnen Etagen sind Hochspannungswiderstände und die viereckigen Körper die Kondensatoren. Die Funkenstrecken sind mit Stahlkugeln realisiert worden.

Abb. 45: Professioneller Marx-Generator

2.9 Electric Man-Hochspannungsgenerator als Partyschreck

Fast jeder kennt den Effekt der elektrostatischen Aufladung, wenn man über Teppichböden läuft und bei Berührung einer Türklinke einen elektrischen Schlag bekommt. Das Gleiche passiert bei Autoreifen.

Wie kommt es dazu? Im Normalzustand befinden sich in den Atomen eines Körpers ebenso viele positiv geladene Protonen wie negativ geladene Elektronen: Nach außen ist der Körper elektrisch neutral. Aber durch Reibung von Autoreifen mit der Fahrbahn entsteht z. B. in der Karosserie manchmal ein Elektronenüberschuss. Wenn der Fahrer als neutraler, leitfähiger Körper nun die Autotür berührt, fließt der Elektronenüberschuss über den Körper zur Erde, und der Fahrer bekommt einen Schlag. Je schlechter die Leitfähigkeit des Materials, umso wahrscheinlicher die elektrostatische Aufladung eines Gegenstands: Synthetische Textilien sind eher eine „Gefahrenquelle" als Wolle. Sinkende Luftfeuchtigkeit fördert die Aufladung, denn trockene Luft hemmt den Ladungsaustausch mit der Umgebung. Besonders Teppichböden laden sich durch die Reibung beim Gehen elektrostatisch auf. Deshalb kann es zwischen zwei verschieden aufgeladenen Personen beim Händeschütteln „funken". Zum Schutz werden inzwischen dünne Metallfäden in den Teppich gewebt, um ihn leitfähiger zu machen und dadurch seine elektrostatische Aufladung zu verhindern.

In diesem Kapitel soll nun gezeigt werden, wie eine Person sich selbst künstlich aufladen kann. Aus *Abb. 46* geht die Funktionsweise hervor.

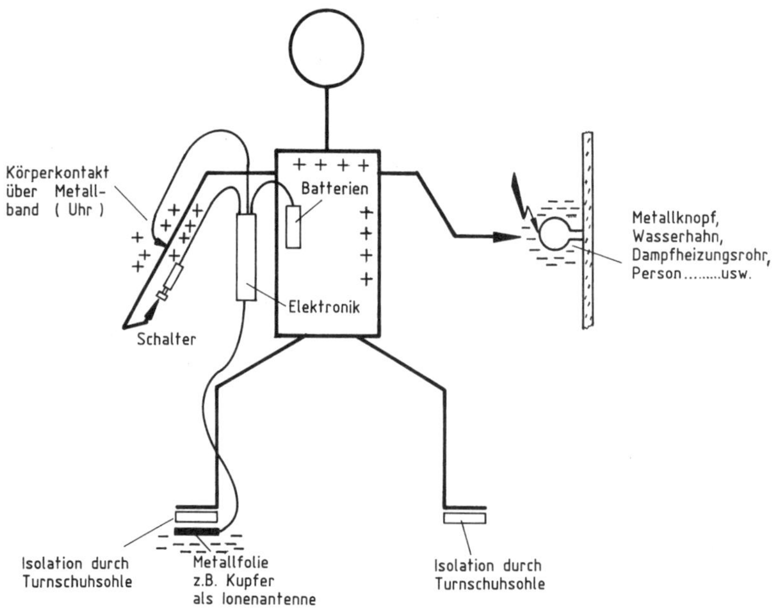

Abb. 46: Funktionsweise des Electric Man

Abb. 70: Sende- und Empfangsanordnung für 20 Watt Leistungsübertragung

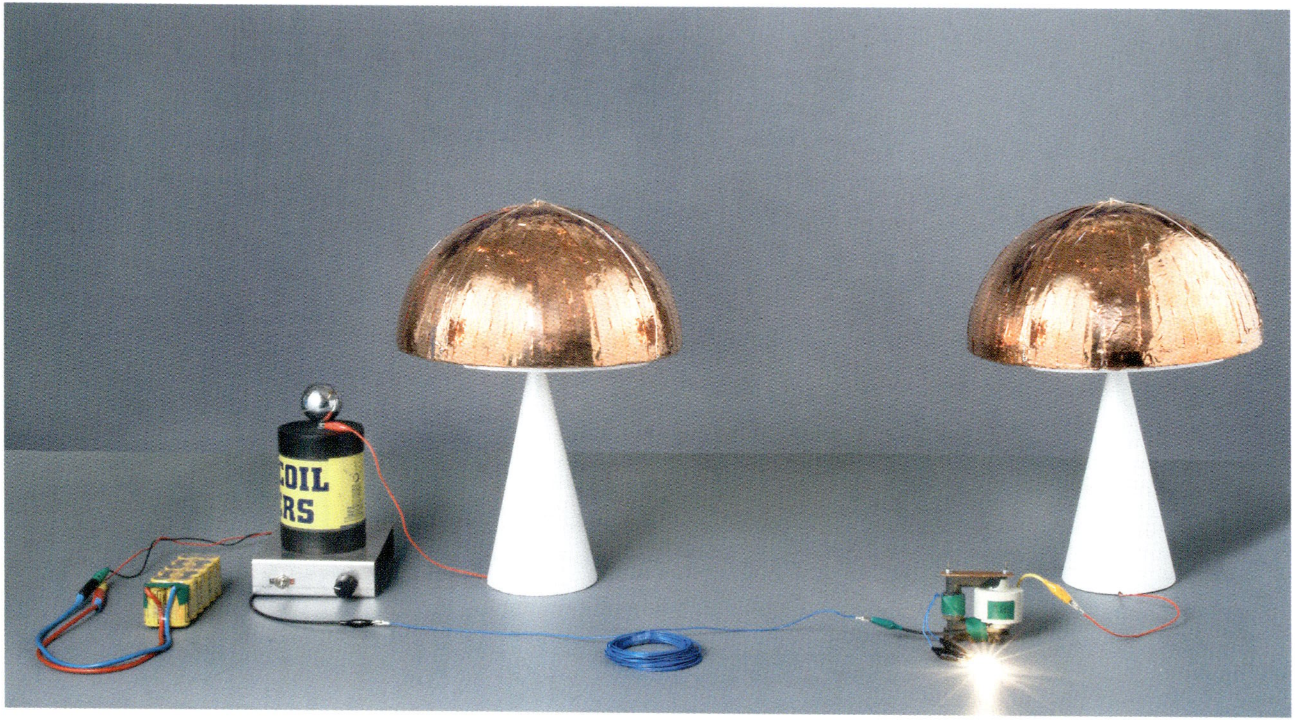

Abb. 71: Höhere Leistungsausbeute mit größeren Antennenflächen

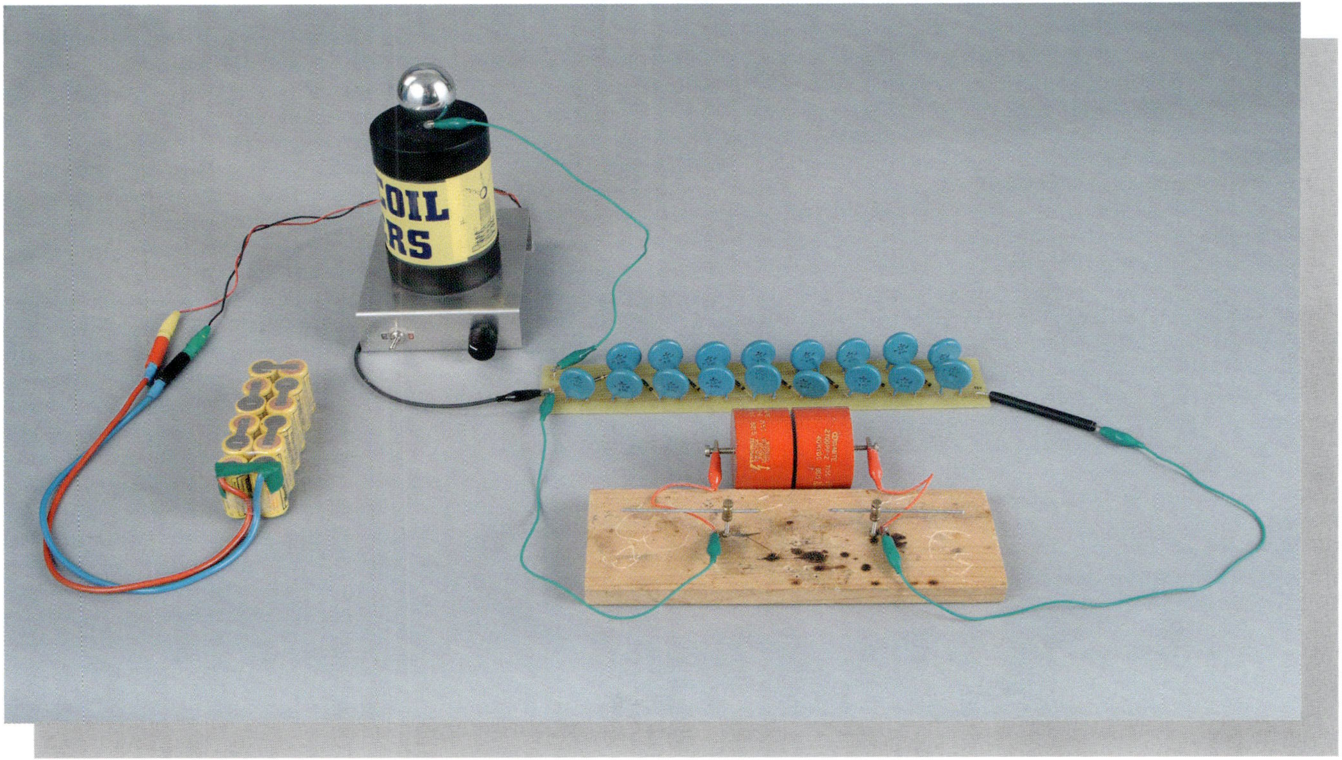

Abb. 76: Aufbau der Hochspannungskaskade für 60 kV

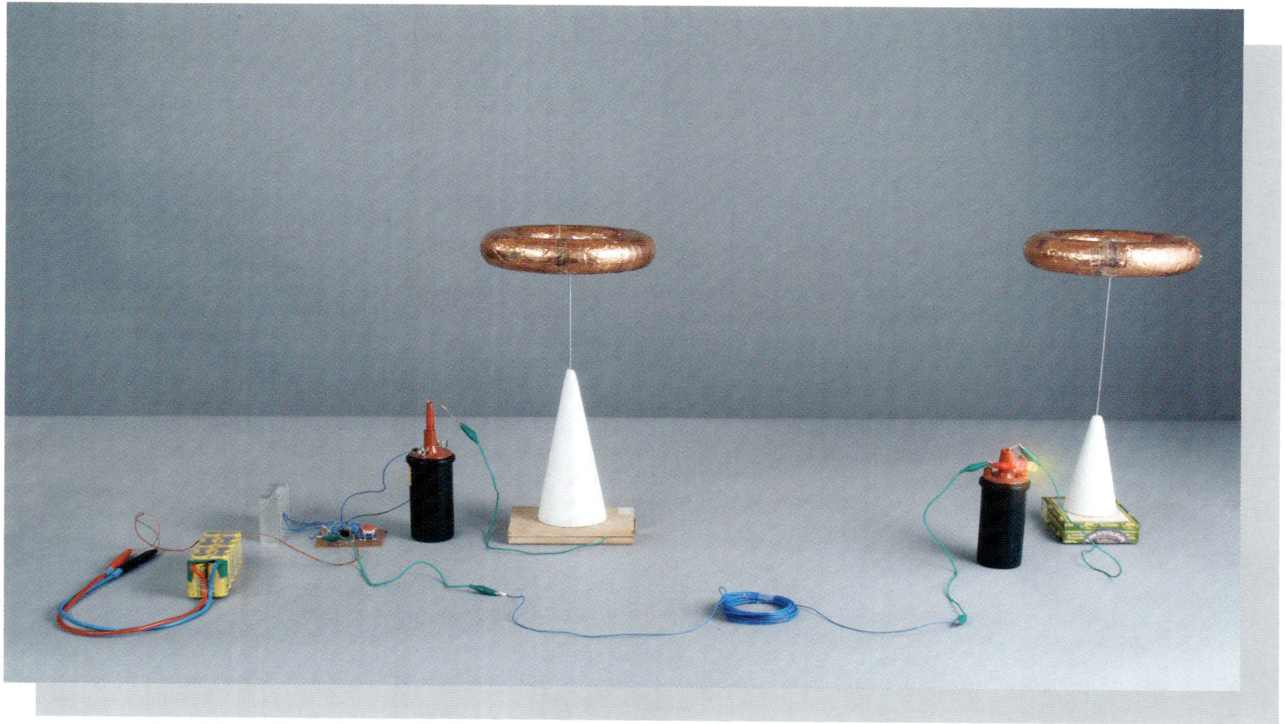

Abb. 81: Versuchsaufbau zur Energieübertragung mit KFZ-Zündspulen

Die stilisiert dargestellte Person trägt eine Elektronik bzw. einen Hochspannungsgenerator mit sich. Damit sich zwischen dem Körper und der Umgebung überhaupt ein Spannungspotenzial aufbauen kann, muss die Versuchsperson Turnschuhe mit gut isolierenden Gummisohlen tragen. Sobald die aufgeladene Person nun eine Türklinke, einen Metallknopf, einen Wasserhahn, ein Dampfheizungsrohr oder auch eine andere Person berührt, kommt es zu einer elektrischen Entladung in Form eines Funkens. Die Entladung durch Händeschütteln auf einer Party macht dabei den größten Spaß. Die mit dem Hochspannungsgenerator präparierte Person bekommt beim Händeschütteln natürlich auch einen kleinen elektrischen Schlag, der mit einer Teppichaufladung vergleichbar ist. Der Schreck ist jedoch auf der Seite des Begrüßten, da dieser völlig unvorbereitet einen Schlag bekommt.

Bei Wetterlagen mit hoher Luftfeuchtigkeit kann die Ionisierung so schwach sein, dass die elektrischen Schläge sehr mild ausfallen.

Doch nun zur Schaltung des Hochspannungsgenerators in *Abb. 47*: Die Ausgangswechselspannung eines 200-kHz-Generators wird mit einer Kaskade gleichgerichtet und vervielfacht. Der Hochspannungsgenerator kann mit der Taste S nach Bedarf für den Ladevorgang eingeschaltet werden. Die Primärinduktivität des Trafos beträgt 10–12 µH, die Sekundärinduktivität 50–60 mH und die Ausgangswechselspannung ohne Belastung 1.300–1.500 V.

Eigentlich ist das Ausgangsenergie der Kaskade wesentlich größer, als zur Aufladung einer Person erforderlich wäre. Die Energie wird aber durch einen 40–200-MΩ-Hochvoltwiderstand entsprechend begrenzt. Die Ausgangsspannung der Kaskade beträgt unbelastet etwa 30.000 V. Im Lastzustand fließt dann ein Strom von 150–750 µA. Für die meisten Belastungsfälle kann dieser Strom als konstant angenommen werden. Dieser Strom lädt kapazitive Objekte nach folgender Formel:

$$U = \frac{I \cdot t}{C}$$

Dabei ist I der Ladestrom, t die Ladezeit und C die Kapazität des Objekts. Diese Kapazität ist dann

$$C = \frac{I \cdot t}{U}$$

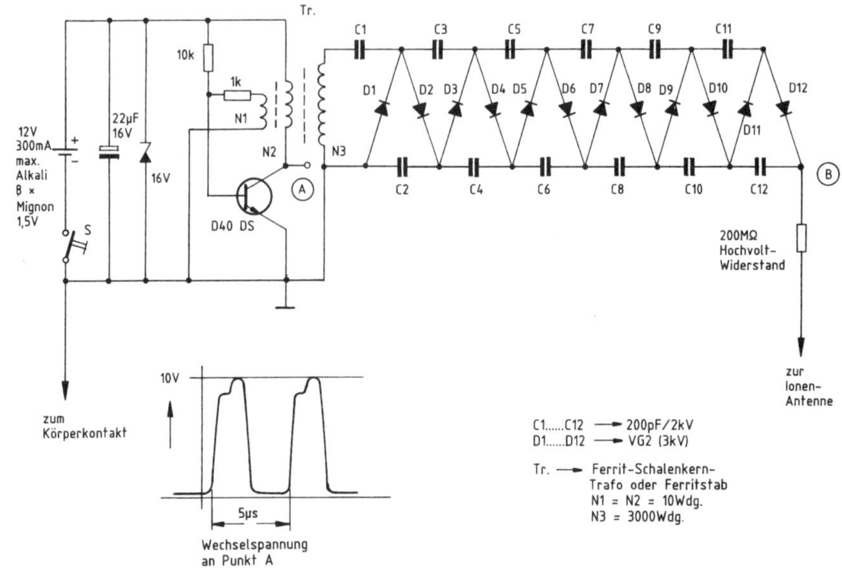

Abb. 47: Schaltung des Hochspannungsgenerators

Die Kapazität eines menschlichen Körpers liegt zwischen 40 und 60 pF.

Objekte mit größerer Kapazität können theoretisch mit gefährlich hohen Energien aufgeladen werden, wenn sie entsprechend gut isoliert sind. Wird z. B. ein gut isoliertes Objekt mit der Kapazität von 1 nF in 1/3 Sekunde auf 25 000 V aufgeladen, beträgt die Ladeenergie

$$W = \frac{CU^2}{2} = \frac{1 \cdot 10^{-9} \cdot 25^2 \cdot 10^{3 \cdot 2}}{2} = 0.2 \text{ Ws bzw. } 0.2 \text{ J}$$

Diese Ladeenergie führt bei Berührung zu einem sehr unangenehmen elektrischen Schlag. An einem trockenen, heißen Sommertag kann sich der menschliche Körper so stark aufladen, dass eine Leuchtstofflampe , welche auf einer Seite geerdet ist, bei Berührung am anderen Ende, einen starken Lichtblitz abgibt. Der Gesamtaufbau des Electric Man geht aus *Abb. 48* hervor. Der Hochspannungsgenerator ist in einem Plexiglasrohr untergebracht, um ihn ohne Gefahr in der Jackentasche tragen zu können. Von links nach rechts sind vier Anschlusskabel zu sehen. Das weiße Hochspannungskabel führt zur Kupferfolie an der Sohle des Turnschuhs. Die Kupferfolie ist dort mit doppelt klebendem Tesaband befestigt und arbeitet hier als Ionenantenne. Das zweite Kabel von links ist der Ein/

Aus-Taster, mit dessen Betätigung der Körper aufgeladen wird. Das dritte Kabel führt zu einem Metallarmband oder zu einer Armbanduhr mit Metallband. Das vierte und letzte Kabel führt zum Batteriepack mit 8 x 1.5-V-Mignon-Alkali-Zellen. Alle in Abb. 48 gezeigten Teile werden in Hosen- oder Jackentaschen verdeckt getragen. Die Ionenantennen-Krokodilklemme darf nirgends Kontakt oder zu geringen Abstand zum menschlichen Körper aufweisen. Wer darauf nicht aufpasst, wird sehr unangenehm daran erinnert. *Abb. 49* zeigt nochmals den Turnschuh mit der Ionenantenne aus Kupferfolie. Wenn die Ionenantenne an Wasserrohren oder größeren Metallobjekten virtuell geerdet wird, ergibt sich eine noch bessere Ionisierung. Dies ist jedoch nicht praktikabel.

Am originellsten ist es, auf einer Party herumzulaufen und jedem die Hand zu schütteln. Nach jedem Händeschütteln muss der Taster erneut gedrückt werden, um sich erneut aufzuladen.

Partygäste mit Turnschuhen sind nicht so leicht aufzuladen und damit auch nicht so leicht zu erschrecken.

Lustig ist es auch, den Funken beim Austausch von Zärtlichkeiten z. B. von Nase zu Nase überspringen zu lassen.

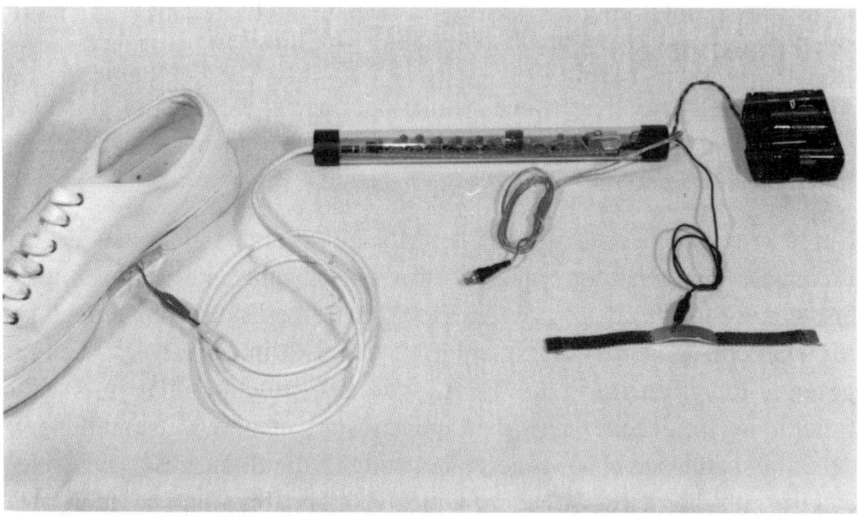

Abb. 48: Gesamtaufbau des Electric Man

Abb. 49: Turnschuh mit Ionenantenne

Wer sich ausführlich mit Fragen der Ionisierung beschäftigen will, kann sich den im Folgenden beschriebenen Ionendetektor bauen.

2.10 Ionendetektor

Ionen sind elektrisch geladene Atome oder Moleküle. Positiv geladene Ionen haben einen Mangel an Elektronen, während negativ geladene Ionen einen Überschuss an Elektronen haben.

Ein Ion ist also quasi ein Atom oder Molekül mit einer elektrostatischen Ladung. Man kann auch sagen, ein Ion ist ein geladenes Teilchen, was entsteht, wenn eines oder mehrere Elektronen einem neutralen Atom oder Molekül entzogen oder hinzugefügt werden. Der in den *Abb. 50* und *51* gezeigte Ionendetektor kann die Anwesenheit bzw. die relative Anzahl freier Ionen in der Luft anzeigen. Der Detektor kann Ionenansammlungen detektieren, die von Ionengeneratoren wie z. B. dem „Electric Man“ oder elektrostatischen Gegenständen, wie z. B. einem Kamm, stammen. Als Sensor dient eine Teleskopantenne. Bei Anwesenheit eines elektrischen

Feldes sammeln sich Ionen auf der Antenne. Die entstandene Ladung liefert einen negativen Strom, der entsprechend verstärkt mit dem 100-mA-Instrument zur Anzeige gebracht wird. Zusätzlich ist zum Instrument noch eine LED vorgesehen, die starke elektrische Felder visuell anzeigt. Das um das Gerät herum angebrachte Alu- oder Kupferband soll eine Art Erde bzw. Masse darstellen. Dies ist zwar nicht optimal, aber zweifellos die bequemste Lösung. Besser wäre natürlich die Erdung an einem Wasserrohr. Die Schaltung ist dazu bestimmt, negative Ionen zu detektieren. Wer positive Ionen detektieren will, muss statt PNP-Transistoren NPN-Typen und statt NPN-Transistoren PNP-Typen verwenden und natürlich die Polarität der Spannungsquelle umkehren. Bei hoher Luftfeuchtigkeit ist die Detektionseigenschaft stark herabgesetzt.

Der Ionendetektor eignet sich zur schnellen Anzeige von negativen Ionen, zur Ermittlung von deren Herkunft und zur Anzeige der relativen Stärke. Absolute Messungen sind damit nicht möglich.

Zur Demonstration der Funktion wird ein Kunststoffkamm durch die Haare gestrichen und anschließend in die Nähe der Teleskopantenne gebracht. Am Instrument lässt sich dann ein Ausschlag beobachten und

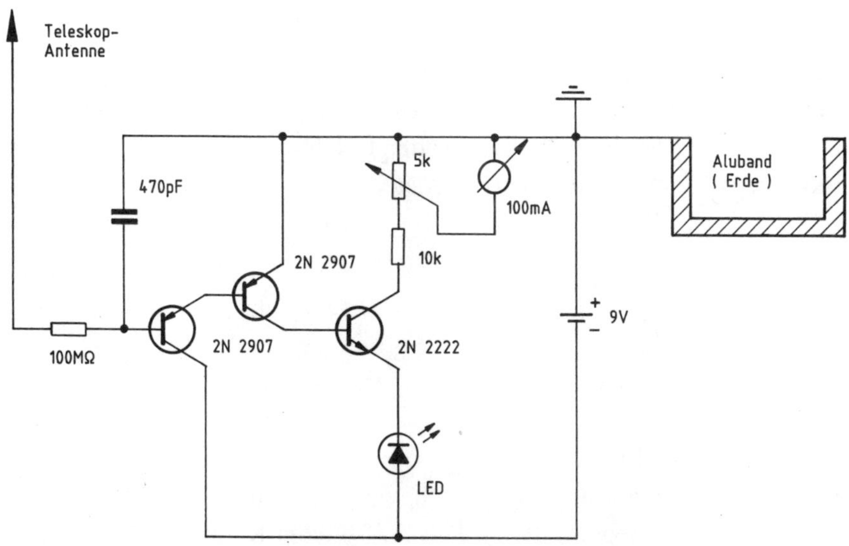

Abb. 50: Schaltung des Ionendetektors

Abb. 51: Ionendetektor

die LED leuchtet. Wird die Antenne dem Kamm noch mehr genähert, kommt es zu größeren Instrumentenausschlägen. Wenn die Nadel über das Ende der Skala hinaus ausschlägt, kann die Anzeige mit dem 5-kOhm-Widerstand verringert werden.

3 Solid State-Tesla-Generatoren

Tesla-Generatoren, die über keine Primärfunkenstrecke verfügen und ausschließlich mit elektronischen Bauelementen aufgebaut sind, werden als Solid State-Tesla-Generatoren bezeichnet.

In diesem Kapitel werden einige dieser Generatoren beschrieben, wobei jeder Leistungsbereich berücksichtigt wird.

3.1 Mini-Tesla-Generator nach EAM

Der in *Abb. 52* gezeigte Mini-Tesla-Generator wurde in der Zeitschrift EAM vorgestellt. Die Schaltung besteht aus einem NF-Oszillator (Sperrschwinger), einer Gleichrichterstufe und dem Tesla-Generator selbst. Statt einer Funkenstrecke wurde ein 600-V-Überspannungsableiter ver-

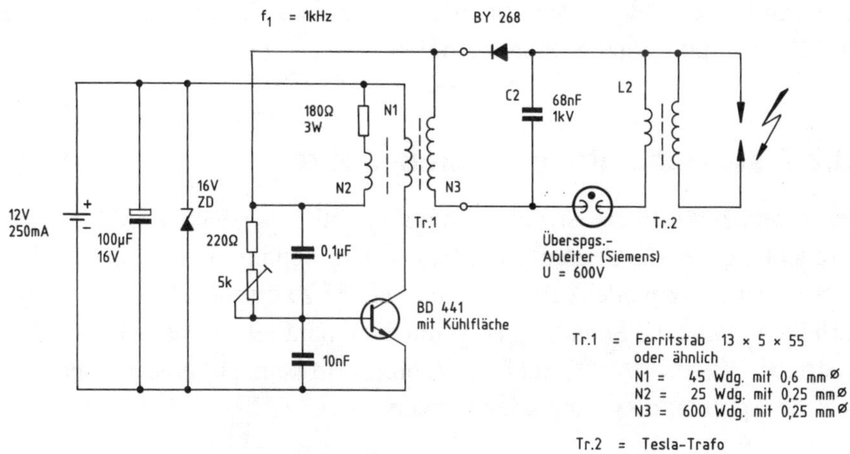

Abb. 52: Mini-Tesla-Generator nach EAM

Abb. 53: Ansteuerschaltung des EAM-Mini-Tesla-Generators

wendet. Zum Entwurf des Tesla-Trafos Tr. 2 müssen die Dimensionierungsrichtlinien im Buch „Experimente mit Teslaenergie" (Franzis Verlag) beachtet werden.

Werden die Gleichrichterstufe und der Tesla-Generator abgeklemmt, kann an N3 eine Leuchtstofflampe angeschlossen werden. *Abb. 53* zeigt den Aufbau des NF-Generators, der auf ca. 700 Hz schwingt und etwa 1. 000 V Impulsspitzenspannung liefert.

3.2 Tesla-Generator mit Vakuumröhre

Entsprechend *Abb. 54* ist es auch möglich, mit einer Vakuumröhre einen brauchbaren Tesla-Generator zu bauen. Die Schaltung stammt aus den USA. Der prinzipielle Aufbau ist aus *Abb. 55* zu ersehen. Zur Leistungserhöhung kann die Schaltung auch mit zwei parallel geschalteten Röhren betrieben werden. Auf Grund der Röhrenform kann auf eine sehr nostalgische Applikation geschlossen werden.

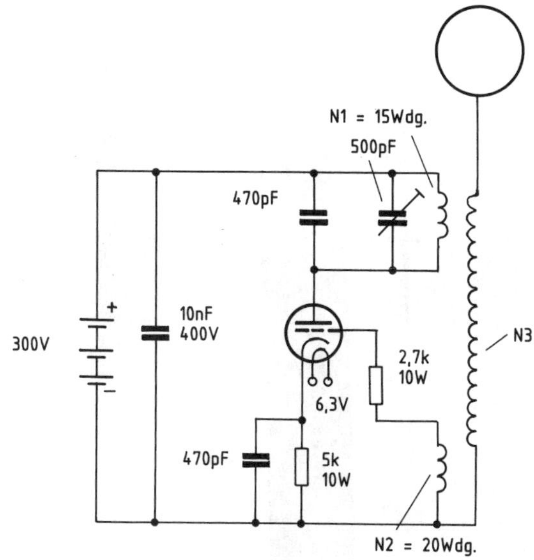

Abb. 54: Tesla-Generator mit Vakuumröhre

3.3 Tesla-Generator TCL 5 nach Information Unlimited

In *Abb. 56* ist ein sehr leistungsfähiger Solid State-Tesla-Generator angegeben, den es als Bausatz bei Information Unlimited gibt. Hier wird die Sekundärspule eines Zeilentrafos in Eigenresonanz bei etwa 50–70 kHz versetzt. In diesem „abgestimmten" Zustand zieht die Schaltung bis zu 7 A aus der Batterie. Information Unlimited empfiehlt den Zeilentrafo in einem Ölbad zu betreiben. Nach den Erfahrungen des Autors ist dies jedoch nicht unbedingt erforderlich – es sei denn, der Zeilentrafo arbeitet im Dauerbetrieb. Der integrierte Baustein SG 3525 ist in normalen Fachgeschäften schwer erhältlich. Er kann über die Firma Strixner + Holzinger in München, Schillerstraße, bezogen werden. Passende Zeilentrafos aus alten Schwarz/weiss-Fernsehgeräten gibt es bei der Firma Oppermann in Steyerberg.

Zeilensplittrafos aus Farbfernsehgeräten eignen sich nicht für diese Anwendung. *Abb. 57* zeigt einen geeigneten Zeilentrafo der Fa. Oppermann. Der Zeilentrafo wird vorsichtig demontiert und die Primärwindungen entfernt. Der Ferritkern besteht aus zwei U-förmigen Hälften, welche mit den beiden Schrauben zusammengehalten werden. Um auf den Induktivitätswert von 0,6 H ±1 % zu kommen, werden so viele Glimmer-

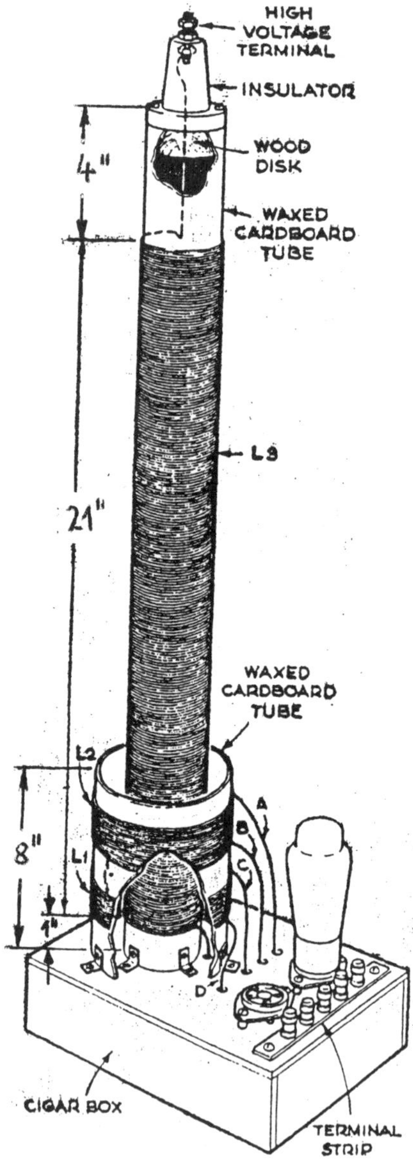

Abb. 55: Prinzipieller Aufbau des Tesla-Generators mit Vakuumröhre

plättchen und Papierschnipsel zwischen die beiden Hälften gelegt, bis der gewünschte Induktivitätswert erreicht wird. Vorher muss auf ein kleines Papprohrstück die Primärwicklung aus dicker Kupferlitze (I_{max} = 7 A) bifilar bzw. zweiadrig aufgebracht werden. Bei der Auswahl der

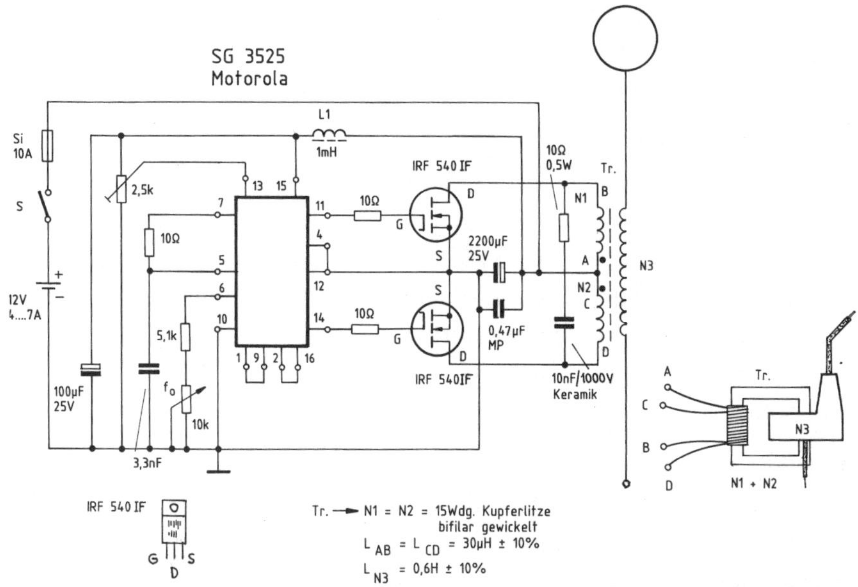

Abb. 56: Schaltung des Tesla-Generators TCL 5 nach Information Unlimited

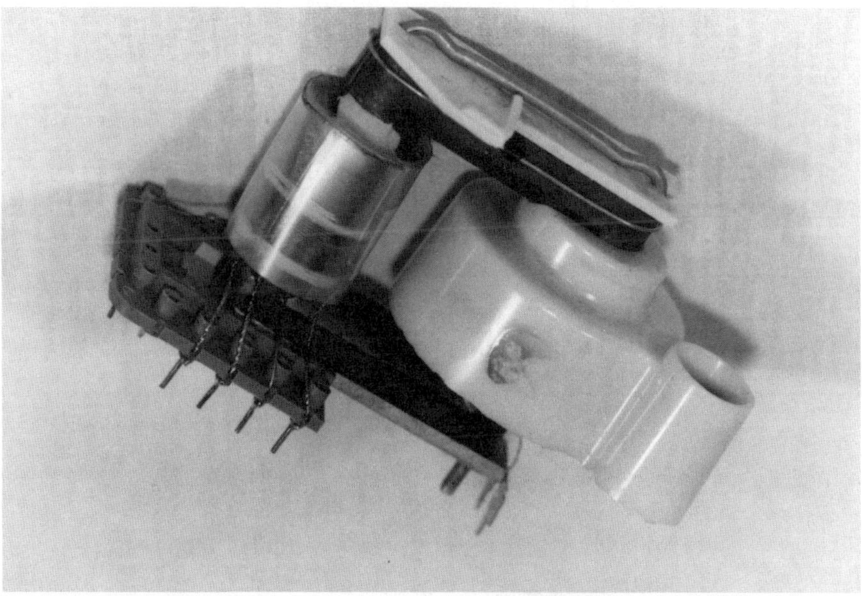

Abb. 57: Zeilentrafo der Firma Oppermann in Steyerberg

MOSFET-Leistungstransistoren sollten IF-Typen verwendet werden, weil deren Kühlfahnen vom Drain-Anschluss isoliert sind. Bei der gemeinsamen Montage auf einem Kühlkörper sind dann keine Glimmerplättchen zur gegenseitigen Drain-Isolation erforderlich.

Zur Resonanzabstimmung des Tesla-Generators aus Abb. 56 muss an den Spulenenden von N3 eine Funkenstrecke angeschaltet werden. Außerdem ist ein Amperemeter in die +12-Volt-Versorgungsleitung zu schalten. Bei Mittelstellung des 2.5-kOhm-Potentiometers muss nun das 10-kOhm-Potentiometer so lange gedreht werden, bis sich maximale Funkenlänge einstellt. Zur Feineinstellung wird nun das 2.5-kOhm-Potentiometer mit dem Schleifer gegen Masse gedreht.

Wichtig:
Der „kalte" untere Anschluss der Zeilentrafo-Sekundärwicklung darf weder auf die (-)-Versorgung noch auf Schutzleiter oder Wasserhahn-Masse gelegt werden.
Das Amperemeter zeigt die Resonanz durch einen Maximalausschlag an.

Abb. 58 zeigt den fertig aufgebauten Tesla-Generator der Firma Information Unlimited. Der Bausatz ist für $ 59,30 aus den USA beziehbar. Das

Abb. 58: Komplett aufgebauter Tesla-Generator TCL5 der Firma Information unlimited

Fertiggerät kostet $ 99,50. Nach Abnehmen der Gummikappe in *Abb. 59* ist der dort eingebaute Zeilentrafo zu sehen. Laut Information Unlimited kann in den Hohlraum zur besseren Isolation und Wärmeableitung Öl gegossen werden. Um bei einem Stromverbrauch von maximal 7 A längere Zeit experimentieren zu können, sollte eine kräftige Batterie wie z. B. ein Bleiakku aus *Abb. 60* vorgesehen werden. Von 12-V-Netzstromversorgungen ist abzuraten, da möglicherweise HF-Energie über die Speiseleitung in die Versorgung zurückwandert und dort mysteriöse Effekte auslösen kann.

Abb. 61 zeigt einen Querschnitt durch den Kunststoffzylinder, in dem der Zeilentrafo untergebracht ist.

Der Begriff „Erdanschluss" ist bei diesem Tesla-Generator nicht ganz zutreffend. Der Anschluss sollte wie schon betont, weder an den Schutzleiter noch an Heizungs- oder Wasserrohrerde gelegt werden. Der Begriff dient hier nur zur Definition des kalten Endes der Sekundärwicklung.

Abb. 59: Zeilentrafo im Kunststoffrohr

Abb. 60: Blei-Akku für hohe Ströme

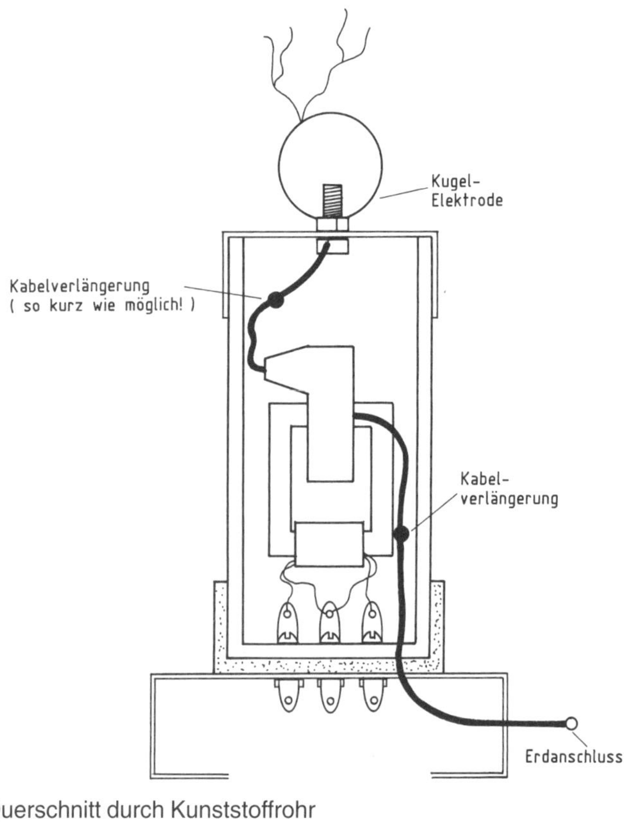

Abb. 61: Querschnitt durch Kunststoffrohr

Wie aus *Abb. 62* zu ersehen ist, gibt es eine ganze Anzahl gasgefüllter Anzeigeelemente, mit denen die elektromagnetische Strahlung eines Tesla-Generators detektiert werden kann. *Abb. 63* zeigt ein Foto praktikabler Glüh-, Glimm- und Leuchtstofflampen.

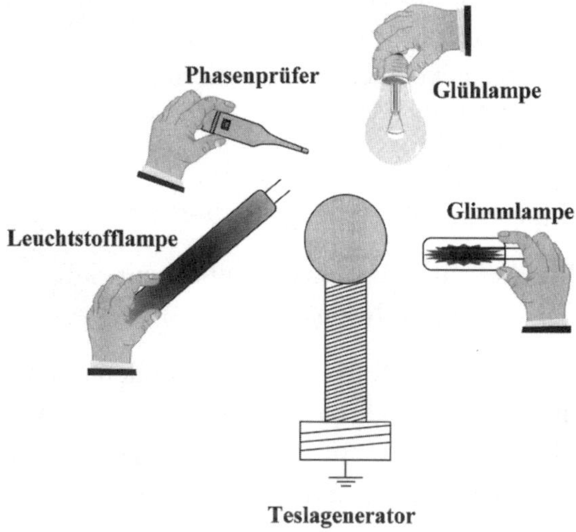

Abb. 62: Strahlungsanzeigeelemente

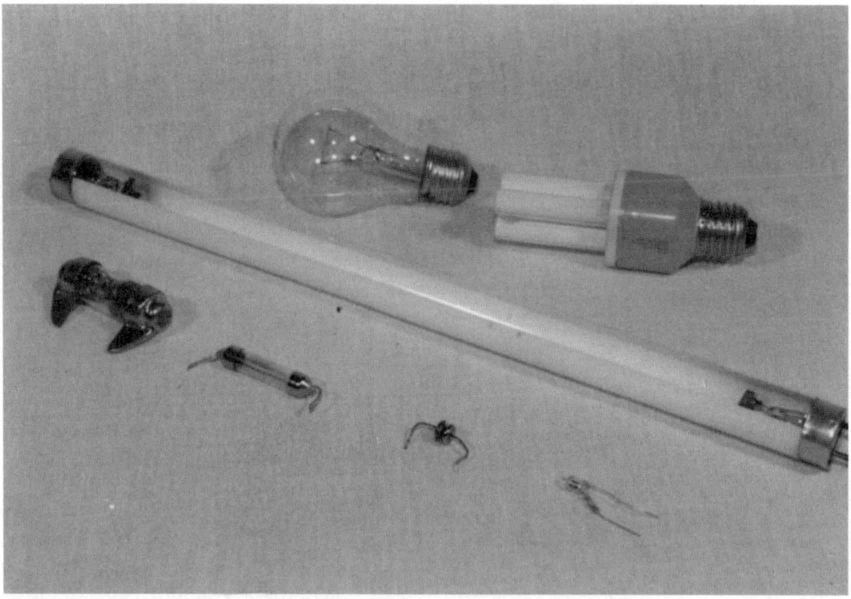

Abb. 63: Glüh-, Glimm- und Leuchtstofflampen zur Strahlungsanzeige

3.3.1 Pyrotechnische Effekte mit Stahlwolle

Ein kleines Mini-Feuerwerk lässt sich mit der Anordnung in *Abb. 64* erzeugen. Die hauchdünnen Stahlfäden sondern Ionen und Ozon ab. Bläuliche kleine Funken, die als Corona-Entladungen und Elmsfeuer bezeichnet werden, sind die Ursache für derlei Effekte. Wenn die Entladungselektrode mit einem isolierten Schraubenzieher in die Nähe der Wollfäden gebracht wird, entstehen ganze Schauer von Funkenentladungen und glühende Fäden.

3.3.2 Resonanzenergie-Übertragung ohne Erdleitung

Der Aufbau in *Abb. 65* ermöglicht auf einfache Weise eine Demonstration der drahtlosen Resonanzenergie-Übertragung.

Benötigt wird hierzu ein zweiter Zeilentrafo mit der gleichen Sekundärinduktivität von beispielsweise 0.6 H $\pm 1\%$. Wird diese Anordnung nun in die Nähe (ca. 30 cm) des Tesla-Generators gebracht, leuchtet die kleine Neonröhre. Die empfangene Energie kann mit einer Hochvoltdiode und

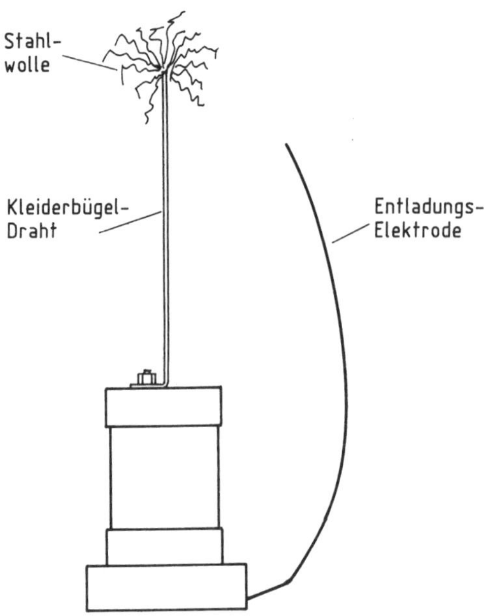

Abb. 64: Pyrotechnische Effekte mit Stahlwolle

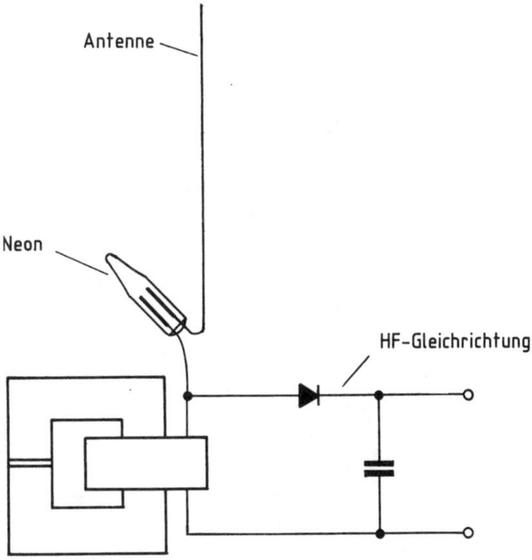

Abb. 65: Versuch zur Resonanzenergie-Übertragung ohne Erdleitung

einem Hochspannungskondensator auch gleichgerichtet werden. Wird der Kondensator mit einem Schraubenzieher überbrückt, entlädt er sich mit einem lauten Knall. Es empfiehlt sich, an das untere Ende des Empfangs-Zeilentrafos ebenfalls einen ca. 30 cm langen Draht anzuschließen.

3.3.3 Jakobsleiter

Ein an zwei Drahtbügeln hochwandernder Lichtbogen wird als Jakobsleiter bezeichnet. In *Abb. 66* ist eine derartige Anordnung zu sehen. Der Solid State-Tesla-Generator TCL 5 liefert die benötigte hochfrequente Hochspannung. Die Jakobsleiter gehört zu den beliebtesten Showeffekten von Hochspannungslabors und Technik-Museen.

3.3.4 Einseitig betriebene Leuchtstofflampen

Ein ebenso beliebter Showeffekt ist in *Abb. 67* dargestellt. Es handelt sich um Leuchtstofflampen, die nur an einer Seite mit dem Tesla-Generator TCL 5 verbunden sind. Es handelt sich hier um keine gewöhnlichen Leuchtstofflampen mit Quecksilberdampffüllung und fluoreszierender Farbe auf der Rohrinnenwand, sondern um neongefüllte Kunststoffrohre,

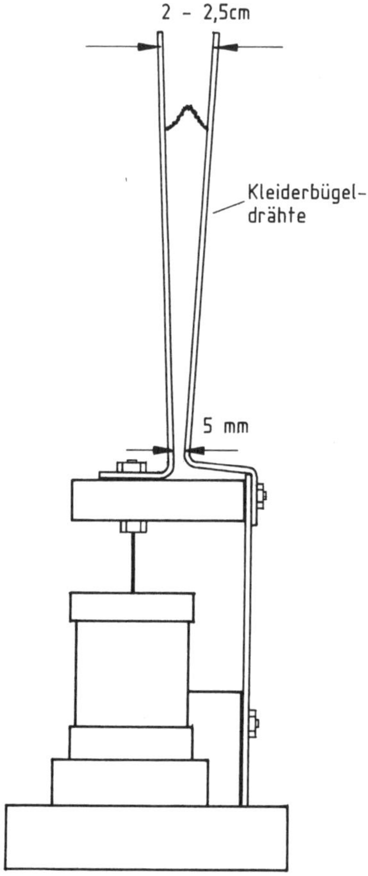

Abb. 66: Jakobsleiter mit TCL-5-Tesla-Generator

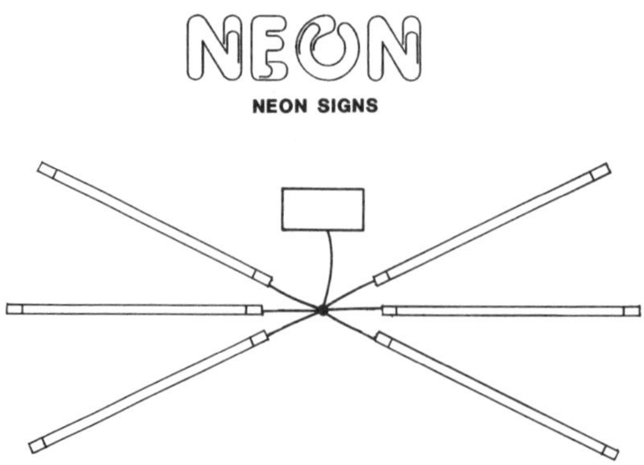

Abb. 67: Showeffekt mit einseitig betriebenen Leuchtstofflampen

die schon bei geringer Anregung ein sanftes Rotlicht ausstrahlen. Diese Leuchtröhren, die es auch mit anderen Gasfüllungen gibt, werden wegen ihrer magischen Leuchtkraft gerne zur Schaufensterdekoration verwendet. Der TCL 5-Tesla-Generator eignet sich übrigens auch zur Ansteuerung von Plasmakugeln.

3.3.5 Energieübertragung nach Tesla/Wahl mit 20 Watt Empfangsleistung

Eine der interessantesten Anwendungen des Tesla-Generators TCL 5 ist in *Abb. 68* zu sehen. Es handelt sich um eine Eindraht-Energieübertragung bzw. um eine drahtlose Energieübertragung, wenn die Verbindung als Erdleitung betrachtet wird. Der Effekt kann mit einem elastisch gekoppelten Pendel verglichen werden. Ein mechanischer Modellversuch mit zwei Pendeln findet sich unter der **www.hcrs.at** im Internet. Im Buch „Experimente mit Tesla-Energie“ (Franzis Verlag) sind ebenfalls Energieübertragungsversuche zu finden. Allerdings bewegen sich die dort übertragenen Energien bzw. Leistungen in der Größenordnung von einem halben Watt. Die Anordnung in Abb. 68 liefert empfängerseitig an einer 12-V-Halogenlampe etwa 20 Watt.

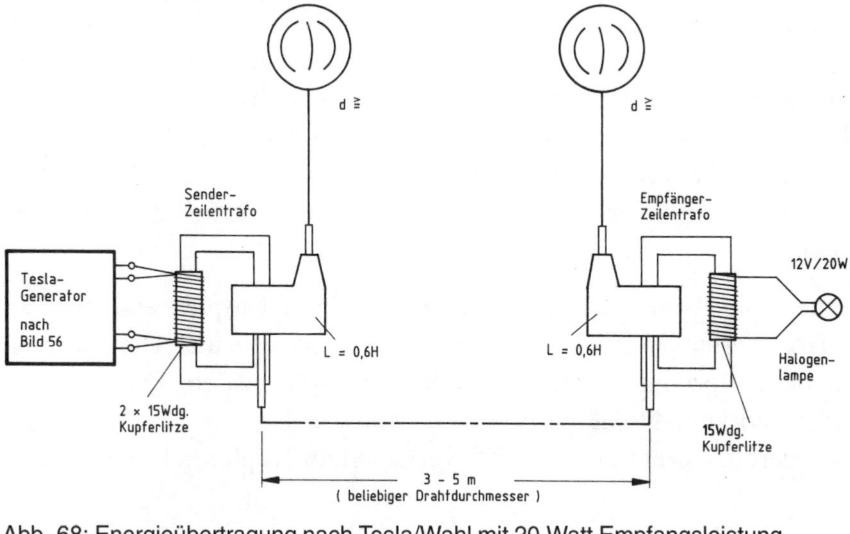

Abb. 68: Energieübertragung nach Tesla/Wahl mit 20 Watt Empfangsleistung

Zu beachten gibt es drei für die einwandfreie Funktion unbedingt erforderliche Voraussetzungen:

- Die beiden Zeilentrafos müssen bezüglich Bauart und Ferritmaterial genau identisch sein. Die Induktivitäten der Sekundärspulen müssen mit 1 % Genauigkeit übereinstimmen.
- Die Antennenabmaße , ob kugel-, toroid- oder flächenförmig, müssen für Sender und Empfänger genau identisch sein.
- Zur Optimierung der Leistungsübertragung müssen die beiden Antennen über ein Mindestoberfläche verfügen. Als optimale Antennenoberfläche konnten etwa 1.000 cm^2, also ca. 30 x 30 cm ermittelt werden.

Wer das Buch „Experimente mit Tesla-Energie“ (Franzis Verlag) gelesen hat, weiß bereits, dass für optimale Leistungsübertragung weitgehende Übereinstimmung zwischen Sender-Resonanzkreis und Empfänger-Resonanzkreis vorhanden sein muss. Um die Zeilentrafos, die in dieser Applikation auf ca. 72 kHz schwingen, auf gleiche Induktivität hinzutrimmen, müssen zwischen die beiden U-förmigen Ferrithälften so lange Glimmer und/oder Papierscheibchen zwischengelegt werden, bis auf ca. ±1 % , d. h. ±0.06 H genau Übereinstimmung herrscht.

In *Abb. 69* ist der Tesla-Generator TCL 5 mit der angeschlossenen Toroid-Antenne zu sehen. Die gesamte Sende- und Empfangsanordnung wird im Farbteil des Buches in *Abb. 70* (siehe Farbteil) gezeigt. Der kurze Abstand zwischen Sender und Empfänger dient ausschließlich zu Demonstrationszwecken. Zur Speisung des Senders dienen 12 Nickel-Cadmium-Zellen, die allerdings nach etwa einer halben Stunde völlig erschöpft sind. Bei einer Stromaufnahme von 6–7 A ist dies verständlich.

Eine Vergrößerung der Antennenflächen führt entsprechend *Abb. 71* (siehe Farbteil) zu einer höheren Leistungsausbeute. Hier wurden halbkugelförmige Styroporteile mit Kupferfolie beklebt. Die mechanische und kontaktmäßige Fixierung wurde entsprechend *Abb. 72* mit Kleiderbügeldraht und dünnem versilbertem Kupferdraht vorgenommen.

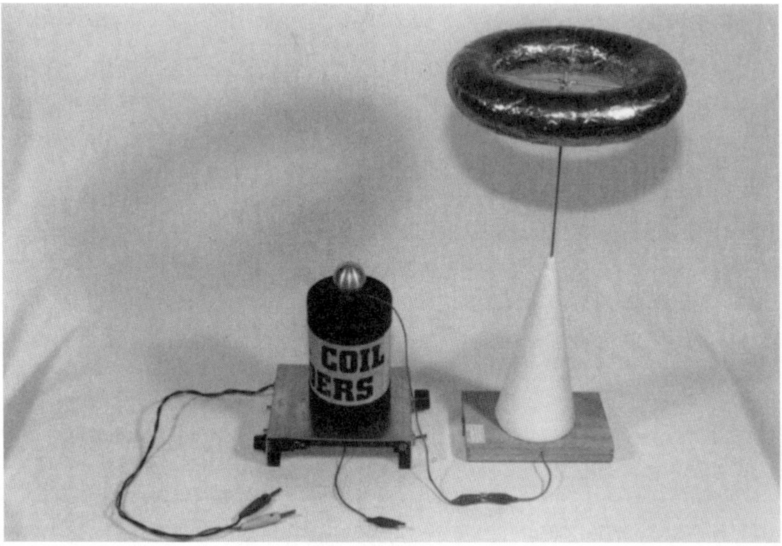

Abb. 69: Tesla-Generator TCL 5 mit angeschlossener Toroid-Antenne

Abb. 70: Sende- und Empfangsanordnung für 20 Watt Leistungsübertragung (Siehe auch Farbteil)

Abb. 71: Höhere Leistungsausbeute mit größeren Antennenflächen (Siehe auch Farbteil)

Abb. 72: Styropor-Halbschale fixiert mit Kleiderbügeldraht und dünnem versilberten Kupferdraht

Abb. 73 zeigt den gleichen Versuch – allerdings mit kleineren kugelförmigen Antennen. Empfangsseitig wurde der Zeilentrafo im Innern der Hohlkugel untergebracht. Wenn die Kugel an einem dünnen Draht an der Zimmerdecke befestigt wird, entsteht eine originelle Ein-Draht-Hängelampe, deren Stromversorgung für einen Laien völlig unverständlich ist. Noch mysteriöser wird für den Uneingeweihten die Sache, wenn die Kugellampe nur an einem dünnen metallisierten Lurexfaden hängt. Statt Lurexfäden können auch Fäden mit eingesponnener Stahlseele, wie sie bei der Teppichbodenherstellung üblich sind, verwendet werden. *Abb. 74* zeigt Garnrollen mit eingesponnenen Stahlfäden. Die rechte Spule in Abb. 74 trägt in ihrem

Abb. 73: Zeilentrafo im Innern einer Empfangskugel

Abb. 74: Garnrollen mit eingesponnenen Stahlfäden

Innern eine nahezu unsichtbare V2A-Stahlseele mit 0.04 mm Durchmesser. Obwohl der Widerstand der Stahlseele fast 1 kΩ pro Meter ist, kann die „Hängelampe“ über 2–3 Meter problemlos betrieben werden.

3.3.6 60-kV-Hochspannungskaskade

Der Solid State-Tesla-Generator TCL 5 eignet sich auch zum Aufbau einer 60-kV-Hochspannungsquelle entsprechend *Abb. 75*. Die Sekundärwicklung des Zeilentrafos wird in dieser Applikation auf drei hintereinander geschaltete TV-Kaskaden geführt. Bei optimaler Einstellung der Schwingfrequenz f_0 liefert die Quelle 60 kV Gleichspannung, sodass die Funken ca. 6.5 cm Elektrodenabstand überspringen. Im Versuchsaufbau in *Abb. 76* (siehe Farbteil) wird wegen der komplizierten Anschlusstechnik der einzelnen Kaskaden eine diskret aufgebaute Kaskade verwendet. Als Hochspannungsdioden können die Typen KYX 28/15, BY 16, DD 1800 oder BY 711 verwendet werden. Die Kondensatoren sollten 10 kV standhalten und einen Wert von etwa 1.500–2.200 pf aufweisen. Wird wie in Abb. 75 ein Ladekondensator an den Elektroden angeschlossen, kommt es je nach Größe der Kapazität zu periodischen Entladungen, die sich nicht nur gefährlich anhören, sondern bei unachtsamer Berührung tödlich verlaufen können.

3.4 Avramenkos freie Elektronenpumpe

Als Beweis für Tesla-Wellen findet sich im Internet unter der Adresse:

http://jnaudin.free.fr/html/afep01.htm

der Schaltungsvorschlag nach *Abb. 77*. Die ursprüngliche Avramenko-Applikation (Avramenko = russischer Wissenschaftler) wurde von dem französischen Wissenschaftler J. Naudin abgewandelt und ins Internet gestellt. Im Grunde handelt es sich wieder um einen Tesla-Generator mit einer KFZ-Zündspule, die in Eigenresonanz getrieben wird. Die Eigenresonanz liegt bei der normalen 12-V-KFZ-Zündspule bei 6.5 kHz. Die Transistor-KFZ-Zündspule liegt bei 10 kHz.

Genauso wie beim TCL 5 stellt sich beim Durchdrehen des 25-kΩ-Potentiometers bei Eigenresonanz der Zündspule ein Maximum der Stromauf-

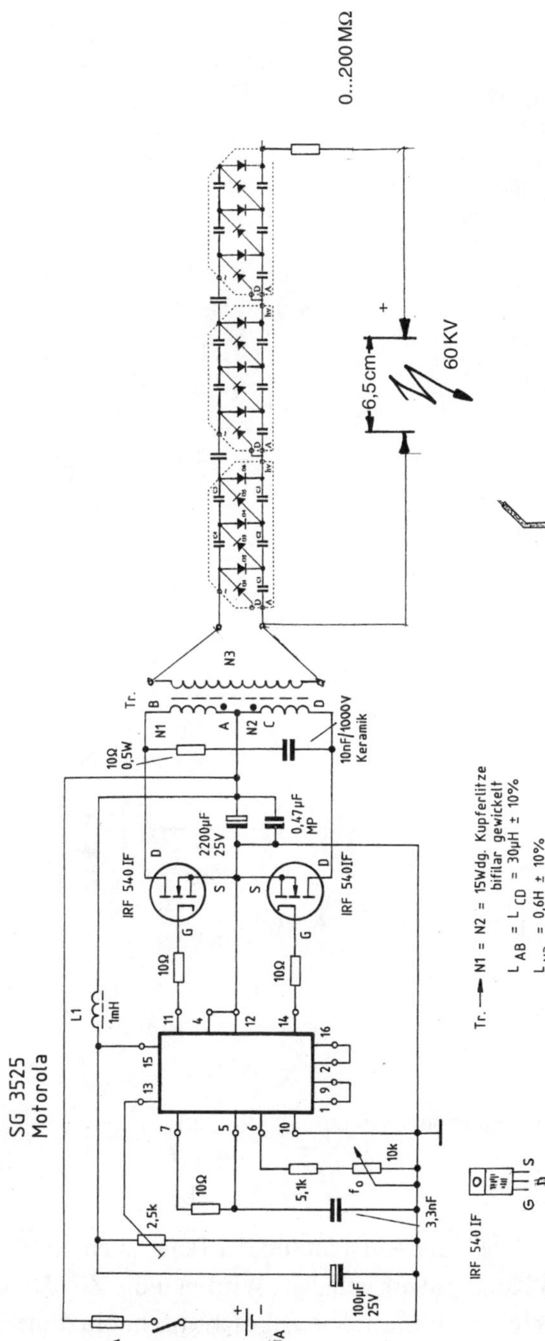

Abb. 75: 60-kV-Hochspannungskaskade

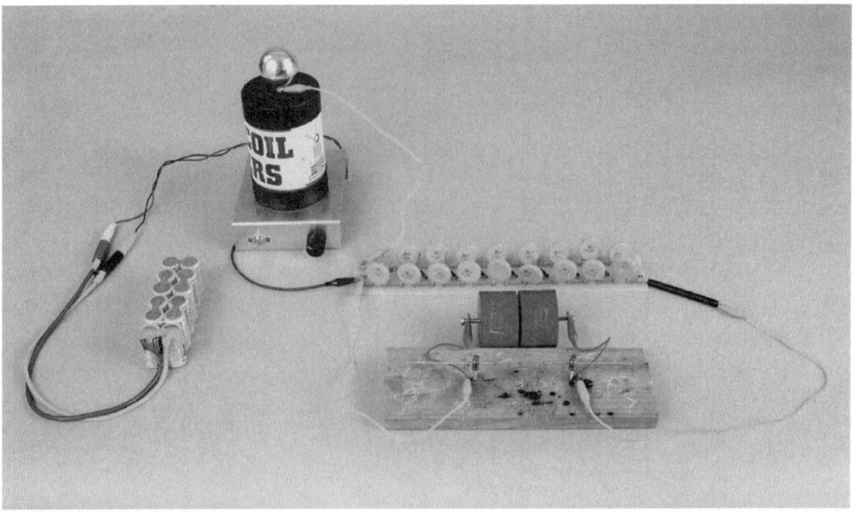

Abb. 76: Aufbau der Hochspannungskaskade
(Siehe auch Farbteil)

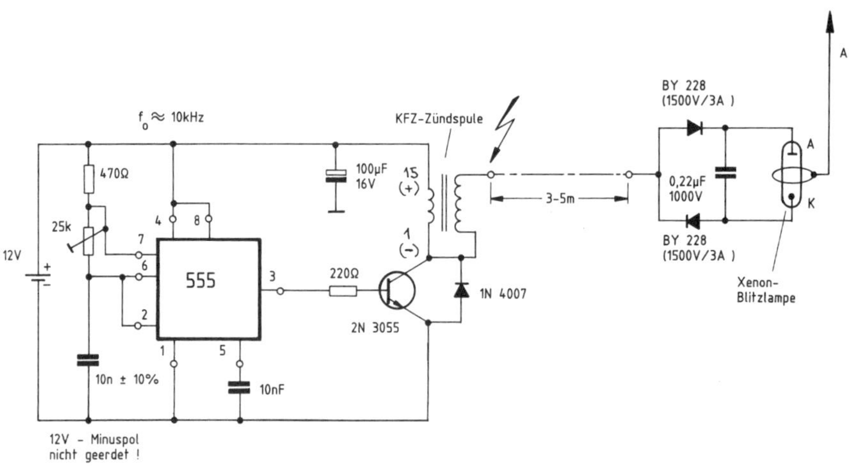

Abb. 77: Avramenkos freie Elektronenpumpe

nahme (I = 1,3A) ein. Nach der Aufspaltung der Polaritäten mit den beiden Dioden wird ein Kondensator geladen. Wird nun die Zündelektrode einer Xenon-Blitzröhre an eine Antenne angeschlossen, blitzt die Röhre in rhythmischem Abstand.

Laut Theorie nimmt die Antenne freie Elektronen aus dem Raum auf und triggert damit die Röhre.

Nur leider passiert dies auch ohne Antenne. Der Autor hat diesen Versuch trotzdem zum Anlass für eine kleine Versuchsreihe genommen.

3.4.1 Betrieb mit Tesla-Generator TCL 5

Bei der Versuchsanordnung in *Abb. 78* wird der leistungsfähigere TCL 5 eingesetzt. Der Blitzeffekt wird hierbei wesentlich stärker. Ebenso wie in Abb. 77 ist es erstaunlich, dass die Diodenaufspaltung an der Ein-Draht-Leitung Plus- und Minus-Potenzial aufbaut, mit dem die Blitzlampe betrieben werden kann.

Wer sich für derartig Mysteriöses genauer interessiert, kann im Internet die Suchmaschine www.google.de aufrufen und als Suchwort „Avramenko“, „Naudin“ oder „Freie Energie“ eingeben. Es ist erstaunlich, wie viele Infos dort zu finden sind.

Abb. 79 zeigt den Ladekondensator und die Blitzröhre.

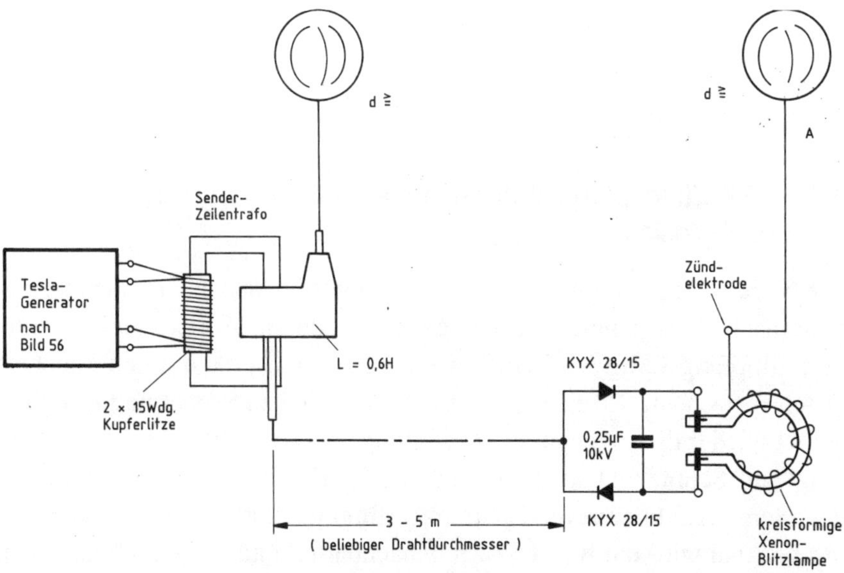

Abb. 78: Avramenkos freie Elektronenpumpe angesteuert mit dem Tesla-Generator TCL 5

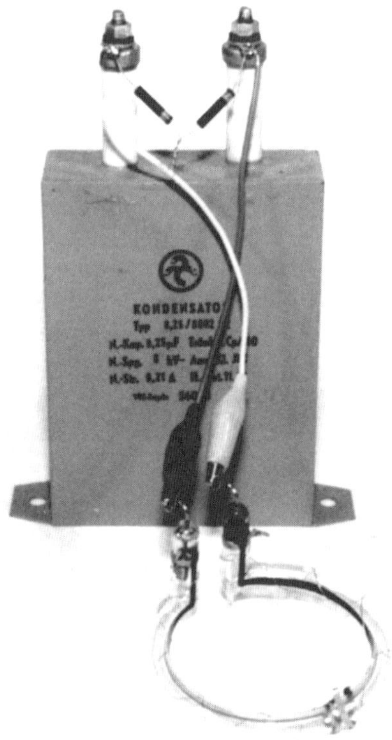

Abb. 79: Ladekondensator und Blitzröhre

3.4.2 KFZ-Zündspulen statt Zeilentrafos zur Energieübertragung nach Tesla

Die Naudin-Applikation aus Abb. 77 wird in *Abb. 80* zur Energieübertragung nach Tesla genutzt. Senderseitig hat sich am Aufbau nichts geändert. Empfangsseitig wird eine zweite KFZ-Zündspule mit den gleichen Daten verwendet. Die einzige Verbindung zwischen Sender und Empfänger ist wieder die sogenannte „Erdleitung". Keinesfalls darf die „Erdleitung" auf Schutzkontakt, Wasserhahn oder Heizungskörper gelegt werden. Sonst funktioniert die Energieübertragung nicht mehr. Eine mechanische Analogie sind wieder zwei benachbarte Pendel, die nicht an einer flexiblen Schnur, sondern an festem Mauerwerk befestigt sind. Das feste Mauerwerk – also quasi die „Erde" – kann die mechanische Energie auf

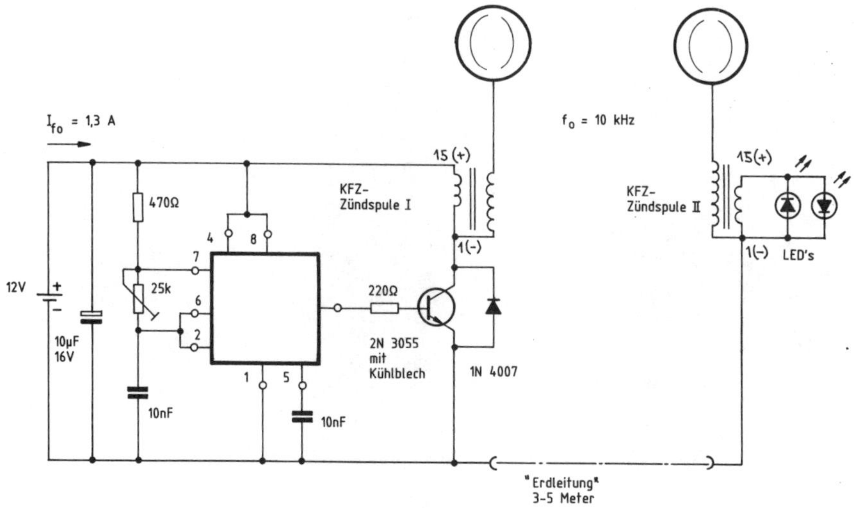

Abb. 80: Energieübertragung mit KFZ-Zündspulen

das zweite Pendel nicht übertragen. Die Energie fließt ungenutzt ins Mauerwerk ab. In gleicher Weise fließt die HF-Energie des Senders ungenutzt ins Erdreich. Laut Tesla soll es aber eine Schwellenspannung von 512 kV geben, bei der trotzdem eine HF-Energieübertragung möglich ist.

Zur Schaltung in Abb. 80: Die übertragene Energie reicht hier nicht zum Betrieb eines Lämpchens, sondern bringt bestenfalls zwei LEDs (gelb und rot) zum Leuchten. Obwohl die beiden Zündspulen völlig identisch sind, gibt es wahrscheinlich geringfügige Induktivitätsunterschiede bei den Sekundärwicklungen. Im Übrigen müssen auch in dieser Applikation die Antennen eine Mindestfläche aufweisen, um eine zufriedenstellende Energieübertragung zu gewährleisten. Im Resonanzfall steigt senderseitig der aufgenommene Betriebsstrom auf etwa 1.3 A.

In *Abb. 81* ist im Farbteil des Buches der Versuchsaufbau zur Energieübertragung unter Verwendung von KFZ-Zündspulen zu sehen. Empfängerseitig ist durch den roten Zündspulenkopf nur die gelbe LED zu sehen. Das Licht der roten LED ist nur undeutlich zu erkennen.

Abb. 81: Versuchsaufbau zur Energieübertragung mit KFZ-Zündspulen
(Siehe auch Farbteil)

3.5 Tesla-Generator nach R-E-Experimenter's Handbook von Duane A. Bylund

Eine noch leistungsfähigere Version eines Solid State-Tesla-Generators als der TCL 5 geht aus *Abb. 82* hervor. Die Leistungsaufnahme liegt hier bei etwa 250–300 Watt, während der TCL 5 maximal 70–100 Watt aufnimmt. Es können bis zu 20 cm lange Funkenentladungen gezogen werden. Die Schaltung ist allerdings wesentlich aufwendiger. Hinzu kommt die mühsame Wickelei der Trafos!

Das Oszillator-IC vom Typ SG 3524 ist eigentlich ein Pulsbreitenmodulator für getaktete Stromversorgungen, dessen Schwingfrequenz mit dem 1 KOhm-Potentiometer einstellbar ist. Mit den angegebenen Werten liefert das IC eine Ausgangsfrequenz von 100 bis 120 KHz.

Die Ausgangsspannungen an Pin 12 und 13 sind zueinander um 180° phasenverschoben und treiben die Power-MOSFETs SK 9155. Diese wiederum steuern die Primärwicklungen L1 und L2 des Trafos Tr. 1 an. Die Sekundärwicklungen L3 und L4 führen zu den Schalttransistoren ZN 6678. Die in den Basiskreisen vorgesehenen Dioden und Kondensatoren sollen die Schaltzeiten der Transistoren herabsetzen. Die beiden Transistoren steuern über ihre Kollektoren schließlich den Trafo Tr. 2 an. Beim

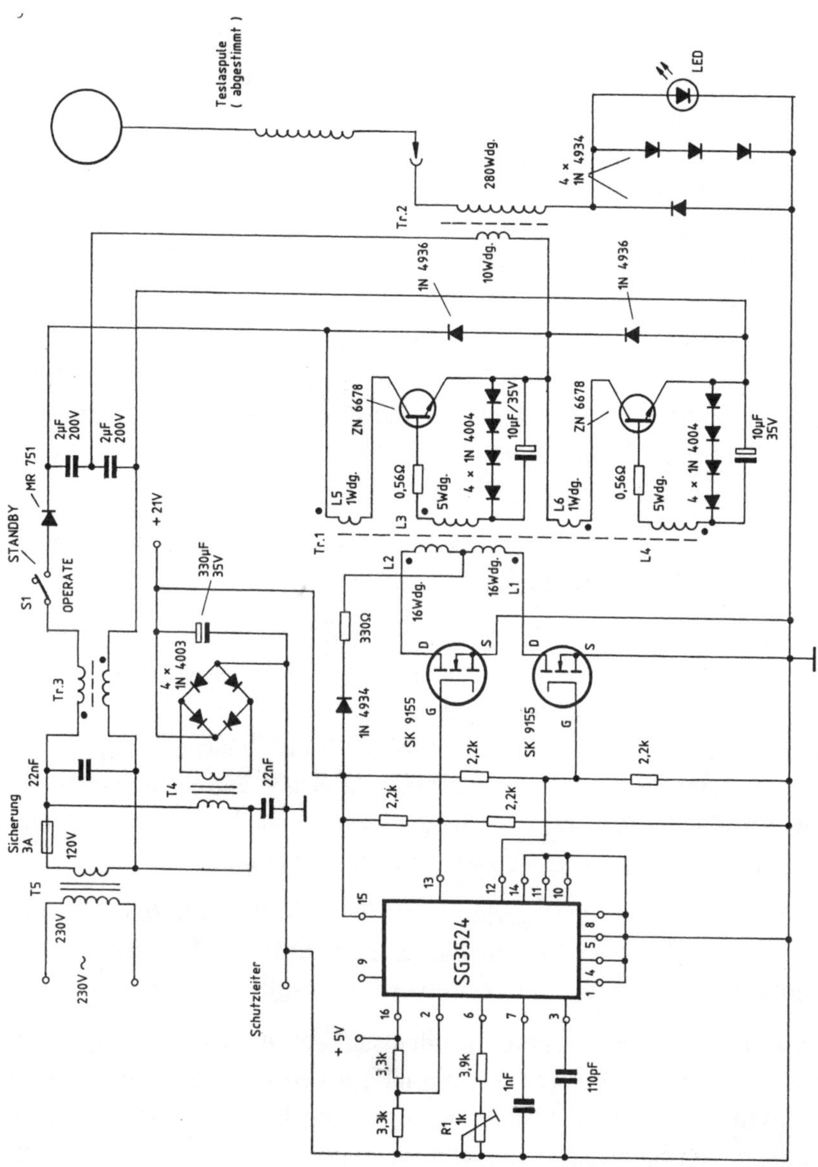

Abb. 82: Schaltung des Tesla-Generators nach R-E-Experimenters

Einstecken des Netzsteckers arbeitet der Tesla-Generator im „Stand-by-Modus“. Dies bedeutet, dass die 21-V-Stromversorgung in Betrieb ist und die Primärwicklungen von Tr. 1 angesteuert werden.

Im Stand-by-Modus wird genug Leistung produziert, um die Ausgangsfrequenz des SG 3524 auf die Eigenresonanz der Tesla-Spule abzustimmen. Dabei sollte in Betracht gezogen werden, dass in der Nähe der Tesla-Spule stehende Metallteile die Resonanzfrequenz beeinflussen können. Der Abgleich wird mit R 1 unter Beobachtung der LED durchgeführt. Bei Abstimmung auf die Eigenresonanz hat die Tesla-Spule eine niedrige Impedanz. Dies bedeutet maximalen Stromfluss für die LED. Die parallel zur LED befindlichen Dioden begrenzen die Durchlass- und Sperrspannung der LED. Die verwendete LED sollte bezüglich ihrer Daten bereits bei 1.5 V leuchten. Wird der Schalter S1 in den „Operate Mode“ bzw. „High Power Mode“ gebracht, liefert der Halbwellengleichrichter Energie an die Primärwicklung von Tr. 2. Nun erscheinen starke Corona-Effekte an der kugelförmigen Elektrode.

Der Trafo Tr. 3 entspricht derselben Ausführung wie Tr. 2. Die bifilare Wicklung von L1 und L2 findet sich auch auf Tr. 3.

Wer sich für den Nachbau dieses Tesla-Generators interessiert, kann beim Autor die englischsprachige Bauanleitung gegen einen Unkostenbeitrag anfordern. Das Gerät darf nur in den „Full Power Mode“ geschaltet werden, wenn es vorher im „Stand-By-Mode“ auf Resonanz abgestimmt wurde. Andernfalls können sich die Treibertransistoren verabschieden. Im Übrigen sollte der Generator nie länger als ein paar Minuten ohne Pause eingeschaltet bleiben, da er sich sonst unzulässig erhitzt.

Abb. 83 zeigt das Ansteuergerät für die Tesla-Spule in *Abb. 84* . Links oben in Abb. 83 ist der leistungsfähige Ferrittrafo Tr. 2 zu sehen. Tr. 3 befindet sich links unten und Tr. 1 etwa in der Mitte des Bildes.

Als Endstufentreibertransistoren wurden statt der im Schaltbild angegebenen Transistoren die Typen SD 9140 von RCA verwendet. Aus *Abb. 85* geht der Zusammenbau von Tesla-Spule und Kugelelektrode hervor. Ohne Fremdkörper in der Nähe der Tesla-Spule zeigt die Kugelelektrode Funkenentladungen bis 15 cm Länge entsprechend *Abb. 86* . Wird, wie in *Abb. 87* dargestellt, ein geerdeter Draht in die Nähe der Entladungselektrode gebracht, können Funkenüberschläge bis zu 18 cm Länge beobachtet werden.

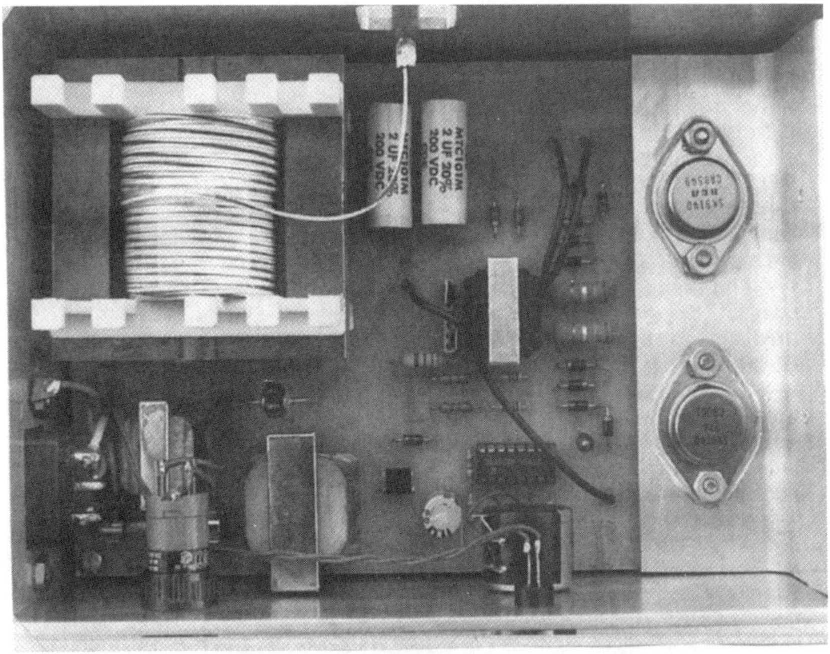

Abb. 83: Ansteuergerät für die Tesla-Spule

Abb. 84: Tesla-Spule mit Kugelelektrode

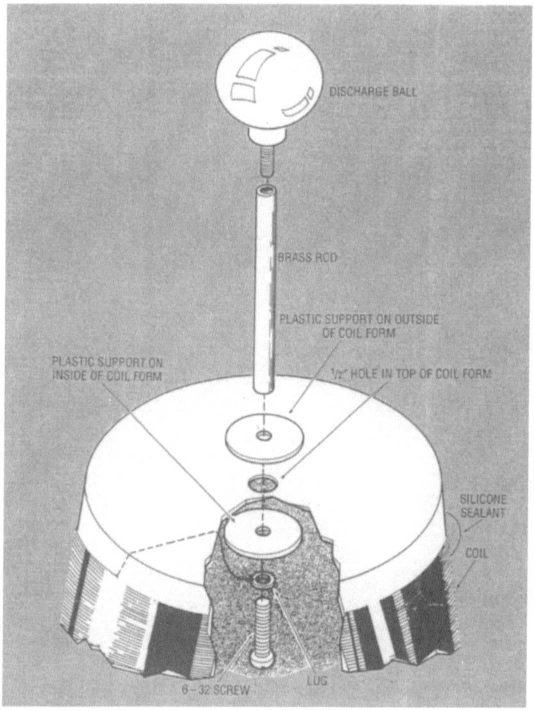

Abb. 85: Zusammenbau von Tesla-Spule und Kugelelektrode

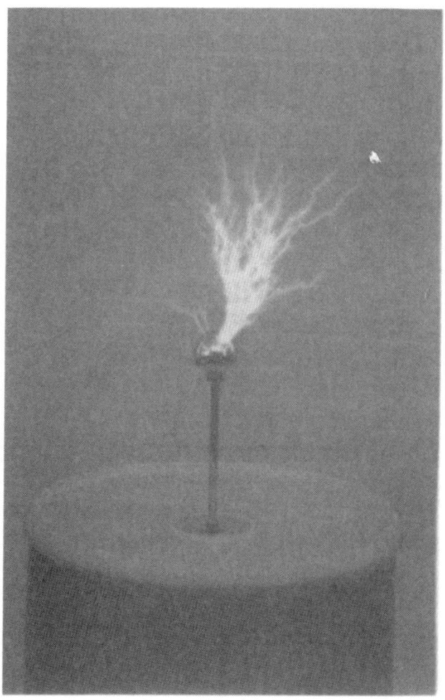

Abb. 86: Funkenentladungen bis 15 cm Funkenlänge

Abb. 87: Funkenentladungen bis zu 18 cm mit Erdungsdraht als Gegenelektrode

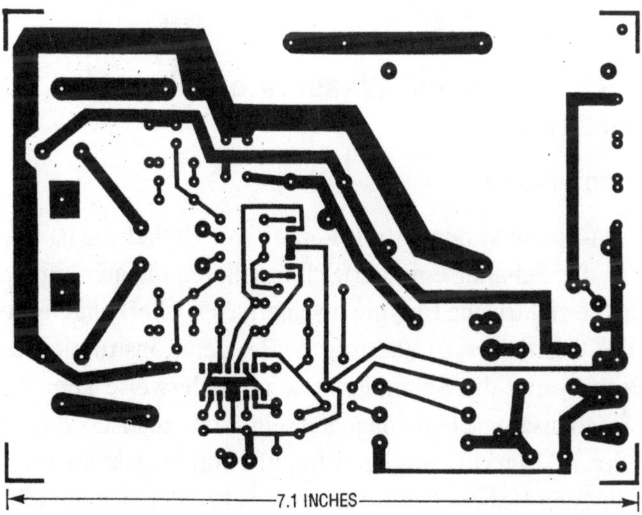

Abb. 88: Layout des Ansteuergeräts

Abb. 88 zeigt das Layout des Ansteuergeräts und *Abb. 89* den Bestückungsplan.

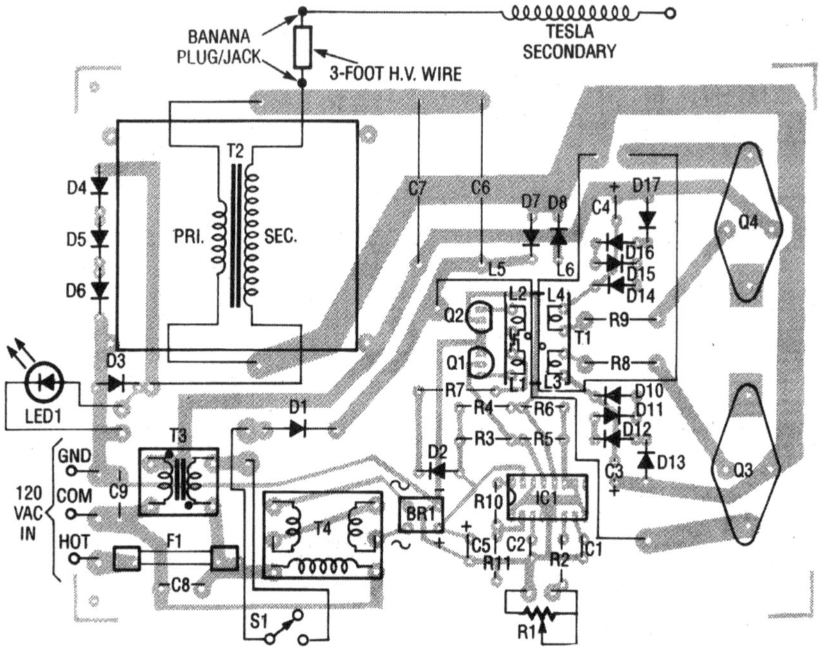

Abb. 89: Bestückungsplan des Ansteuergeräts

3.6 Tesla-Generator mit Wasserstoff-Thyratron nach Richard Hull

3.6.1 Vorbemerkung

In allen Tesla-Spulensystemen mit kapazitiver Entladung ist die Funkenstrecke bzw. der Schalter eine der Schlüsselkomponenten, die verwendet werden, um die elektrische Energie im Energiespeicherkondensator zur Primärspule des Oszillators zu übertragen. Bei der Konstruktion der Spulen sind die Primär- und die Sekundärspule normalerweise kein großes Problem. Der Kondensator scheint dagegen sehr problematisch. Durch den Einsatz spezieller, im Markt verfügbarer Impulsentladungskondensatoren können die erfahrenen Hobbyelektroniker dieses Problem jedoch leicht lösen.

3.6.2 Der Schalter

Der Schalter ist in fast allen Tesla-Generatoren irgendeine Form einer in der Luft betriebenen Funkenstrecke. Er kann insbesondere bei den ersten

Versuchen aus zwei in Holz befestigten Nägeln bestehen. Sehr große Tesla-Systeme erfordern rotierende Funkenstrecken. Die Suche nach dem perfekten Schalter ist eine unendliche Geschichte. Die Konstruktion des Schalters wird u. a. von folgenden Faktoren bestimmt: der Kopplung der Primärspule mit der Sekundärspule (dies steht mit der Funkenlöschung im Zusammenhang), die in das System eingespeiste Leistung (dies bezieht sich auf die Dimensionierung) und das gewünschte Ergebnis (Funkenlänge, Wirkungsgrad, HF-Ausgangsspannung, spektrale Reinheit usw.).

Ein perfekter Schalter sollte

- sehr schnell schalten (< 1 µs),
- sehr hohen Spannungen widerstehen können (> 10 000 V),
- hohe Spitzenströme verarbeiten können (> 500 A),
- sehr hohen Durchschnittstemperaturen widerstehen können (> 500 °C),
- den Schaltvorgang mit sehr niedrigen internen Verlusten ausführen können (R_{on} < 1 Ω),
- sehr schnell ausgeschaltet werden können, während sich sowohl die Spannung als auch der Strom in der Nähe ihrer Maximalwerte oder auf ihrem Maximalwert befinden (< 1 µs).

Die gewöhnliche Luftfunkenstrecke kann tatsächlich für fast alle diese Parameter optimiert werden! Lediglich die beiden letzten Punkte verursachen Probleme. Erstaunlicherweise ist die gewöhnliche Funkenstrecke in der Luft nach wie vor der derzeit beste verfügbare Schalter für Tesla-Spulen.

Man möchte annehmen, dass im Zeitalter der modernen Elektronik diese alte Funkenstrecke den Fortschritten bei der Entwicklung elektrischer oder elektronischer Schalter zum Opfer gefallen ist. Dies ist definitiv nicht der Fall! Die modernen Schalter für die Verwendung in der Elektronik gehören zu zwei großen Kategorien: 1. Halbleiterschalter und 2. Vakuumröhren.

3.6.3 Die Halbleiterschalter (Solid State-Schalter)

Die Halbleiterschalter haben sich sehr schnell weiter entwickelt. Die FET-Schalter können einen Widerstand im eingeschalteten Zustand im Bereich von Millohm aufweisen! FETs, Bipolartransistoren und IGBT-Vorrichtungen können relativ große Ströme (100 A) in Nanosekunden schalten. Keine der Vorrichtungen kann in einer einzelnen Einheit allerdings mehr als 1.600 V schalten! Die Thyristoren sind nicht bidirektional und erfordern eine spezielle Schaltungsordnung, um richtig umzuschalten. Moderne, sehr teure Halbleiterschalter können Spannungen bis zu 7.000 V aushalten und 3.000 A schalten (z. B. IGCTs). Derartige Bauelemente kosten Tausende von Euro pro Stück! Reihenschaltungen aus Schaltern für niedrigere Spannungen (um höhere Spannungen zu erreichen) sind teuer und brennen meist alle durch, falls sich ein Problem ergibt. Bei allen Halbleiterschaltern besteht die Gefahr der Beschädigung durch starke elektrische Felder. Durch Tesla-Spulen werden aber sehr große elektrische Feldstärken erzeugt! Schließlich sind alle Halbleiterschalter streng auf relativ niedrige Betriebstemperaturen begrenzt (ca. 200 °C). Wenn die Temperatur des Schalters ansteigt, nimmt die Leistung der Schalter rapide ab. Folglich sind die ersten drei Punkte der Beschreibung des perfekten Schalters mit Halbleiterschaltern nicht zu erfüllen. Dies sind aber drei Schlüsselkriterien für die maximale Leistung von Tesla-Systemen, insbesondere bei Leistungspegeln weit über 1.000 W.

Es gibt einige Beispiele für moderne Solid State-Tesla-Generatoren. Der gebräuchlichste Generator ist ein einfaches System mit Zeilentrafo-Oszillator (siehe Kap. 3.3), der 2 bis 3 cm lange Funken erzeugt. Das beste Beispiel ist das System von Duane A. Bylund (siehe Kap. 3.5). In England arbeitet Alan Sharp zur Zeit an einem umfangreichen Forschungsprojekt im Bereich der Solid State-Tesla-Generatoren. Der gegenwärtige Stand der Technik erlaubt mit Halbleiterschaltern jedenfalls eine relativ geringe Ausgangsleistung.

3.6.4 Die Vakuumröhren

Die Leistung der Vakuumröhre ist durch den Emissionswirkungsgrad des Heizfadens begrenzt. Eine Röhre kann sehr schnell ein- und ausgeschaltet werden, wobei sie mit relativ einfachen Schaltungen leicht über einen großen Bereich zu steuern ist. Eine Spezialröhre kann mit 30.000 V oder mehr arbeiten. Vakuumröhren vertragen hohe Temperaturen, bei denen das Anodenblech kirschrot glühen kann. Es scheint, dass Hochvakuumröhren lediglich einen einzigen Fehler besitzen, der ihre Verwendung als perfekter Schalter verhindert. Dieser Makel besteht darin, dass sie nicht mehr als ein paar Ampere Dauerstrom oder etwa 100 A Spitzenimpulsstrom verarbeiten können. Mit anderen Worten, sie sind Schalter mit einem relativ hohen Widerstand im eingeschalteten Zustand.

Die frühen Tesla-Spulen mit Röhren (siehe Kap. 3.2), die für den Einsatz im Hobbybereich geeignet waren, wurden von Harold P. Strand entwickelt. Von ihm stammen zahlreiche Zeitschriftenartikel rund um das Thema der Konstruktion eines rückgekoppelten Oszillators. John Freau ist einer der bekanntesten Forscher auf dem Gebiet der Hochleistungs-Teslageneratoren mit Röhren. Sein in der Staccato-Betriebsart arbeitendes System, das kürzlich vorgestellt wurde, stellt eine hohe Leistung aus einem speziellen Vakuumröhrenoszillator bereit, bei dem das Tastverhältnis bzw. die Impulswiederholungsrate variiert werden kann. Dies erlaubt sehr lange Funkenstrecken mit einer niedrigen durchschnittlichen Eingangsleistung, wenn auch mit einer niedrigen Zündfrequenz.

Gasgefüllte Röhren sind ein Spezialfall der Vakuumröhre, die dem Idealfall eines Schalters sehr nahe kommen. Bei dieser Form der Röhre wird zunächst ein Hochvakuum erzeugt, wobei anschließend ein Gas oder ein Gasgemisch in die Röhre zurückgepumpt wird. Derartige Röhren, sogenannte Thyratrons, können erstaunliche Schaltleistungen erbringen. Besonders verbreitet sind die Quecksilberdampf-Thyratrons, in denen ionisierter Quecksilberdampf die Ladungsträger liefert. Thyratrons können Zehntausende Volt bei Tausenden von Ampere schalten. Das Problem entsteht erst bei der Entionisierung. Die Entionisierung des Metalldampfes erfolgt sehr langsam, wodurch die Löschzeiten dieser Röhren im Bereich mehrerer Millisekunden liegen, was etwa tausendmal zu langsam für einen idealen Schalter ist.

3.6.5 Das Wasserstoff-Thyratron

Während des zweiten Weltkriegs wurde ein idealer Schalter für die Verwendung in Radarimpulsgeneratoren gesucht. Radargeräte benutzten damals noch rotierende Funkenstrecken. Derartige Systeme wurden bis in die späten 40er-Jahre eingesetzt.

Nach langer Suche wurde vom MIT-Strahlungslabor das Wasserstoff-Thyratron vorgestellt. Die Spezifikation für diese sehr speziellen Röhren liest sich wie die idealisierte Liste für den perfekten Schalter. Moderne Wasserstoff-Thyratrons können mit 80.000 V betrieben werden, sie erlauben Spitzenströme bis zu 10.000 A und sie werden in etwa 1 µs gezündet und gelöscht. Außerdem arbeiten sie nahezu ohne Alterung bei hohen Temperaturen und können bis zu tausendmal pro Sekunde schalten.

Sie verhalten sich wie ein Thyristor, der, sobald er einmal gezündet hat, gezündet bleibt, solange keine Spannungsumkehr an der Anode erfolgt. Glücklicherweise wird beim Tesla-Oszillator die Spannungsumkehr im Primärkreis das Thyratron löschen. Der Primärkreis kann nach der Umkehrung jedoch nicht schwingen, da der Schalter offen ist. Dadurch wird der Wirkungsgrad des Systems vermindert. Abhilfe könnte die Verwendung „antiparallel geschalteter" Thyratrons bieten.

Nicht zuletzt ist das Ganze eine Kostenfrage. Das Wasserstoff-Thyratron ist z. B. einer der wenigen Röhrentypen, die immer noch hauptsächlich in den USA hergestellt werden. Wegen ihres komplizierten Aufbaus kosten Wasserstoff-Thyratrons einige hundert Euro pro Stück, die größeren einige tausend Euro. Es sind aber auf Flohmärkten auch gebrauchte Exemplare preiswert zu bekommen.

Für einen gebräuchlichen Typ, das 5C22-JAN, sind die technischen Daten wie folgt

Maximale Anodenspannung	16.000 V
Maximaler Spitzenimpulsstrom	250 A
Maximale Wiederholungsrate bei voller Leistung	1 000 Schaltvorgänge/s
Heizleistung	6,3 V/10 A
Minimale Gitterspannung für den Zündvorgang	+150 V aus einer Quelle mit einer Impedanz von 50 Ω
Empfohlene Dauer des Zündimpulses	1 µs
Einschaltzeit	150–250 ns
Löschzeit	750 ns
Spitzenimpulsleistung	1,5 Millionen Watt

Für eine maximale Lebensdauer darf das Thyratron nicht bei seinen maximalen technischen Daten betrieben werden!

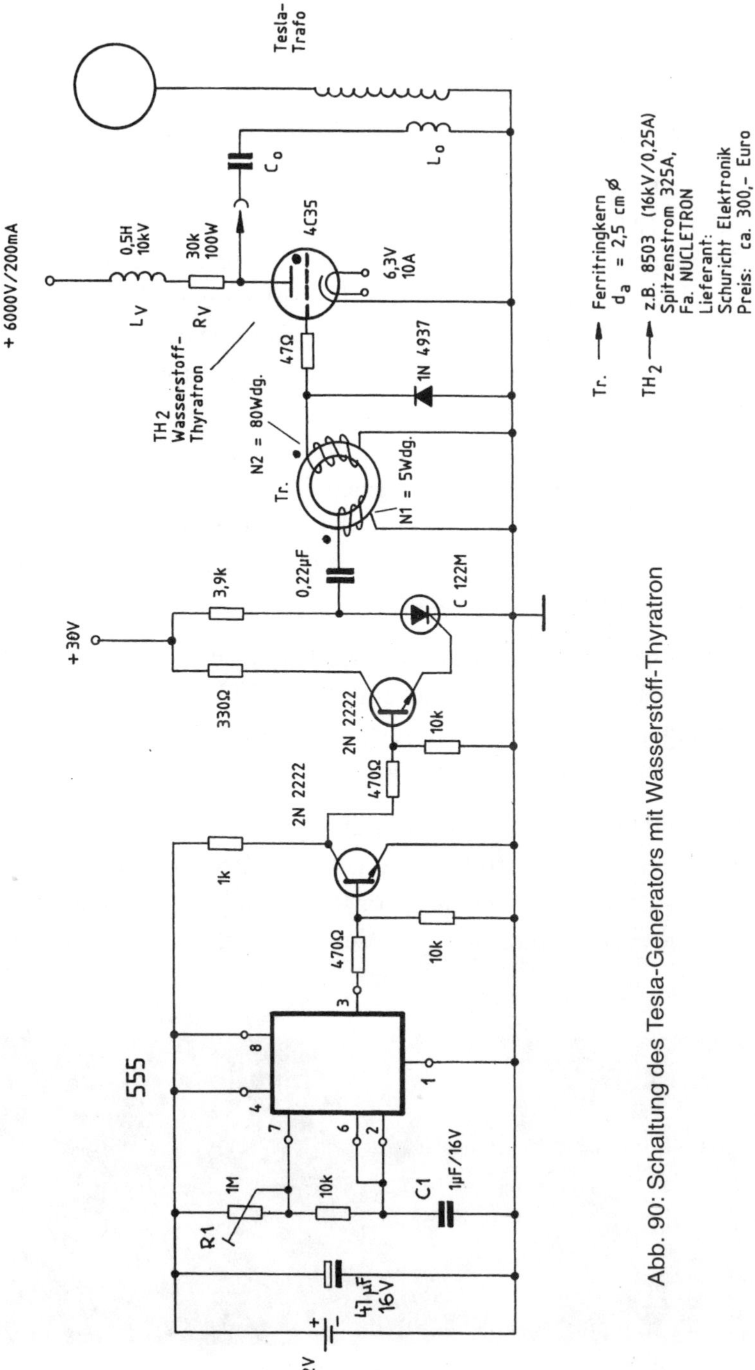

Abb. 90: Schaltung des Tesla-Generators mit Wasserstoff-Thyratron

Wer die Schaltung in *Abb. 90* nachbauen will, sollte über etwas Erfahrung im Aufbau von Röhrengeräten verfügen. Der Impulstransformator kann mit Kynar-isoliertem Wickeldraht Nr. 28 oder Nr. 30 auf ein gewöhnliches 1-Zoll-Ferrit-Toroid von Hand gewickelt werden.

Der Tesla-Generator arbeitet mit Gleichspannung, weshalb viele Vorsichtsmaßnahmen getroffen werden müssen, da bei Berührung verschiedener Komponenten mit tödlichem Ausgang zu rechnen ist. Es sind drei Gleichstromversorgungen erforderlich. Die 30-V- und 12-V-Stromversorgungen müssen nicht mehr als 100 mA liefern. Die Hochspannungsversorgung kann mit einem 60-mA-Neon-Transformator und Hochspannungs-Doppelweg-Brückengleichrichter aufgebaut werden. Diese sollte über einen Glättungskondensator von 0,5 µF oder größer verfügen, der für die Spitzenspannung des Systems ausgelegt ist. Der typische Strombedarf der Hochspannungsversorgung liegt in der Größenordnung von 50 mA. Soweit bekannt, ist bisher noch nie ein Wasserstoff-Thyratron in einem Tesla-Generator verwendet worden.

Aus *Abb. 91a* geht der Versuchsaufbau des Tesla-Generators hervor. *Abb. 91b* zeigt den Betrieb des Tesla-Generators bei 70 Watt Gleichstromeingangsleistung. Der Tesla-Trafo mit seinen 15 cm langen Funkenentladungen ist am rechten Bildrand zu erkennen.

In Deutschland liefert die Firma Schuricht unter der Typennummer 8503 ein brauchbares Wasserstoff-Thyratron. Bei 16.000 Volt Betriebsspannung verkraftet es einen Dauerstrom von 0.25 A und einen Impulsspitzenstrom von 250 A. Als Spitzenausgangsleistung sind 1.4 Megawatt angegeben.

Abb. 91a: Versuchsaufbau des Tesla-Generators

Abb. 91b: Tesla-Generator mit Wasserstoff-Thyratron im Betrieb

4 Lakhovskys Multifrequenz-Oszillator

In einem Interview empfahl Tesla 1899 die Verwendung von Tesla-Spulen für medizinische Behandlungen verschiedener Art. Zu jener Zeit war die Stromerzeugung für Elektrotherapie-Behandlungen auf elektrostatische Hochspannungs-Influenzmaschinen beschränkt wie die von Holtz oder Wimshurst. Innerhalb der nächsten Dekade wurden für Elektrotherapeuten fast nur noch Teslaspulen hergestellt. Es hieß, der Nutzen liege in der örtliche begrenzbaren Tiefenwärme hochfrequenter Ströme (zu Beginn der Diathermie-Behandlung), für die Tesla jedoch keine Anerkennung zuteil wurde.

Tesla stellt selbst eine Zeitlang Spulen für medizinische Zwecke her und profitierte auch davon. Aber es gab interessantere Versuche durchzuführen, sodass er dieses Unternehmen bald wieder aufgab.

Obwohl Tesla nicht viel in diese Richtung experimentierte, entwickelten andere Forscher, besonders in Europa, einige ungewöhnliche Geräte zur Hochfrequenz-Elektrotherapie. Am beachtenswertesten waren die Forschungen von Gosset, Gutmann und Lakhovsky in Paris.

Die Wissenschaftler impften Pflanzen mit Tumore erzeugenden Bakterien. Später setzten sie die Pflanzen Bestrahlungen geringer Leistung mit sehr hohen Frequenzen (150 MHz) aus. Die Tumore erhielten eine Dosis von elf Bestrahlungen von je 3 Stunden Dauer. 16 Tage nach der ersten Behandlung begannen sie zu schrumpfen und einzutrocknen. Sie konnten dann leicht von der Pflanze „heruntergebürstet" werden. Kontrollversuche mit gleichartigen Pflanzen, die nicht behandelt wurden, zeigten, dass deren Tumore weiterwuchsen. *Abb. 92a* zeigt eine mit Krebs geimpfte Pflanze vor der Behandlung. Der Pfeil zeigt auf das am Ast wachsende Tumorgewächs, während in *Abb. 92b* die Pflanze nach der Behandlung zu sehen ist. Der Pfeil zeigt auf den Teil des Astes, wo sich vorher der Tumor befand.

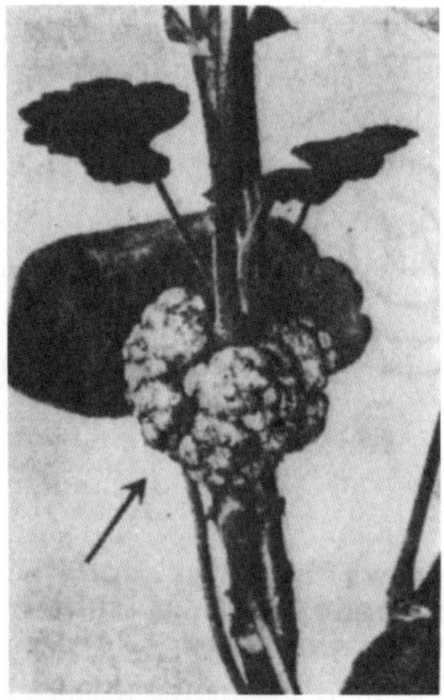

Abb. 92a: Mit Krebs geimpfte Pflanze vor der Behandlung

Abb. 92b: Mit Krebs geimpfte Pflanze nach der Behandlung

Zwischen 1924 und 1941 dehnte Georges Lakhovsky die Versuche weiter aus und erzielte bei Krebs positive Ergebnisse an Tieren und Menschen. Er entwickelte daraus die Theorie, dass Körperzellen bei elektromagnetischer Einstrahlung bestimmter Frequenzen angeregt werden. Der wendelförmige PNA-DNA-Komplex wirkt wie eine Spule. Jede

Zelle reagiert dabei wie ein Schwingkreis. Lakhovskys Oszillator erzeugt ein breites Strahlungsspektrum bzw. Oszillationen verschiedener Frequenzen, die von den kranken Körperzellen selektiv aufgenommen werden. Die verstärkte Elektrolyse erhöht die Stoffwechselrate der Zelle und stellt deren reproduktive Fähigkeit und allgemeine Vitalität wieder her. Zu beachten ist, dass diese Methode keinesfalls mit der Verwendung örtlich begrenzter Wärme durch Diathermiegeräte zu vergleichen ist, die eine Monofrequenz erzeugen und höhere Ausgangsleistung besitzen.

Hinweis: Da der Multifrequenz-Oszillator von Lakhovsky ungefähr 40 Watt Leistung aufnimmt und einen großen Teil davon im Rundfunkband abstrahlt, müssen die Versuche in einem metallisch abgeschirmten Raum durchgeführt werden, um die Funkentstör-Vorschriften einzuhalten.

1934 erhielt Lakhovsky das U.S. Patent Nr. 1962565, in dem sein Multifrequenz-Oszillator beschrieben ist. Die Schaltung, welche in *Abb. 93* gezeigt wird, ist der einer Tesla-Spule sehr ähnlich. Neben Lakhovsky behauptete auch Reginald Fessenden, der große Pionier für drahtlose Kommunikation, Krebs bei Tieren erfolgreich behandelt zu haben.

In der Zeitschrift *Scientific American* erschienen in der Ausgabe vom 8. Januar 1921 Fotografien von Experimenten, die Kristian Birkeland, ein norwegischer Wissenschaftler, zwischen 1908 und 1921 durchgeführt hatte. Diese Fotos zeigten verschieden Lichtformen, die sich um eine Kupferkugel gebildet hatten, welche sich in einer Vakuumkammer befand. Insbesondere das Polarlicht wurde durch einen zylindrischen Elektromagneten in der Hohlkugel simuliert. Dieser bildete magnetische Pole und simulierte so den magnetischen Erdball im Raum. Eine negativ geladene Scheibe an der Seite des Kastens lieferte geladene Partikel, und obgleich die Versuche auf hochgespannten Gleichstrom beschränkt waren, lieferten sie viele Informationen über kaltes Licht und Magnetfelder bei Verwendung von Tesla-Transformatoren. Beachtenswert ist, dass diese Arbeiten den von Tesla durchgeführten Lichtexperimenten mit der kugelförmigen Ein-Element-Carbon-Button-Lampe ähneln.

In mehreren dieser Versuche betrug die zugeführte Leistung 15.000 Volt Gleichspannung bei 500 mA. Der Durchmesser der verwendeten Kugel variierte zwischen 8 und 40 cm, während die Kammer bis auf wenige Hundertstel mmHg Luftdruck ausgepumpt wurde.

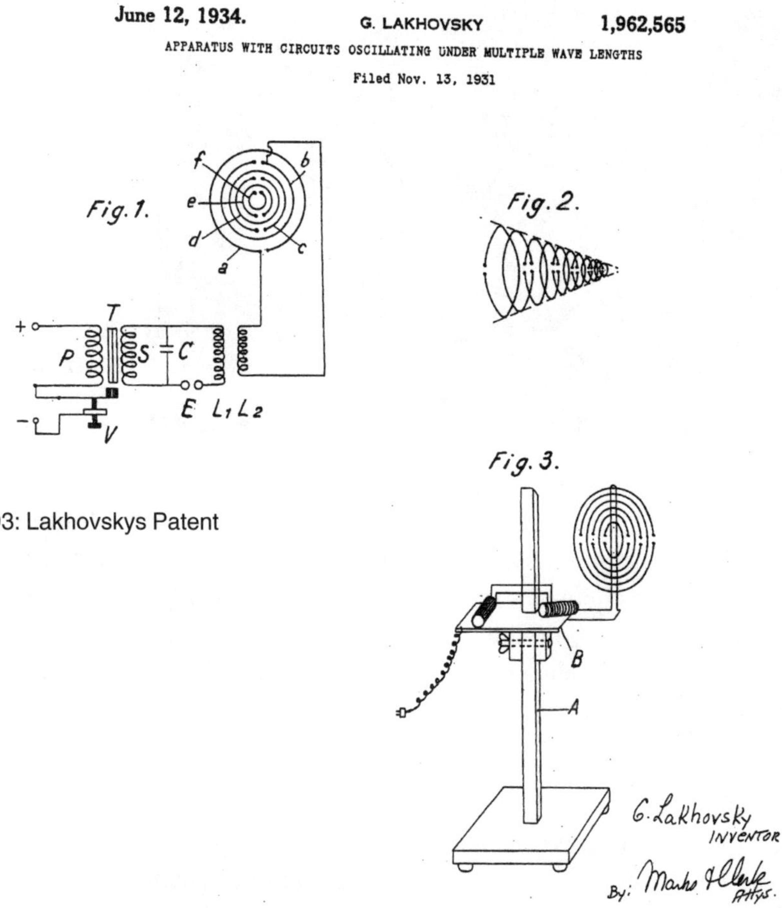

Abb. 93: Lakhovskys Patent

Doch nun zurück zum Multifrequenz-Oszillator von Lakhovsky. *Bild 94* zeigt eine strahlende Lakhovsky-Antenne, die in der Vergangenheit für Heilzwecke eingesetzt wurde. Dabei stellt sich die Frage, ob es mittels elektromagnetischer Strahlung möglich ist, alterndes oder krankes Gewebe wiederherzustellen.

Es wurde vermutet, dass jede lebende Zelle eine spezifische Schwingungsfrequenz besitzt. Diese Frequenz ändert sich, wenn die Zelle altert oder krank wird. Lakhovsky glaubte, dass Zellen in ihr Schwingungsgleichgewicht zurückversetzt werden können, indem sie dem Ausgangssignal eines Oszillators ausgesetzt werden, der ein Spektrum von Schwingungsfrequenzen erzeugt.

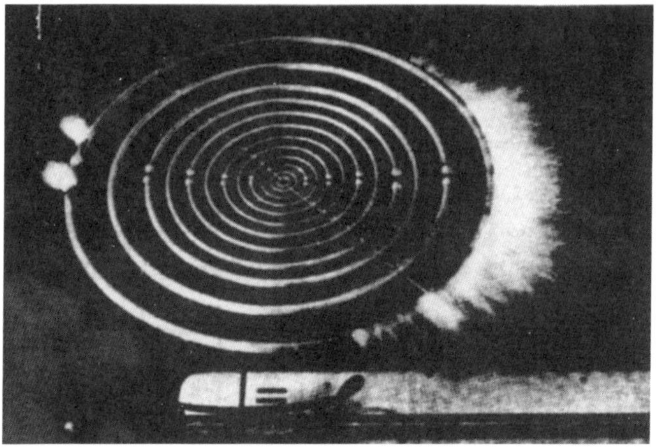

Abb. 94: Strahlende Lakhovsky-Antenne

Georges Lakhovsky konnte damals zeigen, dass sein Multifrequenz-Oszillator bestimmte Krebserkrankungen heilen konnte. Seine ursprünglichen Aufzeichnungen sind jedoch verloren gegangen. Es wurde mehrfach versucht, die ursprüngliche Ausrüstung zu rekonstruieren, um die dramatischen Ergebnisse zu reproduzieren und diese faszinierende Forschung fortzusetzen.

Lakhovsky beschäftigte sich des weiteren mit den subtilen Kräften der Natur, unter anderem mit den Wirkungen von Zyklen der Sonnenflecken auf die Gesundheit von Pflanzen und Tieren. Außerdem untersuchte er die Natur der Krebserkrankungen, da sie gehäuft in Gebieten auftraten, deren Böden die kosmische Strahlung reflektieren. Er zeigte, wie kranke Zellen geheilt werden konnten, wenn in geeigneter Weise spezifische elektrische Felder angelegt wurden.

Nikola Tesla leistete ebenfalls interessante Forschungsarbeit auf dem Gebiet der Elektrotherapie. Professor D'Arsonval weckte Lakhovskys Interesse für Teslas Ergebnisse. Georges Lakhovsky, der brillante Wissenschaftler, kombinierte dieses Wissen mit seiner ursprünglichen Arbeit. Im Folgenden soll versucht werden, dieses verlorene Erbe der frühen Pioniere der Elektrotherapie zu rekonstruieren und neu zu entdecken.

Lakhovskys Erfindung lag die Aufgabe zugrunde, eine Vorrichtung zu schaffen, die gleichzeitig verschiedene Wellenlängen aussenden konnte, sodass unter diesen Welle oder ihren Harmonischen immer eine oder mehrere Wellen festgestellt wurden, welche das gesuchte therapeutische Ergebnis brachten.

Um diese Aufgabe zu lösen, wurde die Eigenschaft offener Drahtschleifen mit deren Selbstinduktion und Kapazität verwendet. Die Drahtschleifen schwingen jeweils mit einer definierten Wellenlänge, wenn sie durch elektrische Impulse erregt werden, die z. B. von einem Tesla-Generator stammen. Die Drahtschleifen können durch kleine Kugeln abgeschlossen werden, welche die Kapazitäten bilden.

Es ist möglich, diese Drahtschleifen entweder in einer Ebene oder in verschiedenen Ebenen anzuordnen, um beliebige Oberflächen zu bilden, z. B. Abschnitte von Kegeln, Kugeln, Paraboloden, Ellipsoiden usw. Diese Oberflächen sind so ausgebildet, dass sie in der Art eines Reflektors die Wellen in einer bestimmten Richtung konzentrieren. In Abb. 93 zeigt die Anordnung der Drahtschleifen die Form eines Kegels.

Diese Drahtschleifen können durch einen Hochfrequenzgenerator gespeist werden, z. B. durch einen mechanisch erregten Mini-Tesla-Generator entsprechend *Abb. 95* , dessen Aufbau in *Abb. 96* gezeigt wird.

Die Sekundärspule ist mit dem Ende einer Drahtschleife oder den Enden mehrerer Drahtschleifen verbunden, die die strahlende Vorrichtung bilden. Die anderen, nicht angeschlossenen Drahtschleifen werden durch Induktion erregt.

Fig. 1 in Abb. 93 zeigt den Transformator T (P ist die Primärwicklung und S die Sekundärwicklung), die Schraube des Wagnerschen Hammers V und den Kondensator C, dessen Entladung über die Funkenstrecke E die Schwingungen in der Primärspule L_1 erzeugt, die wiederum durch Induktion auf die Sekundärspule L_2 wirkt. Die Sekundärspule L_2 ist mit einem Anschluss am ersten äußeren Ring a angeschlossen, während der andere Anschluss mit dem folgenden Ring b verbunden ist. Auf diese Weise bildet sich ein elektrisches Hochfrequenzfeld, das in den anderen Ringen c, d, e und f Schwingungen induziert.

Die offenen Drahtschleifen a, b, c, d, e, f können durch feste Leiter gebildet sein. Es können außerdem röhrenförmige Leiter verwendet werden. Diese sind vorteilhafter, weil für die gleiche Masse die strahlende Oberfläche größer ist.

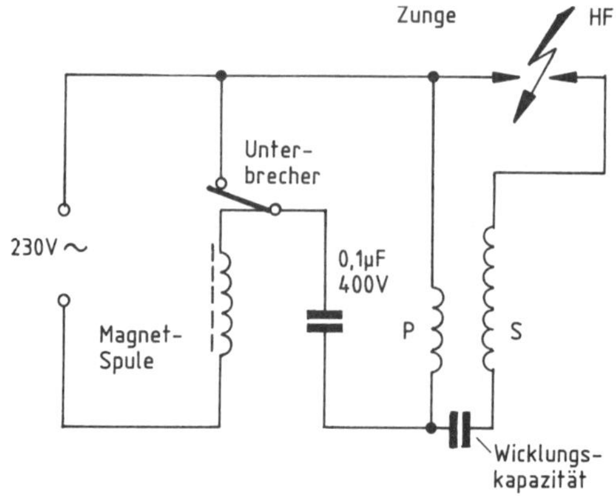

Abb. 95: Mechanisch erregter Tesla-Generator

Abb. 96: Aufbau des mechanisch erregten Tesla-Generators (über den Autor beziehbar)

In den USA, bei der Firma Information Unlimited, gibt es ein interessantes Buch über Lakhovskys Multifrequenz-Oszillatoren und deren Anwendung. *Abb. 97* zeigt die Titelseite des Buches. Eine moderne Ansteuerschaltung mittels eines Solid State-Tesla-Generators geht aus *Abb. 98* hervor. Dieser Solid State-Multifrequenz-Oszillator arbeitet mit einem Zeilentrafo aus einem Schwarz-Weiß-Fernsehgerät. Die erzielbaren Funkenlängen liegen in der Größenordnung von 1 cm. Es können auch Zeilentrafos aus Farbfernsehgeräten mit bereits integrierter Gleichrichterdiode verwendet werden. Der Taktgenerator arbeitet mit einem Unijunktion-Transistor, dessen Ausgang einen Thyristor ansteu-

Abb. 97: Titelseite des Lakhovsky-Buchs

ert. Der Thyristor ist also quasi der Primärfunkenstrecke des Tesla-Generators. Die Taktfrequenz lässt sich mit dem 500-kOhm-Potentiometer zwischen 270 Hz und 26 kHz einstellen. Die größte Ausgangsleistung wird bei 1.500 Hz erreicht. Die Hochspannung von 425 V wird durch Doppelweg-Gleichrichtung gewonnen. Mit dieser Spannung wird der 0.22-µF/600-V-Kondensator so lange aufgeladen, bis der Thyristor durchschaltet und den Kondensator über die Primärspule von Tr. entlädt. Die Diode IR-R210B dient zum Schutz des Thyristors vor Überspannungsspitzen.

Die Sekundärwicklung des Zellentrafos Tr. führt auf eine in ihrem Abstand einstellbare Funkenstrecke und zwei hintereinandergeschaltete Hochspannungskondensatoren.

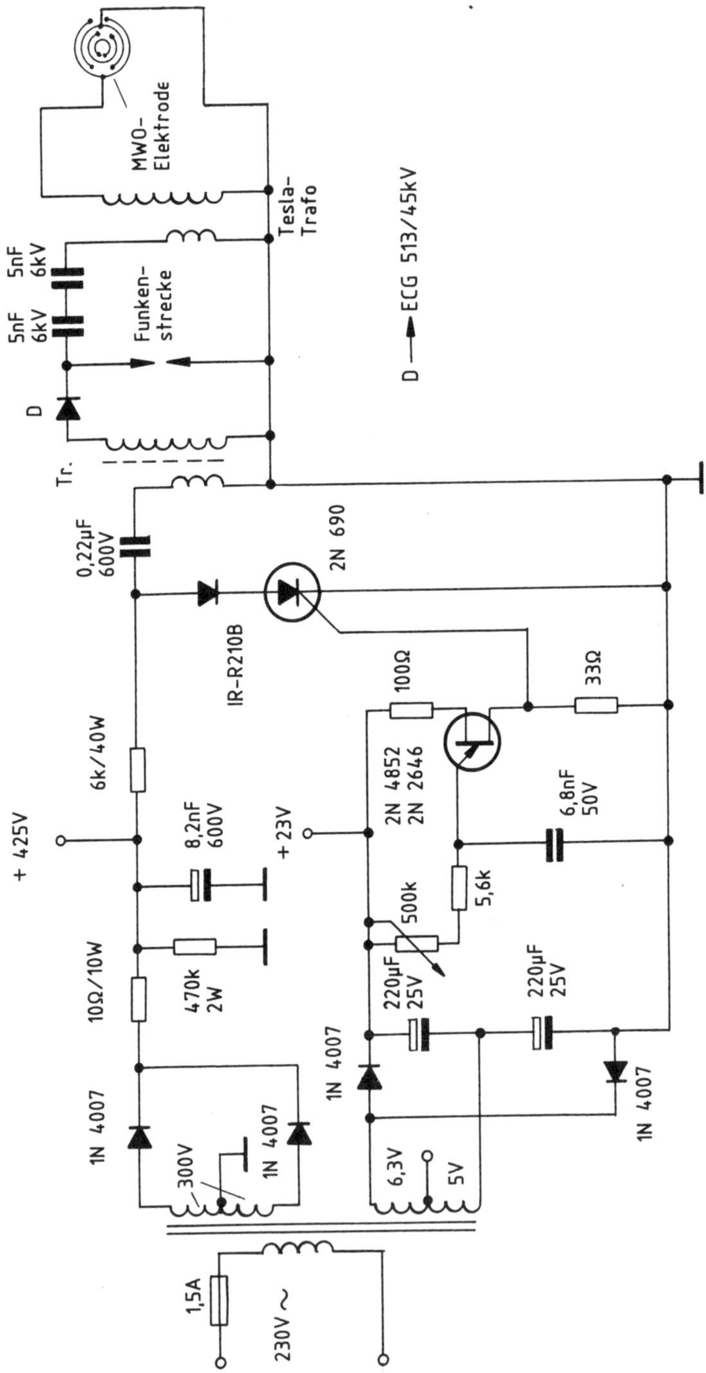

Abb. 98: Moderne Ansteuerschaltung für Lakhovsky-Generator

Der 6-kΩ-/40-Watt-Widerstand lässt sich durch Parallelschaltung von vier 24-kΩ-/10-Watt-Einzelwiderständen kombinieren.

In *Abb. 99* ist ein professionell aufgebauter Lakhovsky-Generator zu sehen. Der zu behandelnde Patient muss sich zwischen den beiden Drahtschleifenkombinationen befinden. Das Muster einer derartigen Anordnung wird in *Abb. 100* gezeigt.

Im Internet findet sich unter der Adresse

www.vgm-verlag.de/geheimnisse.htm

das Originalbuch von Georges Lakhovsky in deutscher Sprache. Der Titel lautet: *Das Geheimnis des Lebens. Kosmische Wellen und vitale Schwingungen. Wie Zellen reden. Mit einer Einführung von F. A. Popp. 240 Seiten, 33 Fotos und Zeichnungen, ISBN 3-88699-999-8*

Der Verlag gibt folgenden Kommentar zu dem Buch ab:

„Nach dem zweiten Weltkrieg wurde durch umfangreiche statistische Untersuchungen der Einfluß des Wetters auf den Menschen nachgewiesen. Es dauerte noch einige Zeit bis der physikalische Nachweis von Wetterimpulsen glückte. So erzeugt zum Beispiel ein Gewitter sogenannte Atmospherics, die sich entlang des Erdmagnetfeldes mit Lichtgeschwindigkeit fortbewegen. Die Luftfahrt bedient sich technischer Geräte um

Abb. 99: Professioneller Lakhovsky-Generator

Abb. 100: Drahtschleifenkombination nach Lakhovsky

chende Ausweichmanöver durchzuführen. Schon um 1930, ca. 25 Jahre diese Atmospherics und damit das Gewitter anzupeilen und entsprevor dem Nachwies dieser Wetterimpulse, beschrieb Lakhovsky den Menschen als lebende Antenne mit biologischen Empfangsmechanismen, die in der Lage sind, alle Umweltreize aufzunehmen. Wetterfühligkeit wird somit erklärbar. Lakhovskys Erkenntnisse, zu seiner Zeit verspottet, sind heute noch nach über 50 Jahren aktueller denn je, denn die Frage „Wie funktioniert eine lebende Zelle und wie wird sie beeinflusst?“ ist bis heute unbeantwortet. Mittlerweile hat sich die Erkenntnis durchgesetzt, daß die unübersehbare Vielfalt biologischer Erscheinungsformen in ihren individuellen Eigenarten von den mannigfaltigen Einflüssen aus dem Kosmos und der Umwelt geprägt werden, die den Menschen weiterentwickeln oder hemmen, die seine Gesundheit fördern oder ihn krank machen und letztlich sogar über Leben und Sterben mitentscheiden. „Alles strahlt!“, fasste der japanische Strahlenforscher Dr. Hideo Uchida das Ergebnis langjähriger Untersuchungen zusammen und betonte: „Wir können mit Sicherheit davon ausgehen, daß alles, was im Kosmos existiert und damit auch das Leben auf diesem Erball, dem direkten Einfluß solcher Strahlungen unterliegt. Sie sind mitbestimmend bei den irdischen Geschicken.“ Lakhovsky hob hervor: „Jede Körperzelle schwingt rhythmisch in der Resonanz einer Wechselwirkung der Strahlungen aus Kosmos und Umwelt.“ In diesem Buch zeigt er auf, wie jede Veränderung der zellulären Schwingungsharmonie zu Krankheit führen und sogar den Tod verursachen kann.“

5 Hochspannung im Gartenbau

Noch ein weiterer technischer Traum beschäftigt seit langem die Forschung: die Frage, ob das Pflanzenwachstum durch Elektrizität gefördert werden kann, ob sich also auf diese Weise eine Steigerung der Ernten erreichen lässt.

Da bei den zahlreichen praktischen Versuchen, die man auf diesem Gebiet bereits angestellt hat, Hochfrequenzströme, d. h. elektrische Schwingungen, die Hauptrolle spielen, sollten wir auch dieses Problem wenigstens kurz betrachten. Angeschnitten wurde es zum ersten Mal im Jahre 1747 durch den französischen Physiker Gosset. Zu gründlichen Untersuchungen fühlte sich aber erst der schwedische Physiker Lemström bewogen, der im Jahre 1902 auf Reisen in der Polargegend bemerkte, dass Roggen und Gerste trotz des kurzen Sommers in jenen Ländern eine weit schnellere Entwicklung zeigt als in unseren Breiten.

Die Erklärung, die die Wissenschaft für diese Tatsache gab, dass nämlich die längere Dauer des Sommertags die Ursache der früheren Reife sei, befriedigte Lemström nicht. Er sagte sich mit Recht, dass die dem Boden zugeführte Gesamtmenge an Licht und Wärme trotz der zeitlich längeren Bestrahlung im hohen Norden viel geringer ist als etwa in Norddeutschland, wo z. B. die Gerste 11–12 Tage mehr zur Reife braucht als im nördlichsten Norwegen, und verfiel beim Suchen nach anderen Ursachen schließlich darauf, dass vielleicht die atmosphärische Elektrizität im Spiele sei, da jene Gegenden ja besonders reich an luftelektrischen Entladungen – man denke an die Nordlichter – sind.

Diese Vermutung erhielt eine wesentliche Stütze durch die Entdeckung, dass außerordentlich viele Pflanzen jener Gebiete allerlei spitzige Anhängsel (lange Blattspitzen usw.) besitzen, natürliche Antennen, die vortrefflich geeignet erscheinen, Elektrizität aus der Atmosphäre aufzusaugen und damit den Ausgleich elektrischer Spannungsunterschiede zwischen Luft und Boden fördern. Lemström beeilte sich, seine Gedanken der Prüfung durch den Versuch zu unterwerfen, zunächst im Kleinen, indem er Getreide und andere Kulturpflanzen in Töpfen unter einem Drahtnetz zog, das mit dem positiven Pol einer Influenzmaschine verbunden war, deren negativer Pol an der in den Töpfen befindlichen Erde lag. Sodann machte er einen Versuch im Großen, auf einem Ackerfeld von

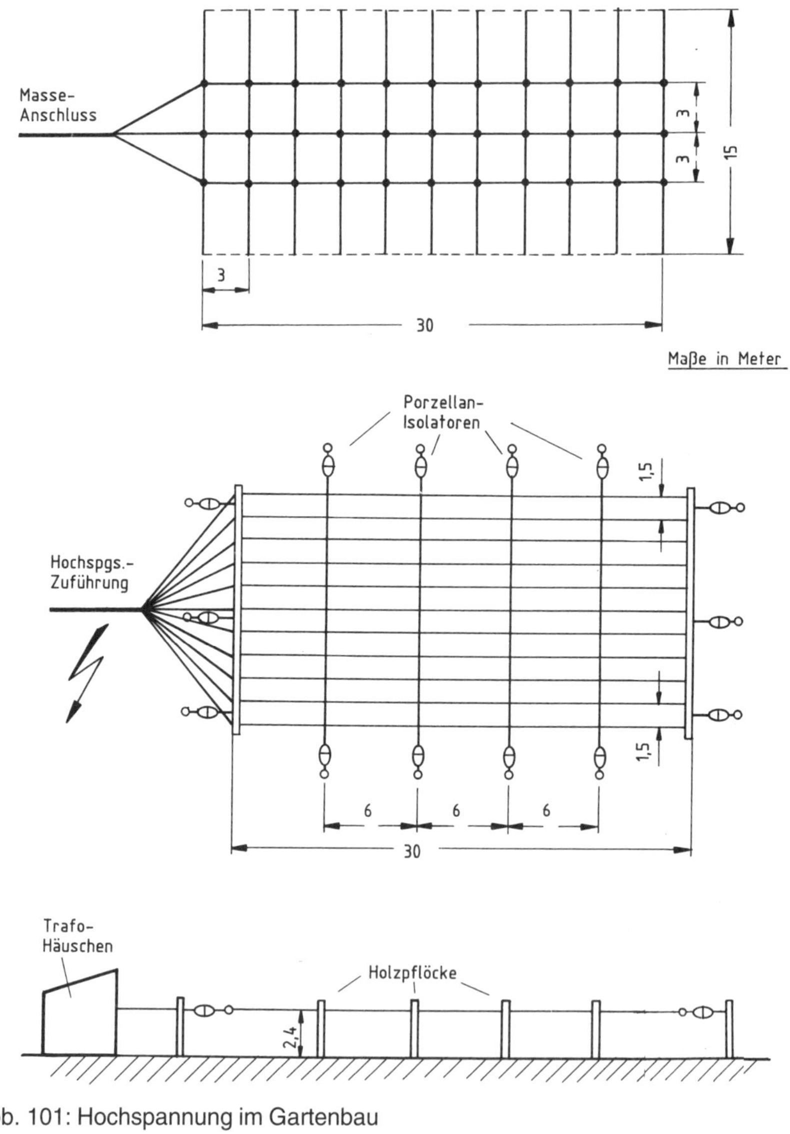

Abb. 101: Hochspannung im Gartenbau

3 ¼ ha, das er 40 cm über dem Boden mit einem engmaschigen Drahtgeflecht überzog. Eine große Elektrisiermaschine schickte in gewissen Zeitabständen ihre Energie in das Netz.

Weitere Versuche bestätigten, dass hochfrequente Hochspannungen, die den Pflanzen entsprechend *Abb. 101* zugeführt wurden, ebenso das Wachstum begünstigen.

6 Leuchtentladungen an Flüssigkeitsoberflächen

Spezielle Entladungen an Oberflächen von Flüssigkeiten wie z. B. an Wasseroberflächen mit Hilfe von Hochspannung beschreibt der Experimentator Plante 1887 in seinem Buch Storage Of Electrical Energy.

Eine negative Elektrode wird in *Abb. 102* leicht in eine Salzwasserlösung eingetaucht und dann der positive Draht langsam in die Nähe der Oberfläche gebracht. Wenn der Lichtbogen zündet, wird der positive Draht etwas zurückgezogen. Es bildet sich eine leuchtende Flüssigkeitskugel mit bis zu 1 cm Durchmesser. Diese Kugel nimmt eine schnelle spiralförmige Drehung auf und tendiert dabei zur Abflachung. Der geschätzte Leistungsbedarf beträgt 500 – 1.000 V bei 250 mA.

Später, im Jahre 1901, erweiterte der Wissenschaftler Hesehus die Arbeiten von Plante und verwendete einen Hochspannungstransformator, der ungefähr 10.000 V Wechselspannung erzeugte. Es wurde eine Kupferplatte in einer Entfernung von 2 bis 4 cm zur Wasseroberfläche verwendet und damit Lichtkugeln, Strahlen, konische und eiförmige Lichtformen erzeugt.

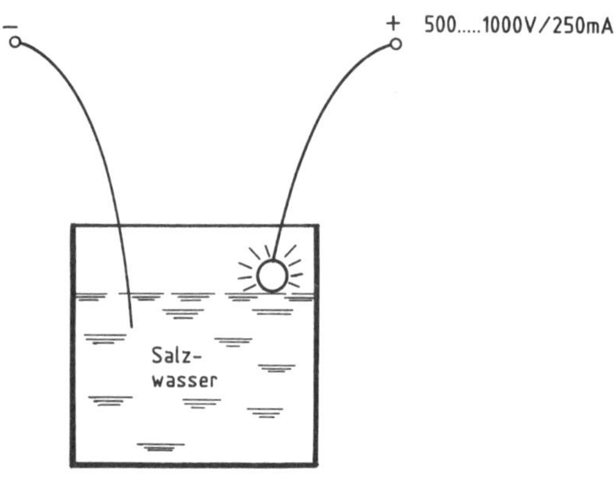

Abb. 102: Kugelblitz auf Wasseroberfläche

an Flüssigkeitsoberflächen" Wenn sein Oszillator mit der höchsten Leistung arbeitete, konnte auch Tesla bei seinen Experimenten in Colorado Springs Feuerkugeln erzeugen.

Kürzlich durchgeführte Versuche von Robert K. Golka in Wendover, Utah, die von Tesla erzielten Ergebnisse zu wiederholen, waren nicht erfolgreich. Dies scheint zum Teil darauf zurückzuführen zu sein, dass er an einem Ort arbeitete, an dem nicht die richtigen Umweltbedingungen herrschten, nämlich natürliche elektrische Aktivität und eine gewisse Luftfeuchtigkeit. Beide Bedingungen waren im höher gelegenen Colorado Springs erfüllt. In den meisten Berichten über Kugelblitze ist vom Vorhandensein von halbleitenden Stoffen und reichlich Luftfeuchtigkeit die Rede, ein Punkt, der in den modernen Theorien über die Bildung von Kugelblitzen fehlt. Spulenwickelformen auf offenen Holzgestellen, die einen Luftstrom über die Spulen gestatten, sowie die Verwendung von Draht, der mit Feuchtigkeit aufnehmender Baumwolle umsponnen ist, sind möglicherweise Details, die den kritischen Unterschied ausmachen.

7 Schwerkraftverringerungsversuche mit Tesla-Wellen und weitere exotische Experimente

1911 beschrieb der New Yorker Ingenieur und Erfinder Edward S. Farrow öffentlich seine Arbeiten mit einem „kondensierenden Dynamo“. Wurde dieses elektrische Gerät auf einer Waage plaziert und der Strom eingeschaltet, war zu erkennen, dass der Dynamo sowie ein beliebiges, an diesem befestigtes kleineres Gewicht 1/6 seines Gewichts verlor. Auf den Bildern beträgt das angezeigte Gesamtgewicht vor dem Einschalten der Spannung 18 Unzen und fiel im Betrieb auf 15 Unzen.

In seiner Erklärung gab Farrow an, dass der Dynamo eine „Intensivierung der vertikalen Komponente“ der von ihm erzeugten Tesla-Wellen bewirke. Diese Intensivierung erzeuge einen Auftrieb in jedem Gegenstand, an dem das Gerät befestigt wird.

Zur Erzeugung dieses Felds verwendete der kondensierende Dynamo eine horizontale Anordnung (einen Ring) mit einer Anzahl von Unterbrechern oder Unterbrechungen (Luftspalten). Dieser Ring mit den elektrischen Unterbrechungen erstreckte sich entlang einer horizontalen Linie am Umfang des Geräts. Leistung und Frequenz des Oszillators wurden nicht genannt.

Der Auftrieb ähnelt dem, der bei einer auf einer Wasseroberfläche schwimmenden Nähnadel entsteht. Obwohl der Stahl eine viel höhere Dichte als das darunter befindliche Wasser besitzt, verbinden sich die umgebenden Wassermoleküle durch die Oberflächenspannung zu einem dünnen Film bzw. zu einer Schale. Ähnlich erhebt sich der Dynamo gegen das starke Schwerkraftfeld durch Reaktion auf das schwache Magnetfeld der Erde. Die Interaktion über eine sehr weite Fläche zwischen diesem Feld und den Tesla-Wellen erzeugt elektrischen Auftrieb (Schwebekraft). Für diese Erfindung wurde kein U.S.-Patent erteilt.

Aus diesen Beschreibungen kann der Leser erkennen, dass dem ernsthaften Experimentator, der Versuche mit Tesla-Wellen unternimmt, viele Wege weit offen stehen. Wer sich mit drahtloser Energieübertragung befasst, sollte jedoch stets daran denken, dass diese Technik nicht ohne Kehrseite ist. Werden dem Globus elektrische Schwingungen (HAARP Projekt) aufgeprägt, kann dies zu ernsten Umweltschäden führen, wie einige Nebenwirkungen von Teslas Experimenten im Jahre 1899 zeigten.

Zusätzlich zu den Umweltschäden berücksichtigt diese Art der elektrischen Energieübertragung nicht die naturbedingten Schwächen einer hochzentralisierten und monopolisierten Energieversorgung, wie sie heute existiert. Eine elegantere Lösung wäre der kleinere, unabhängige Generator: *der Raumenergie-Empfänger.*

Mit zunehmender Information über die vielen Experimente Nikola Teslas wird klar, dass er eine Anzahl von wissenschaftlichen Grundprinzipien der Elektrizität entdeckt hat, deren Anerkennung durch orthodoxe Kreise bisher noch aussteht. Bedingt durch seine Arbeit entdeckte er neue Zusammenhänge, die vom Herkömmlichen abwichen . Ein Blick auf die Inhaltsverzeichnisse klassischer Lehrbücher für Elektrotechnik in vergangener Zeit zeigt, wie sehr Teslas Werk über viele Jahre hinweg ignoriert wurde. Das neuerlich wiederauflebende Interesse an diesem großen Pionier ist die gerechte Anerkennung der mühevollen Arbeit, die er für die Welt der Wissenschaft geleistet hat.

Versuche mit niederfrequenten Tesla-Wellen zeigten die besondere Fähigkeit dieser Wellen, metallische Abschirmungen zu durchdringen. Diese Wellen konnten elektrische Geräte beeinflussen, Stromkreise überlasten und Maschinen wie Generatoren, elektrische Motoren und Kraftfahrzeuge zum Stillstand bringen. Dieselmotoren, deren Lauf nicht von einer elektrischen Zündung abhängt, bleiben unbeeinflusst.

Im Jahre 1941 entdeckte ein 15-jähriger Junge in Appleton, Wisconsin, eine bestimmte Frequenz, die alle Motorfahrzeuge in einem Umkreis von 5 Kilometern außer Betrieb setzte. Der Oszillator des Jungen war jedoch ein Kurzwellengerät, sodass man nicht ausschließen kann, dass zwei Tesla-Generatoren, die gegeneinander leicht verstimmt waren, eine Schwebungsfrequenz am unteren Ende des Spektrums erzeugten. Weitere Einzelheiten über den Jungen und seine Experimente wurden nicht bekannt.

8 Getasteter Mikrowellenherd

1953 stellten US-Techniker Mikrowellenbestrahlung der US-Botschaft in Moskau fest. Die Bestrahlung führte beim Botschaftspersonal zu Nervosität, Kopfschmerzen und Schlafstörungen. In langwierigen Versuchen stellten Forscher jedoch fest, dass Mikrowellenstrahlung nur dann zu einer Bedrohung wird, wenn die zulässigen Grenzwerte überschritten werden. Dabei sind die möglichen Gesundheitsschäden stets wärmebedingt. Das von zu starken Mikrowellen durchdrungene Gewebe kann überhitzt werden. Es heißt, alle weiteren möglichen Einflüsse auf Gehirn und Nervensystem seien Fantasieprodukte von Wichtigtuern und Narren. Nun, so banal ist die Sache bestimmt nicht. Es wurde berichtet, dass mit entsprechend gepulsten Mikrowellen sich Höreindrücke und Lähmungserscheinungen erzeugen ließen. Besonders die Militärs sind an solchen Experimenten stark interessiert, da sie von einer ultimativen Waffe träumen, mit der sie in einem Krieg die Gehirne der Gegner lahm legen könnten. Wer Neigungen hat, auf diesem Gebiet mit der gebotenen Vorsicht zu experimentieren, findet zumindest die Grundausstattung, nämlich den Mikrowellengenerator, im eigenen Haushalt. Nun ist es nur noch erforderlich, den Mikrowellenherd impulsmäßig zu modulieren und die HF-Energie auf eine kleine Horn- oder Parabolantenne zu führen. Es versteht sich von selbst, dass dies keine Arbeit für unerfahrene Hobbyelektroniker ist.

In *Abb. 103* ist die Grundschaltung eines Mikrowellenherds zu sehen. Die Bedeutung der Bauelemente geht aus der darauf folgenden Tabelle hervor.

In der Praxis wird das Magnetron mit einer Anodenspannung von 1.360 V gespeist. Es fließt ein Anodenstrom von etwa 0,5 A. Dabei wird eine Nutzleistung von 600 W in den Garraum übertragen. Die Frequenz beträgt 2.450 MHz. Sieht man von der Heizung für die Kathode einmal ab, sind für Mikrowellenerzeugung keine weiteren schaltungstechnischen Maßnahmen erforderlich.

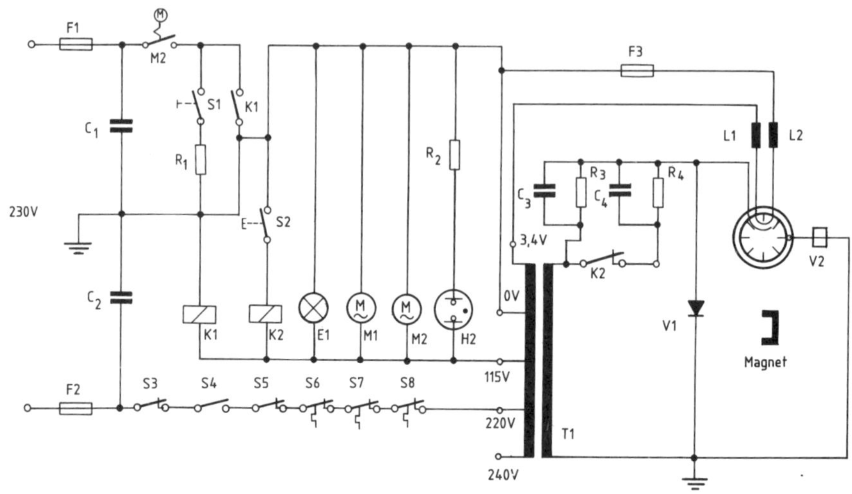

Abb. 103: Schaltung eines Mikrowellenherds

M 2	Hauptkontakt im Zeitschalter	H 2	Garkontrollleuchte
S 1	Starttaste	C 1+C 2	Entstörkondensator
S 2	Auftauschalter	C 3+C 4	Hochspannungskondensator
K 1	Relais	L 1+ L 2	Entstördrosseln
K 2	Relais-Auftauschalter	V 1	Diode
F 1...F 3	Sicherungen	M 1	Ventilatormotor
S 3	Sicherheitsschalter (Türriegel oben)	M 2	Zeitschaltmotor
S 4	Sicherheitsschalter (Türriegel unten)	T 1	Transformator
S 6	Temp.-Sicheung im Magnetronjoch	V 2	Magnetron
S 5	Sicherheitsschalter Türarm	R 1	Dämpfungswiderstand
S 7	Temp.-Sicherung. an Garraumdeckel	R 2	Vorwiderstand Kontrollleuchte
S 8	Temp.-Sicherung in Trafowicklung	R 3+R 4	Vorwiderstände für Magnetron
E 1	Garraumleuchte		

Trotzdem enthalten Mikrowellenherde eine ganze Menge Schaltungstechnik. Einmal muss man die kurzen Garzeiten sehr genau einhalten. Dazu dient ein Zeitschalter, der entweder rein elektronisch arbeitet oder, wie im vorliegenden Fall, von einem Synchronmotor angetrieben wird (M 2).

Damit bei Fehlbedienungen oder Ausfall keine Überhitzung auftritt, sind Temperatursicherungen für das Magnetron (S 6), den Garraum (S 7) und den Transformator (S 8) vorhanden.

Einen Anzahl von Türsicherungen (S 3, S 4 und S 5) stellen sicher, dass das Magnetron nur dann anschwingt, wenn die Tür völlig geschlossen ist.

Nur dann kann mit der Starttaste das Hauptrelais K 1 ausgelöst werden. E 1 hält sich über den Kontakt K 1 selbst. Die Lampe E 1 beleuchtet den Garraum, sie dient als allgemeine Kontrolllampe. Der Motor M 1 treibt einen Ventilator und kühlt den Gerätebereich außerhalb des Garraums.

Mit dem Schalter S 2 kann über das Relais K 2 der Anodenstrom des Magnetrons und damit die Hochfrequenzleistung auf 240 W reduziert werden. Damit können tiefgefrorene Nahrungsmittel langsam aufgetaut werden.

Die beiden Spulen L 1 und L 2 verhindern in Verbindung mit den Kondensatoren C 1 und C 2, dass Hochfrequenzenergie ins Energieversorgungsnetz gelangt und Funkstörungen verursacht. V 2 ist das eigentliche Magnetron, dessen Heizspannung von 3,5 V und Anodenspannung von 1.360 V dem Transformator entnommen werden.

Die Gleichrichterdiode V 1 verhindert, dass das Magnetron mit negativer Anodenspannung betrieben wird. Mit der Sicherung F 3 wird der Heizstromkreis und mit den Sicherungen F 1 und F 2 das gesamte Gerät abgesichert.

Die oben genannten Funktionen dienen nur zur Information und werden für die geplanten Experimente nicht gebraucht. Wichtig ist nur noch die Versorgung des Magnetrons, wie dies beispielhaft in *Abb. 104* gezeigt

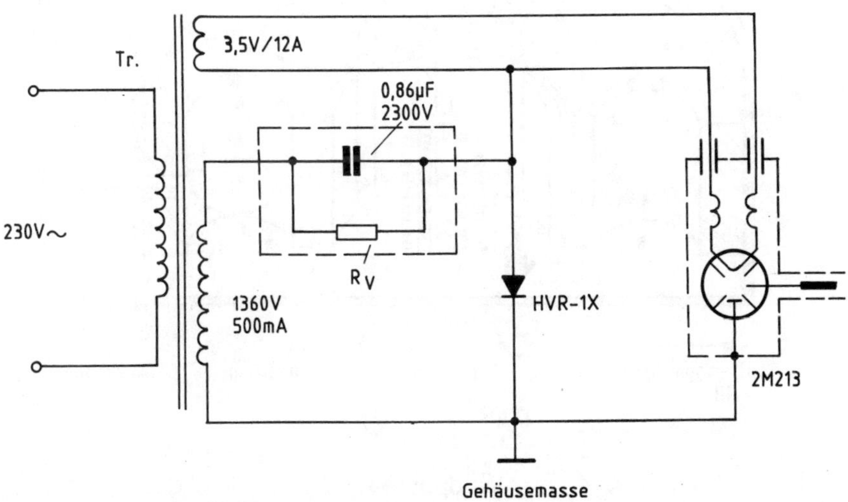

Abb. 104: Stromversorgung des Magnetrons

wird. In dieser Anordnung ist dargestellt, wie das Magnetron, dessen Aufbau in *Abb. 105* gezeigt wird, mit der Heizleistung und der Anodenspannung versorgt wird. Diese Schaltung nutzt nur eine Halbwelle der Netzspannung zur Schwingungserzeugung aus, während in *Abb. 106* beide Halbwellen die doppelte Ausgangsleistung erzeugen. Allerdings ist dann ein zweiter Mikrowellentrafo inklusive einiger zusätzlicher Bauelemente erforderlich.

Wer sich als Hobbyelektroniker für Mikrowellenexperimente interessiert, sei das Buch *„Experimente mit Hochfrequenz“* im Franzis Verlag empfohlen. Der Beeinflussungsmöglichkeit von Gehirn und Nervensystem mittels Mikrowellen sind im Buch „Waffentechnische Kuriositäten“ im Journal-Verlag (Schwäbisch Hall) einige Seiten gewidmet.

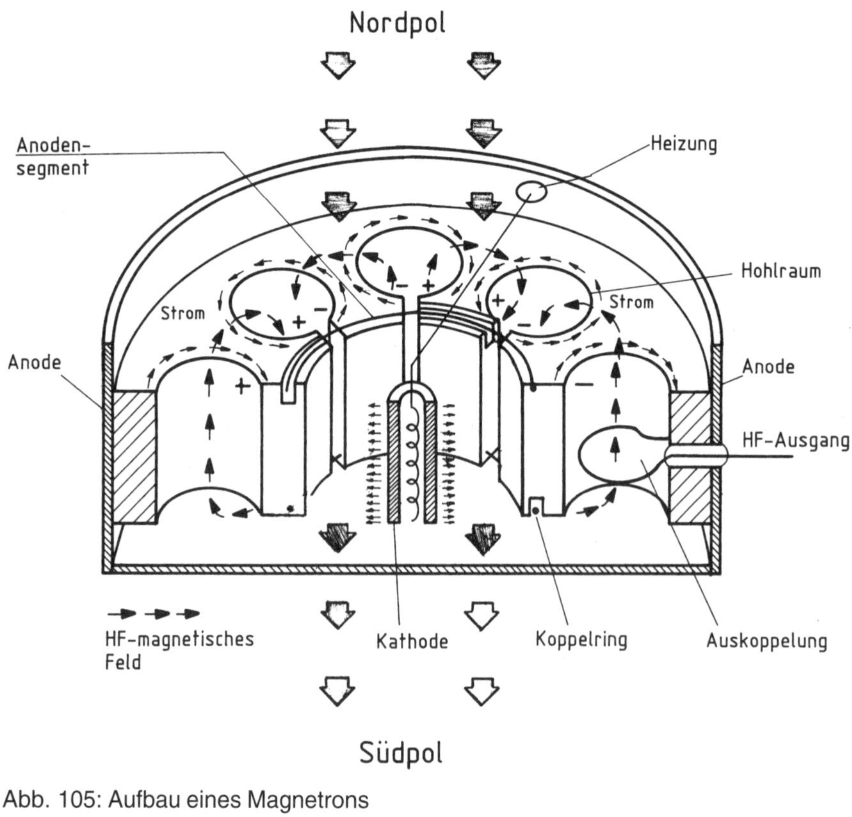

Abb. 105: Aufbau eines Magnetrons

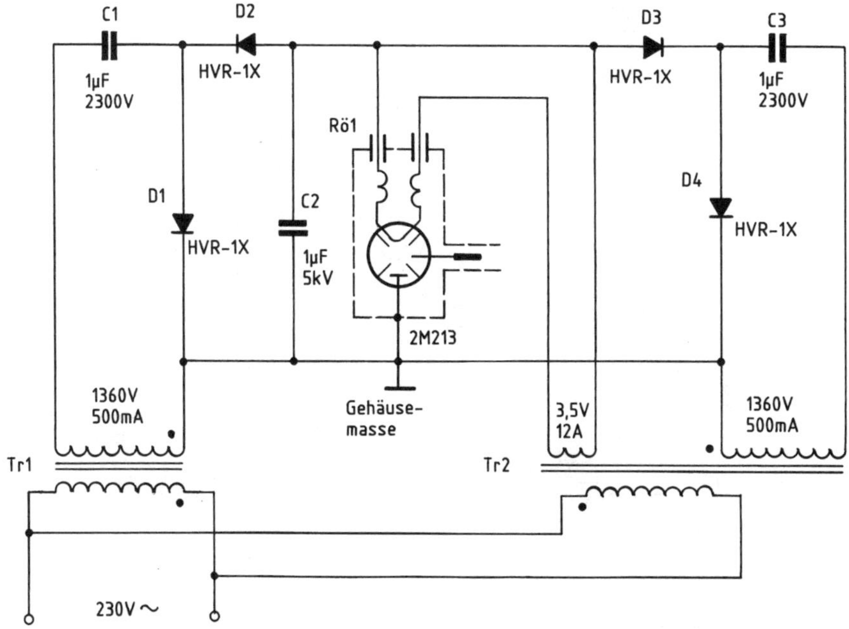

Abb. 106: Ausnutzung beider Halbwellen zur Verdopplung der Ausgangsleistung

In *Abb. 107* ist schließlich die Modulationsschaltung dargestellt. Mit einem schnellen Halbleiter-(Solid State-) Relais wird die Anodenspannung des Magnetrons getastet. Das Logiksignal kann von einem Rechteckgenerator oder von der Schnittstelle eines PCs stammen. Die Heizspannung von 3.5 V stellt ein gesonderter Mikrowellentrafo bereit, der von der Firma Helmut Singer in Aachen bezogen werden kann.

Damit das Magnetron nicht überlastet werden kann, befindet sich ein Thermoschalter in der Netzzuleitung. Der Thermoschalter ist am Magnetron befestigt. Sobald das Magnetron seine Grenztemperatur erreicht, wird die Netzversorgung unterbrochen.

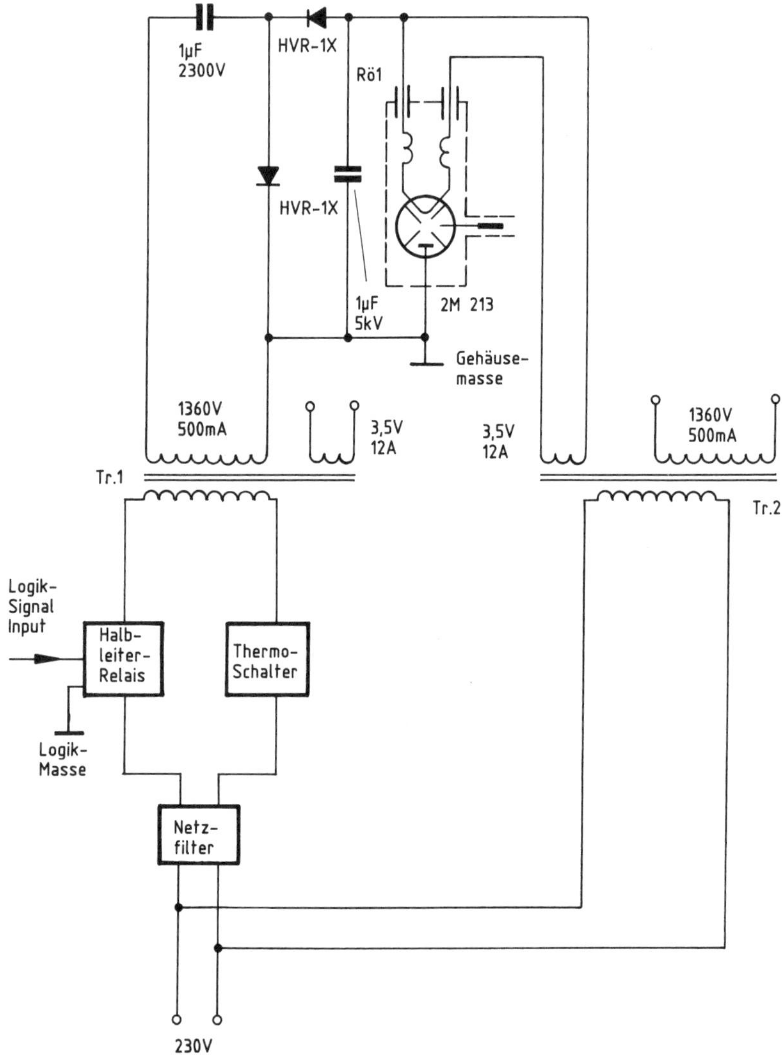

Abb. 107: Getastetes Magnetron

9 Induktiver Erhitzer

Eine interessante Schaltung, mit der Metallteile zum Glühen oder Schmelzen gebracht werden können, ist in *Abb. 108* angegeben. Beim Einbringen eines Metallteils ins Innere der Spule wird dieses induktiv erhitzt. Das IC MC34060 arbeitet als Impulsbreitenmodulator bei 120 kHz. Diese Frequenz eignet sich besonders zum Erhitzen von Aluminiumdosen. Ein Temperatursensor bzw. Thermistor (NTC) steuert die Impulsbreite des ICs. Die Treibertransistoren MJE 200 steuern schließlich den TMOS-Leistungsfeldeffekttransistor MTM 1545 an. Da das IC MC34060P sehr schwer erhältlich ist, kann eventuell das IC SG3525 oder SG3524 ersatzweise verwendet werden. Ähnlich verhält es sich mit dem Endstufentransistor, für den ggf. auch ein Ersatztyp gefunden werden muss.

Laut Motorola-Angabe soll der Wirkungsgrad der Schaltung bei 80 % liegen. Ursache hierfür sind die Schaltverluste und der Einschaltwiderstand des Power-MOSFET-Transistors von etwa 0.4 Ω.

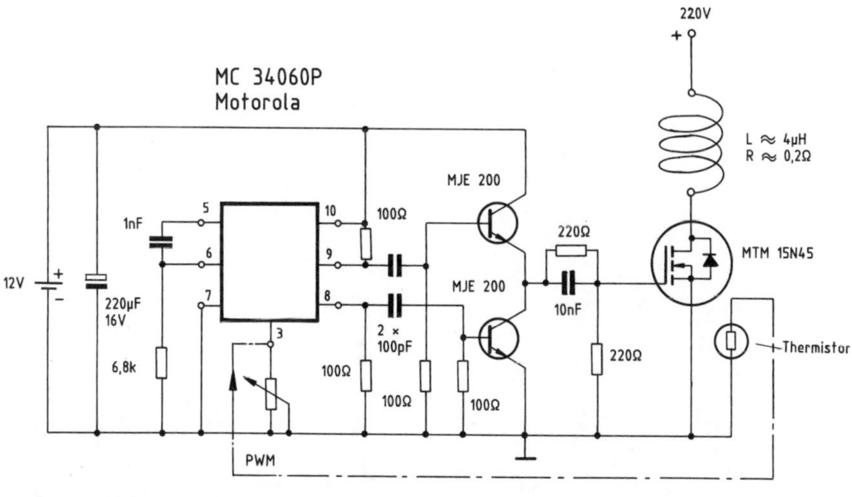

Abb. 108: Induktiver Erhitzer

Der Endtransistor kann bis zu 450 V bei 15 A schalten. Als Versorgung eignet sich eine gleichgerichtete Netzspannung von 115 V oder 230 V.

Der Endtransistor muss auf einem Kühlkörper montiert werden, der mindestens 100 Watt an die Umgebungsluft abführen kann.

10 Dezimeterwellensender mit Röhren

Eine weitere interessante Schaltung ist in *Abb. 109* zu finden. Es handelt sich um einen Leistungs-Dezimetersender im 70-cm-Bereich, mit dem sich viele reizvolle Versuchen durchführen lassen. Der Sender arbeitet in Gitterbasisschaltung, d. h. die Gitter liegen über einen 10-kΩ-Ableitwiderstand an Masse, während der primäre Schwingkreis an die Kathoden

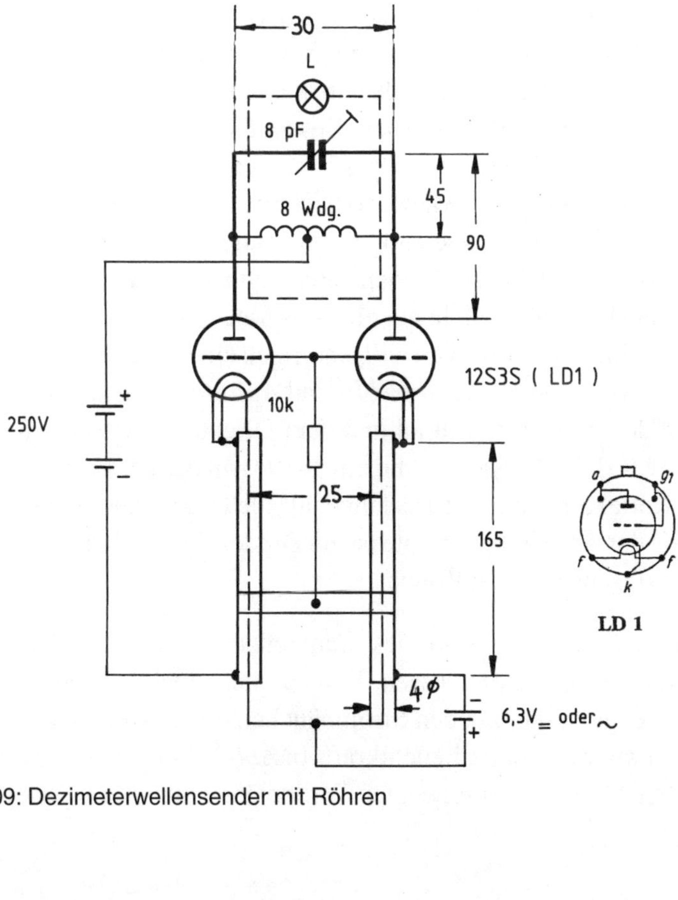

Abb. 109: Dezimeterwellensender mit Röhren

gelegt ist. Eine derartige Schaltung kann beträchtliche Energien abstrahlen. Sogar Diodenempfänger sprechen bei guter Richtwirkung noch in beträchtlicher Entfernung an.

Der Aufbau des Senders erfolgt in der Art, dass der Kathodenkreis als Lecherleitung mit λ/4 ausgeführt wird, auf dem ein Schieber zur Abstimmung verstellt werden kann. Der Anodenkreis kann als Schleife oder auch als Lecherleitung gebaut sein, er hat aber elektrisch gesehen die Länge λ/2, wenn diese auch durch die Röhren und Abstimmkapazität auf etwa 9–10 cm reduziert ist. Da bei λ/2 der Strombauch in der Mitte liegt, wird dort über eine Drossel die Anodengleichspannung zugeführt und gleichzeitig die HF-Energie über eine Kopplungsspule entnommen. Mit diesem Sender können auch größere Antennensysteme betrieben werden, die sich sonst für kleinere Sender nicht eignen.

Als Senderöhre eignet sich der russische Typ 12S 3 S, welcher der Wehrmachtsröhre LD 1 entspricht. Nach Kriegsende 1945 haben die Russen sämtliche Röhrenfabriken in ihrem Machtbereich demontiert und in Russland wieder aufgebaut. Deshalb kann man heute noch Original-Wehrmachtsröhren aus russischen Beständen bekommen. Die Senderöhre LD 1 ist über die Firma Oppermann in Steyerberg erhältlich. Sie arbeitet bis maximal 1.200 MHz und liefert etwa 5 Watt HF-Leistung. Der Preis liegt bei 3–4 Euro. Noch höhere Ausgangsleistung liefert die Röhre LD 2. Dieser Typ ist leider nur noch vereinzelt auf Flohmärkten zu finden. Wer mit der HF-Energie nicht nur ein 2–5-Watt-Lämpchen betreiben will, sondern die Energie abstrahlen will, kann sich eine „Kleiderbügel"-Richtstrahlantenne entsprechend *Abb. 110* und *Abb. 111* bauen. Die Abstände zwischen dem jeweiligen Dipol und dem Direktor sowie dem Reflektor sind etwa λ/4. Die Direktoren sind um 5–10 % in der Länge gekürzt, während die Reflektoren um 5–10 % länger als die Dipole sind. Zur optimalen Justierung der Antennenelemente ist ein Dioden-Feldstärkemesser, wie in *Abb. 112* zu sehen, sehr hilfreich.

Wird am HF-Ausgang statt des Lämpchens eine Lecherleitung mit 2–3 Meter Länge angeschlossen, können stehende elektromagnetische Wellen erzeugt werden. In den Strombäuchen dieser Wellen leuchten die Lämpchen mit maximaler Leuchtkraft. In *Abb. 113* ist diese Anordnung, die sich zur Messung der erzeugten Wellenlänge eignet, dargestellt!

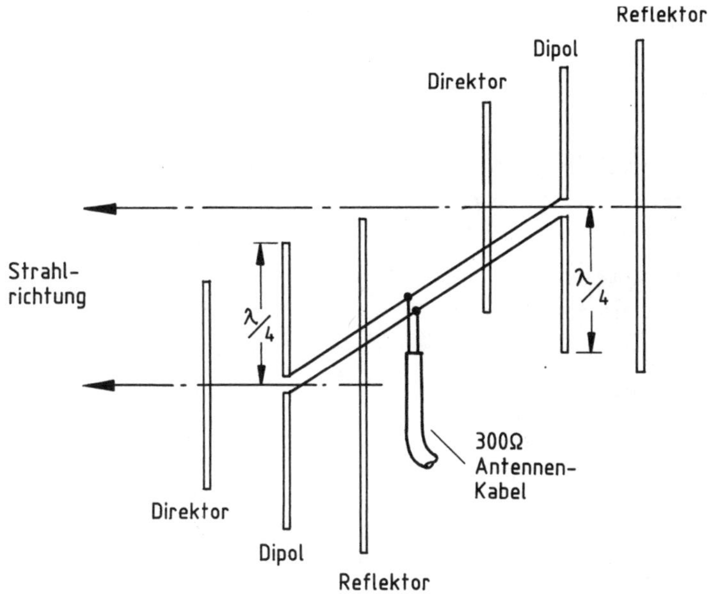

Abb. 110: Richtantenne

Abb. 111: Kleiderbügelmontage der Richtantenne

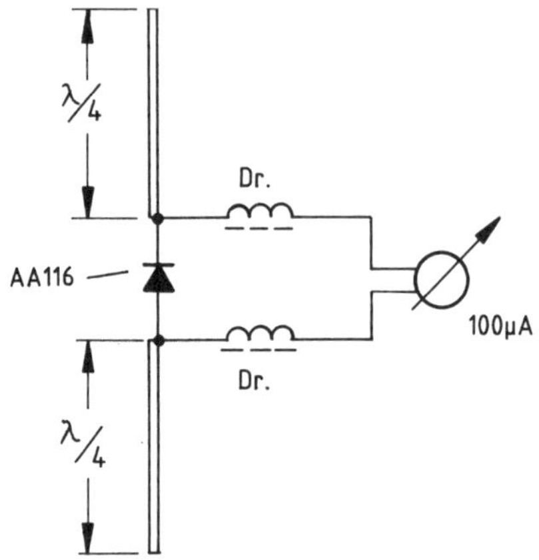

Abb. 112: Feldstärkemesser

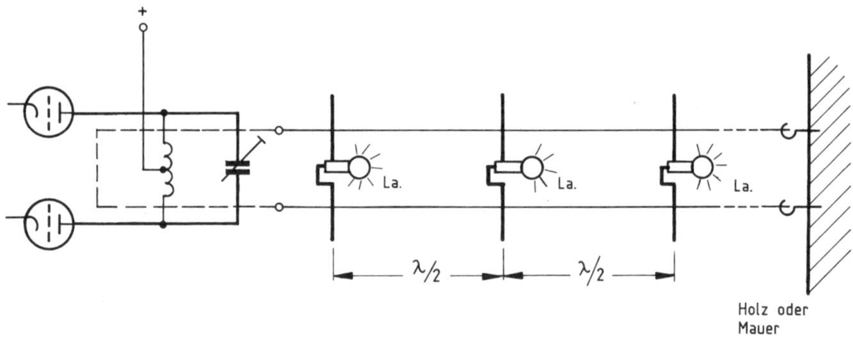

Abb. 113: Erzeugung stehender Wellen mit Lecherleitung

Anhang 1

Erklärung des Begriffs „New Age“

Die direkte Übersetzung ist „Neues Zeitalter“.

Neben dem Jahresrhythmus, so glauben die Esoteriker, gibt es noch einen Weltrhythmus. Der zählt rund 25.200 Jahre oder 12 Weltmonate von je 2.100 Jahren.

Unser Zeitalter ist der Übergang ins Wassermann-Zeitalter. Der Mensch dieses Zeitalters soll ein neuer Mensch werden, ganzheitlich denkend und mit einem höheren Bewusstsein.

Esoteriker bezeichnen diese von ihnen ersehnte Veränderung als Quantensprung im Bewusstsein des Menschen. Diese Veränderung bringt eine Umorientierung der Lebensgewohnheiten, andere Erkenntnisse in der Physik, der Medizin und der Psychologie mit sich.

Nietzsche als philosophischer Vordenker der New Age-Bewegung

Auch Nietzsche ahnt in seinem Werk „Also sprach Zarathustra“ das Heraufkommen eines neuen Zeitalters und sagt Veränderungen im Denken und Fühlen voraus.

Hier einige willkürlich zusammengefasste Gedanken aus dem Werk Nietzsches:

Der New Age-Anhänger hält die heutigen Wertvorstellungen für überholt, da sie meist nur vom Geldwert geprägt sind. Er glaubt, dass neue Maßstäbe im Denken und Handeln erforderlich sind. Er hält den Materialismus für den Hauptfeind des kommenden New Age-Zeitalters. Er glaubt, dass der Materialismus zerstört werden muss, da er ohnehin nicht mehr zu retten ist. Im neuen Zeitalter ist dafür kein Platz mehr. Der neue

Mensch hält den Menschen des Old Age für einen scheinbar unaustilgbaren Ameisenmenschen. Dieser behauptet immer noch das Glück erfunden zu haben. Er tut niemand mehr weh, er arbeitet nur mehr aus Langeweile, er sagt jeder sei gleich, jeder will das Gleiche. Wer anders fühlt, geht freiwillig ins Irrenhaus.

Er ist der Überzeugung, dass die immer Sorgenden und Vorteilsuchenden überhand nehmen und die sich selbst als gut ernannten Menschen nie die Wahrheit reden. Diese sagen das Leben sei nur noch Leiden. Kinderkriegen und Aufziehen ist mühsam – wozu noch gebären, die Zahl Unglücklicher noch vermehren.

Dies sind die Prediger des Verfalls, des Todes und des Selbstmitleids. Doch nicht Mitleid, sondern Tapferkeit und Entschlossenheit rettet die Welt. Der neue Mensch muss Vernichter sein, wenn er Schöpfer sein will. Er muss über die Zögernden, Schläfrigen und Unentschlossenen hinwegspringen.

Den Menschen muss ein neues Ziel gesetzt werden, das sie mit Begeisterung erfüllt. Der Wert aller Dinge muss neu festgelegt werden. Der Menschheit muss ein neuer Glaube und eine neue Hoffnung gegeben werden.

Es werden nur wenige sein, die sich an diesem Aufbruch beteiligen, die mutig und zäh sind – der Rest ist feige. Was sie nicht begreifen, wird zerredet. Am schlimmsten sind die selbsternannten Guten und Gerechten – sie lügen in aller Unschuld.

Der neue Mensch lässt sich von falschen Götzen und besonders der öffentlichen Meinung nicht mehr beeindrucken, sie ist eine Hure, ausgehalten von bezahlten Zeitungsschmierern.

Die Jünger des New Age sind Menschen mit Chaos, Unzufriedene, Aufbegehrende, Suchende, die jenseits von Gut und Böse denken und leben. Sie knien sich nicht nieder und lassen sich alles wie Kamele aufladen. Sie kauen und verdauen nicht alles nach Schweineart.

Die Menschen des New Age wollen sich selbst befehlen und alles feige Nachgeben von sich weisen. Sie möchten nichts umsonst haben, am wenigsten das Leben. Auch wenn am Ende der Untergang steht, gehen sie hinüber in die Unsterblichkeit. Die Jünger des New Age erklären die Götter für tot und treten an ihre Stelle. Eines ihrer Ziele ist es, tiefere Zusammenhänge zu erkennen und sich unter den Unerweckten zu bewegen wie unter Tieren. Um alles zu retten, muss alles gewagt werden.

Die New Age-Bewegung will den neuen Menschen schaffen, das höchste Ziel der Menschheit, welcher die Fadenscheinigkeit und den Materialismus der Old Age-Zivilisation hinter sich lassen will. Dazu muss unbekümmert, spöttisch und entschlossen vorgegangen werden. Das gute Gewissen muss „wir“ lauten, das schlechte Gewissen „ich“.

Zur Neugestaltung der Welt wird die New Age-Bewegung die herrrschenden Gesellschaftsstrukturen auflösen, die dürren Wurzeln dieser Ordnung für überholt erklären, die geistigen Krebsgeschwüre materialistischen Denkens enttarnen und der Vergewaltigung der Erde durch blinden Fortschrittsglauben und Profitgier ein Ende setzen.

Im Wege steht dabei der kalte gemeinschaftsfeindliche Materialismus, der Vernichter kreativen Denkens und Handelns, dem bald die Helden und Märtyrer einer besseren Ordnung gegenüberstehen. Nicht durch Zorn und Gewalt, sondern durch Lachen, Verachtung und der Angst der alten Götzen vor Veränderung wird das Old Age überwunden.

Wer mehr über die Ideen und Gedanken Nietzsches erfahren will, kann das Werk „Also sprach Zarathustra“ lesen.

Die amerikanische Schriftstellerin Marilyn Ferguson ist eine bekannte Vordenkerin der New Age-Bewegung.

In ihrem Werk „The Aquarian Conspiracy“ (deutsche Übersetzung 1980: Die sanfte Verschwörung) beschreibt sie eine Bewusstseinsrevolution, die ohne hierarchische Strukturen und nur durch das Netzwerk von schon veränderten Menschen durchgeführt werden soll. Es gebe schon genug Menschen mit einer Spiritualität, die in allen Bereichen der Gesellschaft aktiv sind.

Um das Gesamtsystem des Old Age zum Umkippen zu bringen, müssten sich die einzelnen Gruppen miteinander verbinden.

Als Herausgeberin der Zeitschrift Brain Mind Bulletin veröffentlichte sie seit 1975 Beiträge, die sich mit einzelnen Gruppen der Aquarian Conspiracy befassten.

Seit 1976 nannte sie diese Bewegung „The movement, that has no name" (Bewegung ohne Namen) Sie hat ein weiteres Werk mit dem Titel „Geist und Evolution – Die Revolution der Gehirnforschung" geschrieben.

Marilyn Ferguson verwendet einen Begriff aus der Soziologie um die Struktur der New Age Bewegung zu beschreiben: Das „SPIN", das „Segmentierte, Polyzentrische, Integrierte Netzwerk". Ferguson beschreibt was das ist:

„Jeder Teil des SPIN ist autark. Man kann das Netzwerk nicht zerstören, indem man eine einzelne Führungspersönlichkeit oder irgendein wichtiges Teilstück vernichtet. Das Zentrum bzw. das Herz des Netzwerks ist wie das Internet, nämlich überall.
Eine bürokratische Organisation ist so schwach, wie ihr schwächstes Glied. In einem Netzwerk können viele Menschen die Funktionen anderer übernehmen.
Während eine bürokratische Organisation weniger darstellt, als die Summe ihrer Teile, ist ein Netzwerk um vieles grösser, als die Summe seiner Teile.
Dies ist eine Quelle der Macht, die in der Geschichte noch nie angezapft wurde: vielfältige autarke, gesellschaftliche Bewegungen, die sich für die verschiedensten Ziele zusammentun, deren Erfüllung alle Aspekte des heutigen Lebens transformieren würde.
Weil die SPINs sich qualitativ, hinsichtlich ihres Aufbaus und ihrer Wirkung, dermassen von bürokratischen Organisationen unterscheiden, werden sie von den meisten Menschen gar nicht wahrgenommen oder für Verschwörungen gehalten.

David Spangler erklärt: „Der Wert der New Age Zentren, wie z. B. der vielen Esoterik-Läden liegt darin, dass sie um sich herum Menschen und Plätze schaffen, die von Gedankenkräften, Energien und Gewohnheiten der Vergangenheit relativ unverseucht sind. Diese sind nicht Teil des alten Netzes von Kraftlinien und Einflüssen und so brauchen diese neuen Zentren auch nicht die Trägheit und die unklaren Energien aus vergangenen Denk- und Verhaltensmustern zu überwinden. So wird eine neue Welt geschaffen!

Anhang 2

Glauben Sie noch an Einstein ? – Von F. K. Preikschat

Albert Einsteins Relativitätstheorie (RT) steht fest wie ein christliches Glaubensbekenntnis in den Physikbüchern und Lehrplänen.
Kaum jemand wagt es, am Vermächtnis des grossen Gelehrten zu rütteln. Doch gab es auch immer schon Zweifler. Zum Beispiel Hans Israels Sammlung „Hundert Autoren gegen Einstein“, Voigtländer Verlag, Leipzig 1931.
Anfang der 60er Jahre war eine angeregte Diskussion im Gange, als Fred Hoyles „Steady State Universe“ bekannt wurde. Man lese nach unter Namen, wie Herbert Dingle, Pascal Rapier, Bontsch-Bruyewitsch, M. Ruderfer, J.J. Fox, Arthur S. Otis, Wallace Kantor, B.C. Babcock, T.G. Beergmann und Julio Palacios.
Seitdem ist es wieder still geworden. Die Ketzer sind auf dem Scheiterhaufen gelandet, aber die hohen Priester sind sich ihrer Sache auch nicht sicher.

Warum sonst muss die RT immer wieder neu bewiesen werden ? Beim Ohmschen Gesetz wird das nicht für notwendig erachtet.

Als vor einigen Jahren der Mars hinter der Sonne verschwand, wurde eine Beugung der Radiowellen durch die Sonnenatmosphere und das Gravitationsfeld beobachtet.

Unsere Physiker sind an die alten Paradoxen schon so gewöhnt, das niemand mehr daran Anstoß nimmt. Neue, beunruhigende Tatsachen deuten jedoch darauf hin, dass in 10 – 20 Jahren unser Weltbild der Physik bedeutend anders aussehen wird.

- Vom Oservatorium Simferopol (Krim) wurde eine Eklipse des Quasars 3C273 von 4 Stunden beobachtet. Nach Hubbles Gesetz müsste dieser Stern über eine Milliarde Lichtjahre entfernt sein und nach der Helligkeit die Größe von 200 Galaxien haben.

Ein Körper ähnlicher Grösse müsste sich mit millionenfacher Lichtgeschwindigkeit bewegen, um in 4 Stunden zu passieren.

Sinnvoller ist die Erklärung, dass 3C273 nicht viel grösser als unsere Sonne ist und zu einem Doppelsternsystem in unserer Nähe gehört. Die spektrale Rotverschiebung muß dann eine andere Ursache haben. (Gravitation).

- Tachyonen, Zerfallsprodukte von schnellen Partikeln, überschreiten die Lichtgeschwindigkeit, ohne dabei unendliche Masse anzunehmen. Es ist noch völlig unklar, wie das zu deuten ist. Der Autor dieses Abschnitts hat sich als Radartechniker, zuletzt bei den Boing-Werken, mit dem Dopplereffekt herumgeschlagen. Der sogenannte „square shift", das quadratische Glied in der Dopplergleichung, allgemein als Beweis für die RT herangezogen, ist nichts anderes als das Resultat einer Zweiweg-Übertragung (hin und zurück) zwischen Station A und B. A sendet f_o aus, von B als $f_1 = f_o + f_o \cdot v/c$ empfangen ($v = V_A - V_B$) und zurückgesendet, wieder von A empfangen als $f_2 = f_1 + f_1 \cdot v/c = f_o + 2f_o \cdot v/c + f_o + v^2/c^2$.

Weiterhin, die Lichtgeschwindigkeit c ist nach der RT konstant relativ zu allen Referenzsystemen. Wenn A eine Frequenz f_o aussendet, wird diese von der Antenne als $\lambda_0 = c_A/f_o$ ausgestrahlt. Unterwegs, ohne ein Bezugssystem, kann nur die Wellenlänge λ_0 definiert werden. B empfängt die Sendung von A mit Frequenz $f_1 = f_o + f_o \cdot v/c$. Man sollte annehmen, dass $f_1 = (c_A + v)/ \lambda_0$, nach der RT ist jedoch $f_1 = c/ \lambda_0$. *Die Wellenlänge hat sich unterwegs auf geheimnisvolle Weise verändert.*

Schlimmer noch, wenn die Sendung von A von mehreren Stationen verschiedener Geschwindigkeit $B_1 ... B_n$ empfangen wird, muss sich die Wellenlänge in entsprechend viele $\lambda_1 ... \lambda_n$ verwandeln.

Nach Empfang bei B haben wir im Antennenkabel einen Wechselstrom der Frequenz f_1 ohne irgendwelche Beziehungen zu c oder v.

Nach alledem ist es dann nur noch ein kleiner Schritt, die Lichtgeschwindigkeit nicht mehr als absolutes Maximum zu betrachten (c = unendlich; c + v = c). Damit fällt auch die relativistisch unendliche Masse. Partikelbeschleunigung über die Lichtgeschwindigkeit hinaus durch elektromagnetische Felder ist deshalb nicht möglich, weil die Felder selbst nicht schneller sind.

Das Resultat dieser Betrachtungen: Wir sind der gesteuerten Wasserstoff-Fusion viel näher als wir denken. Um zwei Deuteriumkerne zur Fusion zu bringen, müssen sie mit ausreichender Geschwindigkeit und in fast gerader Linie aufeinander treffen.

Bisherige Versuche (Tokomac, Laser-Fusion) sind von brauchbaren Resultaten noch weit entfernt. Die Probleme kommen erst, wenn Megawatt-Explosionen im Sekundenrhythmus gebändigt werden müssen, um einen kontinuierlichen Energiefluss zu erreichen.

Als weit bessere Lösung erscheint mir der Ring, in dem, durch elektrostatische (nicht magnetische Felder) abgelenkt und fokussiert, zwei Partikelströme in entgegengesetzter Richtung kreisen. Dort kann dann jedem Partikel eine genaue Geschwindigkeit und Bahn vorgeschrieben werden, im Gegensatz zu einer erhitzten Masse ohne definierte Bewegung. Die fliegende Untertasse scheint damit gar keine so schlechte Idee zu sein ...

Anhang 3

Das fantastische Licht – Von J. Ferguson

Wenn die Theorie der Dopplerverschiebung auf das Licht angewendet wird, werden viele Leser vor ein Rätsel gestellt, wenn nicht vollständig verblüfft.

Das Geheimnis stammt vermutlich aus Einsteins Postulat, dass die Lichtgeschwindigkeit (c), wie sie von allen Beobachtern gemessen wird, von der Geschwindigkeit der Quelle oder des Beobachters unabhängig ist.

Eine alternative Theorie postuliert, dass ein Beobachter, der sich mit der Geschwindigkeit v in Richtung einer Lichtquelle bewegt, die Geschwindigkeit des Lichtes als die Vektorsumme (c + v) messen wird.

Diese Theorie ist experimentell schwierig zu überprüfen, weil, mit Ausnahme für hochenergetische Teilchen, sich nichts auf unserem Planeten mit einer Geschwindigkeit bewegt, die mit der des Lichtes vergleichbar ist. Die Satelliten z. B. umkreisen die Erde mit etwa 8000 m/s, dies ist nur 0,000027c. Deshalb gilt für die meisten praktischen Zwecke auf der Erde (c + v) = c.

Es ist jedoch bekannt, dass sich viele Galaxien außerhalb der Milchstraße mit Geschwindigkeiten bewegen, die ein beachtlicher Bruchteil der Lichtgeschwindigkeit sind. Die Astronomen messen die Dopplerverschiebung in dem Licht von derartigen Galaxien, um ihre Fluchtgeschwindigkeiten zu schätzen.

Einsteins Postulat impliziert, dass die Geschwindigkeit des galaktischen Lichtes, das die Erde von derartigen Galaxien erreicht, die gleiche wie die Lichtgeschwindigkeit von einer lokalen Quelle ist. Dies hat möglicherweise zu einigen Fehlinterpretationen der astronomischen Daten geführt.

Entsprechend Einsteins Theorie würde, falls sich eine Quelle mit der Frequenz *F* mit der Geschwindigkeit v in einem Winkel *q* bezüglich eines Beobachters bewegt, der Beobachter die Frequenz *f* messen:

$$f = F\frac{\sqrt{1-\frac{v^2}{c^2}}}{1-\left(\frac{v}{c}\right)\cos\theta}.$$

Entsprechend der alternativen Theorie gilt aber:

$$f = F\sqrt{\frac{v^2}{c^2}+2\left(\frac{v}{c}\right)\cos\theta+1}\cdot$$

Es wird der Fall betrachtet, in dem die Strahlung von der Quelle quer zu Bewegungsrichtung betrachtet wird, d. h. θ = 90°.
Entsprechend der ersten Gleichung gilt

$$f = F\sqrt{\frac{c^2-v^2}{c^2}}, \qquad \text{(i)}$$

während aus der zweiten Gleichung

$$f = F\sqrt{\frac{c^2+v^2}{c^2}} \qquad \text{(ii)}$$

folgt. Um es einfach auszudrücken, entsprechend Einsteins Theorie ist die beobachtete Frequenz *f* kleiner als die gesendete Frequenz *F* (wie in Gleichung (i)), wenn die relative Geschwindigkeit v einen rechten Winkel zu der Linie einnimmt, die die Quelle und den Beobachter verbindet. Entsprechend der alternativen Theorie ist entsprechend Gleichung (ii) die beobachtete Frequenz *f* größer als die gesendete Frequenz *F*. Ein Test unter Verwendung eines Laserimpuls-Senders und eines Empfängers sowie eines Zählers/Zeitgebers würde bestimmen, welche der zwei Theorien richtig ist.

Anhang 4

Ein kritischer Blick auf die Relativitätstheorie
– von F. K. Preikschat

1. Das Problem

Die Relativitätstheorie besitzt keine funktional und technisch annehmbare Lösung für das folgende Problem:

Das Raumfahrzeug A (Fig. 1) wird von den Fahrzeugen B und D mit den verschiedenen Annäherungsgeschwindigkeiten v_b und v_d verfolgt. Weil es kein übergeordnetes Bezugssystem im leeren Raum gibt, ist die Absolutgeschwindigkeit der Fahrzeuggruppe unbekannt.

Das Fahrzeug A sendet ein Signal mit der Frequenz f_0 aus, das durch B und D mit den entsprechenden Dopplerverschiebungen f_b und f_d empfangen wird, wobei

$$f_{b(d)} = f_0 + f_0 \frac{v_{b(d)}}{c}$$

gilt. A sendet einen Wellenzug mit der Wellenlänge $\lambda_0 = \frac{c}{f_0}$ aus, wobei c die bezüglich A gemessene Ausbreitungsgeschwindigkeit ist. Es könnte erwartet werden, daß die empfangenen Frequenzen durch

$$f_{b(d)} = \frac{c + v_{b(d)}}{\lambda_0}$$

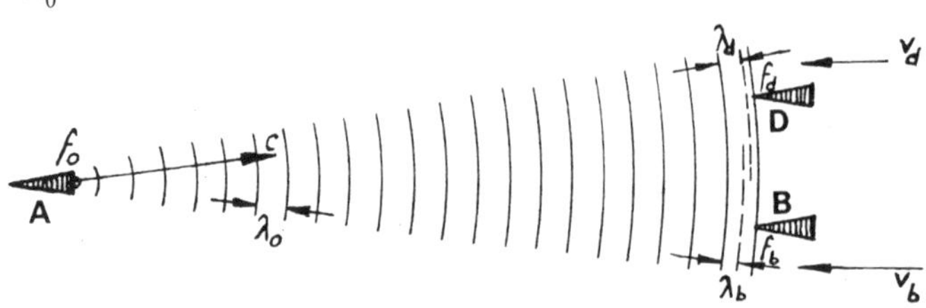

Fig.1

gegeben sind. Entsprechend der Relativitätstheorie ist jedoch die Geschwindigkeit der durch B und C empfangenen einfallenden Strahlung „c“, deshalb gilt

$$f_{b(d)} = \frac{c}{\lambda_{b(d)}} \, .$$

Mit anderen Worten, die durch A ausgestrahlte Wellenlänge hat sich irgendwo längs des Weges von λ_0 zu $\lambda_{b(d)}$ geändert, und noch dazu für B und D entsprechend ihren Annäherungsgeschwindigkeiten verschieden.

Eine Änderung der Wellenlänge und der Frequenz (bei konstantem c) ist zu einer Änderung der Energie äquivalent, die von irgendwoher kommen muß ($E = h\nu$, h = Plancksches Wirkungsquantum).

Es wäre eine Wechselwirkung mit irgendeiner Art von Materie auf dem Weg zu B und D erforderlich, um dies zu erreichen. Kurz, ein „Deus ex machina“, also irgendein unbekanntes Feld müßte jedes Fahrzeug umgeben und die Energie aus dem Impuls des Fahrzeugs ableiten. Dies würde jedoch nur die Wirkung einige Zentimeter von den Fahrzeugen B und D verschieben. Das Problem bleibt das gleiche: Die Geschwindigkeitsdifferenz beider Fahrzeuge A und B (D) muß an irgendeiner gemeinsamen Schnittstelle bekannt sein, um die richtige Dopplerverschiebung abzuleiten. Ohne Bezugnahme auf irgendein Fahrzeug A, B oder D ist die Wellenlänge λ_0 die einzige definierte Größe der sich ausbreitenden Strahlung. Offensichtlich ist dann an der Schnittstelle des Raumes und der Antennen B oder D die Ausbreitungsgeschwindigkeit immer noch c bezüglich A, folglich muß sie $c + v_{b(d)}$ beim Eintritt in die Antennen von B oder D sein.

Nachdem die Energie durch die Antenne B oder D absorbiert worden ist, wird die Energie im Antennenkabel in einen Wechselstrom der Frequenz $f_{b(d)}$ umgesetzt, wobei sie jede Beziehung zur einfallenden Wellenlänge oder Geschwindigkeit verliert. Jede Messung der Wellenlänge oder der Geschwindigkeit der Ausbreitung danach innerhalb von B oder D würde demzufolge nur die lokale Geschwindigkeit c und $\lambda_{b(d)}$ liefern.

Das gleiche gilt für die Wellenlänge und die Geschwindigkeit des Lichts, nachdem es durch die Oberfläche eines transparenten Festkörpers oder einer transparenten Flüssigkeit gegangen ist.

Zitat: „… eine externe elektromagnetische Störung, die sich mit Lichtgeschwindigkeit im Vakuum bewegt, wird in der Substanz genau aufgehoben und in der Substanz durch die sekundäre Störung ersetzt, die sich mit einer entsprechend kleineren Geschwindigkeit bewegt.“ (Ewald u. Oseen, Extinction Theorem, Principles of Optics, Born u. Wolf, Pergamon Press, N. Y., 1959, S. 70 ff). Dies wird durch die wechselseitige Kopplung der molekularen Dipole in der Substanz ermöglicht.

2. Ein Blick zurück in der Zeit

Die Relativitätstheorie ist nicht immer als die absolute Wahrheit akzeptiert worden, so wie sie es heute ist. Um 1930 wurde Einstein scharf kritisiert, es war von einer „logisch unhaltbaren Fiktion“ die Rede (Hans Israel, „Hundert Autoren gegen Einstein“, R. Voigtlaender Verlag, Leipzig 1931).

Mit dem Zusammenbruch des Deutschen Reichs nach dem Ersten Weltkrieg und mit dem Zusammenbruch der währungspolitischen und sozialen Struktur Deutschlands wurde die Relativitätstheorie bereitwillig aufgegriffen, um zu erklären, das eigentlich nichts von absolutem und permanentem Wert ist, sondern daß alles relativ ist. Es zirkulierte eine Anzahl von Witzen darüber, was relativ ist. Verständlicherweise wurde an den Colleges die Relativitätstheorie als eine weitere, der mehr oder weniger nützlichen Theorien behandelt, mit der sich ein Ingenieur wahrscheinlich niemals befassen muß.

Fünfzehn Jahre später, im Jahre 1947, sind bei der Arbeit an Doppler-Navigationssystemen erste Zweifel entstanden.

Das Problem war: Eine Funkstationen sendet eine Frequenz f_0, die durch ein Raumfahrzeug mit der Geschwindigkeit v als

$$f_1 = f_0 + f_0 \frac{v}{c}$$

empfangen wird. Das Fahrzeug sendet die Frequenz f_1 zurück, die nach einer weiteren Dopplerverschiebung durch die Funkstationen als

$$f_2 = f_1 + f_1 \frac{v}{c} = f_0 + 2 f_0 \frac{v}{c} + f_0 \frac{v^2}{c^2} = f_0 \left(1 + \frac{v}{c}\right)^2$$

empfangen wird. Der Term $2f_0\frac{v}{c}$ in der obigen Gleichung ist die normalerweise verwendete Dopplerverschiebung des Rücksignals, während der Term $f_0\frac{v^2}{c^2}$ für die heutigen Fahrzeuggeschwindigkeiten von $v < 10^{-5}c$ immer vernachlässigt werden kann, da er in der Größenordnung von $10^{-10}f_0\frac{v}{c}$ liegt. Diese „quadratische Verschiebung" oder relativistische Dopplerverschiebung wird im allgemeinen als ein Beweis der Relativitätstheorie verwendet (siehe z. B. die Experimente von Ives und Stilwell, die später erörtert werden).

Im genannten Fall tritt die quadratische Verschiebung jedoch einfach als ein Ergebnis der doppelten Übertragung zu und von einem Fahrzeug auf.

Diese Ergebnisse sind der Anlaß, nach anderen möglichen Interpretationen der sogenannten klassischen Experimente zu suchen.

3. Die Messungen der Lichtgeschwindigkeit

Während der letzten 300 Jahre, seit Roemer die Lichtgeschwindigkeit aus der Beobachtung der Jupitermonde berechnet hat, ist die Lichtgeschwindigkeit mit zunehmender Genauigkeit gemessen worden. Seit den Messungen von Michelson im Jahre 1876 gibt es Beobachtungen mit ausreichender Genauigkeit.

Tabelle 1

	Name	**Jahr**	**Verfahren**	**Ergebnis km/s**	$\pm\Delta$	**Abweichung von 299.792,5**
1	Roemer	1676	Jupitermond	301.500		+1.708
2	Bradley	1700	Aberration	299.700		-92
3	Fizeau	1849	Zahnrad	313.300		+13.508
4	Fizeau	1850	Zahnrad	301.400		+1.608
5	Foucault	1860	rotierender Spiegel	248.000		-1.792
6	Cornu Helmert	1875	Zahnrad	299.990	300	+198
7	Michelson	1879	rotierender Spiegel	299.910	75	+118

	Name	Jahr	Verfahren	Ergebnis km/s	±Δ	Abweichung von 299.792,5
8	Newcomb	1883	rotierender Spiegel	299.860	45	+68
9	Michelson	1883	rotierender Spiegel	299.853	90	+61
10	Parrotin	1902	Zahnrad	299.901	104	+109
11	Rosa Dersey	1906		299.784	15	-8
12	Mercier	1923	stehende Welle	299.782	15	-10
13	Michelson	1927	rotierender Spiegel	299.798	22	+6
14	Mittelstaedt	1928	Kerr-Zelle	299.786	15	-6
15	Michels, Pease, Pearson	1933	rotierender Spiegel	299.774	6	-18
16	Anderson (Huettel)	1937	Kerr-Zelle	299.771	15	-21
17	Anderson	1941	Kerr-Zelle	299.776	9	-16
18	Aslakson	1949	Shoran	299.792	3,5	-0,5
19	Hansen Bol	1950	fester Resonator	299.789	1,2	-3,5
20	Essen	1950	variabler Resonator	299.792,5	1,0	0
21	Bergstrand	1951	Kerr-Zelle	299.793,1	0,32	+0,6
22	Froome	1952	Interferometer	299.792,6	0,7	+0,1
23	Mackenzie	1953	Kerr-Zelle	299.792,4	0,5	-0,1
24	Froome	1954	Interferometer	299.793	0,3	+0,5
25	Plyler, Blaine, Comer	1955	Infrarot	299.792	6,0	-0,5
26	Florman	1955	Interferometer	299.795	1,9	+2,5
27	Nat. Bur. Stand.	1972	Laser	299.792,45	±1m	-0,05

Die Ergebnisse sind in Fig. 2 gezeigt. Vorausgesetzt, daß die verschiedenen Forscher nicht voneinander beeinflußt worden sind und die Genauigkeitsgrenzen ihrer Messungen nicht viel zu eng geschätzt haben, liegt die

Schlußfolgerung nahe, daß sich die Lichtgeschwindigkeit, wie sie innerhalb des Bezugssystems der Erde gemessen worden ist, während des letzten Jahrhunderts um ±50 km/s oder 0,017 % geändert hat.

Die Mediankurve in Fig. 2 ist etwa die Invertierung der 22 Jahres-Mittelwerte der Sonnenfleckenaktivitäten und des Erdmagnetfeldes im gleichen Zeitintervall.

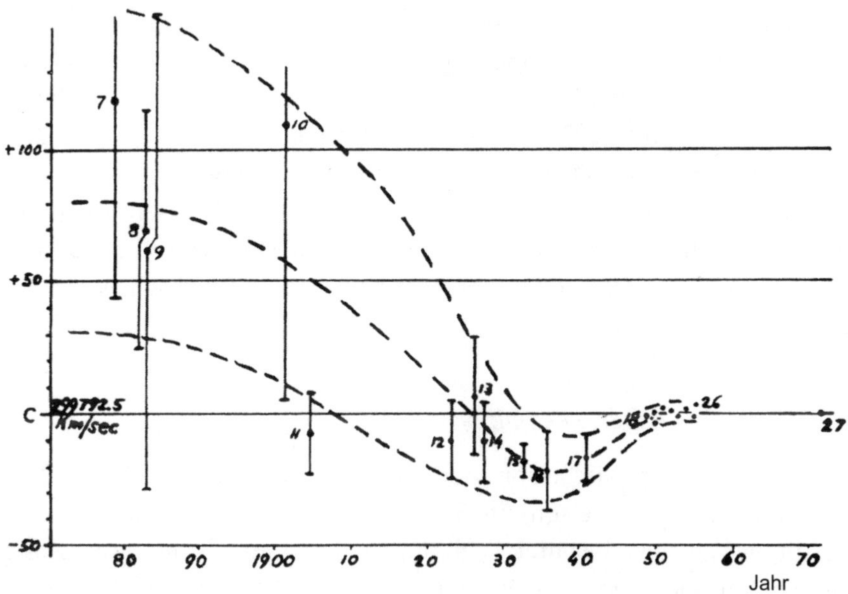

Fig. 2

4. Die „klassischen" Experimente

A. Michelson-Morley

Als im frühen 19. Jahrhundert die Wellennatur des Lichts entdeckt worden ist, schien ein Träger für das Licht notwendig. Man stellte sich diesen Träger als Äther vor, der alle Materie durchdringt und sich im Universum in Ruhe befindet oder durch sich bewegende Materie mit einer etwas geringeren Geschwindigkeit mitgeschleppt wird. Offensichtlich sollte Licht, das sich mit und gegen oder quer durch diesen Ätherwind ausbreitet, meßbare Unterschiede in seiner Ausbreitungsgeschwindigkeit aufweisen.

Es wurde erwartet, daß das Experiment einen Effekt zweiter Ordnung $\frac{v^2}{c^2}$ liefert, wobei v die Geschwindigkeit der Erdoberfläche (dem Ort des Experiments) bezüglich des Universums ist.

Das verwirrende Null-Ergebnis wurde als eine Kontraktion der Versuchsausrüstung in der Bewegungsrichtung interpretiert (Lorentz).

Später in den zwanziger Jahren des 20. Jahrhunderts wurde die Äther-Theorie verworfen, wobei die Lorentz-Kontraktion ebenfalls verworfen werden sollte, weil es keinen weiteren Grund gab, anzunehmen, daß das Licht durch ein Medium übertragen wird, das sich in einem anderen Bezugssystem als dem des Laboratoriums befindet. Und daß sich dieses Medium zu allem Überfluss mit einer bestimmten (hohen) Geschwindigkeit an der Erde vorbei bewegt. Inzwischen war es aber zu spät, weil eine umfangreiche Theorie erarbeitet worden war, die auf dieser Grundlage weiter ausgebaut wurde. Der Verzicht auf die Relativitätstheorie hätte bedeutet, daß gut 50 % oder mehr der heutigen physikalischen Theorie umzuschreiben wären.

B. Michelsons Experiment mit beweglichem Spiegel

In diesem Bericht (Michelson, Astrophysical Journal, 37, 1913, S. 190–193) beschreibt Michelson ein Experiment, in dem er versucht hat, zu bestimmen, welche der drei Theorien der Lichtausbreitung gilt. Dieser Bericht verdient eine genauere Betrachtung, insbesondere in Bezug auf den Dopplereffekt. „Entsprechend der Wellentheorie (Äther-Theorie) des Lichts ist die Lichtgeschwindigkeit von der Geschwindigkeit der Quelle und der Geschwindigkeit eines Spiegels, auf dem das Licht reflektiert wird, unabhängig (Fall 1).

Entsprechend der Emissionstheorie wird die resultierende Geschwindigkeit von einer sich bewegende Quelle durch die Komponente der Geschwindigkeit der Quelle vergrößert (Fall 2).

Es erscheint aber, daß andere Formen der Emissionstheorie andere Ergebnisse für die Reflexion von einem sich bewegenden Spiegel erfordern. Wenn die Lichtpartikel wie Projektile an einer elastischen Wand reflektiert werden, dann sollte die Lichtgeschwindigkeit um das Zweifache der Komponente der Geschwindigkeit des Spiegels vergrößert werden (Fall 3).“

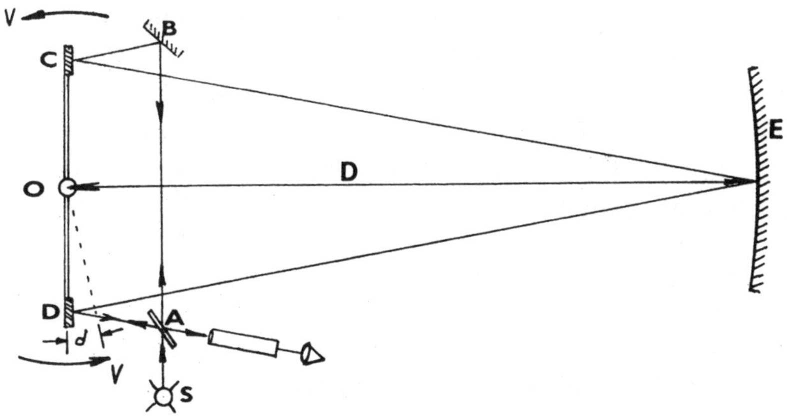

Fig. 3

Michelson baute eine Anordnung, wie sie in Fig. 3 gezeigt ist.

Der Lichtstrahl von einer Quelle S wird durch einen halbdurchlässigen Spiegel A aufgespalten. Der eine Strahl geht durch den Spiegel A zum Spiegel B, wobei er zu den Spiegeln C, E und über den Spiegel D zurück zu A reflektiert wird. Der andere Strahl wird vom Spiegel A zum Spiegel D und dann in der entgegengesetzten Richtung über D, E, C, B zum Spiegel A reflektiert. An diesem Punkt wird er dem ersten Strahl überlagert, um ein Streifenmuster zu erhalten, wenn die Spiegel richtig eingestellt sind.

Die Spiegel C und D sind auf einem gemeinsamen Träger angebracht, der um die Achse O gedreht werden kann. Wenn sich der Spiegel D zum Spiegel E bewegt, wie durch einen Pfeil angezeigt ist, wird sich der Spiegel C um die gleiche Strecke von E entfernen. Der Abstand zwischen den Spiegeln C und D beträgt 26,5 cm. Der Abstand D zwischen dem Mittelpunkt O der Spiegel C und D und dem festen sphärischen Spiegel E beträgt 608 cm.

Michelson sagte: „Entsprechend der Wellentheorie wird die Lichtgeschwindigkeit durch die Geschwindigkeit des Spiegels nicht beeinflußt, während die Emissionstheorie erfordert, daß

$$\overline{V} = V + r\mathrm{v} \tag{1}$$

gilt. Dabei ist $\bar{V}$ die Lichtgeschwindigkeit nach der Reflexion, V ist die Geschwindigkeit vor der Reflexion und v ist die Komponente der Geschwindigkeit des Spiegels in der Richtung des Bündels (des Strahls), wobei $r = 2$ entsprechend der elastischen Aufpralltheorie gilt, während $r = 1$ gilt, falls die Spiegeloberfläche als eine neue Quelle wirkt. Die durch das Bündel (den Strahl) DEC benötigte Zeit beträgt

$$T_1 = \frac{2(D+d)}{V_1}, \tag{2}$$

während die durch das Bündel CED benötigte Zeit

$$T_2 = \frac{2(D-d)}{V_2} \tag{3}$$

beträgt, wobei D der Abstand OE ist, d ist die Entfernung, um die sich der rotierende Spiegel bewegt, während sich das Licht über DEC bewegt, während V_1 die resultierende Geschwindigkeit des ersten Lichtbündels ist und V_2 die des zweiten Lichtbündels ist."

Wenn sich die Spiegel D und C in Ruhe befinden (sich nicht drehen) und sich in etwa der gleichen Entfernung vom Spiegel E befinden, bewegen sich beide Lichtstrahlen um die gleiche Entfernung $2D$ auf ihrem Weg DEC bzw. CED. Bei sich drehenden Spiegeln muß sich der Strahl um die zusätzliche Entfernung $2d$ bewegen, um die sich der Spiegel C bewegt, während das Licht unterwegs ist. Die Entfernung in der entgegengesetzten Richtung ist, zurückzuführen auf die Bewegung des Spiegels D, um $2d$ kürzer. Die Entfernung d wird aus

$$\frac{d}{2D} = \frac{\mathrm{v}}{V}, \quad \frac{2\mathrm{v}D}{V} = d \tag{4}$$

berechnet. Michelson erarbeitete die endgültige Gleichung für die Verschiebung der Interferenzstreifen:

$$\Delta = \frac{V(T_1 - T_2)}{\lambda} = 4\frac{D}{\lambda}(2-r)\frac{\mathrm{v}}{V}$$

$$\text{es gilt für}\quad r=0:\quad \Delta = 8\frac{D\mathrm{v}}{\lambda V}$$

$$r=1:\quad \Delta = 4\frac{D\mathrm{v}}{\lambda V} \qquad (5)$$

$$r=2:\quad \Delta = 0.$$

Für $r = 0$, d. h. $\Delta = 8\,\frac{D\mathrm{v}}{\lambda V}$, einer Wellenlänge des Lichtes von $l = 0{,}60$ µm und 1000 Umdrehungen pro Minute der Spiegel C und D beträgt die berechnete Streifenverschiebung 3,76 Streifen, die sehr gut mit der gemessenen mittleren Verschiebung von 3,81 Streifen übereinstimmt.

Michelson schlußfolgerte deshalb, daß innerhalb der Fehlergrenze des Experiments (angenommen 2 Prozent) die Geschwindigkeit eines sich bewegenden Spiegels ohne Einfluß auf die Geschwindigkeit des von seiner Oberfläche reflektierten Lichtes ist.

Es ist möglich, die gleichen Ergebnisse zu erhalten, ohne die Zeit zu berücksichtigen (Dilatation?), indem lediglich die Anzahl N der Wellenlängen in beiden Richtungen zwischen den Spiegeln D, E und C gezählt wird. Die Anzahl der Wellenlängen auf dem Weg DEC beträgt

$$N_1 = \frac{2(D+d)}{\lambda}, \qquad (6)$$

während auf dem Weg CED für die Wellenanzahl

$$N_2 = \frac{2(D-d)}{\lambda} \qquad (7)$$

gilt. Die Streifenverschiebung beträgt

$$\Delta = N_1 - N_2 = \frac{4d}{\lambda}. \qquad (8)$$

Die kleine Entfernung d, um die sich die Spiegel bewegen, während sich das Licht zwischen D, E und C ausbreitet, ist durch Michelson (4) als

$$\frac{d}{2D} = \frac{\mathrm{v}}{V}, \quad d = \frac{2\mathrm{v}D}{V}$$

gegeben. Das Ergebnis ist das gleiche wie in (5) für $r = 0$,

$$\Delta = 8\frac{D\mathrm{v}}{\lambda V}. \qquad (9)$$

Michelson schrieb in Gleichung (5)

$$\Delta = \frac{V\left(T_1 - T_2\right)}{\lambda} . \tag{10}$$

Diese Gleichung impliziert

$$\Delta = V\left(\frac{T_1}{\lambda} - \frac{T_2}{\lambda}\right) , \tag{11}$$

Folglich erfordern Michelsons Messungen, daß sich die Wellenlänge des Lichtes nicht geändert hat, während es sich zwischen den sich bewegenden Spiegeln C, E und D oder D, E und C bewegt.

Es folgt das gleiche Ergebnis wie mit den Gleichungen (6) und (7):

$$N_1 = \frac{2\left(D + d\right)}{\lambda_0} , \tag{12}$$

$$N_2 = \frac{2\left(D - d\right)}{\lambda_0} , \tag{13}$$

$$\Delta = 8\frac{Dv}{\lambda_0 V} . \tag{14}$$

Michelson hat jedoch die Dopplerverschiebung nicht berücksichtigt!

Heute ist es offensichtlich, daß eine Dopplerverschiebung immer einem Geschwindigkeitsunterschied zwischen Bezugssystemen zugeordnet ist. Sie wird entweder durch eine Änderung der Wellenlänge, wenn die Wellengeschwindigkeit konstant ist, und umgekehrt einhergehen, oder beide könnten teilweise um den richtigen Betrag geändert werden.

Falls die Lichtgeschwindigkeit konstant ist (Wellentheorie), ist zu erwarten, daß die Wellenlänge auf dem Weg DEC nicht die gleiche bleibt.

Für die drei vorausgehend erörterten Fälle beträgt die Wellenlänge für konstante Lichtgeschwindigkeit:

1) $$\lambda = \lambda_0\left(1 \pm \frac{2\mathrm{v}}{c}\right) , \tag{15}$$

für den Spiegel als die neue Quelle:

2) $$\lambda = \lambda_0 \left(1 \pm \frac{v}{c}\right), \qquad (16)$$

für die Hälfte des Weges und für die andere Hälfte die Gleichung (15), und für die elastische Reflexion:

3) $$\lambda = \lambda_0 \qquad (17)$$

(Die Effekte zweiter Ordnung können ignoriert werden).

Deshalb ergibt sich, wenn die Dopplerverschiebung berücksichtigt wird, ein vollständig unterschiedliches Bild. In diesem Fall beweist Michelsons Experiment, daß das Licht von einem Spiegel elastisch reflektiert wird (siehe Fall 3), wobei die obigen Berechnungen 12, 13, 14 gültig bleiben. Dies ist der Fall, die Gleichung (17) gilt, wobei die Wellenlänge den ganzen Weg CED entlang $\lambda = \lambda_0$ ist. Bei den Berechnungen werden weder Zeit noch Frequenz sondern nur Wellenlängen betrachtet. (Die Maxwell-Theorie sagt aus, daß bei der Totalreflexion keine tangentiale Feldkomponente erzeugt wird. Dies ist nur bei der vollständigen Aufhebung der einfallenden und ausgehenden Welle der Fall, wobei dies erfordert, das beide eine exakt gleiche Länge aufweisen, folglich liegt der Fall 3 (17) vor.)

Für den Vergleich wird die erwartete Streifenverschiebung für die zwei anderen Fälle berechnet:

Für die konstante Lichtgeschwindigkeit mit $\lambda = \lambda_0 \left(1 \pm \frac{2v}{c}\right)$:

$$N_1 = \frac{2(D+d)}{\lambda_0 \left(1 - \frac{2v}{c}\right)},$$

$$N_2 = \frac{2(D-d)}{\lambda_0 \left(1 + \frac{2v}{c}\right)},$$

$$\Delta = N_1 - N_2 = \frac{8Dv}{\lambda_0 c} + \frac{4d}{\lambda_0};\; d = \frac{2Dv}{c},$$

$$\Delta = 16\frac{Dv}{\lambda_0 c} = 7{,}52 \text{ Streifen.}$$

Für den Spiegel als neue Quelle mit $\lambda = \lambda_0\left(1 \pm \frac{v}{c}\right)$:

Die obige Gleichung gilt nur für die erste Hälfte des Weges CE bzw. DE, während für die andere Hälfte des Weges EC bzw. ED die volle Dopplerverschiebung von

$$\lambda = \lambda_0\left(1 \pm \frac{2v}{c}\right)$$

betrachtet werden muß. Der Grund dafür ist, daß der Spiegel E als neue aber stationäre Quelle das Licht mit der Geschwindigkeit c und der vollen Dopplerverschiebung reflektieren wird.

Folglich gilt:

$$N_1 = \frac{2(D+d)}{\lambda_0\left(1 - \frac{3v}{2c}\right)},$$

$$N_2 = \frac{2(D-d)}{\lambda_0\left(1 + \frac{3v}{2c}\right)},$$

$$\Delta = N_1 - N_2 = \frac{6Dv}{\lambda_0 c} + \frac{4d}{\lambda_0},$$

$$\Delta = 14\frac{Dv}{\lambda_0 c} = 6{,}58 \text{ Streifen.}$$

Ein kleiner Unterschied ist vernachlässigt worden, d. h., in der zweiten Hälfte des kleinen Wegunterschieds $2d$ hat sich die Wellenlänge nach der Reflexion vom zweiten sich bewegenden Spiegel zurück auf λ_0 geändert. Dieser Unterschied ist jedoch so klein, daß er wie die anderen Effekte zweiter Ordnung vernachlässigt werden kann.

Es würde den Anschein haben, daß die Einführung der Dopplerverschiebung in die Berechnung zu einem Widerspruch zu Michelsons Experiment mit der Hypothese der konstanten Lichtgeschwindigkeit führt, wobei die „elastische Reflexionstheorie" die richtigen Ergebnisse liefert.

C. Das Experiment von Ives und Stilwell

Ives und Stilwell (H. E. Ives u. G. R. Stilwell, J. Opt. Soc. Am., 28.215, 1938, 31.369, 1941 und H. P. Robertson, Revs. Mod. Phys., 21.374, 1949) haben die Wellenlängen des von bewegtem und nicht bewegtem ionisierten Wasserstoffgas emittierten Lichts gemessen.

Ein Strahl aus Wasserstoffionen in einer Vakuumröhre wurde auf eine Geschwindigkeit beschleunigt, die eine Dopplerverschiebung des Spektrums liefert, die groß genug ist, um die Beobachtung der viel kleineren quadratischen Verschiebung zu erlauben.

Das Licht vom ionisierten Gas in Ruhe, das vom ankommenden Strahl und das vom durch einen Spiegel am Röhreneinlaß reflektierten zurückgehenden Strahl wurde durch ein Fenster am Ende der Röhre beobachtet.

Das photographierte Linienspektrum zeigte drei Linien bei $\lambda_0 + \Delta\lambda$, λ_0 und $\lambda_0 + \Delta\lambda$, wobei λ_0 um die erwartete quadratische Verschiebung von ihrem genauen Ort auf halbem Wege zwischen den dopplerverschobenen Linien versetzt ist.

Nun wird in Erinnerung gerufen, daß entsprechend Ewald u. Oseen (siehe vorherigen Abschnitt) die einfallende Strahlung absorbiert wird, wobei die Energie, die durch das Glas geht, ihre Beziehung zur einfallenden Wellenlänge und Geschwindigkeit verliert.

Auf der Innenfläche des Fensters werden alle drei Wellen $\lambda_0 + \Delta\lambda$, λ_0 und $\lambda_0 - \Delta\lambda$ absorbiert und durch die Oberfläche als

$$f_0 = \frac{c}{\lambda_0},$$

$$f_1 = \frac{c + v}{\lambda_0},$$

$$f_2 = \frac{c - v}{\lambda_0}$$

geleitet. Auf der Außenfläche des Fensters wird das Licht abermals emittiert, aber dieses Mal mit der gleichen lokalen Geschwindigkeit c für alle drei Fälle.

$$\lambda_0 = \frac{c}{f_0} = \lambda_0,$$

$$\lambda_1 = \frac{c}{f_1} = \lambda_0 \frac{c}{c + v} = \lambda_0 \left(1 - \frac{v}{c} + \frac{v^2}{c^2} \ldots\right),$$

$$\lambda_2 = \frac{c}{f_2} = \lambda_0 \frac{c}{c - v} = \lambda_0 \left(1 + \frac{v}{c} + \frac{v^2}{c^2} \ldots\right).$$

Abermals ist, wie im Fall der erneut gesendeten Funkwelle (Punkt 2) die quadratische Verschiebung einfach das Ergebnis einer Absorption der freien Raumwelle durch die Materie und der erneuten Ausstrahlung, wobei die Änderung der Wellenlänge und folglich die Änderung der Energie aus dem Impuls der Materie erhalten wird.

5. Die Schlußfolgerungen aus 1–4

Aus den vorhergehenden Abschnitten ist es unvermeidlich, die Tatsache zu schlußfolgern, daß der relativistische Standpunkt (die Konstanz der Lichtgeschwindigkeit und der Geschwindigkeit von Funkwellen, Röntgen- und γ-Strahlen bezüglich jedem Bezugssystem ungeachtet seines Bewegungszustandes) einfach unhaltbar ist.

Im wesentlichen sind Zeit und Raum Abstrakta, die mit keinem materiellen Stoff in Beziehung stehen.

Der Raum existiert mit und ohne Materie, wobei ein Koordinatensystem aus einem grundlegenden Bezugssystem definiert werden kann, das sich ohne Grenzen und ohne Verzerrung durch den dreidimensionalen leeren Raum erstreckt.

Ähnlich läuft die Zeit mit einer festen Geschwindigkeit in einer einzelnen Richtung (vorwärts) ohne Beziehung zu irgendeinem materiellen Stoff ab, wobei sie durch das Vorhandensein von Materie in irgendeinem Bewegungszustand nicht beeinflußt werden kann. Falls irgendwo im Universum ein Ereignis geschieht, wird es zum gleichen Zeitpunkt (gleichzeitig) bezüglich allen Beobachtern in irgendeinem Bewegungszustand auftreten. Gleichwohl können die Informationen (über dieses Ereignis) nach einer langen Zeit bei einem entfernten Beobachter nicht ankommen. Dies bedeutet jedoch nicht, daß das Ereignis nicht zu dem Zeitpunkt stattgefunden hat, zu dem es bezüglich dieses speziellen Beobachters stattgefunden hat.

Theoretisch ist sicherlich irgendeine Anzahl von Dimensionen vorstellbar, wobei es möglich ist, daß sich der Raum krümmt und in sich selbst zurückkehrt, oder daß ein Raum-Zeit-Kontinuum entwickelt wird, in dem Raum und Zeit in Wechselwirkung treten und durch einander ersetzt werden können. All dies wird jedoch mathematische Fiktion bleiben müssen. Diese Systeme können verwendet werden, um Einblicke in bestimmte Naturerscheinungen zu gewinnen, es sollte jedoch nicht versucht werden, die Natur in diese Systeme zu zwingen.

Wird z. B. eine einzelne elektrische Entladung betrachtet, die zu einem Energieimpuls führt, könnte er als eine konstruktive Überlagerung eines ganzen Spektrums von Frequenzen, die von $-\infty$ bis $+\infty$ reichen, d. h. lange Zeit bevor und nachdem dieser Kondensator hergestellt und zerstört worden ist, interpretiert werden (Fourier). Niemand würde erwarten, daß die Natur diesen Impuls seit dem Beginn der Welt beabsichtigt hat. Es gibt jedoch theoretische Abhandlungen, in denen diese Möglichkeit ernsthaft erörtert wird.

Das Licht trägt eine bestimmte Masse und kann durch Gravitation beeinflußt werden. Dies verursacht sowohl die Gravitations-Dopplerverschiebungen als auch die Ablenkung des Lichtes durch die Gravitation von seinem geraden Weg. Abermals wird in der Umgebung großer Massen nicht der Raum gekrümmt, sondern das Licht wird sowohl durch Gravitationskräfte als auch durch die Ansammlung der Gase, die die Masse (Sonne) umgeben, abgelenkt.

6. Die relativistische Masse

Entsprechend der Relativitätstheorie „wird die Masse bei der Lichtgeschwindigkeit unendlich, deshalb kann kein Teilchen (oder keine Masse) auf eine Geschwindigkeit von c oder darüber hinaus beschleunigt werden.

Die Lichtgeschwindigkeit ist die absolute obere Grenze irgendeiner Ausbreitung einschließlich von Gravitationsfeldern und -wellen."

„Für ein Teilchen der Masse m lauten die klassischen Newtonschen Bewegungsgleichungen $m \frac{\mathrm{dv}}{\mathrm{d}t} = F$, wobei F die einwirkende Kraft ist ..., während $v \frac{\mathrm{dv}}{\mathrm{d}t}$ der normale Geschwindigkeitsvektor ist ... Die sogenannte relativistische Variation der Masse m mit der Geschwindigkeit ergibt sich, falls die Zeit t eines speziellen Lorentz-Systems anstelle der Eigenzeit τ als die unabhängige Variable verwendet wird.

Die Bewegungsgleichung ... wird zu

$$\frac{\mathrm{d}}{\mathrm{d}t}\left(\frac{m\mathrm{v}}{\sqrt{1-\beta^2}}\right) = F \cdot$$

Dies wird normalerweise dadurch beschrieben, indem gesagt wird, daß sich die Masse des Teilchens mit der Geschwindigkeit ändert, so daß die Masse bei der Geschwindigkeit v

$$\frac{m}{\sqrt{1-\beta^2}}$$

beträgt." (Condon und Odishaw, Handbook of Physics, 2-18, McGraw-Hill, 1958)

Dies kann leicht umgekehrt werden:

$$m\frac{\mathrm{dv}}{\mathrm{d}t} = F\sqrt{1-\beta^2} \cdot$$

Ein geladenes Teilchen, das sich in einem elektrischen Feld in Ruhe befindet, wird einer beschleunigenden Kraft F_0 ausgesetzt, die die Vektorsumme der Kräfte f aller Feldkomponenten ist, die auf das Teilchen wirken, (Fig. 4a).

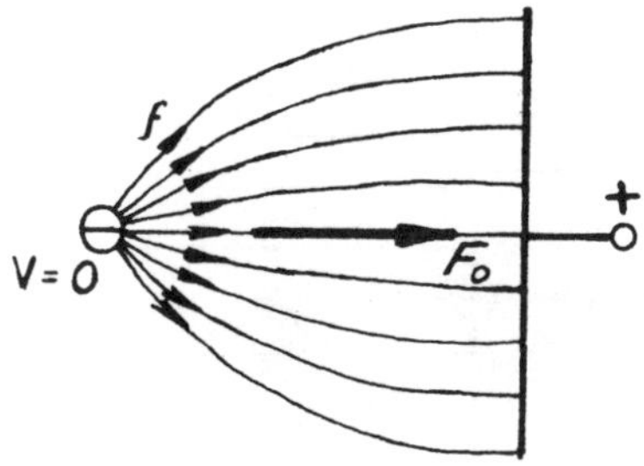

Fig. 4a

Bei der Geschwindigkeit v, die sich c nähert, wird das Feld im Vergleich zum vorhergehenden Zustand, zurückzuführen auf die Tatsache, daß sich die Information, daß das Teilchen kommt, nur mit der Geschwindigkeit c bezüglich des Feldes (Feldverzerrung) im festen Bezugssystem bewegen kann, verzerrt werden, wobei deshalb für v → c $F_v < F_0$ gilt, (Fig. 4b).

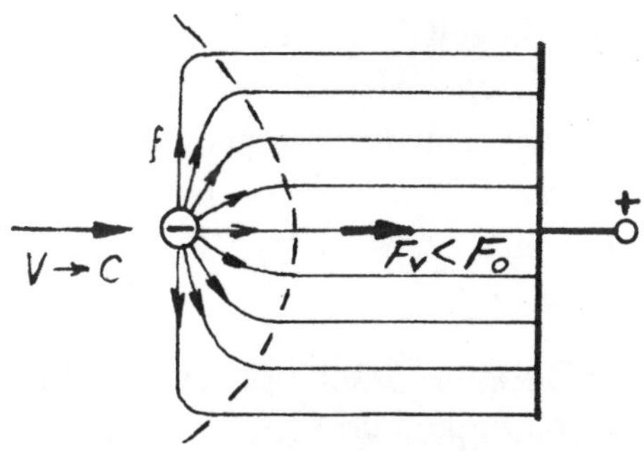

Fig. 4b

Bei v = c kann sich wegen $F_c = 0$, (Fig. 4c), keine Feldverzerrung vor dem Teilchen bewegen. Alle Feldlinien bleiben bis zum Ort des Teilchens gerade, wobei sie sich dann zu einer Schockwelle verzerren, in der alle Kraftkomponenten eine zur Teilchenbewegung senkrechte Richtung besitzen. Folglich gilt $F_c = 0$, (Fig. 4c).

Falls das antreibende Feld eine maximale Ausbreitungsgeschwindigkeit besitzt, kann ein durch dieses Feld angetriebenes Teilchen diese Geschwindigkeit offensichtlich nicht überschreiten, nicht weil das Teilchen eine unendliche Masse erhält, sondern weil das antreibende Feld keine Kraft ausüben kann, um ein Teilchen über seine eigene Ge-

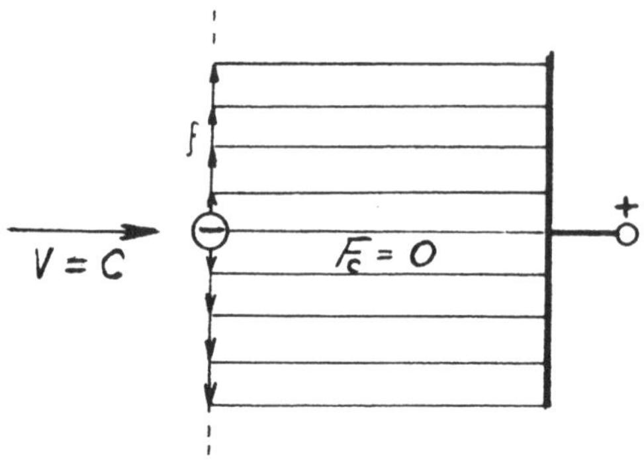

Fig. 4c

schwindigkeit zu beschleunigen. Dies ist das gleiche wie bei einem Eisenbahnwagen, der nicht über die Geschwindigkeit der Lokomotive beschleunigt werden kann, nicht weil er unendlich schwer wird, sondern weil die Lokomotive ihre maximale Geschwindigkeit erreicht.

Außerdem verursacht ein geladenes Teilchen, das sich schneller als die Lichtgeschwindigkeit in einem speziellen Bezugssystem (in Materie) bewegt, einer Schockwelle und die zugeordnete Čerenkov-Strahlung. Diese Schockwellenwirkung wird bei der Beschleunigung hochenergetischer Teilchen leicht beobachtet.

7. Die Gravitations-Dopplerverschiebung und die Ausbreitungsgeschwindigkeit von Gravitationsfeldern

1959–1960 wurde von R. V. Pound und G. A. Rebka Jr. die Gravitations-Dopplerverschiebung unter Verwendung des Mößbauer-Effekts gemessen (R. V. Pound und G. A. Rebka Jr., Phys. Rev. Letters, Bd. 4, Nr. 7, 337-41, 1. April 1960).

Auf einem 74 Fuß hohen Turm fanden sie einen Doppler-Unterschied von $(5{,}13 \pm 0{,}51) \cdot 10^{-15}$ zwischen der Aufwärts- und Abwärtsrichtung, der gut mit dem theoretischen Wert $4{,}92 \cdot 10^{-15}$ übereinstimmt.

Wenn ein Gravitationsfeld eine Dopplerverschiebung an einem elektromagnetische Energiequant verursachen kann, der sich mit Lichtgeschwindigkeit (c) bewegt, dann muß in Übereinstimmung mit dem im vorausgehenden Absatz (6) Dargelegtem die eigene Ausbreitungsgeschwindigkeit des Gravitationsfeldes c übersteigen (um wenigstens einen Faktor von 10 oder wahrscheinlich mehr als 100).

Es sind Teilchen (die Tachyonen) gefunden worden, die sich mit einer Geschwindigkeit bewegen, die c übersteigt (für eine ausführliche Liste der Veröffentlichungen siehe das Sachverzeichnis in „Physics Abstracts" unter „Tachyons" im Jahre 1970 und den folgenden Jahren). Angesichts (6) und (7) ist eine Erklärung möglich.

Schlußfolgerungen

8. Der Urknall

Als Hubble die Rotverschiebung der von entfernten Galaxien aufgenommenen Spektren entdeckte, war es offensichtlich, dies unter der Bedingung der Relativitätstheorie als die Explosion des Universums zu erklären und etwa zwölf Milliarden Jahre zu einem Zeitpunkt zurückzurechnen, bei dem die gesamte Masse des Universums ein einzelnes schwarzes Loch war, das mit einem Urknall explodierte.

Deshalb sind infolge der Relativitätstheorie die Individuen, die auf den Planeten an den Rändern des Universums leben (die sich mit > 99 % c bewegen), flach wie Briefmarken, wiegen eine Million Pfund, leben eine Million Jahre, wissen dies aber nicht und denken wiederum das gleiche über uns. Dies ist nur eines der vielen Paradoxa, mit denen zu leben sich die modernen Physiker abgefunden haben.

Wird die Anforderung der universellen Konstanz der Lichtgeschwindigkeit fallengelassen und erlaubt, daß das Licht durch die Wechselwirkung mit gasförmiger Materie bei seiner Reise über einige Milliarden Jahre Energie verliert, ergibt sich die Steady-State-Theorie (Theorie des stationären Kosmos) von Fred Hoyles ohne Paradoxa.

Die Quasare zeigen eine Rotverschiebung von mehr als 90 %, die sie entsprechend dem Hubble-Gesetz den äußeren Rändern des Universums zugeordnet. Mit der nicht erklärbar hohen Energieabgabe, die erforderlich ist, damit sie über diese Entfernungen sichtbar sind, würden sie 200 ganze Galaxien überstrahlen müssen.

Die Astronomen akzeptieren langsam die Tatsache, daß dies nicht so ist, und daß ihre Gravitations-Dopplerverschiebung die annehmbarere Erklärung ist, die diese Sterne viel näher zu uns bringt.

Es ist außerdem zu erwarten, das die Neutronensterne eine Gravitations-Dopplerverschiebung aufweisen, wobei die letzte Stufe der Massenkonzentration, die schwarzen Löcher (falls es sie gibt), eine mehr als 100%ige Gravitationsverschiebung besitzen würden, d. h., die Lichtgeschwindigkeit ist null oder negativ.

9. Ein kleiner Knall

Am 30. Juni 1908 entwurzelte eine nicht erklärte Explosion in Sibirien den Wald in einem Radius von 50 km und verbrannte ihn bis zu einer Entfernung von 20 km vom Zentrum. Die Beobachter berichteten über eine Feuersäule oder einen Blitz, in der erwarteten Aufschlagzone wurde jedoch keine Meteoritenmaterie gefunden (für einen zusammenfassenden Bericht und eine Bibliographie siehe John Baxter und Thomas Atkins: „The Fire Came By“, Doubleday 1976). Die Spekulationen über den Grund erstreckten sich von einer Nuklearexplosion oder einem explodierten Raumschiff bis zu einem schwarzen Loch, das durch die Erde gegangen ist. Jüngste Tests zeigten keine außergewöhnlicher Reststrahlung, die eine Nuklearexplosion auf dem Boden oder in der Nähe des Bodens anzeigen würde.

Am 30. Juni 1908 und in den folgenden Tagen wurden die folgenden Beobachtungen gemeldet:

1. Das Objekt wurde zuerst über dem westlichen China gesehen, wobei es sich nach Norden bewegte.
2. Eine Feuersäule im klaren blauen Himmel war einige hundert Kilometer entfernt sichtbar.
3. Die Schockwellen in der Luft wurden bis zu 800 km entfernt gehört.
4. Um die Aufschlagzone wurden Bäume bis zu 50 km entfernt entwurzelt und bis zu 20 km entfernt verbrannt.
5. In Westeuropa wurden während zweier Nächte außergewöhnlicher Lichter am nördlichen Himmel beobachtet.
6. Fünf Stunden nach dem Aufschlag wurden in London außergewöhnliche Luftdruckwellen aufgezeichnet.
7. Es wurden seismische Schockwellen und magnetische Störungen aufgezeichnet.
8. Sibirien und Nordeuropa wurden durch silberne Wolken überdeckt. Während der nächsten Nächte war das Licht so intensiv, daß es an einigen Orten möglich war, Photographien aufzunehmen, und Kilometer entfernte Schiffe auf dem Meer deutlich zu sehen waren. Ein russi-

scher Wissenschaftler beschrieb eine dicke Schicht leuchtender Wolken, die in irgendeiner Art gelbgrünen Lichts aufleuchteten, das sich zu einer rosigen Färbung änderte.

9. Am 30. Juni beobachtete ein Wissenschaftler in Holland eine „sich in Wellenform fortbewegende Masse“, die über den nordwestlichen Horizont ging. Es war keine Wolke, sondern der blaue Himmel selbst schien sich zu wellen.

All dies zeigt an, daß eine große Menge radioaktiver Materie in der oberen Atmosphäre schwebte, die die Ionisierung und die anschließende Lichtemission aus dem Bereich verursacht hat.

Die Bäume in der Mitte der Aufschlagzone wurden nicht entwurzelt, sondern verbrannt und ihrer Zweige beraubt. Dies zeigt definitiv an, daß es kein Einschlag irgendeiner großen Masse gewesen sein konnte, und daß die gesamte Zerstörung durch die Hitze und die Schockwelle aus der Atmosphäre verursacht wurde.

Es kann jedoch eine andere weniger spekulative Erklärung abgeleitet werden.

In einem Gravitationsfeld kann ein Teilchen oder sogar ein großes Stück Materie auf Lichtgeschwindigkeit und darüber hinaus beschleunigt werden, falls ausreichend Zeit zur Verfügung steht, d. h., um während einiger Millionen oder Milliarden Jahre durch das Gravitationsfeld unserer Galaxie zu fallen.

In der normalen Chemie müssen Materialien, die exotherm reagieren können, normalerweise erhitzt werden, um die Reaktion zu beginnen. Es können z. B. $2H_2$ und O_2 gemischt werden, wobei die Mischung in einem Behälter unendlich lange aufbewahrt werden kann. Wird die Temperatur innerhalb eines winzigen Volumens innerhalb der Mischung erhöht, folgt eine explosive Reaktion. In der kalten Mischung werden die Moleküle durch die abstoßenden negativen elektrischen Ladungen ihrer Elektronenschalen voneinander entfernt gehalten.

Wärme ist aber ein anderer Ausdruck für die Teilchengeschwindigkeit (die Brownsche Bewegung). Falls diese Geschwindigkeit zunimmt, können sich die Teilchen einander stärker nähern, bis sie eine Geschwindigkeit erreichen, mit der sie ihre abstoßenden Felder durchdringen und die Reaktion beginnen können.

Das gleiche gilt für eine nukleare Fusionsreaktion, mit Ausnahme, daß in diesem Fall die positive Ladung der Kerne die viel stärkere abstoßende Kraft verursacht, die durch sehr hohe Teilchengeschwindigkeiten zu überwinden ist, die zu Temperaturen im Bereich von 10 bis 100 Millionen Grad äquivalent sind. Selbst bei diesen Temperaturen liegen die Teilchengeschwindigkeiten deutlich unter der Lichtgeschwindigkeit.

Im folgenden wird ein großes Stück Materie (von 10 bis 100 kg) mit einer Geschwindigkeit in der Nähe oder oberhalb der Lichtgeschwindigkeit betrachtet, das in die Erdatmosphäre eindringt.

Zurückzuführen auf die hohe Geschwindigkeit funktioniert der normale Abstoßungsprozeß – die Luftmoleküle werden durch die Elektronenschalen der Moleküle auf der Oberfläche des großen Materiestücks abgelenkt – nicht (siehe Abschnitt 6). Es wird keine Schockwelle vor dem großen Brocken geben, weil die Luftmoleküle völlig in den ganzen Klumpen eindringen werden, d. h.:

An dieser Schnittstelle werden die meisten oder alle Luftmoleküle bereits zerfallen sein, wobei von den Atomen die Elektronen abgelöst worden sind, so daß die Kerne und die Elektronen die Komponenten (der Luft) sind, die in das Material eindringen.

Weil die Geschwindigkeit außerdem die Fusionsgeschwindigkeit überschreitet, reicht die abstoßende Kraft der positiven Ladungen der Kerne auch nicht, wobei alle Arten der Fusions- und Spaltungsreaktionen stattfinden werden.

Im Ergebnis wird der große Brocken während seines etwa 20 ms oder weniger dauernden Eintauchens durch etwa 6000 km der Atmosphäre auf dem Weg vom Indischen Ozean nach Sibirien aufgespalten, wobei – außer der kinetischen Energie von etwa 10^{18} Joule – eine große zusätzliche Menge von Kernenergie freigesetzt wird. Weil der Prozeß unmittelbar durch das ganze Materiestück und ohne die Notwendigkeit für den Wärmetransport von einem Molekül zum nächsten stattfindet, verdampft der ganze große Brocken, bevor er den Boden erreicht. Die Fusions- und Spaltprodukte werden abgebremst und verbleiben in der Atmosphäre, so daß sehr wenig restliche radioaktive Materie auf dem Boden in der Aufschlagzone gefunden werden wird.

Die Energiemenge dieser Explosion wurde als 10^{23} erg berechnet. Dies ist die kinetische Energie eines großen Materiestücks von 10 bis 100 kg, das sich mit der oder etwa der Lichtgeschwindigkeit bewegt.

Eine Million Jahre Beschleunigung in einem Gravitationsfeld von 10^{-6} g würden ausreichen, um die Lichtgeschwindigkeit zu erreichen. Deshalb erscheint die obige Erklärung plausibel.

In einem intergalaktischen Maßstab könnte ein Materiestück, das durch eine Supernova-Explosion aus dem Gravitationsfeld seiner eigenen Galaxie geschleudert wird, einige Milliarden Jahre benötigen, um eine andere Galaxie zu erreichen. Selbst ein sehr schwaches Gravitationsfeld würde ausreichend Zeit besitzen, um eine derartige Beschleunigung zu auszuführen.

Glücklicherweise fliegen nicht zu viele große Materiebrocken mit einer derartigen Geschwindigkeit herum und die Erde ist im Vergleich zu unserer Galaxie ein kleines Ziel, sonst würden derartige Katastrophen öfter auftreten.

Es gibt Geschichten in der Bibel und anderen alten Aufzeichnungen, daß Feuer vom Himmel gefallen ist und ganze Städte zerstört hat. Weil Meteoriten ziemlich häufig auftreten, müssen diese Ereignisse außergewöhnlich gewesen sein, wobei sie auf ähnliche Ereignisse hinweisen können. Es wäre von Interesse, derartige Geschichten zu sammeln, um festzustellen, wie oft derartige Ereignisse auf der Erde vorgekommen sind, und um abzuschätzen, wie viele Flugkörper dieser Art unsere Galaxie erreichen.

Die folgenden Abschnitte müssen notwendigerweise stark vereinfacht erscheinen. Sie umfassen mehr oder weniger vernünftige Gedanken und Ideen, die sich bei der Arbeit am vorhergehenden Teil ergeben haben.

10. Neutronensterne und schwarze Löcher

Es gibt zwei Kräfte, die Gravitationskraft und die elektromagnetische Kraft, die die gesamten Vorgänge im Universum antreiben.

Die Gravitationskraft ist eine unipolare Kraft, d. h. die gegenseitige Anziehung von Massenpunkten sowohl im makroskopischen als auch im mikroskopischen Maßstab.

Die elektrische Kraft ist bipolar, entgegengesetzte Polaritäten ziehen sich an, während sich gleiche Polaritäten abstoßen.

Ohne die Gravitation würde die Materie durch das ganze Universum gleich verteilt sein. Ohne elektrische Kräfte würde die gesamte Materie in schwarze Löcher kollabiert sein.

Durch die Bewegung werden zwei zusätzliche Effekte verursacht.

Wenn eine Masse beschleunigt wird, erfordert ihre Trägheit, daß Energie aufgewendet wird, die als $\frac{1}{2}mv^2$ in der erreichten Geschwindigkeit der Masse erhalten wird.

Wenn eine elektrische Ladung bewegt wird, erzeugt sie ein magnetisches Feld, wobei ein magnetisches Feld elektrische Ladungen bewegen kann, die Energie aus der Massenträgheit und so schließlich aus der Gravitation entnehmen.

Bei der Bildung eines Sterns kontrahieren die Bruchstücke von Supernova-Explosionen und die Wasserstoff-Wolken zu einem neuen Gravitationszentrum.

Die Ungleichgewichte innerhalb der Massenverteilung und der anfänglichen Drehbewegung der Galaxie verursachen, daß mit der Kontraktion die gesamte Anordnung mit einer beschleunigten Geschwindigkeit zu rotieren beginnt.

Die Trägheit der Materie, die dazu neigt, eine lineare Geschwindigkeit aufrechtzuerhalten (Zentrifugalkraft) und die Gravitationskraft, die zur Mitte zieht, erzeugen eine scheibenförmige Anordnung, die schließlich in einzelne Einheiten unter ihren eigenen Gravitationskräften aufbricht, wobei jedoch die gesamte Anordnung um den schwersten Zentralkörper oder ein gemeinsames Gravitationszentrum rotiert.

Zu einem bestimmten Zeitpunkt während der Sternbildung erreicht die Teilchendichte des Zentralkörpers einen Punkt, an dem die Teilchen häufiger zusammenstoßen, die freie Weglänge wird kleiner und die gesamte Masse beginnt, sich aufzuheizen.

In einem einzelnen H-Atom ist die Masse innerhalb eines Raumes konzentriert, der wahrscheinlich kleiner als der Kern ist. Er ist von einer positive Ladung umgeben. Beide zusammen bilden das Proton. In einer viel größeren Entfernung befindet sich schließlich das negativ geladene Elektron (mit $5{,}5 \cdot 10^{-4}$ der Masse). In einer größeren Entfernung vom Atom ist sein elektrisches Feld null, weil sich beide Ladungen im Atom und seiner Umgebung kompensieren.

Wenn zwei Atome mit niedriger Geschwindigkeit zusammenstoßen, werden sie infolge ihrer negativen Felder aneinander abprallen. Bei höheren Geschwindigkeiten werden ihre Elektronen in einen höheren Zustand der Energie angehoben. Die notwendige Energie wird aus der Trägheit der zusammenstoßenden Atome gewonnen. Wenn die Elektronen in ihren niedrigen Energiezustand zurückkehren, strahlen sie eine Menge elektromagnetischer Energie aus, die derjenigen entspricht, die vorher aus der Trägheit gewonnen wurde.

Bei noch höheren Geschwindigkeiten werden die Zusammenstöße stark genug, um die Elektronen und Protonen zu trennen und das Gas zu ionisieren. Die freien Elektronen dienen als Träger elektrischer Ströme.

Im nächsthöheren Energiezustand werden die Protonen und die Kerne der schwereren Elemente infolge ihrer positiven Ladungen voneinander abprallen, bis sie schließlich bei noch höheren Energien weit genug ineinander eindringen, um zu verschmelzen. Diese Geschwindigkeiten sind Temperaturen im Bereich von 10 bis 100 Millionen Grad zuzuordnen.

Wenn ein Stern diese Stufe erreicht hat, beginnt er, sein Wasserstoffgas zu verbrennen und schwerere Elemente zu bilden. Dieser Prozeß ist bis zur Bildung von Eisen exotherm. Innerhalb eines größeren Sterns geht dieser Prozeß weiter, um höhere Elemente bis zum Uran und darüber hinaus durch das Absorbieren von Energie zu bilden.

Schließlich kühlt nach dem Aufbrauchen aller fusionierbarer Materie der Stern ab, wobei unter den Druck der Gravitationskraft eine ausreichend große Masse zur Größe eines Neutronensterns schrumpfen kann, wobei die Protonen die freien Elektronen absorbieren. Dabei wird eine so große Packungsdichte erreicht, wie sie einem einzelnen Kern eines Superatoms entspricht.

Hier ist die Frage zu stellen, wie viel der realen festen Materie einen Massenmittelpunkt eines Protons repräsentiert. Am wahrscheinlichsten nicht den Durchmesser des Protons (der die positive elektrische Ladung enthält), sondern viel weniger, weil das Proton selbst aus kleineren Bausteinen besteht. Es kann nicht einmal als eine Überraschung gelten, wenn schließlich festgestellt wird, daß der Massenmittelpunkt überhaupt keine feste Abmessung besitzt, sondern er nur die Mitte eines Feldes der Gravitationskraft ist, die von einem ähnlichen Feld der elektrischen Ladung umgeben ist.

Von diesen Standpunkt ist das schwarze Loch eine weitere Kontraktion der Materie unter die Größe eines Neutronensterns, wobei es wahrscheinlich möglich ist, die gesamte Masse der Sonne in einer Kugel mit einem Durchmesser von wenigen Metern unterzubringen.

Es scheint jedoch schwarze Löcher zu geben. Sie sind nicht sichtbar, ihr Vorhandensein kann jedoch aus dem Verhalten ihrer Umgebung abgeleitet werden, d. h. der Materie, die sich außerhalb der Kugel, aus der keine Rückkehr mehr möglich ist, befindet und die anzeigt, daß aus dem Inneren eine starke Gravitationsanziehung auf sie wirkt.

Was kann das endgültige Schicksal eines schwarzen Lochs sein?

Zuerst wird es kontinuierlich wachsen und schwerer werden, während es die Materie aus seiner Umgebung absorbiert. Die Rotationsgeschwindigkeit wächst auf einige Umdrehungen pro Sekunde. Könnte es sein, daß die Zentrifugalkraft zusammen mit der Spaltungsreaktion es schließlich in einer Supernova-Explosion auseinander treiben wird?

11. Die Kernkraft

Beim Versuch, eine gesteuerte Fusionsreaktion zu erzeugen, wird heutzutage versucht, die Wasserstoffbombe im Kleinen nachzuahmen.

Bei der Bombe wird eine Spaltungsreaktion verwendet, um das fusionierbare Material auf die Fusionstemperatur zu erhitzen und es lange genug innerhalb einer starken Umhüllung zu halten, so daß eine beträchtliche Menge des Materials reagiert hat, bevor die ganze Anordnung auseinanderfliegt.

Beim Erhitzen eines kleinen Pellets fusionierbaren Materials mit starken Laserstrahlen steht das Ergebnis im Gegensatz zu dem, was durch das Experiment erwartet wird.

Wie vorausgehend erörtert ist, werden zwei Kernteilchen verschmelzen, wenn sie mit ausreichender Geschwindigkeit frontal zusammenstoßen, um die Abstoßung ihrer positiven Ladungen zu überwinden. Durch das Erhitzen eines Pellets festen Materials werden nicht viele Frontalzusammenstöße erreicht, sondern statt dessen wird das Pellet auseinanderfliegen, wobei alle Teilchen sich radial von der Mitte entfernen.

Das gleiche gilt für viele Plasmaexperimente. Ein in einem engen Raum zusammengedrücktes heißes Plasma bewegt sich immer noch in der gleichen allgemeinen Richtung.

Eine viel höhere Wahrscheinlichkeit für Zusammenstöße würde erzeugt werden, falls ein System konstruiert werden könnte, in dem sich zwei Teilchenströme mit einer hohen Geschwindigkeit in entgegengesetzten Richtungen bewegen. In einem Ring mit elektrischen Feldern, die in einer derartigen Weise angeordnet sind, um diese zwei entgegengesetzten Strömungen innerhalb des Ringes begrenzt zu halten, würden z. B. die Teilchen eine im hohen Maße verbesserte Chance besitzen, mit hoher Geschwindigkeit zusammenzustoßen.

Falls ein Teilchenpaket für durchschnittlich etwa drei Sekunden im Ring gehalten werden kann, würde es sich 10^5 bis 10^6 km bewegen, wobei es etwa 10^9 Teilchenpaketen begegnet, die sich in der entgegengesetzten Richtung bewegen.

Ein Barn beträgt 10^{-24} cm^2, deshalb wird es eine nahezu 100%ige Wahrscheinlichkeit eines Zusammenstoßes geben, wenn die Teilchendichte in einem derartigen Paket auf 10^{15}/cm^2 (gesehen im Querschnitt) aufrechterhalten werden könnte.

Es erscheint, daß dies eine mögliche Art sein kann, um die lange gesuchte gesteuerte Kernfusion zu erhalten.

Zum Abschluß ein Zitat von Dr. Walter Rauschenberger: „Die Akzeptanz der Relativitätstheorie wird als einer der außergewöhnlichsten Fehler des menschlichen Verstandes in die Geschichte eingehen.“

Anhang 5

Adressen und Infos

Weitere Literatur:

G. Wahl: Minispione-Schaltungstechnik, Bd. 3. Laser-Abhöranlage, VHF/UHF-Minispione, Telefon-Minispione, Microfernsteuersender und -Empfänger Minispione-Aufspürgeräte, Plasma- und Laserguns. Verlag für Technik und Handwerk, Baden-Baden (Telefon: 0 72 21/50 87 22).

40 kV-Mini-Teslagenerator

40 kV-Mini-Teslagenerator (115 × 100 × 40 mm) entsprechend Abb. oben zu € 99, über den Autor (Adresse untenstehend) beziehbar.

Anschrift des Autors:
Günter Wahl
Bahnhofstr. 26
86150 Augsburg
Tel.: 08 21/15 35 28
Handy: 01 72/8 20 12 73
E-Mail: GWahl@Franzis.de

Lieferanten für elektronische Bauelemente und Geräte

Matronic
Hochspannungskondensatoren
und Netztransformatoren
Scharnhorst Str. 8
86165 Augsburg
Tel.: 08 21/79 11 69

Oppermann
Elektronische Bauelemente
Postfach 1144
31593 Steyerberg
Tel.: 0 57 64/21 49

Helmut Singer Elektronik
Im Feldchen 16
52070 Aachen
Tel.: 02 41/15 53 15

Bürklin
Schillerstraße 40
D-80336 München
Tel.: 0 89/55 87 50

Strixner + Holzinger
Halbleitervertrieb GmbH
Schillerstraße 25–29
D-80336 München
Tel.: 0 89/55 16 50

RS-Components
Nordendstraße 72
D-64546 Mörfelden-Walldorf
Tel.: 0 61 05/4 01–234

Andy's Funkladen
Admiralstraße 119
D-28215 Bremen
Tel.: 04 21 / 35 30 60

Conrad Elektronik
Klaus-Conrad-Straße 1
92240 Hirschau Tel.:
01 80/5 31 21 11

Von allen Firmen können umfangreiche Kataloge angefordert werden.

Tesla-Infos übers Internet:

HC&RS Home Labor Page:	http://www.hcrs.at
Mirror-Seite:	http://www3.htl-hl.ac.at/homepage/hcrs
Groß-Teslatrafo:	http://www2.htl-hl.ac.at/-smetana/ teslatr.htm

www.k-meyl.de
www.webring.org
www.pupman.com
www.privat.schlund.de/s/skluge/toc.htm
http://pages. vossnet.de/wilson/tesla 1.htm
www.geocities.com/CapeCanaveral/Hangar/3108/caleulat.html
www.magnolia.net/-tank/tesla.htrn
www.execpc.com/-ccurran/
www.teslasystems.com/
www.lod.org
www.Richmond.infi.net/--rhull

Zu Tesla selbst:
http://members.xoom.com/_XOOM/tastraum/tesla.html
www.bena.com/Iucidcafe/library/96jul/tesla.html

Katalog-Cover von Information Unlimited (Hauplieferant für Teslageneratoren und Hochspannungsbauteile in den USA)

Katalogausschnitt von Information Unlimited

www.amazing1.com (Katalog-Abruf)

High Voltage Parts

Capacitors for Tesla Coils and Multipliers

.005M/10KVAC - Cylindrical (1 3/8" x 4 1/4") **$59.95**
.02M/10KVAC - Cylindrical (2 3/8" x 7 1/2") **$229.95**
.1M/20KVAC - Cylindrical (6 5/8" x 14") **$449.95**
.001/10KV - .001mfd 10 KV Ceramic Axial **$3.00**
.001/15KV - .001mfd 15 KV Ceramic Radial **$3.95**
.0047/20KV - .0047mfd 20 KV Ceramic Axial **$24.95**

Transformers 50/60 Hz/Current Limited

4KV/.03A - Open Core Floating Coil **$49.95**
6KV/.02A - Open Core Floating Coil **$59.95**
9KV/.06A - Cased- Ctr Point Grnd **$169.95**
12KV/.06A - Cased-Ctr Point Grnd **$199.95**
15KV/.120A - Cased-Ctr Point Grnd **$495.95**

Pole Transformers

Heavy duty 14.4KV 5 KVA 2 Bushing Oil Filled Unit 220 110VAC Input. Good for TESLA Coils up to 12 Foot Discharges!! Includes Shipping & Handling (USA ONLY)
14.4KV/.5A **$599.95**

Toroid Terminals

TO8 - 8 x 2" Spun Torus For BTC30.. .... **$59.95**
TO12 - 12 x 3" Spun Torus For BTC4 .... **$79.95**

Spark Gap Switches and Accessories

SPARK1 - Fan Cooled 3 Point Tungsten Spark Gap for Coils up to 3 ft. Discharge-Incl BTC4 Plans **$129.95**
SPARK2 - Rotary Gap -12 Tungsten Points-For Coils up to 7 ft. Discharge-Incl BTC5 Plans **$595.95**
TUNG141B - 1 X 1/4" Tungsten Rod Inserted into a 7/7"Brass Sphere with 1/4-20 Mounting Hole **$14.95**
TUNG38 - 2.1/2 X 3/8" Pure Tungsten Rod **$19.95**

HV Diodes for Multipliers 100 nanosec

VG12 - 15 KV 10 ma 100 ns Rectifier **$2.95**
VG22 - 22 KV 10 ma 100 ns Rectifier **$3.95**
VG30 - 30 KV 10 ma 100 ns Rectifier **$4.95**

High Voltage/High Meg Resistors

1000M - 1000meg 10 KV Flat **$12.95**
100MT - 100meg 10 KV Tiger Type **$14.95**
100M - 100meg 1/2 Watt Carbon **$3.00**

High Frequency Ferrite Transformers

Includes Circuit Schematics

28K077 - Used in Light Saber Kits, Neon and Miniature High Voltage Applications **$9.95**
28K089 - Used in Small Neon, Tesla, and High Voltage Applications **$19.95**
FLYTCL - 10 KV For TCL5, GRA3, JACOB etc. **$29.95**
FLYPVM - 15 KV For Plasma Drivers etc **$39.95**
FLYPVM+ - 20 KV For High Voltage Multipliers, Storage Energy Chargers, etc **$49.95**
CD25B - 25KV Pulses for Stun Guns, Ignitors ... **$16.95**
CD45 - 45KV Pulses higher output of above **$18.95**

Capacitors for Energy Storage

750M/330V - Cylindrical 3 x 1" Photoflash 82 J ... **$12.95**
1200M/400V - Cylindrical 6 x 3" 95 J **$19.95**
2500M/400V - Cylindrical 8 x 3" 200 J **$29.95**
32M/4500V - 10 X 3 X 4" Oil Filled Cans 325J .... **$POR**
1600M/4500 - 3' X 3' X 2' on Wheels. 16KJ With Explosion Shields. 1 X 1/4" Copper Bar Output Terminations ..... **$POR**

Ion and Electric Field Detector

Hand held device indicates the presence of electric fields, ions and other related phenomena. Battery operated with sensitivity control. A must for those experimenting with HV and static fields.
IOD1 - Plans..**$6.00** **IOD1K** - Kit/Plans **$39.95**
IOD10 - Assembled **$79.95**

$ave! Build Your Own HV Capacitor

Suitable for Tesla coils and other high voltage projects. Contains valuable formulas and information.
GLC1 Plans.. **$5.00**

Video of Tesla Coil in Operation

System produces 6 to 10' discharges from a voltage magnifier. 60 min VHS covers other subjects.
VIDTES - Includes Free Plan Choice **$29.95**

Nuclear Experiments

3 Million Volt Van De Graf Generator

Generate crashing bolts of lightning! Shows how to build
HV1 - Plans-allows scaling up or down **$10.00**

Particle Beam / Proton Accelerator

Complex data shows how to build a particle accelerator using tandem and paralleled voltage magnifiers. Also shown is our basic design of a particle beam weapon. Data includes vacuum, high voltage and support equipment. Data may be hazardous in the wrong hands!
CPFG1 - Plans **$20.00**

Spinthariscope

See radiation in the form of cosmic ray and high speed particles.
SS3 - Plans **$10.00**

Cloud Chambers

See visible paths made by atomic particles, cosmic rays etc.
CC8 - Plans **$8.00**

Geiger Counters

Detects Alpha, Beta and Gamma Radiation
GC6 - Plans **$10.00**

Atom Smasher

Build a medium energy particle accelerator that will split atoms. Lab device includes details on high voltage magnifier, accelerator assembly and vacuum system.
AS8 - Plans **$15.00**

Faraday Cage Construction

For operating large coils near sensitive equipment.
FAR1 Plans.. **$5.00**

Information Unlimited, PO Box 716 Amherst, NH 03031-0716 Orders 1-800-221-1705

Auch wir liefern
Hochspannung!
FRANZIS´ versorgt Sie mit anspruchsvollen Fachinformationen – für HV Komponenten und Systeme ist AMS Technologies Ihr Partner in Europa!
Industrie
Medizin
Laser
Pulse Power
Forschung
Raumfahrt
Electronic Division
High Power and High Reliability Components
AMS Technologies AG ■ Electronic Division ■ Tel.: +49 (0)89 895 77-0 ■ Fax: -199

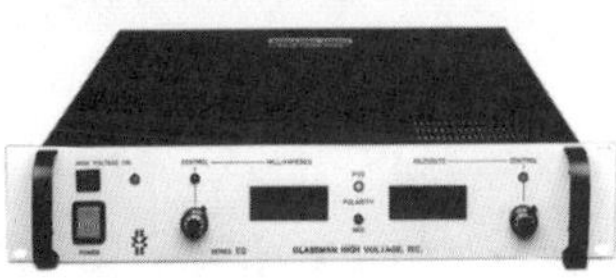